高等院校科学教育专业系列教材

总主编 林长春 蒋永贵 黄 晓

人工智能
基础教程

主 编 罗庆生 罗 霄

副主编 钟绍波 陈科山 赵建伟 常 青

编 委 蒋建峰 乔立军 姚志广 张 娜

西南大学出版社

SWUP 国家一级出版社 全国百佳图书出版单位

图书在版编目(CIP)数据

人工智能基础教程 / 罗庆生, 罗霄主编. — 重庆：
西南大学出版社, 2023.10
ISBN 978-7-5697-1860-7

Ⅰ. ①人… Ⅱ. ①罗… ②罗… Ⅲ. ①人工智能－教
材 Ⅳ. ①TP18

中国国家版本馆 CIP 数据核字(2023)第 207873 号

人工智能基础教程

RENGONG ZHINENG JICHU JIAOCHENG

罗庆生　罗　霄　主编

总 策 划：杨　毅　杨景罡　曾　文
执行策划：周明琼　翟腾飞　尹清强
责任编辑：翟腾飞　周明琼
责任校对：熊家艳　鲁　艺
装帧设计：起源
排　　版：陈智慧
出版发行：西南大学出版社
　　　　　地址：重庆市北碚区天生路2号　邮编：400715
　　　　　市场营销部电话：023-68868624
印　　刷：重庆市涪陵区夏氏印务有限公司
成品尺寸：185 mm×260 mm
印　　张：25.75
字　　数：595千字
版　　次：2024年4月　第1版
印　　次：2024年4月　第1次印刷
书　　号：ISBN 978-7-5697-1860-7
定　　价：69.00元

编委会

序

　　科技是国家强盛之基。根据国家战略部署,我国要推进科技自立自强,到二○三五年,科技自立自强能力显著提升,科技实力大幅跃升,建成科技强国。党的二十大报告明确提出"教育、科技、人才是全面建设社会主义现代化国家的基础性、战略性支撑"。习近平总书记指出:"要在教育'双减'中做好科学教育加法,激发青少年好奇心、想象力、探求欲,培育具备科学家潜质、愿意献身科学研究事业的青少年群体。"

　　世界科技强国都十分重视中小学科学教育。我国自2017年以来,从小学一年级开始全面开设科学课,把培养学生的科学素养纳入科学课程目标。这标志着我国小学科学教育事业步入了新的发展阶段。

　　高素质科学教师是高质量中小学科学教育开展的中坚力量。为建设高质量科学教育、发挥科学教育的育人功能,需要培养和发展一大批高素质的专业科学教师。2022年教育部办公厅印发的《关于加强小学科学教师培养的通知》提出"从源头上加强本科及以上层次高素质专业化小学科学教师供给,提高科学教育水平,夯实创新人才培养基础"。围绕这一建设目标,进行高质量科学教师培养具有重要的现实意义。而培养高素质的科学教师,需要高质量的教材作为依托。

　　为此,西南大学出版社响应国家号召,以培养高素质中小学科学教师为目标,组织国内相关领域专家精心编写了这套"高等院校科学教育专业系列教材"。这套教材内容紧密对接科学前沿与社会发展需求,紧跟科技发展趋势,及时更新知识体系,反映学科专业新成果、新思想、新方法。同时,这套教材充分考虑教学实践环节的设计,通过实验指导、案例分析、项目研讨等形式,使学生在"做中学",在实践中深化理论认识,提升科研技能。另外,这套教材秉持科学精神内核,将严谨的科研方法、科学发展的历史脉络、科学家的创新故事等融入各章节之中,培养学生的专业知识与技能、科学实践能力、科学观念、科学思维、科学方法、科学态度等。

该套教材走在了时代前沿,以培养高素质科学教育师资为宗旨,融思想性、科学性、时代性、创新性、系统性、可读性为一体,可供高等院校科学教育专业、小学教育(科学方向)的大学生学习使用,也可以作为在职科学教师系统提升专业素养的继续教育教材和参考读物。

　　我相信,通过对这套教材的系统学习,大学生和科学教师们将能够领略到科学的魅力,感受到科学的力量,成为具备科学素养和创新精神的新时代高素质中小学科学教师,为加强我国中小学科学教育,推进我国科技强国建设做出应有的贡献。

中国科学院院士,中国科学院古脊椎动物与古人类研究所研究员

2024年5月

编者的话

进入21世纪,我国于2001年开启了第八次基础教育课程改革。本次课程改革的亮点之一是在小学和初中首次开设综合性课程——科学。科学课程涉及物质科学、生命科学、地球与宇宙科学等自然科学领域,这给承担科学课程教学任务的教师提出了严峻的挑战。谁来教科学课?这对以培养中小学教师为己任的高等师范院校提出了新的时代要求,同时也为其创造了发展机遇。时代呼唤高校设置科学教育专业以培养专业化的高素质综合科学师资。在这一时代背景下,重庆师范大学在全国率先申报科学教育本科专业,并于2001年获得教育部批准,2002年正式招生。此后,全国先后有不少高等院校设置了科学教育专业。截至2024年4月,教育部批准设置科学教育本科专业的高等院校达到99所,覆盖全国31个省(区、市)。20余年来,高校对科学教育专业人才培养进行了不少的探索与实践,为基础教育科学课程改革培养了大批高素质专业化的师资队伍,为推进科学课程的有效实施作出了应有的贡献。但长期以来,科学教育专业人才培养存在一个非常大的困境,就是科学教育专业使用的教材均为物理、化学、生物、地理等专业本科课程教材,缺乏完整系统的科学教育专业教材,导致科学教育专业人才培养的教材缺乏针对性、实用性。

教材是课程实施的重要载体,是高等院校专业建设最基本和最重要的资源之一。2022年1月16日,由重庆师范大学科技教育与传播研究中心主办、西南大学出版社承办的"新文科背景下融合STEM教育理念的科学教育专业课程体系及教材建设研讨会"在西南大学出版社召开。来自西南大学、重庆师范大学、浙江师范大学、河北师范大学、杭州师范大学、湖南第一师范学院等近30所高等院校80余名科学教育专业的专家、学者,以及西南大学出版社领导和编辑参加了线上线下研讨。与会者基于高等教育内涵式发展、新文科建设、科学教育专业发展需求,共同探讨了科学教育专业课程体系,专业教材建设规划,教材编写的指导思想、理念、原则和要求等问题。在此基础

上,成立系列教材编委会。在教材编写过程中,我们力求体现以下特点:

第一,科学性与思想性结合。科学性要求教材内容的层次性、系统性符合学科逻辑;内容准确无误、图表规范、表述清晰、文字简练、资料可靠、案例典型。思想性着力体现"课程思政",在传授科学理论知识的同时,注意科学思想、科学精神、科学态度的渗透。

第二,时代性与创新性结合。教材尽可能反映21世纪国内外科技最新发展、高等教育改革趋势、科学教育改革发展、科学教师教育发展趋势,以及我国新文科建设的新理念、新成果。力求教材体系结构创新、内容选取创新、呈现方式创新。体现跨学科融合,充分体现STEM教育理念,实现跨学科学习。

第三,基础性与发展性结合。关注科学教育专业学生的专业核心素养形成和科学教学技能训练,包括专业知识与技能、科学实践能力、跨学科整合能力、科学观念、科学思维、科学方法等。同时,关注该专业大学生的可持续发展,激发其好奇心和求知欲,为其将来进一步学习深造奠定基础。

本系列教材编写期间,恰逢我国为推进科学教育改革发展和加强科学教师培养先后出台了系列文件。比如,2021年6月国务院印发的《全民科学素质行动规划纲要(2021—2035年)》在"青少年科学素质提升行动"中强调,实施教师科学素质提升工程,将科学教育和创新人才培养作为重要内容,推动高等师范院校和综合性大学开设科学教育本科专业,扩大招生规模。2022年4月,教育部颁布《义务教育科学课程标准(2022年版)》,科学课程目标、课程理念和课程内容的改革对中小学科学教师的专业素质提出了新的挑战。2022年5月,教育部办公厅发布《关于加强小学科学教师培养的通知》,要求建强一批培养小学科学教师的师范类专业,建强科学教育专业,扩大招生规模,从源头上加强本科及以上层次高素质专业化小学科学教师供给,提高科学教育水平,夯实创新人才培养基础。2023年5月,教育部等十八部门发布《关于加强新时代中小学科学教育工作的意见》,强调加强师资队伍建设,增加并建强一批培养中小学科学类课程教师的师范类专业,从源头上加强高素质专业化科学类课程教师供给。

当今世界科学技术日新月异,同时也正经历百年未有之大变局。党的二十大报告明确提出"教育、科技、人才是全面建设社会主义现代化国家的基础性、战略性支撑"。2023年2月,习近平总书记在二十届中共中央政治局第三次集体学习时指出"要在教育'双减'中做好科学教育加法",为加强我国新时代科学教育提出了根本遵循。世界发达国家的经验表明,科学教育是提升国家竞争力、培养创新人才、提高全民科学素质的重要基础。高素质、专业化的中小学科学教师是推动科学教育高质量发展的关键。当前,高等院校应该把培养高素质中小学科学教师作为重要的使命担当,加强在中小学科学教育师资职前培养和职后培训方面的能力建设,保障中小学科学教师高质量供给。没有高质量的教材就没有高质量的科学教师培养。因此,编写出版高等院校科学教育专业教材是解决当前我国科学教育专业人才培养问题的紧迫需要,是科学教育专业发展的根本要求,具有重要的现实意义。

该套教材在编写过程中得到了我国古生物学家、中国科学院周忠和院士的关心与鼓励,在此表示衷心的感谢和崇高的敬意! 同时对西南大学领导和西南大学出版社的高度重视和支持表示诚挚的感谢! 对编写过程中我们引用过的相关著述的作者表示真诚的谢意! 由于系列教材编写的工作量巨大,编写的时间紧,加之编者的水平有限,教材难免存在一些不足,敬请广大的读者朋友批评指正。

林长春

于重庆师范大学师大苑

2024年5月20日

前　言

　　人工智能是研究、开发用于模拟、延伸和扩展人类智能的理论、方法、技术及应用系统的一门新兴学科。长期以来，智能与智能的本质就是古今中外许多哲学家和脑科学家一直在努力探索和持续研究的问题，但至今尚未完全研究清楚。现在人们普遍认为，人工智能是指能够让计算机像人一样拥有智能，可以代替人类实现识别、认知、分析和决策等多种高级智能的高新技术。

　　人工智能是社会发展和科技创新的产物，是促进国家繁荣、社会发展、科技进步、人民幸福的重要科技形态。人工智能发展至今，已经成为新一轮科技革命和产业变革的核心驱动力和主要支撑点，正在对世界经济、社会治理和人民生活产生极其深刻的影响。对世界经济而言，人工智能是引领未来人类社会发展的战略性技术，全球主要国家及地区都把发展人工智能作为提升国家竞争力、推动国家经济增长的重大战略；对社会建设而言，人工智能为社会治理提供了全新的解题思路和技术方案，将人工智能运用到社会治理中，是降低治理成本、提高治理效率、减少治理干扰的最直接、最有效的方式；对人民生活而言，深度学习、图像识别、语音识别等人工智能技术已经广泛应用于智能终端、智能家居、移动支付等领域，改变着人民的生活面貌，给人民的生活带来种种便利。未来，人工智能还将在教育、医疗、出行等与人民生活息息相关的领域里发挥出更为显著的作用，为普通民众提供覆盖面更广、体验感更优、便利性更佳的生活服务。

　　当前，人工智能已获得越来越广泛的应用，已深入渗透到其他学科和科技领域，为这些学科和领域的发展做出了不可磨灭的贡献，并为人工智能理论和应用研究提供了新的发展思路与正确借鉴。为了让社会公众，尤其是大学生群体对人工智能拥有更加清晰、更加准确、更加科学和更加全面的认识与了解，本编委会经过系统构思、审慎考量、仔细规划、认真讨论，确定了《人工智能基础教程》的撰写思路与体裁风格。经过编委会全体成员长达八个月的齐心协力、共同攻关，终于使本教材完成撰写工作。

本教程含十一章,分别是第一章人工智能的诞生与应用;第二章人工智能的基本概念、主要内容、常用方法与关键技术;第三章图搜索与问题求解;第四章自动规划与配置;第五章非单调推理与软计算;第六章知识表示与机器推理;第七章机器学习与知识发现;第八章机器感知、模式识别与语言交流;第九章智能计算机与智能化网络;第十章人工智能开发工具和第十一章人工智能实用系统。上述章节系统阐述了人工智能的基本原理和发展沿革,科学建构了人工智能理论系统和技术体系的基本框架,全面涵盖了人工智能相关分支领域的基本知识,深入展示了人工智能的新进展和新成果。

本教程是编委会倾心、倾情、倾力打造的成果,体系严谨、内容丰富、论述准确、案例精到、体裁新颖、条分缕析、叙述简洁、图文并茂、深入浅出、引人入胜。本教程每一章开篇时都有学习目标、思维导图,结尾处都有本章小结、思考与练习、推荐阅读,写作时特别注重科学性、规范性、逻辑性、严谨性,同时还突出了知识性、趣味性、生动性、时代性。所以本教程特别适合高等院校科学教育专业或其他相关专业的本科生和研究生作为人工智能课程的通用教材使用,还可作为人工智能的参考读物和学习用书供广大科技工作者使用。

本教程的主编有罗庆生、罗霄;副主编有钟绍波、陈科山、赵建伟、常青;编委有蒋建峰、乔立军、姚志广、张娜。他们每一个人对本教程的工作都贡献甚大,有的参加了本教程的整体规划与修改整合;有的参加了主要章节的撰写与完善;有的参加了部分内容的写作与补充。本教程付印之际,对编委会每一位专家的付出都表示衷心的感谢!

应当看到,本教程的撰写与出版具有重要意义,对我国师范类院校科学教育专业的建设以至对将来我国青少年科技素质的培育具有深远影响,相信在不久的将来,人工智能技术和人工智能教育一定会为我国自立、自强于世界民族之林做出巨大的贡献。

本教程在撰写过程中,参考、借鉴了国内外许多专家、学者的真知灼见,引用、转述了国内外许多媒体、文章的高评阔论,这些都对本教程启发甚大、帮助甚多。在此,表示深切的谢意! 尤其应当指出的是,在本教程撰写过程中,重庆师范大学初等教育学院时任院长林长春教授和西南大学出版社的领导给予了宝贵的指导和大力的支持,在此,也表示满满的谢意和深深的祝福!

罗庆生、罗霄

2022年8月于北京

目 录

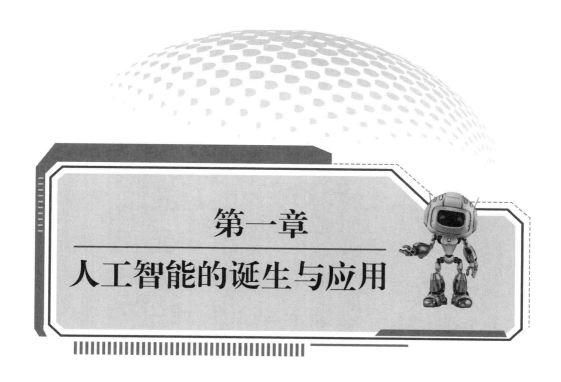

第一章
人工智能的诞生与应用

　　发展至今，人工智能已经涉及了计算机科学、认知科学、神经生理学、仿生学、心理学、哲学、数理逻辑、信息论、控制论等多个学科，是在这些学科研究基础之上发展起来的综合性很强的交叉性学科，也是当今社会计算机科学中最为活跃、最受关注、最有前途的分支之一。随着互联网技术和相关硬件设备的不断进步，人工智能在多个领域得到了迅速发展，并渗入人类生活的方方面面。

　　本章将首先介绍人工智能的发展简史，然后简要介绍当前人工智能的主要研究内容及主要研究领域，以开阔读者的视野，使读者对人工智能极其广阔的研究与应用领域有一个总体的了解。

☆ 学习目标

（1）了解人工智能的基本概念与发展简况。

（2）了解人工智能的研究内容与应用领域。

（3）了解人工智能的各个分支领域及其主要成就。

（4）了解人工智能研究领域的各种学派及其主要工作。

🜚 思维导图

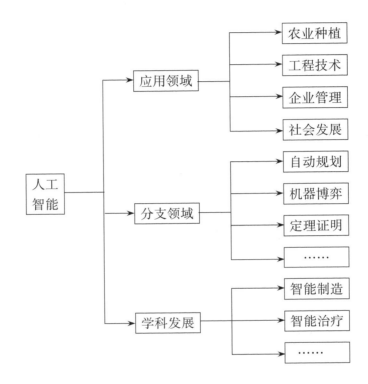

第一节 人工智能的诞生

一、人工智能的发端

1. 人工智能的定义

人工智能（Artificial Intelligence，简称AI）是研究、开发用于模拟、延伸和扩展人类智能的理论、方法、技术及应用系统的一门学科。智能与智能的本质是古今中外许多哲学家和脑科学家一直在努力探索和持续研究的问题，但至今尚未完全研究清楚。因此，迄今为止，学术界也没有给人工智能做出一个明确的定义。下面，列举部分学者对人工智能的描述[1]：

（1）人工智能是某些活动（与人的思想、决策、问题求解和学习等有关的活动）的自动化过程。

（2）人工智能是一种使计算机能够思维，使计算机具有智力的激动人心的新尝试。

（3）人工智能是用计算机模型研究智力行为的技术。

（4）人工智能是一种能够自主执行人类智能行为的技术。

（5）人工智能是一门通过计算过程力图理解和模仿智能行为的学科[2]。

（6）人工智能研究如何使计算机做事才能够让人过得更好。

（7）人工智能是计算机科学中与智能行为的自动化有关的一个分支。

（8）人工智能研究和设计具有智能行为的计算机程序，可执行人或动物所具有的智能行为。

通过分析上述学者们关于人工智能的描述，可将人工智能理解为：人工智能是指能够让计算机像人一样拥有智能，可以代替人类实现识别、认知、分析和决策等多种功能的技术。例如，智能服务机器人（见图1-1）能够将语音识别成文字，然后进行分析理解并与客户进行对话，最后为客户提供周到的服务。

图1-1 生活中的智能服务机器人

2. 人工智能的发端阶段

1956年，人工智能作为一门新兴学科被正式提出，自此之后，它获得持续发展并取得惊人成就，其成长和壮大的历史可归结为发端、诞生、发展这三个阶段[3]。

发端阶段主要是指1956年以前。自古以来，人们就一直试图用各种机器来代替人的部分脑力劳动，以提高人们征服自然、改造自然的能力，其中对人工智能的产生、发展具有重大影响的主要研究成果包括：

早在公元前384—公元前322年，亚里士多德（Aristotle）就在其惊世名著《工具论》中提出了形式逻辑的一些主要定律，其中三段论至今仍是演绎推理的基本依据。17世纪，英国哲学家培根（Francis Bacon）曾系统地提出了归纳法，还说出"知识就是力量"的警句。这对研究人类的思维过程，以及自20世纪70年代人工智能转向以知识为中心的研究都产生了重要的影响。

被誉为17世纪的亚里士多德的德国数学家和哲学家莱布尼茨(Gottfried Wilhelm von Leibniz),提出了万能符号和推理计算的思想,他认为可以建立一种通用的符号语言以及在此符号语言上进行推理的演算。这一思想不仅为数理逻辑的产生和发展奠定了基础,而且是现代机器思维设计思想的萌芽。后来,英国逻辑学家布尔(George Boole)致力于使思维规律形式化和实现机械化,并创立了布尔代数。19世纪中期,他在其出版的《思维法则》一书中首次用符号语言描述了思维活动的基本推理法则。1936年,英国数学家图灵(Alan Mathison Turing)提出了一种理想计算机的数学模型,即图灵机,为后来电子数字计算机的问世奠定了理论基础。

1943年,美国神经生理学家麦克洛奇(W. McCulloch)与匹兹(W. Pitts)建成了第一个神经网络模型(M-P模型),开创了微观人工智能的研究领域,为后来人工神经网络的研究奠定了基础。在1937年至1941年期间,美国爱荷华州立大学的阿塔纳索夫(John Vincent Atanasoff)教授和其研究生贝瑞(Clifford Berry)开发出了世界上第一台电子计算机"阿塔纳索夫-贝瑞计算机(Atanasoff-Berry Computer,简称ABC)",为人工智能的研究奠定了物质基础。需要说明的是:世界上第一台电子计算机并不是许多书上所说的由美国的莫克利和埃克特在1946年发明的。这是美国科学史上的一桩著名公案。

由上面的历史沿革可以看出,人工智能的产生和发展绝不是偶然的,它是人类科学技术发展的必然产物。

二、人工智能的诞生

人工智能的诞生阶段主要是指1956—1969年。1956年,时任达特茅斯大学数学助教、后任斯坦福大学教授的麦卡锡(J. McCarthy)联合哈佛大学数学和神经学家及麻省理工学院教授明斯基(M. L. Minsky)、IBM公司信息研究中心负责人洛切斯特(N.Lochester)、贝尔实验室信息部数学研究员香农(C. E. Shannon)等人共同倡议,并邀请普林斯顿大学的莫尔(T.Moore)和IBM公司的塞缪尔(A. L. Samuel)、麻省理工学院的塞尔夫里奇(O.Selfridge)和索罗莫夫(R. Solomonff)以及兰德(RAND)公司和卡内基梅隆大学的纽厄尔(A.Newell)、西蒙(H. A. Simon)等在美国达特茅斯大学召开了一次为时两个月的学术研讨会,专门讨论关于机器智能的若干问题。会上经麦卡锡提议正式采用了"人工智能"这一术语。麦卡锡因而被称为人工智能之父。这在人工智能的发展史上是一次具有历史意义的重要会议,它标志着人工智能作为一门新兴学科正式诞生了。此后,美国成立了多个人工智能研究组织,如纽厄尔和西蒙的Carnegie-RAND协作组、明斯基和麦卡锡的MIT研究组、塞缪尔的IBM工程研究组等。自这次会议之后的10多年间,人工智能的研究在机器学习、定理证明、模式识别、问题求解、专家系统及人工智能语言等方面都取得了许多引人注目的成就,具体如下。

在机器学习方面:1957年,弗兰克·罗森布兰特(Frank Rosenblatt)成功研制了感知机(Perceptron)。这是一种将神经元用于识别的系统,它的学习功能引起了人们的广泛关注与极大兴趣,推动了连接机制的研究,但人们很快发现了感知器的局限性。

在定理证明方面:1958年,美籍华人数理逻辑学家王浩在IBM-704机器上仅用3~5 min的时间就证明了《数学原理》中有关命题演算的全部定理(220条),并且还证明了谓词演算150条定理中的85%,其速度不可谓不快,效率不可谓不高。1965年,鲁宾逊(J. A. Robinson)提出了归结原理,为定理的机器证明做出了突破性的贡献。

在模式识别方面:1959年,塞尔夫里奇推出了一个模式识别程序;1965年,罗伯特(Roberts)编制出了一个可分辨积木构造的程序。

在问题求解方面:1960年,纽厄尔等人通过心理学试验总结出了人们求解问题的思维规律,并编制出了通用解题者(General Problem Solver,GPS),可以用来求解11种不同类型的问题。

在专家系统方面:1965年,美国斯坦福大学的费根鲍姆(E. A. Feigenbaum)领导的研究小组开始了专家系统DENDRAL的研究,1968年系统建造完成并投入使用。该专家系统能根据质谱仪的实验,通过分析推理确定化合物的分子结构,其分析能力已接近甚至超过有关化学专家的水平,受到人们的好评,并在美、英等国得到了实际应用。该专家系统的研制成功不仅为人们提供了一个实用的专家系统,而且对知识表示、存储、获取、推理及利用等技术是一次非常有益的探索,为以后专家系统的建造树立了榜样,对人工智能的发展产生了深刻的影响,其意义远远超过了系统本身所创造的实用价值。

在人工智能语言方面:1960年,麦卡锡研制出了人工智能语言LISP(List Processing),该语言后来成为建造专家系统的重要工具。

需要特别指出的是,1969年成立的国际人工智能联合会议(International Joint Conferences on Artificial Intelligence,IJCAI)是人工智能发展史上一个重要的里程碑,它标志着人工智能这门新兴学科已经得到了世界科技界的认可。还有一个标志性的成果就是1970年创刊的国际性人工智能杂志*Artificial Intelligence*,该杂志对推动人工智能的发展,促进研究者们的合作交流起到了重要的作用。

三、人工智能的发展沿革

人工智能的发展阶段主要是指1970年以后至今的时段。进入20世纪70年代,许多国家都开展了人工智能的研究,涌现出了大量的研究成果。1972年,法国马赛大学的科麦瑞尔(A. Comerauer)提出并实现了逻辑程序设计语言PROLOG;同年,斯坦福大学的肖特利夫(E. H. Shortliffe)等人开始研制用于诊断和治疗感染性疾病的专家系统MYCIN。但是,与其他新兴学科的发展一样,人工智能的发展道路也是崎岖不平而非平坦的。例如,机器翻译的研究工作并不是像人们最初想象的那么容易。当时人们乐观甚至天真地认为只要一部双向词典及一些词法知识在手,就可以实现两种语言文字间的顺利互译。后来人们才惊讶地发现机器翻译远非这么简单。实际上,由机器翻译出来的文字有时会出现十分荒谬可笑的错误。比如,当把"眼不见,心不烦"的英语句子"Out of sight, out of mind"翻译成俄语的话,那就变成"又瞎又疯",让人啼笑皆非;当把"心有余而力不足"的英语句子"The spirit is willing but the flesh is weak"翻译成俄语,然后再翻译回来时,竟变成"The wine is good but the meat is spoiled",即"酒是好的,但肉变质了",让人莫名其妙;当把"光阴似箭"的英语句子"Time flies like an arrow"翻译成日语,然后再翻译回来的时候,竟变成了"苍蝇喜欢箭",让人忍俊不禁。由于机器翻译出现的这些问题,1960年美国政府顾问委员会的一份报告裁定:"还不存在通用的科学文本机器翻译,也没有很近的实现前景。"因此,英国、美国当时中断了对大部分机器翻译项目的资助。在其他方面,如问题求解、神经网络、机器学习等,也都遇到了困难,使人工智能的研究一时陷入了困境。

人工智能研究的先驱者们经过认真反思,总结了前一段研究的经验和教训。1977年,费根鲍姆在第五届国际人工智能联合会议上提出了"知识工程"的概念,对以知识为基础的智能系统的研究与建造起到了重要的促进作用。从那时起,大多数人接受了费根鲍姆关于以知识为中心展开人工智能研究的观点,于是人工智能的研究又迎来了蓬勃兴旺的以知识为中心的新发展时期。在这个时期中,专家系统的研究在多个领域中都取得了重大突破,各种不同功能、不同类型的专家系统如雨后春笋般地建立了起来,产生出了巨大的经济效益与社会效益。例如,地矿勘探专家系统PROSPECTOR拥有15种矿藏知识,能根据岩石标本及地质勘探数据对矿藏资源进行估计和预测,能对矿床分布、储藏量、品位及开采价值进行推断,制订合理的开采方案。应用该系统,人们成功地找到了价值超亿美元的钼矿。专家系统MYCIN能识别51种病菌,还能正确地处理23种抗生素,可协助医生诊断、治疗细菌感染性血液病,为患者提供最佳处方。该系统成功地处理了数百个病例,并通过了严格的测试,显示出了较高的医疗水平。美国DEC公司的专家系统XCON能根据用户要求确定计算机的配置,由专家做这项工作一般需要3小时,而该系统只需要0.5分钟。DEC公司还建立了另外一些专家系统,由此产生的净收益每年超过4000万美元。信用卡认证辅助决策专家系统American Express能够防止不应有的损失,据说每年可节省2700万美元左右。

专家系统的日益成功使人们越来越清楚地认识到知识是智能的基础,对人工智能的研究必须以知识为中心来进行。在这种认识的驱动下,人们对知识的表示、利用及获取等的研究取得了较大的进展,特别是对不确定性知识的表示与推理取得了突破,建立了主观贝叶斯(Bayes)理论、确定性理论、证据理论等,对人工智能中模式识别、自然语言理解等领域的发展提供了有力支持,解决了许多理论和技术上的问题。

人工智能在博弈中的成功应用举世瞩目、引人遐思。长久以来,人们对博弈的研究一直抱有浓厚的兴趣,早在1956年人工智能刚刚作为一门学科问世时,塞缪尔就研制出了跳棋程序。这个程序能从棋谱中学习，也能从下棋实践中提高自身的棋艺。1959年，这个程度击败了塞缪尔本人，1962年它又击败了一个州的冠军。1991年8月，在悉尼举行的第12届国际人工智能联合会议上，IBM公司研制的"深思"（Deep Thought）计算机系统就与澳大利亚象棋冠军约翰森（D. Johansen）举行了一场人机对抗赛，结果以1∶1平局告终。早在1957年，西蒙就曾预测计算机能在10年内击败人类的世界冠军。虽然该预测在10年内并没有实现，但40年后，"深蓝"计算机就彻底击败了国际象棋棋王卡斯帕罗夫（Kasparov），预言成真，只是比预测期限晚到了30年。

图1-2　女性机器人索菲亚

20世纪90年代之后，产业的提质改造与升级、智能制造和服务民生的需求，促使机器人学向智能化方向迅猛发展，一股机器人化的新热潮正在全球蓬勃兴起，席卷世界。智能机器人已成为人工智能研究与应用的一个蓬勃发展的新领域。2017年10月，在沙特阿拉伯首都利雅得举行的"未来投资倡议"大会上，女性机器人索菲亚（见图1-2）被授予沙特公民身份，她也因此成为全球首个获得公民身份的机器人[4]。2017年5月，世界冠军柯洁和AlphaGo举行了一场围棋人机大战，结果柯洁被AlphaGo斩落马下，人类大脑输给了人工智能。

当前，人工智能已获得越来越广泛的应用，已深入渗透到其他学科和科技领域，为这些学科和领域的发展做出了不可磨灭的贡献，并为人工智能理论和应用研究提供了新的发展思路与正确借鉴。例如，对生物信息学、生物机器人学和基因组的研究就是如此。

第二节　人工智能的应用

一、人工智能在农业种植方面的应用

"民以食为天"，农业的发展对人类社会的发展起着极其重要的作用，人们理所当然地会将人工智能的研究成果运用到农业上去。实际上，人工智能在农业种植领域的应用不仅意义重大，而且起步较早。20世纪初，人们就提出了在农业领域引用人工智能技术的想法。随着人工智能在农业领域应用的不断深化，也随着人工智能在其他多个领域的推广应用,农业领域可资借鉴的经验越来越丰富,农业生产必将更加智能化。

当前,人工智能在农业领域的应用贯穿于农业生产的整个过程,为农业生产在产前、产中、产后各环节的工作提供极其有力的帮助,逐步实现了农业生产自动化、智能化管理,并且有效地提升了农业生产的质量和效率,其典型表现就是人工智能极大改变了传统的农业生产方式,促进了农业生产水平的快速提升。众所周知,农业生产需要投入高强度的劳动,但随着近年来我国农村人口总量的不断减少,以及我国人口老龄化程度的不断加深,农业生产中可用壮劳力的数量日益降低,严重影响了我国农业生产的可持续发展,从而为粮食的安全生产敲响了警钟。人工智能技术的出现在很大程度上改变了这一不利局面,使作物耕种、畜禽喂养、农作物采集收割等一些劳动强度高、体力消耗大的生产活动能够借助各种农业机械和农业机器人来完成,从而大幅降低农业生产人员的劳动强度和人工成本,并显著提升了农业生产的经济效益。另外,在农产品加工、农产品质量检测等工作中,应用人工智能技术可有效提升相关环节的工作效率与工作质量,使我国农业生产能够为社会大众提供更优质、更安全、更丰富的农产品,这也是人工智能在农业领域应用的根本意义所在。

1. 控制灌溉

人们可以利用人工智能技术来随时监测农作物的生长环境,并以农作物的生长需求为依据进行调控,比如智能化灌溉作物[5]。在智能化灌溉中,主要是分析农作物的需水量并将灌溉用水量控制到最佳状态,以满足农作物在不同生长阶段的不同生长需要,同时达到节约用水、高效用水的目的。这一技术的应用效果主要依赖于智能灌溉系统,人工神经网络等智能技术可以让灌溉系统具备更加完善的学习能力和更加合理的控制能力。智能灌溉控制系统不单单可以分析与控制农作物的用水情况,还能应用大数据深入分析所在地区的气候数据和水文气象信息等,制订更加完善的灌溉计划。此外,连接了灌溉设备、传感器以及灌溉系统之后能实时监测土壤的含水量,准确计算灌溉用水量,从而选择更为科学的灌溉模式。

2. 识别病虫害

在农作物的生长过程中经常会发生各种病虫害,如影随形的病虫害将会影响农作物的生长,若病虫害情况严重则会大幅度降低农产品的产量与品质。要想提高农业生产的经济效益,就必须进行病虫害防控。在病虫害防控中,人工智能技术可是大有用武之地,人们可以利用机器视觉技术、人工智能学习方法等来详细分析与准确识别各种病虫害,有的放矢地制定出科学合理的防控措施。在实际工作中,为了准确识别病虫害,应建立专业的病虫害知识库与防治方法库,应用专门的方法提取病斑的各种参数,以不同的病虫害参数为基础对其进行准确分类,之后再建立良好的分类数据库,如此就能在实际的操作中有效地识别不同病虫害的类别。需要说明的是,识别农作物主要是依靠计算机视觉图像技术来进行的,应用这一技术能够帮助人们科学地区分农作物与杂草,有利于开展物理除草工作,减少各种除草剂的使用,在提高农产品质量和产量的同时,达到保护环境、为人类多做贡献的目的。

3. 农产品电商运营

对于农民朋友来说,农产品销售是获得收益的一个重要环节。当前,我国电子商务快速发展,为了保障农民的正当收益,要在传统销售模式的基础上应用线上销售模式,通过线上线下融合,提高农产品的销售量,增加农民的收入。从线上销售渠道分析,主要是依赖于农产品电商运营,它不仅拓宽了农产品的销售渠道,而且在提高销售量的同时还为农产品销售业的发展提供了机遇。从农产品电商运营的优势来分析,可以应用电商物流促进产品流通,其运输成本与线下销售相比更低。在农产品电商运营过程中,通过应用人工智能技术可制定更加科学、更为灵活的生产与销售途径,在把握好农产品市场行情的同时,还能避免因为价格波动较大而降低农民的经济效益。此外,在运营过程中也可以充分应用大数据、人工智能等技术分析消费者的行为与习惯,挖掘目标客户,推送针对性更强的农产品信息,在提高交易成功率的同时,又能达到增加效益的作用。应用人工智能技术,也能辅助农产品电商运营企业实现客户咨询智能化的目标,实现24 h在线咨询服务,让客户能随时、随地了解农产品,提高交易率。

近几年来,人工智能技术在我国农业领域的应用范围在不断扩大,应用水平也在不断提升,就连新型农业采摘机器人也走近农民身边(见图1-3),帮助农民增产增收。人工智能技术不仅有效提升了农业的生产效率,还减少了农业生产过程中的资源浪费,有利于我国生态农业、绿色农业建设工作的快速发展[6]。

图1-3 西红柿采摘机器人

二、人工智能在工程技术方面的应用

自诞生之日起,人工智能已经被人们广泛、深入地引入金融、家电、机械、医疗、农业等行业,并对这些行业产生革命性、引领性的影响。但相比之下,人工智能在工程建设领域应用的广度和深度还不尽如人意,尚处于初步应用阶段。本节将概要性介绍与分析人工智能在工程建设的规划、决策、设计、施工、运营维护等不同方面的应用情况,为行业的发展提供借鉴与参考。

1. 规划与决策

当前,人工智能主要被用来处理工程技术领域的文本数据,以提升工程造价估算、工程预算评测的准确性。通过构建反向传播(Back propagation,BP)人工神经网络模型,可减小工程造价估算的误差值,融合遗传算法可使神经网络连接权进一步优化,提高权值的准确度。基于人工智能的智能型建筑工程预算系统可以从根本上解决工程建设项目的预算工作质量过度依赖预算人员自身经验和工作水平的问题,将工作速度提高至10倍以上,预算精度可高达99.9%。

2. 设计

如果要在工程设计领域应用人工智能技术,就离不开算法和数据这两项必要条件。经过多年的积累与完善,目前我国工程建设领域已经基本具备这两方面的条件。在算法方面,人们可以借助计算机相关算法将工程设计领域早已完善的规范和标准表达成运算规则;在数据方面,无论是设计数据的开源性程度,还是数据的积累化程度,都已经具备较高水平。换言之,就是我国工程设计领域已经为人工智能技术的引入和应用奠定了较为坚实的基础。

我国在隧道建设、工程建筑方面的成就举世闻名,这些领域也是开展人工智能应用的好战场。在上述建设领域,基于数值分析的智能方法库和专家咨询系统都能给人们极大的便利和帮助,特别是这些方法库和咨询系统中的典型案例,以及它们通过类比研究、修正、优化所得出的半经验、半理论分析模型,都能极大地优化和改善隧道工程的设计效果;以插件的方式将人工智能技术应用于工程设计软件,可帮助设计方提供建筑项目的所有电气、管线等排列方案。例如,目前在建筑、地铁、隧道、市政、水利等工程项目设计中备受推崇的"建筑信息模型"(BIM)中的 Autodesk Revit,以及基于该模型设计的一款插件 Gen-MEP,能够利用人工智能自动完成建筑物的管线配置。实际上,GenMEP 是通过机器学习来探索解决方案的所有可能排列,快速建立机电管线的 3D 模型,同时确保机电管线系统的路径不会与建筑物结构发生冲突,经过多次重复测试,归纳出有效的设计,给设计人员带来极大的方便性,从而大幅提高设计效率。

3. 施工

我国堪称"基建狂魔",人工智能的加入,可使我国的施工建设如虎添翼。目前人工智能在工程施工方面的应用主要包括施工安全管理、施工信息管理和施工设备操作三个方向,下面分别予以介绍:

(1)施工安全管理。凭借基于图像自动识别分析的视频AI技术,我国实现了对工程施工现场人、财、物的监控及远程管理。AI系统不仅可以识别人员、物料、人员正常行为和危险行为等信息,还可预先设定危险区域、危险时间、危险行为和非规范操作等,可以对出现的危险状态提前进行告警,确保施工安全。基于SLIM推荐算法(稀疏线性推荐算法,是一种使用机器学习算法-坐标下降法来进行的推荐算法)对施工场地内的实时状态进行扫描和建模,可帮助施工管理人员实时掌握现场的建设动态,提高管理的有效性和实时性。

(2)施工信息管理。在工程施工方面,专家系统、管理系统和制造系统构成了智能化施工系统。当前,由知识库和知识库管理系统组成的专家系统能够使用知识和推理程序来解决以往必须采用大量人类专门知识和专项能力才能够解决的复杂问题;管理系统则基于人工智能领域中的专家系统、知识工程、模式识别、人工神经网络等现代科学技术和方法,利用计算机数据库技术实现对建筑施工和建筑施工现场信息的综合化管理,从而提高施工信息管理水平。

(3)施工设备操作。作为典型的传统行业,工程建设领域始终面临着一线劳动力(如操作工、技工、现场施工员等)急剧减少和用工成本与日俱增的现实困境。因此,采用智能机器人代替一线操作工已成为企业赶超先进水平、紧跟时代发展步伐的必然选项。智能机器人作为人工智能发展的一个重要产物,拥有着人类员工难以超越的高强度、高效率、低误差、低风险等优势。我国著名企业"三一重工"自主研发的智能无人驾驶压路机,可以自动规划出最优施工路径,通过导航传感器保持设定位置、航向和车轮转角精准执行,可进行自动导航行驶、碾压、转向操作,目前已用于雄安新区和G105京澳线的道路工程建设。"三一重工"开发的配置了3D找平系统和红外温度监控系统的智能无人摊铺机等无人设备,解决了传统人工参与打桩、拉钢线和平衡梁等作业可能导致的施工质量问题,并能够避免在高温或低温情况下连续摊铺作业所极易产生的施工安全问题。

4. 运营维护

对于工程项目运营维护领域来说,人工智能技术的主要切入点包括设施安全质量监测与养护维修、运营管理两个方面。下面予以简要介绍:

(1)设施安全质量监测与养护维修。对于一些已经建成并正常运营的工程建筑(例如,桥梁、道路、房屋等)来说,在其长期的服役过程中,不可避免地会受到地质、气候、灾害(包括自然、人为和突发灾害)等不同因素的影响,因而会产生裂缝、变形、脱落等不同类型、不同程度的伤害。在通常情况下,人们无法精准、及时地发现并评估这些伤害,因而形成巨大的隐患。一旦这些隐患突然爆发,就会带来伤害和损失。人工智能技术在监测和评估隐患方面有着特殊功能,因而设施安全监测成为人工智能技术进入工程领域的一个切入点。

(2)运营管理。在工程运营阶段,将人工智能技术应用至管理工作中,可以显著提升工作效率、提高管理水平、改进服务质量。例如,利用人工智能技术模拟人的神经网络,可对水利项目的动态状态进行精确模拟,预测水位变化情况,系统性掌控整个水利项目的运行动态;还可采用遗传算法为水利工程管理中的某个具体问题进行正确的诊断并及时地处理,从而确保水利工程管理手段和步骤的高效性、顺利性和先进性。此外,通过构建全方位的智能化管理服务体系,人工智能技术还可以帮助运营方实现智能化全程管理,降低人工管理成本和资源消耗。例如,全智能照明系统、暖通自主调节系统等都是人工智能技术在运营管理中的成功案例。

通过梳理与分析人工智能技术在工程建设领域不同方面的应用情况,可知当前人工智能技术在工程施工与运营维护领域应用较多、成效较好,但它们多以监测、检测和局部控制为主,尚未出现集全部分、全驱动、全过程、全兼容等诸多特点于一体的人工智能技术应用情况,由此表明在这个方面人工智能技术还是大有可为的。

三、人工智能在企业管理方面的应用

企业管理是对企业生产经营活动进行计划、组织、指挥、协调和控制等活动的总称,需要尽可能利用企业的人力、物力、财力、信息等资源,实现多、快、好、省的管理目标,取得最大的投入产出效率。相关调查指出,管理人员会将大约一半的时间用于行政协调和控制等任务,而这部分工作在不久的将来很有可能会被人工智能技术所接管。人工智能技术的介入必将帮助企业提高产品质量和提升管理人员的工作效率,使企业更具竞争力。从现在的发展趋势来看,人工智能技术在企业管理中的作用将从以下四个方面凸显出来:

1. AI 在生产管理中的应用

(1)生产过程管理。在生产计划及过程管理中,项目中的相互依存关系和外部变化使得项目结果变得难以预测[7]。现代管理技术(如敏捷生产和持续交付)旨在通过渐进式工作来减少不确定性,但仍不能保证最终的项目交付。项目中的风险始终是概率性事件,而人类的思维并不擅长进行基于风险的概率管理,特别是当面临许多不同的可能事件时,这种不足就显得格外明显。与上述情况不同的是,使用机器学习技术可以预测项目结果,例如使用现有数据,如项目各阶段计划开始及结束日期,可以了解团队所完成的项目比例,并预测项目是否可以准时交付,还可有效消除项目执行过程中的风险,从而使项目更高效。比如,某个文件应该在某个特定的日期交付,但到期时并未及时提交,出现了遗漏,这种情况放在人类员工身上是很有可能发生的。机器人却不然,它会忠于职守,牢记这个时刻,进行及时提醒。

(2)库存物品管理。利用人工智能技术可使企业对市场未来发展趋势做出更为准确、更为及时的预测,从而能够帮助企业更加科学、更加周密地安排生产计划,实现产品生产与市场需求之间的高效匹配。在满足市场需求的前提下,应使企业保持最低库存,在理想情况下甚至应达到零库存,这样才能增强企业(尤其是制造型企业)的灵活性和应变性。另外,当市场需求频繁发生变化时,采用人工处理方式,通常很难及时、准确地对相应运行指标进行合理调整,因而无法对反映企业产品质量、产量、消耗与成本等的综合生产指标实施优化控制,从而导致产品质量下降、生产效率降低、企业运行能耗增加。采用人工智能技术对复杂工业过程进行智能优化决策,能够在最短时间内感知生产过程的各种变化,从而对反映企业产品质量、产量、消耗与成本等的综合生产指标与控制指令做出准确调整,以保证企业整体生产流程的优化运行。

(3)产品质量管理。人工智能技术可帮助企业提升质检水平,利用人工智能技术对生产线各个环节进行实时监控,并利用视觉检测技术对产品进行在线质量检测,可大大提高企业的质检水平。例如,在生产过程中电路板可能会存在部分微观缺陷,质检员工仅凭肉眼很难发现。这时,如果采用比人眼敏感多倍的工业相机进行相关质检,情况就会大不一样。工业相机能够通过对样本图像的训练提升自身对图像的理解能力,从而有效发现产品微观缺陷,做到"明察秋毫"。这种质检方式常常可以在超出人类视觉范围的分辨率下发现产品存在的微观缺陷,百发百中,让人类质检员工望尘莫及。相比传统质检方式,人工智能技术加持的检测方式使企业能够更加有效地对产品质量进行控制。例如,我国部分手机摄像头模组生产企业采用了人工智能技术主导的机器视觉检测方式,可对上百种微观缺陷进行有效检测,帮助企业大幅提高检测质量与效率,每年可为企业增加上亿元利润。

2. AI在营销管理中的应用

随着人工智能技术的不断加持,企业的市场营销方式产生了巨大变化。许多企业利用大数据技术和人工智能技术广泛收集客户资讯,用以进行深入分析,以便更好地洞察客户需求并发掘潜在客户,并预测客户的未来行为,从而提高企业品牌在渠道和广告中与消费者互动的精准度和个性化。具体而言,AI在营销管理中的应用包括以下几方面:

(1)营销分析。利用人工智能技术对用户年龄、性别、教育程度、行为习惯、社交特征等信息进行综合分析,实现对用户"画像"的精确描绘,并对用户的"偏好"做出精准而富有个性化的判断。

(2)文案写作。近年来,媒体已经开始采用人工智能技术进行新闻撰写,力求更加客观和真实。在文案写作方面,也有企业开始进行相关尝试。最近,美国推出了一款名为"Automated Insights"的人工智能写作系统,该系统可以自动收集与主题相关的信息,从中筛选有价值的部分,并通过"自然语言生成"技术,将数据转变为符合人类阅读习惯的文本,形成可阅读的文案,而且还能够自动生成文章标题。尽管其生成的文案在文法上尚显干涩,但已经包含阅读者所需的各类信息及数据,有些甚至还有连贯的上下文关系。同时,人工智能还可以在对消费者信息进行深入分析的基础上,针对其个人欣赏特点来撰写相关的内容。相比千篇一律的传统营销文案,显然这样会达到更佳的营销效果。在人工智能相关技术的助力下,营销人员有效改进了海报、直邮广告等文案的写作质量。

(3)广告精准推送。将心比心,面对众多平台和海量的内容,用户多会感到眼花缭乱,没有心情也没有时间寻找广告内容,因此越来越多的广告商开始关注如何向用户进行个性化内容的推荐。在市场营销中,采用相关技术实现对广告的精准推送是非常必要的。通过对大数据的分析,利用人工智能技术将具备相同或相似行为习惯的消费者细分,形成不同的推送群体,并根据群体特征制作个性化的广告内容,以便更加精准地推送,这样可以极大地提高营销的投入产出比。尤其在搜索引擎等按点击量付费的广告中,可以借助人工智能技术准确定位某些客户特征,帮助营销人员优化实时出价流程,实现在线定价,以针对特定客户群体推送广告内容。

(4)在线客服。在线客服主要包括聊天机器人和语音助手。从众多用户反馈的体验信息来看,聊天机器人和语音助手能使用户产生更为流畅高效的消费购买体验。相比之下,人工客服代表每次只能与一位客户交流,而人工智能系统可以同时为千千万万的顾客服务。人工智能不仅能够保持始终如一的出色品牌体验,还可凭借强大的学习功能,为每一位用户提供个性化的服务,并根据企业部署新产品或新战略的需要,迅速调整体验内容,让用户观感一新。

3. AI在财务管理中的应用

近年来,人工智能技术在财务管理中得到了广泛应用。2016年3月,德勤公司率先将人工智能引入财务工作中,世界知名的一些大型财务公司,如安永、普华永道、毕马威相继在企业中开始应用财务机器人RPA(Robotic Process Automation)。2017年,金蝶公司也开发了一款基于云端的财务机器人,其通过云计算、图像识别、基于位置的服务(LBS)等技术推动企业智能财务的应用,提升了企业内部的财务管理水平。据统计,2016年在全球范围内已有超过10%的组织机构引入RPA技术以提升日常运营管理水平。到了2020年,超过40%的组织机构引入了RPA技术。

智能财务机器人的主要优势在于:在传统会计核算工作中,存在大量重复性高、复杂度低的活动,如录入信息、合并数据、汇总统计等,虽然这些工作内容简单,但数量巨大,处理起来占用了财务工作的大量时间。而智能财务机器人替代财务流程中的简单手工操作,从而让财务人员将工作重心转移到高智力、高附加值的工作上,以创造出更大的企业价值。此外,人工处理数据差错率较高,影响了财务处理的质量。相比而言,智能财务机器人详细、实时地追踪所有流程步骤,并提供自动校验功能,从而减少了人工误差,提高财务处理的工作质量;加上智能财务机器人可以全天候24小时不间断地工作,任劳任怨,具有相当于人工15倍的超高工作效率,可以大幅降低企业的人力成本;而且通过对大数据进行分析,智能财务机器人能够帮助人们实现企业经营智能管理,例如业绩评估、销售预测等。

4. AI在人力资源中的应用

在人工智能技术如火如荼地获得使用之际,人力资源领域也开始应用人工智能技术。在人力资源管理的招聘环节,借助人工智能技术,可从大量求职简历中筛选出符合单位各项需求的人选,或根据岗位具体需求进行人岗关联的匹配推荐,这些都是节省管理人力、提高工作效率的好方法;通过语音机器人进行语音面试,更能掌控招聘质量。例如,招聘网站Jobaline利用智能语音分析算法,对求职者讲话的语气、语调等进行分析,从而对其情感和个性特点进行评估,如实评估出求职者可能胜任的工作类型。此外,在人力资源日常管理环节中,既可以利用人脸识别进行日常考勤[8];也可以通过人工智能对员工进行兴趣爱好及潜能分析,进行培训课程的个性化推荐;还可以使用人工智能进行岗位测评、日常考核及离职预测等。以IBM为例,公司通过员工调配中心来整合员工信息,对员工执行任务的偏好进行详尽分析,深入挖掘员工相关数据,再利用高级算法推断出员工的专业技能变化情况,按"才"使用。总之,通过应用人工智能技术,能够有效提高人力资源管理者的工作效率,从而让其有更多时间、更多精力从事更具创造性的工作。

今天,人工智能的价值已经得到众多企业的认可。在人工智能的帮助下,企业管理者能够从计划安排、资源分配、数据分析运算等繁杂的事务性工作中解脱出来,人工智能技术甚至还能辅助人们进行正确决策。但对于很多企业而言,要充分利用人工智能,首先必须让人工智能与企业的业务流程进行有效整合,这通常需要花费一些时间和一定资金;其次,人工智能也有一定的局限性,不是包治百病的"灵丹妙药",它不能替代企业管理中的复杂决策与情感交流,而且人类拥有的创造力也是人工智能暂时还无法具备的优势。

四、人工智能在社会发展方面的应用

人工智能是社会发展和科技创新的产物,是促进人类进步的重要科技形态。人工智能发展至今,已经成为新一轮科技革命和产业变革的核心驱动力,正在对世界经济、社会进步和人民生活产生极其深刻的影响[9]。对于世界经济而言,人工智能是引领未来人类社会发展的战略性技术,全球主要国家及地区都把发展人工智能作为提升国家竞争力、推动国家经济增长的重大战略;对于社会进步而言,人工智能为社会治理提供了全新的解题思路和技术方案,将人工智能运用于社会治理中,是降低治理成本、提升治理效率、减少治理干扰最直接、最有效的方式;对于日常生活而言,深度学习、图像识别、语音识别等人工智能技术已经广泛应用于智能终端、智能家居、移动支付等领域。未来,人工智能还将在教育、医疗、出行等与人民生活息息相关的领域里发挥更为显著的作用,为普通民众提供覆盖面更广、体验感更优、便利性更佳的生活服务。

首先,人工智能改变了人类的工作生活方式。从工厂流水线到智能家居,从网上购物到智能快递分拣,人工智能已经充斥到了人类生活的每一个角落,人类可以减少从事繁重、枯燥、危险、有害的重复性劳动。其次,人工智能的大范围应用,带动了产业结构的转型升级,社会结构层次也面临着相应调整。人工智能不仅可以代替人类从事重复单调的工作,而且可以胜任一些危险有害的工作,甚至在一些被认为专属于人类的工作岗位上也出现了人工智能的身影。比如在诗歌创作、弹琴作曲、绘画表演那些需要创造性劳动的场合,也能看到人工智能技术在大放异彩。

在文化方面,人工智能技术能够促进人类知识的不断完善,能够广泛提高人们的文化生活质量。毋庸讳言,人工智能对文化产生的冲击效应也是当代人所必须面对的,如近年来出现的机器人创作、机器人玩琴棋书画等现象。虽然它们的创作、创新水平还非常有限,但机器人在创作时会不会融入自己的情感,这还是值得人们深思的。人们应当预见未来人工智能可能造成的社会变革。对于中国传统文化中的诗歌、文章,在创作中融入自己的真情实感才会产出最好的作品。比如李白、杜甫、白居易、陆游等众多的诗人都在自己的作品中融入了对生活的感悟,这才有了我们今天能够朗朗上口、耳熟能详的经典。

需要看到的是,在社会矛盾方面,人工智能的广泛应用在给人们创造极大的物质财富的同时,必然也会导致不公平竞争的出现,从而使社会资源的分配失去秩序。另外,人工智能的广泛应用还会产生越来越多的涉及个人隐私与信息安全的问题。这些都是人们必须加以特别关注,且应积极防范的。需要知道:人工智能的行为边界与行为主体不明确,现阶段还缺少相关规制与手段来保障个人隐私与国家信息安全。有些问题在将来可能会愈发严重。

必须牢记的是,任何新技术的出现对人类社会来说都是一把双刃剑,人工智能作为一种颠覆性的技术更是如此,其可能产生的伦理后果是难以预测与把握的。因此提前探讨可能出现的伦理难题或反思已经出现的伦理难题也是必要的。

第三节　人工智能的分支领域

一、自动规划、调度与配置

1. 自动规划

自动规划是一种十分重要的问题求解技术,它从某个特定的问题状态出发,寻求一系列行为动作,并建立一个操作序列,直到求得目标状态为止。与一般问题的求解方式相比,自动规划更加注重于问题的求解过程,而不是求解结果。此外,自动规划要解决的问题,例如机器人世界问题,往往是真实世界问题,而不是比较抽象的数学模型问题[10]。与一些求解技术相比,自动规划系统与专家系统均属高级求解系统与技术。要想深入了解自动规划问题,应先了解规划的概念。相对而言,规划的概念很多,具体可以整理成如下几点。

(1)规划是关于动作的推理,是一种抽象的、清晰的深思熟虑的过程,该过程通过预期动作的期望效果,选择和组织一组动作,其目的是尽可能好地实现一个预先给定的目标。

(2)规划是对某个待求解问题给出求解过程的步骤,它要设计如何将问题分解为若干相应的子问题,以及如何记录和处理在问题求解过程中发现的子问题之间的相互关系。

(3)规划系统是一个涉及有关问题求解过程的步骤的系统。

在研究自动规划时,一般都以机器人规划(Robot Planning)与问题求解作为典型例子加以讨论。这不仅因为机器人规划是自动规划最主要的研究对象,还因为机器人规划能够得到形象的和直觉的检验。有鉴于此,往往把自动规划称为机器人规划。机器人规划的原理、方法和技术可被推广应用至其他规划对象或系统。

机器人规划是机器人学的一个重要研究领域,也是人工智能与机器人学的一个令人备感兴趣的结合点。目前,人们已经研究出一些机器人高层规划系统。其中,有的系统把重点放在消解原理证明机器上,它们应用通用搜索启发技术,以逻辑演算表示期望目标。STRIPS 和 ABSTRIPS 就属于这类系统。这种系统把世界模型表示为一阶谓词公式的任意集合,采用消解反演(resolution-refutation)来求解具体模型的问题,并采用中间结局分析(means-ends analysis)策略来引导求解系统达到所要求的目标。另一种规划系统采用管理式学习(supervised learning)来加速规划过程,改善问题的求解能力。PULP-Ⅰ即为一类具有学习能力的规划系统,它是建立在类比基础上的。PULP-Ⅰ系统采用语义网络来表示知识,比用一阶谓词公式前进了一步。20世纪80年代以来,人们又开发出其他一些规划系统,包括非线性规划、应用归纳的规划系统和分层规划系统等。专家系统已应用于许多不同层次的机器人规划,这是一个具有新意的研究课题。随着 Agent(智能体)研究的逐步深入,近年来,人们又提出了基于 Agent 的规划,关于机器人规划详见本书后续章节。

2. 自动调度

调度是任务分派或者安排,例如车辆调度、电力调度、资源分配、任务分配。调度的数学本质是给出两个集合间的一个映射。自动调度是利用以电子计算机为核心的控制系统和远程技术实现电力系统调度的自动化,它包括安全监控、安全分析、状态估计、在线负荷预测、自动发电控制、自动经济调度等内容。尤其在电力系统综合自动化管理过程中,自动调度是极为重要的组成部分,它可以帮助值班调度人员提高运行管理水平,使电力系统随时处于安全、经济的运行状态,保证向用户提供优质、稳定的电能。

早期的电力系统调度是由调度员用电话指挥的。由于通信设备的限制,调度员只能通过电话掌握反映系统状态的有限信息,并根据这些信息和个人的运行经验做出判断,以完成电力系统的调度。在这个阶段中,电力系统很大一部分监视和控制功能是由系统所属发电厂和变电所运行人员直接完成的。所以,电力系统监视和控制的快速性和正确性都受到了很大的限制。后来,随着电力系统的发展,系统的结构和运行方式越来越复杂多变,而社会对电能质量与电力系统运行的安全性和经济性的要求也越来越高。对于这种相互间有严格运行约束条件,负荷变化和事故的发生又具随机性的大系统,仅以传统调度中单靠调度人员实施调度管理的方式是难以完成的。以某个300万千瓦容量的电力系统为例,需要同时收集的必要信息量达2954个(其中遥测量864个、遥信量1863个、脉冲累计32个、遥控量130个、遥调量65个)。显然,单靠调度人员监视信息量如此之大的系统,还要进行综合分析和做出正确判断是无法想象的。而一旦遇到突发事故,还必须当机立断地采取紧急措施,这单靠调度员去处理就更难上加难了。

20世纪60年代后期,世界上出现了多次大面积停电事故,其中尤以1965年北美大停电事故为最。在这次停电事故中,约20万平方公里的区域停电长达13小时,停电负荷达2500万千瓦,给当地的企业生产、社会运行和居民生活造成极大困扰,直接和间接的经济损失难以计数。电力系统的安全运行日益成为突出的问题,引起全社会的关注。实际上,要解决电力系统安全性问题,除了要从电力系统结构的合理性、设备的可靠性、各种继电保护和自动装置更加完善化方面考虑以外,在运行中更重要的是应当加强电力系统的安全监控。在出现任何局部故障后,能迅速处理使之恢复正常运行,避免事故的持续扩大,甚至导致系统崩溃。正是电力系统的这种特性,使它对电子计算机的发明、控制论的形成、系统工程的出现都起过重大的推动作用。而且,这些新发明一经问世,新学科一经形成,就立即在电力系统中得到检验与应用,实现了电力系统的调度自动化。

确切来说,电力系统调度自动化是一项复杂的系统工程,它包括了数据收集、通信、人机对话、主计算机及高级应用软件等部分。各部分之间密切结合,相互制约。在此系统中调度运行人员成为整个系统调度自动化的有机组成部分。这个自动控制系统不仅能完整地掌握全系统的情况,同时在正常运行和事故突发的情况下都能及时地做出正确的控制决策。

3. 自动配置

自动配置则是为实现拟定功能的实体而设计的一种合理的部件组合结构,即空间布局。例如,资源配置、系统配置、设备或设施配置。众所周知,定制生产和批量生产是制造业企业运营中的两种重要方式。前者通过柔性剪裁产品,使之适合于个体客户的特别(有差别)需求;后者则通过规模效应来降低生产成本。两者各有千秋,难分高下。然而激烈的市场竞争正在迫使制造业企业开始组合这两种方式的优势。一种有效的组合办法就是先批量生产出产品所需的各种部件,再分别按需配置,以出产能够满足客户特殊需求的产品。鉴于人工配置不仅效率低、成本高,还易于出错,这就使得自动或半自动的配置系统广受欢迎。世界上第一个著名的实用化配置系统是由美国DEC(数字设备公司)开发的自动配置VAX系列小型计算机的XCON系统,它的成功应用推动了其他自动配置系统的开发,并形成新的潮流。

二、机器博弈、机器翻译与机器写作

1. 机器博弈

计算机博弈又称机器博弈,是人工智能领域中最富挑战性的课题。它从模仿人脑智能的角度出发,以计算机弈棋为研究对象,通过模拟人类棋手的思维过程,构建一种更接近人类智能的博弈信息处理系统,并可以拓展到其他相关领域,解决科学研究和技术探索中与博弈相关的复杂问题。作为人工智能研究的一个重要课题,它是检验计算机技术与人工智能技术发展水平的一个重要试金石,为人工智能带来了很多重要的实用方法和基础理论,极大地推动了人工智能技术的进步,并产生了广泛的社会影响和深刻的学术引领作用。

从20世纪50年代开始,世界上许多著名的学者都曾涉足计算机博弈的研究工作,为机器博弈的研究奠定了良好的基础。人工智能之父图灵先生最早写下了能够让机器下棋的相关指令[11]。计算机之父冯·诺依曼(John von Neumann)提出了用于机器博弈的极大极小定理。信息论创始人香农首次提出了国际象棋的解决方案。人工智能创始人之一的麦卡锡首次提出"人工智能"这一概念。1958年,阿尔·伯恩斯坦(Alex Bernstein)等在IBM704机上开发了第一个成熟的达到孩童博弈水平的国际象棋程序。1959年,人工智能创始人之一塞缪尔编了一个能够战胜设计者本人的西洋跳棋程序,1962年,经过优化的该程序击败了美国一个州的跳棋冠军。

20世纪80年代末,随着计算机软硬件技术的不断发展,计算机博弈理论日趋完善,学者们开始对电脑能否战胜人脑这个话题产生了浓厚的兴趣,并提出了以棋类对弈的方式,向人类智能发起挑战,计算机博弈研究也由此进入了快速发展阶段。20世纪90年代末,国内外多家科研机构的众多学者在计算机博弈领域进行了深入研究和细致探索。随着极大极小算法(Minimax Algorithm)、a-β剪枝算法、上限置信区间算法(Upper Confidence Bound Apply to Tree)、并行搜索算法、遗传算法、人工神经网络等技术日趋成熟,人工神经网络、类脑思维等科学也不断取得突破性进展,各种机器学习模型,例如支持向量机、Boosting算法、最大熵方法等相继被提出,计算机博弈研究进入了一个前所未有的阶段。

近年来,人工神经网络的技术取得了突破性进展。运用该技术,人们成功解决了计算机博弈领域中的许多实际问题。2012年6月,谷歌公司Google Brain项目用并行计算平台训练了一种称为"深度神经网络"(Deep Neural Network,DNN)的机器学习模型。2013年1月,百度宣布成立"深度学习研究所"(Institue of Deep Learning,IDL)。2016年1月,谷歌DeepMind团队在《自然》(Nature)杂志上发表封面论文称,该团队研发的一种基于神经网络并可进行深度学习的人工智能围棋程序AlphaGo,能够在极其复杂的围棋游戏中战胜专家级的人类选手,之前以5:0的战绩战胜欧洲围棋冠军樊麾就是明证。2016年3月,AlphaGo又以4:1的辉煌战绩战胜了世界围棋冠军李世石,在学术界产生了空前影响,因为这标志着计算机博弈技术取得重大成功，是计算机博弈发展史上新的跃迁。

AlphaGo 战胜李世石之后，中国排名第一的职业九段棋手、围棋世界史上最年轻的五冠王、睥睨天下的中国围棋高手柯洁放出狠话要和 AlphaGo 大战一场。2017 年 5 月，柯洁与 AlphaGo 举行了人机大战，双方对弈三局，最终柯洁被 AlphaGo 以 3∶0 的比分斩落马下。在此之前，韩国选手李世石曾与 AlphaGo 对弈，五局之中，李世石胜了一局，所以这次比赛让大家觉得机器智能并没有那么恐怖，人类大脑还是有机会取胜的。但仅仅一年之后，AlphaGo 从 1.0 升级到了 2.0，对手也由韩国的李世石换成了中国的柯洁。不过这次柯洁的运气没有李世石那么好，还能够小胜一局稍稍挽回颜面，柯洁的三局比赛全部以失败告终，因为 AlphaGo 2.0 的棋路是柯洁完全没有见过的，根本不知道如何应对。所以柯洁在比赛结束后，面对媒体放声大哭："没见过这样下棋的，它根本不按套路来。"

从李世石的两败一胜，到柯洁的三局全败，AlphaGo 到底经历了什么？人工智能真的是人类无法战胜的吗？现在就来聊聊有关人工智能的趣事。首先，AlphaGo 从 1.0 升级到 2.0 的中间到底经历了什么？为什么 AlphaGo 的棋艺会如此精进？

其实，AlphaGo 1.0 和 AlphaGo 2.0 的关系不是简单的升级，而是两个完全不同性质的东西，AlphaGo 1.0 主要是基于大数据的，科研人员把人类历史上能够找到的围棋棋谱全部录入 AlphaGo 的数据库，然后加入一些查询、检索的算法，让它在与人类棋手对弈时能够快速找到与之相对应的棋谱，然后得出哪种下法会赢，哪种下法会输。所以当时的 AlphaGo 1.0 下子速度会比较慢，因为它需要内部程序进行繁杂计算，这个过程会耗费一定的时间。从表面上来看，李世石当时是和一台机器下棋，实际上他也是在与历史上所有的围棋高手下棋，所以只要他的棋路够熟，反应够快，还是有机会取胜的。

AlphaGo 升级到 2.0 后，谷歌公司组织人马对它进行全新的改造，科研人员没有录入过去的人类选手棋谱，只是告诉它下围棋的基本规则，怎么样叫赢，怎么样叫输，然后把这些规则写成算法，交给 AlphaGo，让它自己和自己对练，把自己一分为二，一分为四，一分为八，为自己不断地创造对手，再把每次胜负的结果，保存进数据库，不断进行迭代优化。因为 AlphaGo 具有强大的算力，所以它的更新迭代速度非常之快，人类的经验积累进程根本无法与之相比。AlphaGo 和自己对弈的每次胜负，就是为自己不断地积累经验，而且它是自己和自己玩，这些经验和人类完全没有关系，这就是后来柯洁和 AlphaGo 2.0 对弈的时候，完全摸不到套路的原因。因为 AlphaGo 2.0 的经验是来自机器自己，而不是来自人类，肯定不会按人类的套路来下棋，和一个这样强大的对手下棋，怎么可能会赢呢。

从这个例子可以清晰地看到，什么才叫真正的人工智能。AlphaGo 1.0 并不是真正的人工智能，只是基于大数据的一些查询与检索，如果没有了大数据的支持，它什么都不会。AlphaGo 2.0 就完全不同了，它像人一样有学习能力和思考能力，能够知晓一些基本规则，通过不断地学习，得到异于人类的能力。

能够像人类一样去学习、思考和行动，才叫真正的人工智能。通过强大的算力和先进的算法，人工智能可以在短时间完成人类在几千年都不能完成的事情，所以，运用好人工智能就可以让人类社会产生巨大的进步,这种进步在以前是无法想象的。

2. 机器翻译

机器翻译又称自动翻译,是利用计算机将一种自然语言(源语言)转换为另一种自然语言(目标语言)的过程[12]。它是计算语言学的一个分支,也是人工智能的终极目标之一,具有重要的科学研究价值和广阔的商业应用前景。随着经济全球化及互联网的飞速发展,机器翻译技术在促进政治、经济、文化交流等方面定将起到越来越重要的作用。

从诞生之日起,机器翻译就肩负着架起语言沟通桥梁的重任。百度翻译自2011年上线以来,在追梦路上已经走过十多个年头。截至2021年底,其翻译质量大幅提升了30个百分点,领域翻译准确率达到90%以上,日均翻译量超过千亿字符,并为50多万企事业单位和个人提供周到服务,实现了机器翻译技术和产业的跨越式发展。

机器翻译技术的发展历程一直与计算机技术、信息论、语言学等学科的发展进程紧密相随。从早期的词典匹配,到词典结合语言学专家知识的规则翻译,再到基于语料库的统计机器翻译,随着计算机计算能力的提升和多语言信息的爆发式增长,机器翻译技术逐渐走出象牙塔,开始为普通用户提供实时、便捷的翻译服务。实际上,机器翻译是人工智能的重要方向之一,自1947年机器翻译被正式提出以来,历经多次技术革新,尤其是近10年来从统计机器翻译(SMT)到神经网络机器翻译(NMT)的跨越,促进了机器翻译实现大规模的产业应用。目前,市场上涌现出了大量的翻译软件,曾经的人工翻译正在逐步向计算机辅助翻译(CAT)转变,国外关于CAT软件的开发非常成熟,如著名的Trados翻译平台。除去多数专业译员所使用的翻译软件之外,当前在学生群体中网络翻译软件的使用十分普及,例如常见的有道、金山词霸、百度翻译、谷歌翻译等。就这些软件自身而言,孰优孰劣?学生群体又该如何选择和利用?人们不禁思考,在机器翻译高速发展的今天,是否会因为过度使用和过分依赖而使学生的学习质量下降。这些都是值得人们反思和研究的。

就发展的趋势来看,从传统的基于规则和统计的方式到如今在人工智能技术加持下的翻译,机器翻译的发展前景十分可观。至少在一些诸如政治、经济、法律、医学等领域,机器翻译已经出现取代人工翻译的趋势,相对而言,译员所能做的便是对机器译文进行修改,也就所说的译后编辑。在文学翻译方面,机器翻译的效果还有待提高。但是,文学翻译对于译员本身而言也是存在很大难度的。科学技术在高歌猛进而抛落、淘汰一批人的同时,更多的是为人们带来前所未有的机会,关键在于如何使自己适应这种变化和发展。其实,机器翻译的发展能给职业译员提供更好的机会和更多的选择,就学习者自身来讲,每个人都应该加强自身学习,从提高自身的能力和素质入手,更好地适应未来可能产生的大变革。

3. 机器写作

随着人工智能技术的不断发展,机器写作(Machine Writing)不再是纸上谈兵或可望不可即的技术,已然渗透到了人们的生活之中。今日头条、腾讯、百度、360等公司,以及新华社、南方都市报、第一财经等传统媒体单位均开展了机器写作技术的研究与应用[13]。机器写作又称自然语言生成,是自然语言处理领域的重要研究方向和研究热点之一,也是人工智能走向成熟的一个重要标志。机器写作就是通过使用基于深度学习、神经网络等自然语言处理技术,自动实现对输入的文本或采集到的语料进行前期加工处理,进而实现自动文本生成,或者是将其作为一种辅助工具来辅助人们写作。机器写作可以帮助人们从烦琐、枯燥且耗时漫长的工作中解放出来。

然而,机器不能凭空写作,必须根据所输入的数据与素材进行创作。机器根据已有的文字素材(例如已经发表的新闻)进行二次文字创作时,能够基于已有稿件创作出不一样的稿件,这主要有赖于两类自然语言处理技术,即自动文摘与文本复述。其中,自动文摘用于对单篇文本或多篇文本进行内容提炼与综合,形成摘要或综述。文本复述则用于对现有文字进行改写,在主题与意思基本不变的前提下产生另一种文字表述,从而避免原文照抄,也可实现文本风格化的目的。文本复述可以看作一种单语言机器翻译问题,因此在平行语料充足的前提下,各种统计机器翻译方法(包括神经网络机器翻译)均可在此类应用中大显身手。

常见的机器写作应用领域有新闻写作、诗歌创作、自动文摘、传记生成、食谱生成等。机器写作在自动新闻写作领域的应用十分广泛,已经用于实际的日常生活中。早在多年以前,一家名叫Automated Insights的公司,就专门从事机器写作研究,是早年机器写作领域的先行者。这家公司主要从事新闻领域里的机器辅助写作工具研发,并在该领域做了很多尝试与探索。在国内,Giiso公司自主研发的写作机器人已经实现了在数据写作、热点文章写作和股评写作等应用领域的商业化落地,深圳报业集团、南方报业传媒集团等多家权威媒体和金融企业都已经享受到Giiso写作机器人带来的便利和高效。

随着人工智能时代的降临,机器写作无疑将在文学界引发新一轮的认知革命。机器诗人或机器作家的出现将会重新定义文学的本质和写作的意义。然而,机器写作所带来的挑战和压力并不意味着人类主体必然退场或缺位。恰恰相反,机器智能越强大,反而越凸显出人类这一高等智慧生物所蕴涵的无穷创造力。因此,在可预见的智能社会,机器写作既无法完全替代人类的文学创作活动,也无法让人类在机器面前俯首称臣,更有可能发生的是弱AI所倡导的"人机协作"。

三、机器定理证明与自动程序设计

1. 机器定理证明

机器定理证明就是自动定理证明,是人工智能的一个重要研究领域,也是人工智能最早的研究课题之一。定理证明是典型的逻辑推理问题,它在发展人工智能方法上起过至

关重要的作用。定理证明的方法多种多样,主要有以下四类:

(1)自然演绎法。它的基本思想是依据推理规则,从前提和公理中可以推出许多定理,如果待证的定理恰在其中,则定理得证。

(2)判定法。即对一类问题找出统一的可在计算机上实现的算法解。在这方面有一个著名的成果,那就是我国数学家吴文俊教授在1977年提出的初等几何定理证明方法。

(3)定理证明器。它研究一切可判定问题的证明方法。

(4)计算机辅助证明。它以计算机为辅助工具,利用机器的高速度和大容量,帮助人们完成手工证明中难以完成的大量计算、推理和穷举。

机器定理证明的成果可应用于问题求解、自然语言理解、程序验证和自动程序设计等多个方面[14]。尽管数学定理的证明过程的每一步都十分严格有据,采取什么样的证明步骤却依赖于证明者的经验、直觉、想象力和洞察力,也就是需要人的智能。因此,数学定理的机器证明和其他类型的问题求解,就成为人工智能研究的切入点和突破口。早在17世纪中叶,著名数学家莱布尼兹就提出过用机器实现定理证明的思想。19世纪后期,G.弗雷格的"思想语言"形式系统,即后来的谓词演算,奠定了符号逻辑的基础,为自动演绎推理提供了必要的理论工具。20世纪50年代,由于数理逻辑的发展,特别是电子计算机的产生和应用,机器定理证明才逐渐变为现实。纽厄尔和西蒙首先用探试法实现了用以证明命题逻辑中重言式的逻辑理论家(LT)系统。后来,他们又开始探讨通用的机器定理证明的方法,归结原理是其中的突出例子。

采用归结原理和非归结定理来证明一阶谓词逻辑的恒真性问题是不可解的,即不存在能判定一阶逻辑中任意合式公式是不是恒真式的算法,但是这个问题又是部分可解的。如果A是恒真式,那么必有算法可以加以证明。许多一阶逻辑的证明算法都是以J.厄尔布朗定理为基础的,其中以1965年鲁宾逊提出的、对于一阶逻辑是完备的证明算法(归结原理)最为著名。归结原理的提出,把机器定理证明的研究推向高潮。但归结原理不依赖于领域知识,不使用依赖问题领域的探试法,其证明过程十分冗长,不能在合理的时间和计算机存储容量范围内来证明较为复杂的数学定理,因而失去了可行性。为此人们又提出了非归结定理证明方法,后来人们又对以探试法为基础的问题求解技术产生了兴趣。与此同时,还出现了因否定归结原理进而否定所有自动演绎方法的倾向。但是人工智能所要解决的问题,其信息往往是不完全的,而且即使信息完全,要对有限的但为数众多的情形进行一一列举,实际上也是不可行的,因而迫使人们只能采用演绎推理的方法。后来,随着逻辑程序设计和日本以PROLOG为原型开发第五代计算机系统的核心语言的问世与加持,才进一步恢复了归结原理和自动演绎技术的地位。总之,人工智能的历史表明,以认知心理学为基础的探试法和以逻辑为基础的自动演绎相辅相成,不可偏废。再后来,人们将自动演绎与探试法等技术结合起来,用于数学定理的机器证明,在这个过程中并没有采用归结原理的定理证明技术。

2. 自动程序设计

自动程序设计是采用自动化手段进行程序设计的技术和过程,后来被人们引申为采用自动化手段进行软件开发的技术和过程。在后一种意义上来看,宜于将其称为软件自动化。自动程序设计的目的是提高软件生产率和软件产品质量[15]。从广义上理解,自动程序设计是尽可能借助计算机系统(特别是自动程序设计系统)进行软件开发的过程。从狭义上理解,自动程序设计是从形式的软件功能规格说明到可执行的程序代码这一过程的自动化[16]。自动程序设计在软件工程、流水线控制等领域均得到广泛应用。

按纵向理解,低级自动化是从软件设计规格说明到可执行的程序代码这一过程的自动化,系统只起程序员的作用;中级自动化是从形式的软件功能规格说明、设计规格说明,直到可执行的程序代码这一过程的自动化,系统除了起着程序员的作用以外,还起着设计师、系统分析员的作用;高级自动化是从非形式的问题描述,经过形式的软件功能规格说明、软件设计规格说明,直到可执行的程序代码这一全过程的自动化,系统除了起着程序员、软件设计师、系统分析员的作用以外,还起着领域专家的部分作用[17]。按横向理解,在上述各种纵向理解级别上,根据人工干预的程度,又可区分为各种不同的自动化级别。

从关键技术来看,自动程序设计的实现途径可以归结为演绎综合、程序转换、实例推广和过程实现等四种,下面分别进行介绍:

(1)演绎综合。其理论基础在于:数学定理的构造式证明可以等价于程序推导。对要生成的程序,用户给出输入、输出数据所必须满足的条件,这些条件将以某种形式语言(如谓词演算)陈述。对于所有满足条件的输入,要求定理证明程序能够证明存在一个满足输出条件的输出,从该证明中析取出所欲生成的程序。这一途径的优点是理论基础坚实。但令人遗憾的是,迄今人们只析取出一些较小的样例,还难以用于较大规模的程序。

(2)程序转换。程序转换是指将某一规格说明或程序转换成另一功能等价的规格说明或程序。从抽象级别的异同来看,可分为纵向转换与横向转换[18]。前者是由抽象级别较高的规格说明或程序转换成与之功能等价的抽象级别较低的规格说明或程序;后者是在相同抽象级别上的规格说明或程序间的功能等价转换。

(3)实例推广。借助反映程序行为的实例来构建程序。一般采用两种方法:一种是输入/输出对法,即给出一组输入/输出对,逐步导出适用于一类问题的程序;另一种是部分程序轨迹法:通过所给实例的运行轨迹,逐步导出程序。这一途径的理念比较先进,颇受用户欢迎与称赞。但欲归纳出一定规模的程序,还是有一些难度的。

(4)过程实现。在对应的规格说明中各个成分及其转换目标的相应成分都已明确,且相应的转换映射也已明确的前提下,该映射就可以借助过程实现。目前一般采取设计甚高级语言(如SETL语言)来完成,SETL语言由美国纽约大学J.T.Schwartz等人于1975年提出,是基于集合论的甚高级语言。它提供了描述有限集和元组及其有关操作和控制结构的手段,以提高开发功效,增加程序的易读性。SETL语言以可移植的方式实现,已在

IBM370、DEC10和VAX、CDC6600等机器上运行。在纽约大学、加州大学伯克利分校等大学的课程教学中,学生们已使用SETL语言进行算法设计。一般在甚高级语言中含有全称量词和存在量词等,以便于书写软件设计规格说明的成分。SETL语言本身不能算是功能规格说明语言,也不能算是功能性语言。这一途径的实现效率较高,但难点在于从非算法性成分到算法性成分的转换。因此,迄今为止,采用这一途径的系统一般自动化程度不高,很难实现从功能规格说明到可执行程序代码的自动转换。

人们普遍认为,自动程序设计研究的重大贡献之一是把程序调试的概念作为问题求解的策略加以使用。此外,人们通过实践已经发现,对于程序设计或机器人控制问题,先产生一个代价不高但存有错误的解,然后再进行修改完善的做法,相比于坚持要求第一次就得到完美解的做法,效率要高得多。

四、符号主义与连接主义

1. 符号主义

符号主义又称逻辑主义、心理学派或计算机学派,其原理主要为物理符号系统(符号操作系统)假设和有限合理性原理。符号是人类大脑的一种主观对象,人类认知主要就是建立在符号基础之上的。符号对应于客观事物,是主观与客观的对应。人类语言也是一种符号系统,人类可以用语言来表达自己思维的活动过程。从人类语言几乎万能的表达能力就可以清楚看出符号主义的强大作用。符号主义主要依靠具象的过程来运作,比如逻辑,需要人们给出每一步的具体表达。除了具象思维以外,人类还具有形象思维,比如很多时候人们自己也说不出思维的过程,在这样的时候,显然用简单的符号主义就很难实现人们表述自己思维过程的愿望。由于客观世界是连续的、复杂的,因此如果单纯运用符号主义来表示就可能会丢失很多重要的信息。

实际上,人工智能发源于数理逻辑。在19世纪末期,数理逻辑受到人们的重视,得以迅速发展。20世纪30年代,人们开始将数理逻辑用于描述智能行为。后来,随着计算机的出现,人们又在计算机上实现了逻辑演绎。其中具有代表性的成果是启发式程序逻辑理论家,它利用计算机证明了38条数学定理,由此表明可以应用计算机来研究人的思维过程,并模拟人类的智能活动。一些符号主义者早在1956年就首先采用了"人工智能"这个术语。后来,又发展了启发式算法→专家系统→知识工程理论与技术,并在20世纪80年代取得重大进展。符号主义曾长期一枝独秀、独领风骚,对人工智能的发展贡献巨大,尤其是专家系统的成功开发与应用,为人工智能走向工程应用和实现理论联系实际做出巨大贡献[19]。在人工智能的其他学派出现之后,符号主义仍然是人工智能的主流派别。这个学派的代表人物有纽厄尔、西蒙和尼尔逊(Nilsson)等。

数学、物理世界充满了各种逻辑符号,图灵机本身也可以看作是符号主义的产物。司马贺(Herbert A.Simon)是图灵奖和诺贝尔经济学奖得主,也是符号主义的代表,他提出的"物理符号系统"假设从信息加工的角度出发来研究人类思维[20]。但符号主义也不是百试百灵,因为规则是永远无法被定义完全或囊括穷尽的,不管划定了多么大的范围,也一定会有遗漏在框架之外的东西。符号主义背后的哲学思想与柏拉图主义相通,都相信或立足于本质的存在,如果能够发现并定义本质,或者把这个本质的公式写清楚,那么其他所有内容都是这个本质公式的展开和演绎而已(比如公理系统)。

2. 连接主义

连接主义又称仿生学派或生理学派,其主要原理为神经网络及神经网络间的连接机制与学习算法。研究者们很早就发现神经元之间存在很多连接,在信息传递的同时还伴有放电现象。实际上,连接主义最初就是冲着试图模拟大脑功能的目标而来。深度学习、强化学习都可以看作连接主义的应用。同时,很多研究者希望能够找到新的框架,甚至找到通用人工智能(AGI)的框架,因为他们认为目前的深度学习、强化学习还不足以模拟人脑的学习机能。

人工智能源于仿生学,特别是源于对人脑模型的研究。其代表性成果是1943年由美国神经生理学家麦卡洛克(Warren McCulloch)和数理逻辑学家皮茨(Walter Pitts)创立的脑模型,即MP模型,开创了用电子装置模仿人脑结构和功能的新途径。它从神经元的基本功能开始研究,进而研究神经网络模型和脑模型,由此开辟了人工智能的又一发展道路。20世纪60—70年代,连接主义迎来兴盛时期,尤其是对以感知器为代表的脑模型的研究出现了热潮。后来,由于受到当时的理论模型、生物原型和技术条件的限制,脑模型的研究在20世纪70年代后期至80年代初期逐渐陷入低潮。直到霍普菲尔德(J.J.Hopfield)教授在1982年和1984年发表两篇重要学术论文,提出用硬件模拟神经网络以后,连接主义才又重新抬头。1986年,鲁梅尔哈特(J.D.Rumelhart)等人提出多层网络中的反向传播算法。此后,连接主义势头大振,从模型到算法,从理论分析到工程实现,为神经网络计算机走向市场打下基础。现在,人们对人工神经网络(ANN)的研究热情仍然持续高涨,但研究成果并没有预想得那么美好。

连接主义是类似于人类大脑神经元连接的一种理论,深度神经网络就是一个很好的研究成果。它比符号主义更偏向于形象思维,但它就像是一个黑箱,人类并不能完全分析清楚它的每一步运作原理,这就导致人们还不可能把人类的思维过程在机器上实现,所以单纯采用连接主义来实现通用人工智能是最不"靠谱"的方法。

符号主义和连接主义都是人脑具备的功能,而人脑的基本物理结构就是神经元,所以符号主义和连接主义必定是基于同样的基本原理。按照这种基本原理,首先实现的就是符号主义,以逻辑为主体。基于符号代表事物之间的联系性,随着符号系统的复杂度不断变大,最终产生了连接主义的那种效果。符号系统基于人类的逻辑思维,连接主义基于符号之间的关系,而至于符号,对应于客观事物就是越详细越好。

五、计算智能与统计智能

计算智能是以数据为基础,通过数值计算进行问题求解而实现的智能。它是人工智能的一个分支,是连结主义的典型代表。计算智能主要模拟自然智能系统,研究其数学模型和相关算法,并实现人工智能。计算智能通常基于规则清晰的数值运算,比如数值加减、微积分、矩阵分解等,对数据的基础逻辑进行计算和统计分析。

1992年,贝兹德克(Bezdek)第一个提出了计算智能的定义。他认为,从严格意义上来说,计算智能取决于制造者(Manufacturers)提供的数值数据,而并不依赖于知识,而从另一方面来看,人工智能则是一种应用知识精品(Knowledge Tidbits)。他认为,人工神经网络应当称为计算神经网络。尽管计算智能与人工智能的界限并不十分明显,但讨论它们的区别与关系对促进人工智能的发展还是有益的。1993年,马克斯(Marks)探讨了计算智能与人工智能的区别,贝兹德克则十分关心模式识别(PR)与生物神经网络(BNN)、人工神经网络(AN)与计算神经网络(CN),以及模式识别与其他智能之间的关系。许多学者都认为,忽视ANN与CN的差别可能导致对模式识别中神经网络模型的混淆、误解、误用。

计算智能的主要方法有人工神经网络算法、遗传算法、模拟退火算法等(见图1-4)。这些方法都具有以下共同的要素:自适应的结构、随机产生的或指定的初始状态、适应度的评测函数、修改结构的操作、系统状态存储器、终止计算的条件、指示结果的方法、控制过程的参数。计算智能的这些方法具有自学习、自组织、自适应的特征,还具有简单、通用、鲁棒性强、适于并行处理等优点。

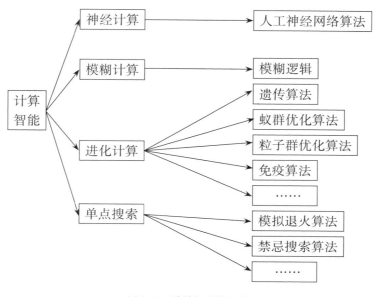

图1-4　计算智能的结构

计算智能得益于计算机存储技术与硬件水平的快速发展,已给互联网、金融和工业等多个领域带来甚为可观的商业价值,但计算智能也面临着很大的困境。以金融行业为例,因受到指定的数据逻辑规则的相关限制,虽然计算智能、感知智能、认知智能可以高性能地计算股票的统计特征,但它们无法运用专家知识,也难以进行深度、动态和启发式的推理,因而对投资、博弈等业务贡献的价值十分有限。另外,计算智能所需的高性能硬件和高水平网络的支持等,也给企业带来了巨大的成本压力,影响了计算智能的推广应用。

六、智能通信、智能仿真与智能控制

1. 智能通信

智能通信就是把人工智能技术引入通信领域,建立智能通信系统,实现智能通信功能。智能通信通常在通信系统的各个层次和环节上实现智能化。例如在通信网的构建、网管与网控、转接、信息传输与转换等环节上实现智能化(见表1-1)。这样的话,网络就可以运行在最佳状态,使"僵化"的网变成"活化"的网,使其具有自适应、自组织、自学习、自修复等功能。

表1-1　人工智能技术在通信行业中的应用

应用方向	应用内容
客服工作	通过语音、文本等方式帮助客户解决浅层次需求问题
信息处理	准确定位用户所需要获取的信息,并进行推送
网络模式与移动设备	应用于5G通信网络与智能移动终端设备中,带动网络与设备升级发展
智慧城市	加快智慧城市转型升级
网络防护	建立完善、高效的网络防护体系

2. 智能仿真

智能仿真就是将人工智能技术引入仿真领域,建立智能仿真系统,实现智能仿真功能。众所周知,仿真是对动态模型的一种实验,即在规定的实验条件下,行为产生器驱动模型,从而产生模型行为。具体来说,仿真是在三种类型知识——描述性知识、目的性知识及处理知识的基础上,产生另一种形式的知识——结论性知识。因此可以将仿真看作一个特殊的知识变换器。从这个意义上来讲,人工智能与仿真有着密切的关系。智能仿真主要包括人工智能的仿真研究、智能通信仿真、智能计算机的仿真研究、智能控制系统仿真、数据挖掘和知识发现、智能体、认知和模式识别等。由此可见,智能仿真不仅内容十分丰富(见图1-5),而且明显位于当前科技发展的高端,理所应当受到人们的重视。

利用人工智能技术能对整个仿真过程(包括建模、实验运行及结果分析)进行指导,能改善仿真模型的描述能力。一方面,在仿真模型中引进知识表示将为研究面向目标的建模语言打下基础,提高仿真工具面向用户、面向问题的能力。另一方面,仿真与人工智能的相互结合可使仿真更有效地用于决策,更好地用于分析、设计及评价知识库系统,从而推动人工智能技术的发展。正是基于这些方面及其特点,近年来,将人工智能特别是专家系统与仿真相结合,已成为仿真领域中一个十分重要的研究方向,引起了大批仿真专家的关注。

图1-5　智能仿真测试无人驾驶

3. 智能控制

智能控制是具有智能信息处理、智能信息反馈和智能控制决策等功能和作用的一种控制方式,是控制理论发展到高级阶段的产物,主要用来解决那些用传统方法难以解决的复杂系统的控制问题。智能控制研究对象的主要特点是具有不确定性的数学模型、高度的非线性和复杂的任务要求。智能控制的思想出现于20世纪60年代。当时,学习控制的研究潮流十分兴盛,学习控制得到较好的应用。许多自学习和自适应方法被人们陆续开发出来,用于解决控制系统的随机特性问题和模型未知问题。例如,在1965年,美国普渡大学的傅京孙(K.S.Fu)教授率先把AI的启发式推理规则用于学习控制系统;1966年,美国学者门德尔(J.M.Mendel)首先主张将AI用于飞船控制系统的设计。随着人工智能研究的逐步展开和不断深入,形成智能控制新学科的条件逐渐成熟。1985年8月,电子与电气工程师协会(IEEE)在美国纽约召开了第一届智能控制学术研讨会,与会专家讨论了智能控制原理和系统结构[21]。由此,智能控制作为一门新兴学科得到广泛认同,并取得迅速发展。

近些年来,随着智能控制方法和技术的不断发展,智能控制迅速走向各种专业领域,应用于各类复杂被控对象的控制问题,例如工业过程控制系统、机器人系统、现代生产制造系统、交通控制系统等,并取得良好的应用效果。下面简要介绍智能控制的具体应用。

（1）生产过程的智能控制。生产过程中的智能控制主要包括局部级智能控制和全局级智能控制，两者的目标和作用有所不同。前者的目标和作用在于强化局部的智能控制效果，而后者的目标和作用在于改善全局的智能控制效果。

（2）先进制造系统的智能控制。智能控制被广泛应用于机械制造行业。在现代先进制造系统中，人们常常需要依赖那些不够完备和不够精确的数据来处理一些难以评估或无法预测的情况，这对传统控制系统来说是难以胜任的，而人工智能技术可为克服这些难题提供有效的解决方案。

（3）电力系统的智能控制。电力系统中的发电机、变压器、电动机等多种电气设备的设计、生产、运行、控制是复杂的过程，以往传统的控制方式在面临复杂问题时会显得力不从心。国内外的一些电气研究专家和工程师将人工智能技术引入电气设备的优化设计、故障诊断及实时控制中，取得了良好的控制效果，彰显了人工智能在该领域的大好前景。

近年来，智能控制技术在国内外都已取得重大进展，已进入工程化、实用化阶段。它作为一门新兴的既重理论又重应用的实用型技术，还处在一个发展时期。随着人工智能技术、计算机技术的迅速发展，智能控制必将迎来蓬勃兴旺的发展新时期。

七、智能管理、智能预测与智能决策

1. 智能管理

智能管理（Intelligent Management，简称 IM）是人工智能与管理科学、知识工程与系统工程、计算技术与通信技术、软件工程与信息工程等多学科、多技术相互结合、相互渗透而产生的一门新技术、新学科[22]。它研究如何提高计算机管理系统的智能水平，以及智能管理系统的设计理论、技术方法与实现途径。智能管理是现代管理科学技术发展的新动向。从整体来看，智能管理系统是在管理信息系统（Management Information System，简称 MIS）、办公自动化系统（Office Automation System，简称 OAS）、决策支持系统（Decision Support System，简称 DSS）的功能融合与技术集成的基础上，应用人工智能专家系统、知识工程、模式识别、人工神经网络等方法和技术，进行智能化、集成化、协调化处置，进而设计和实现的新一代的计算机管理系统。

智能管理是建立在个人智能结构与组织（企业）智能结构基础上所实施的一种管理，既体现了以人为本的先进管理理念，也体现了以物为支撑基础的优化管理机制。教育要"因材施教"，要求教育者应当根据受教育者的不同智能结构，有的放矢地采用各种针对性的教学方法；同样，管理也要"因才施管"，要求管理者应当既根据被管理者的智能结构，也根据组织机构本身的智能结构，采用适当的管理模式和方法实施科学、合理、高效的管理，这样才能达到预期管理效果。

2. 智能预测

智能预测是一种基于数据分析,预测用户需求、未来趋势和潜在机会,识别最优方案的技术。长期以来,能够准确预测未来就一直是人们梦寐以求的一种超凡能力。趋势是事物明确的、可以事先预见的发展方向。而趋势预测就是分析未来某段时间内的某种趋势将会产生什么样的方向性变化。在预测学领域,人工智能的算法是核心,数据和算力是基础。这一技术得以实用化主要得益于数据的累积与算力的增长。趋势预测算法在很多方面起到了至关重要的作用。

(1)经济方面。人工智能技术对股价的趋势预测属于深度学习的练习项目。其通过机器学习算法,根据过去几年与某只股票相关的K线走势、公司相关报道的情感分析,将它们作为数据集,通过训练来得到可以预测股价的机器学习模型,并用该模型对股价进行趋势预测。这时,趋势预测算法[如自回归求和移动平均模型(ARIMA)、LSTM神经网络模型、Prophet模型等]就有可能大显身手。虽然不同的模型会有各自的优缺点及适用性,但它们对于股价的趋势预测具有一定的参考价值。

(2)医疗方面。人们从日常生活经验可以了解到,人的言语模式可能揭示一个人患精神相关疾病的风险。研究人员就此将目标转向计算机算法和自然语言处理,帮助心理健康专家分析高危人群的语言特点,以从他们的讲话中发现线索。美国西奈山医学院、纽约州立精神病学研究所、加州大学洛杉矶分校以及其他一些机构的研究人员,采用了一种趋势预测算法来研究93位有患病风险的受试者的言语模式。经过细致测评后,研究人员宣布,该算法可以识别出其中哪些人患上了精神方面的疾病,准确率达到83%。谷歌公司的研究人员最近还发现了一种新的方法:通过扫描眼睛采集相关数据信息,并采用趋势预测算法来评估一个人患心脏病的风险。利用对病人眼睛后部扫描的分析结果,该公司的软件能够准确地推断多项数据,包括个人的年龄、血压以及他们是否吸烟。然后,运用这些数据来预测他们患上重大心脏病症的风险,比如心脏病的突发率。该算法可以使医生更快捷、更准确、更方便地分析病人的心血管疾病风险,而不再需要进行血液检测。

(3)农业方面。将许多国家农业报告中的预测情况汇总,可以知晓:到2027年,精准农业市场的市值规模将达到129亿美元,因此越来越需要开发能够实时指导管理决策的复杂数据分析解决方案。最近,美国伊利诺伊大学的研究人员提供了一种具有发展前景的趋势预测算法,该算法可以更有效、更准确地处理精密农业数据。例如,研究人员采用机器学习的方法来进行玉米产量的预测时,综合了地形变量、土壤电导率、玉米田中施用的氮素肥和种子处理的各种信息,在准确预测玉米产量的同时,并借助一种更好的肥料使用模型,向农民提出合理化增产建议,最终可以帮助农民降低生产成本、增加玉米产量,并减少对可持续发展农业的不利影响。

以上从三个方面介绍了人工智能技术在预测学领域的应用。人们可以拿实际数据与预测结果进行对比分析,评估这些预测的准确率,分析存在差异的主要原因,进而提出改进预测效果的方案,想方设法提高下一次预测的准确率。虽然现实情况千变万化,但是基本原理和解题思路是相通的。人工智能通过在数据库中检索分析,建造模型,使用更复杂的技术来代替人脑决策。这些不是重复的任务,而是需要基于复杂的算法和机器学习做出判断,可以应用于预测未来的发展趋势,为做出合理可行的决策提供科学依据。

3. 智能决策

20世纪80年代初,智能决策开始提出。它是决策支持系统与人工智能,特别是专家系统结合的产物。它利用人类的知识,并借助计算机,通过人工智能方法来解决复杂事务的决策问题。智能决策的关键技术在于:机器学习+运筹优化。自智能决策问世以后,受到领先企业的关注和追捧,这不仅是因为它能够为企业带来快速的收益,还缘于其采用的"机器学习+运筹优化"的关键技术颇能打动人心,因为这些关键技术既可以根据数据为业务做出预测,又可以针对业务场景问题进行理解与分析建模,进而得出最优解,两者深度融合为企业提供有依据、可解释的决策方案,并逐渐摸索出整个业务数字化、智能化升级的方向和步骤。

智能决策流程是将实际问题中的决策标的、约束、偏好及目标转化为数学模型,把决策问题与智能化手段和方法进行有序衔接的关键环节。在已经建立好的模型中输入数据,利用机器学习、运筹优化等技术,对模型进行高效求解。在高效求解方面,智能决策引入全自主研发的数学规划求解器来辅助决策。数学规划求解器是被业内人士誉为实现智能决策的"计算芯片",一直由IBM、Gurobi、Xpress等国外大型公司占据先发和领先地位。我国十分重视在该领域的追赶步伐,因为拥有自主知识产权的求解器对于我国工业智能化建设非常重要。近年来,以杉数科技、中国科学院、阿里达摩院、华为为代表的国内科技企业和科研机构先后研发了多种国产求解器,避免了被国外"卡脖子"的窘况。

八、智能人机接口与智能模式识别

1. 智能人机接口

智能人机接口又简称为智能接口,其研发目的是建立和谐的人机交互环境,在和谐条件下实现智能,使人与计算机之间的交互能够像人与人之间的交流一样自然、方便。智能人机接口的诞生与发展对改善人机交互的友好性,从而提高人们对信息系统的应用水平,以及促进相关产业的发展都具有重要意义。

与一般的人机接口相比,智能人机接口的含义包括:它是最终用户、领域专家和知识工程师与知识源之间的一种中间媒介;它包含计算机硬件和软件;具有智能特性,即能够实现中间人(专家)所能完成的相同功能。上述定义表明,智能人机接口的关键问题是识别和描述专家在信息处理中的认知功能、所用的知识和技能,然后才能发展模拟这些功能的软件。一般而言,智能接口具有以下特征:

(1)具有智能。能够应用人工智能技术(如知识表示、语言理解、推理和学习等)模拟专家处理信息的认知功能,有效执行若干认知活动,如问题分析、信息分类、模式发现、结构化模型、决策处理等;能够从用户模型和领域模型推导知识、解释提问和补充回答,以及提供启发式策略来指导用户[23]。

(2)用户友好。允许用户以自然的、熟悉的形式表达情报需求,不受任何人工命令语言或语法的限制,并能处理不完整的、不精确的(或模糊的)信息。

(3)适应性强。能够适应不同任务的不同应用领域,或适应多种主系统(例如多种情报系统、专家系统)。此外,它还能够适合具有不同知识水平和不同要求的各类用户,尤其是无经验的新用户,不需要经过专门的训练,也可以方便地使用系统。

人机接口技术的智能化是当前IT技术领域的重要研究课题。智能人机接口系统是具备高性能、高可用性和高智能的人机接口系统(Human computer interface System),不仅能够完成传统意义上的作业控制,而且能够实现人与机电设备之间的信息交流智能化、人性化、友好化。

2. 智能模式识别

模式识别是人脑的一种基本属性和基础功能。实际上,人们在日常生活中经常在进行模式识别。随着人工智能的兴起,人们当然希望能用计算机来代替或扩展人脑的部分功能。20世纪60年代初,模式识别迅速发展,并成为一门新兴学科。从本质上来讲,模式识别是指对表征事物或现象的各种形式的信息进行处理和分析,以对事物或现象进行描述、辨认、分类和解释的过程,是信息科学和人工智能的重要组成部分[24]。智能模式识别则是将人工智能的关键技术引入模式识别中,改善模式识别的效果,提高模式识别的效率,因而在当今有着广泛的应用。智能模式识别主要有文字识别、语音识别和图像识别技术。下面分别予以介绍:

在文字识别中常见的是手写输入和光学字符识别(Optical Character Recognition,简称OCR)。手写输入发展至今已经非常成熟。例如,人们使用手机的手写输入来录入文字,识别的准确率已经达到98%,这为不会打字的部分人群在使用手机和平板时提供了方便,也让电脑、平板和智能手机拥有了更大的用户群。OCR就是将图片识别为单个可编辑文字的一种特殊软件。早期扫描仪用得非常广泛,但是扫描的文档信息是一张图片,而不是文字,给后续使用增加了麻烦。使用OCR就可以将图片转化为文字。不过遗憾的是,OCR的识别准确率并不高,在字体发生变化、字体太大或太小、文本背景不是纯白色时识别起来容易出现问题。这就是为什么人们在注册时使用的验证码都是一些看上去不太清楚的字符,它就是为了防止一些人利用机器识别,进行恶意的大量注册。要是OCR能达到很高的准确率,那么文本型的验证码也许就会从此消失了。

语音识别是所有模式识别技术中最为关键和最为重要的技术之一。一旦语音识别能够达到高级阶段,人工智能也就容易达到高级阶段。因为语音技术可以直接将人的语音转换成命令,而计算机或机器人一旦执行了对应的命令就能完成人们赋予的任务。语音识别技术常见的是语音输入,人们说的话就能转换为对应文字进行录入[25]。现阶段来说,语音识别没有手写输入的识别率高,但是语音识别的效率更高,录入的速度更快。微软公司在Windows10中加入的核心功能Cortana(微软小娜)就是应用的语音识别技术。苹果公司的Siri也是语音识别技术,而且是苹果公司重大创新和大力发展的一项人工智能技术。Google和百度的语音搜索以及Google公司的语音翻译软件都是采用的语音识别技术。

近些年来,图像识别技术发展十分迅猛,技术也已比较成熟。图像识别技术中的指纹识别、人脸识别、图像搜索技术更是司空见惯、耳熟能详。指纹识别在手机上成了标配,上班打卡一般用的都是指纹机。人脸识别在近两年发展尤为快速,由于人脸识别的广泛应用,第三代身份证已在一些城市出现,它变成了电子的人脸识别身份验证。由于身份真实性验证得益于人脸识别技术的成熟,所以当前人脸识别不仅应用于门禁系统,而且在支付系统的应用也日益普及。

计算机技术的发展推动社会的进步,使人类社会产生巨大变化。今天,计算机技术已经能够代替人类的体力劳动甚至部分脑力劳动。而人工智能的出现则是让计算机发展到一个新的阶段。人工智能技术的不断提高和广泛应用,也需要模式识别技术的重要支持和创新辅助。

第四节　人工智能的学科发展

一、智能制造的发展

智能制造(Intelligent Manufacturing,简称IM)是一种由若干智能机器和人类专家共同组成的以制造产品为目标的人机一体化智能系统,它在制造过程中能进行多种智能活动,例如分析、推理、判断、构想、设计和决策[26]。通过专家与智能机器的协调合作,以增加、扩大、延伸和部分地取代人类专家在制造过程中的脑力劳动。它把制造自动化的概念加以更新,扩展到柔性化、智能化和高度集成化。

智能制造的概念经历了提出、发展和深化几个不同的阶段。早在20世纪80年代，美国学者赖特（Paul Kenneth Wright）和伯恩（David Alan Bourne）在其专著《制造智能》（*Smart Manufacturing*）中首次提出"通过集成知识工程、制造软件系统、机器人视觉和机器人控制来对制造技工们的技能与专家知识进行建模，以使智能机器能够在没有人工干预的情况下进行小批量生产"。在此基础上，英国Williams教授对上述见解做了既睿智又深刻的补充，认为"集成范围还应包括贯穿制造组织内部的智能决策支持系统"。此后不久，欧、美、日等工业化发达地区和国家围绕着智能制造技术与智能制造系统展开了密切的国际合作研究。1991年，日、美、欧在共同发起实施的"智能制造国际合作研究计划"中提出：智能制造系统是一种在整个制造过程中贯穿智能活动，并将这种智能活动与智能机器有机融合，将整个制造过程从订货、产品设计、生产到市场销售等各环节以柔性方式集成起来的能发挥最大生产力的先进生产系统。

1986年，我国开始了智能制造的研究，杨叔子院士领衔开展了人工智能在制造领域中的应用研究工作。杨叔子院士认为：智能制造系统是通过智能化和集成化的手段来增强制造系统的柔性和自组织能力，提高快速响应市场需求变化的能力。吴澄院士认为：从实用、广义角度理解智能制造，是以智能技术为代表的新一代信息技术，包括了大数据、互联网、云计算、移动技术等，以及在制造全生命周期的应用中所涉及的理论、方法、技术和应用。周济院士则认为：智能制造的发展经历了数字化制造、智能制造1.0和智能制造2.0三个基本范式的制造系统，智能制造是由它们逐层递进组成的。智能制造1.0系统的目标是实现制造业数字化、网络化，最重要的特征是在全面数字化的基础上实现网络互联和系统集成。智能制造2.0系统的目标是实现制造业数字化、网络化、智能化，实现真正意义上的智能制造。图1-6展现了汽车智能制造系统正在生产汽车的场景。

图1-6　汽车智能制造系统

依据智能制造系统所要解决的问题和其在整个生产体系中的地位,可以概括地将智能制造的发展过程分为三个阶段:

第一阶段——智能制造初级阶段。在这个阶段中,人工智能等先进技术不断向传统的工业自动化系统延伸,通过先进的手段,显示生产过程中的可见或隐性的状态,辅助企业员工做出正确的操作或决策,优化工业自动化系统的功能[27]。在这个时期里,尽管智能制造系统所采用的很多技术,如工业大数据分析、人工智能等,在图像识别、故障预测等某些特定领域的使用效果可能超过人类员工,然而在实际生产中,由于现场情况复杂多变,无法取代人类员工凭借自身的经验或直觉做出正确的判断,但它们确实可以作为一个很好的决策参考或对系统进行辅助优化。

第二阶段——智能制造中级阶段。随着智能制造系统中集成的相关技术逐步成熟,智能制造系统在工业生产中的作用越来越明显,也越来越重要,经过不同产线、不同工序、长时间、大范围、高强度的反复验证,智能制造系统得到普遍认可和广泛应用,并表现出许多优势。例如:①传感器和控制器变得简单、经济,且易于获取,视频识别和音频等生物识别技术得到广泛的应用,使系统可以获得更为全面、更加精准的信息;②对同一功能、不同子系统的计算结果互相印证和交互评价,并由智能制造系统自行决策输出;③在外部条件发生变化或出现故障时,局部子系统的失效不影响总体系统的运行,或系统会自动进入安全状态;④有关智能制造的基础技术逐步成熟,确定性、可用性和经济性相关的问题得到合理解决,例如区块链技术的成功应用,在理论上可以帮助企业解决工业数据的安全性和信任性问题。

在这些前提下,针对生产过程特定单元或特定功能的控制任务已经逐步实现,智能制造系统在工业生产中的作用变得愈发重要。这个时期内,出于安全生产的考虑,企业一般会将传统的工业自动化系统作为智能制造系统的补充或后备。

第三阶段——智能制造高级阶段。随着智能制造系统在工业生产中的推广应用,在越来越多的生产单元中,智能制造系统已经由辅助角色变为统领角色,形成多个局部自治的智能制造系统。同时,围绕着通过智能制造实现企业转型升级的发展目标,企业在规划、设计阶段,就从智能制造的顶层设计出发,实现面向智能工厂的全生产线三维建模和数字交付,全面管理涉及规划、设计、施工、设备、产品、运维等各阶段的相关数据,建立完整的、功能丰富的数字化工厂和数字孪生模型,为全面深入实施智能制造奠定良好的基础。在这个阶段里,智能制造系统贯穿企业的整个生产过程,在企业生产活动的各个层面以决策者的身份出现,全面占据统领地位。

目前,智能制造领域的国际竞争日益激烈,深入探索智能制造的发展理念、实施途径和创新措施,抢占产业发展制高点和主导权,对于我国建设制造强国具有重要的战略意义,需要有关部门和有识之士凝心聚力,进一步加强对智能制造理论和技术的研究,满足我国制造业持续发展的需求。

二、智能诊断与治疗的发展

20世纪50年代后期，人工智能技术开始在医疗诊断中得到应用，例如一些常规的医学疾病诊断就用到了人工智能技术，但效果还不是十分彰显[28]。由于受到研究任务复杂性和艰巨性的限制，医疗专家系统的研究范围比较局限。此外，当时经典的人工智能理论还存在一些争议，许多专家都无所适从。直到20世纪80年代，贝叶斯网络首次用Pearl的形式在计算机上进行医学处理，这才极大地促进了人工智能诊断的应用。当前，人工智能不仅可以对特殊病人进行模拟诊断，还可以面对诊断中出现的疑难问题提出一些颇有见地的建议。

1. 人工智能技术在临床医疗诊断中的应用

（1）医学诊断专家系统。20世纪50年代后期，第一个人工智能医疗专家就出现了，其主要目的是研究病人的病症和疾病之间的关系，将医学领域的知识有效融入医学诊断专家系统中去。该系统利用启发式推理方式来获取相关数据并进行诊断。实际上，人工智能技术在医疗领域中的应用关键点在于医学专家系统，它是在某个医学领域从专家水平解题的程序系统，人们利用系统设计原理，模拟医学专家诊断疾病的经验与过程，从而解决医学上的诊断难题。新的神经网络知识处理系统和传统的逻辑心理专家系统在构建方式上十分类似，创建知识库时，人们首先按照应用来确定神经网络结构，然后再选择学习算法，对需要解决的问题进行样本学习，调整系统的连接方式，自动获取相关知识并进行储存，从而建立起系统的知识库，这就是基于人工智能神经网络技术的新型专家系统的工作模式。医学诊断专家系统的这种工作模式不仅可以解决医疗领域的难题，还可以通过学习，不断地提升神经网络的数量和质量，从而利用计算机网络获得合理的诊断结果。

（2）医疗影像智能诊断。近年来，虽然人工智能技术已经广泛用于医疗领域，但在医学影像方面，具有实用价值的专家系统还进展不快。相比而言，人们主要是利用计算机视觉技术对医疗影像进行快速读片和智能诊断。如今，出现了一种新型的医用成像技术——激励热声CT，它基于崭新的学术思想，架起了超声CT和微波CT在功能和技术上优势互补的桥梁。国内外医学专家非常关注和重视它，纷纷筹集资金和组建团队开始研究并应用。目前，人们在医学领域里应用计算机视觉技术越来越广泛，也越来越深入。利用医学影像特征的提取技术及成像设备，放射科医生可以通过快速准确地标记来提升图像分析的效率，从而解决放射检测中遇到的难题。诸如CT、超声波、X线等常规检测手段都在计算机视觉技术的加持下得到功能升级和性能强化。现在，越来越多的医生会利用计算机视觉检测患者肺部的肿瘤情况、心脏的血管变异等。通过CT图像的计算机视觉检测,肺气肿患者的检测准确率可高达98%。但在比较复杂的临床诊断方面,CT检查和成像诊断的准确率还不够理想。这表明,在运用人工智能技术辅助医用成像检测中,医生们还必须结合临床理论和经验进行综合诊断。

(3)智能问诊和语音电子病历。目前广泛在用的智能问诊系统包括预约问诊和自诊两大功能。病患在与医生沟通之前,可以利用计算机互联网平台进入医院智能问诊系统,输入病患的基本信息、基础症状、过敏原等,就可形成一份诊断报告,从而减少了医生与病患的沟通时间,提升了医疗工作效率,也免除了病患到医院排队挂号、缴费,有效改善了病人看病难的问题。另外,根据调查研究结果可知,我国一半以上的医生都会花费大量时间来填写病历,降低了工作效率。而借助人工智能技术开发的虚拟助手可以将医生的口述病历内容转换为文本形式,存入医院的病患信息管理库中。这样不仅可以让医生腾出更多的时间来接待病患,诊断病情,还提高了填写病历的效率。

2. 人工智能技术在临床医疗诊断中的发展方向

随着现代医学技术以及人工智能技术的发展,未来的医学专家系统将会表现出以下发展趋势:

(1)医学专家系统应以解决一些特殊医疗问题为目标。这些特殊问题以前在计算机视觉和人工智能领域没有被人研究过,存在着认知空白,因而应当加强研究。例如,人类对可视图案的认知机理往往不同于常规推理,而在一些特殊情况下采用常规推理的话,对于所用的一些领域知识,在视觉认识过程中常常忽略了有用因素,这时常规推理并不可靠,所以需要加强相关研究。

(2)医学专家系统的模型将会以多种智能技术为基础,以提高并行处理、自我学习、记忆功能、预测事件发展的能力为目的。目前发展起来的遗传算法、模糊算法、粗糙集理论等非线性数学方法,有可能会跟人工神经网络技术、人工智能技术综合起来,构成一种新的医学专家系统模型。这些技术将会推动医学专家系统发生一场新的革命,因为人工神经网络技术具有强大的自适应、自处理、自学习、自记忆等功能。例如,Yuji等人基于螺旋CT图像而构建的冠状动脉钙化点智能诊断系统,就是神经网络在医学专家系统中获得成功应用的一个良好例子。

随着计算机技术、人工智能技术、遗传算法、人工神经网络技术等一些非线性技术的发展和成熟,新的医学专家系统不断面市。人们有理由相信,未来的智能医学诊断和治疗专家系统将成为医生们最得力的助手、最协调的伙伴,将为各种疾病的预防、诊断和治疗做出更大的贡献。

三、智能车辆与智能交通的发展

1. 智能车辆

智能车辆（Intelligent Vehicle）因其从轮式移动机器人（Wheel Mobile Robot）的研究中汲取了大量的营养，因而许多研究者将其与轮式移动机器人等同。从本质上来看，它是一个集环境感知、规划决策、多等级辅助驾驶等功能于一体的综合机电系统。它集中运用了计算机、现代传感、导航、防撞、信息融合、通信、人工智能及自动控制等技术，是典型的高新技术融合体。智能车辆致力于提高汽车的安全性、舒适性，并提供优良的人车交互界面，是目前各国重点发展的智能交通系统中的一个重要组成部分，也是世界车辆工程领域中的研究热点和汽车工业持续增长的动力源泉[29]。

目前，智能车辆技术呈现出双向并进的发展态势，其一是用于室内的环境，智能车辆具备自主导航的能力，车辆体积小，速度相对较低，当遇到突发事件时，可根据实际情况做出决策，改变自身位置以沿着其凭借传感系统检测出的道路行走；其二是用于室外的环境，智能车辆能够高速行驶，利用各种传感器检测环境的信息，以判断车辆的行驶情况，这时要求计算机具有很强的实时处理能力，传感器也要具有很高的灵敏度。

（1）国外智能车辆发展历史与现状。

美国在智能车辆方面的研究起步较早、进展较快。20世纪80年代初，在美国国防高级研究计划局（Defense Advanced Research Projects Agency）预研项目的资助下，美国有关单位研制出了第一台自动导航车辆。此后，不断有新的智能车辆研究成果问世。目前，美国智能车辆研究的主要成果有美国军方研制的DEMO Ⅲ智能车、卡耐基·梅隆大学机器人研究中心研发的NavLab智能车系列和佛罗里达大学研制的Kelvin智能车。其中，DEMO Ⅲ智能车融合了摄像、激光雷达、超声波、红外线等多种传感器技术，能够在不同环境条件下自动调整车速以适应多种环境，还能在300英寸（7.63 m）范围内发现行人和移动物体以躲避障碍。

欧洲智能车辆研究的主要成果有德国慕尼黑联邦国防军大学与德国奔驰汽车公司联合研制的VaMoRs-P智能车、德国的研究技术部门与大众汽车公司合作研制的Carvelle智能车、法国帕斯卡大学与雪铁龙公司联手研制的Peugeot智能车，以及意大利帕尔玛大学独立研制的ARGO系列智能车等[30]。其中，VaMoRs-P智能车通过四个小型摄像机构成一个两组双目视觉系统，在高速公路上进行了大量的跟踪车道白线、躲避障碍和自动超车试验，最高车速可达130 km/h。Carvelle智能车利用两个摄像机来探测障碍物和检测车道，从识别一幅图像到完成控制只需70 ms，该车的最高车速可达120 km/h。Peugeot智能车的运算处理部分集成在一块基于TMS320C50的数字处理卡上，硬件配置简洁轻便，对实验车几乎无需任何改装，在高速公路上做了几百千米不同路况的行驶试验，车速达到130 km/h。

ARGO智能车集成了机器视觉和多传感器信息融合技术,在一次长达2000多千米的非规范化道路行驶测试中,该智能车穿越了平原、山地、高架桥、隧道等多种地形,获得了良好的测试效果。

(2)我国智能车辆发展历史与现状。

我国在智能车的研究方面起步较晚,但进展较快,尤其是近几年来,我国智能车的研制水平日益提升,虽然与国外先进水平相比稍显落后,我国的赶超步伐却快速稳妥,效果惊人。目前在智能车辆研究方面的主要成果有:清华大学研制的THMR-V智能车、国防科技大学研制的CITAVT-IV智能车,以及吉林大学研制的新型视觉智能车JUTIV等。THMR-V智能车融合了摄像机视觉系统、GPS定位系统和激光雷达测障系统等多传感器技术,结合计算机监控系统对智能车进行方向控制、油门控制、刹车控制和车体控制。THMR-V智能车在速度上已接近国际先进水平,平均速度为100 km/h,最高速度可达150 km/h。CITAVT-IV智能车主要应用在非结构化道路环境下车辆遥控和自主驾驶技术,在绕城公路上进行自主试验时车速最高达到了75.6 km/h,已经接近CITAVT-IV智能车的速度极限。JUTIV智能车利用摄像机和多传感器信息融合技术,涉及在非结构道路环境下的车距安全保持技术、道路识别与跟踪技术和换道超车技术,其无人驾驶视觉导航设计速度为50 km/h以上,总体研究具有国际先进、国内领先的水平。

总而言之,我国智能车辆的发展水平与国外相比,虽仍有差距,但前景光明。人们必须清醒地看到,尽管在速度上我国的智能车已经具备世界先进水平,但在多传感器的信息融合与多目视觉综合检测方面,我国的研究还任重道远,还须加大投入,争取突破。

2. 智能交通

智能交通系统(Intelligent Transportation System,简称ITS)是指采用现代信息、通信、控制等多项技术,与现有的交通设施和运载工具进行有机整合,打造出的一种安全、快捷、高效、绿色的交通体系。智能交通起源于交通信息化和交通工程。我国从20世纪90年代就开始重视智能交通的研究与应用。1995年,在世界智能交通大会上首次出现了我国与会者的身影。之后,我国研究人员陆续参加了ITS相关大会,从而认识到ITS的必要性、重要性和发展趋势。自1997年我国出席中欧ITS研讨会起,ITS就逐步走上我国高新技术产业发展的舞台。2000年,我国ITS体系与战略框架正式提出。2002年,国家"十五"规划期间提出了"智能交通系统关键技术开发和示范工程"等科技攻关重大项目,ITS在我国进入了高速发展阶段。据统计,自"十二五"规划以来,国家累计投入数千亿资金用于智能交通建设,并逐步出台了一系列激励政策来建设和完善智能交通顶层设计体系。根据当前的形势判断,我国未来的智能交通将朝着以下方向发展:

第一,加强交通大数据挖掘及智能交通信息服务是智能交通发展的重点。车路协同是近年来智能交通领域的前沿技术,关键在于交通信号控制、交通仿真技术方面。

第二,深入开展无人驾驶技术攻关则是智能交通发展的难点。无人驾驶技术的未来发展方向可分为面向高速公路环境、面向城市环境和面向特殊环境的无人驾驶系统。

第三,提前谋划车路协同智能系统及车联网是智能交通发展的关键。

第四,全面推广智能交通信息感知与服务是智能交通发展的趋势。交通信息智能化感知与服务的重点任务包括ETC系统和交通流信息采集,它将进一步推进智能交通行业的整体发展。

第五,提高我国智能交通关键技术的创新能力是智能交通发展的核心。如何提高这种创新能力需要认真思考和积极行动,既要直面问题,更要抓住机遇,还要乘势而上。需要结合已有的技术和基础,同时在智能交通领域引入物联网、云计算、数据挖掘等技术,这样才能发展起新一代的智能交通系统。

四、智能生物信息处理的发展

智能生物信息处理技术主要是指将计算机、传感器、通信等多项技术有机结合,以实现对生物信息进行自动获取和高效处理的一种技术,在当前已经获得了比较广泛的应用[31]。智能生物信息处理技术的有效应用,不仅可以有效减轻相关人员的工作压力和劳动强度,还能够实现资源优化处理,大大节省人力资源,降低管理成本。智能生物信息处理技术涉及多个学科的内容,例如复杂系统的算法设计与分析、生物信息和神经信息的处理等,是多种学科内容的有机结合,在社会很多领域都得到了广泛应用与大力推广,是促进国民经济迅速发展的重要技术,具有广阔的发展前景。

对于一些拥有大量数据且呈现"噪声"特性,以及缺乏综合理论支撑的这类信息处理任务来说,人工智能方法是理想的选择。因为这些人工智能方法的基本理念就是通过逻辑推断、模型设计或者样品分析的过程,"从数据中自动得出理论"。由于生物系统本身具有一定的复杂性,人们在分子水平上对生命组织的运行机理缺乏综合的认识,往往是基于经验来运用现代分子生物学技术。因而,将人工智能方法用于处理生物信息应当是一种最佳的组合方式,主要包括神经网络、符号主义、机器学习和遗传算法在处理生物信息中的应用。

人工神经网络(Artificial Neural Network,简称ANN)是人们在生物信息处理中广泛使用的智能方法之一,也是最早应用于生物学分析领域的核心技术之一。ANN的优势在于它有能力学习和解决现实中的许多问题。虽然ANN有着一个非常复杂的统计模型,但是它具有很强的适应能力,可以通过改变内部的曲线拟合函数,处理来自不同样本的离散值或矢量值函数。ANN的另一个优点是在训练资料的过程中能够得到稳健的误差估计,当分析含有"噪音"的分子生物学资料时,这一点尤其有用。虽然复杂的统计模型使人们比较认同这种方法,但换个角度来想,模型过于复杂也可能是它的缺点。基于这样的考虑,人们引入了网络输出置信度概念("误差线"),以及不同网络结构间的选择("模型选择")。另外,缺乏解释能力也是 ANN 的一个缺陷。在很多情况下,要对 ANN 做出的决定和对 ANN 中每个节点计算所用的方法进行解释是十分困难的,因而无法对 ANN 的效果进行确认。

伴随着实验过程的高度自动化甚至工厂化,对于一些从事大规模分子生物学实验的实验室来说,其每天需要存储的数据可以轻而易举地超过几千兆字节,于是,分子生物学数据库的容量以几何倍数快速增长。所以,在分析基因组序列、解释模型、检测数据库中有用的信息、预测和构建分子结构等研究领域,生物学家必须借助人工智能的理论与方法来克服上述困难。

还要看到,生物信息智能化处理常常涉及生物信息的采集、处理、存储、传播、分析和解释等各个方面,它通过综合数学、计算机科学与工程、生物学的工具与技术,揭示出大量而复杂的生物数据所蕴含的生物学奥秘。

五、智能机器人的发展

随着工业 4.0 计划的强力推进,以"机器人代人"成为社会共识,智能机器人的发展越来越受到人们的重视。时至今日,智能机器人的研发与应用水平已经成为衡量一个国家科技水平、社会文明进程的一个重要标志[32]。从本质上来看,智能机器人是一种具有感知、思维和行动能力的复杂机电一体化系统,能够自主获取、处理、识别各种传感器信息,并可以自主完成各种复杂的操作任务。智能机器人涉及的学科领域包括:机械工程、电子工程、计算机控制工程、传感器技术、人工智能技术、通信技术等。作为一种具有智能的机器系统,智能机器人在国民经济建设的各个领域和行业中都将发挥越来越重要的作用。

从 20 世纪 50 年代末第一台工业机器人诞生至今,机器人技术的发展历经了三个主要阶段:第一阶段为主的是"编程示教再现型"机器人,其主要特征是能够按照人们预先设定的程序步骤进行重复性的操作,主要代表为工业机器人,如喷漆机器人、焊接机器人、码垛机器人、搬运机器人、装配机器人等;第二阶段为主的是具有感知和适应能力的"感觉型"机器人,其主要特征是能够根据作业对象或作业环境的变化而改变作业内容,具有某种感知和判断能力,但缺乏自主学习能力,主要代表为扫地机器人等;第三阶段为主的是具有感知、思维和行动能力的"智能型"机器人,其主要特征是能够感知多种信息,并将感知的多种信息进行实时融合,快速适应环境变化,具有自适应、自学习和自治能力。随着人工智能理论与技术的快速发展,智能机器人已成为当前的一个研究热点,并将为改善人类的生产效能与生活品质做出巨大的贡献。

前已述及,智能机器人属于第三代机器人,自身会带有大量的传感器,可以将获得的信息巧妙融合到一起,具备较强的自适应、自学习、自治能力。智能机器人涉及的学科知识和专业技术是非常多的,而技术含量的高低也将直接影响智能机器人自身性能的高低。其中涉及的关键技术包含以下几种:第一,多传感器信息融合技术。该技术是指综合多个传感器的数据之后可以得到更准确、更全面的信息,而经过融合之后的传感器系统也能更精准地反映出检测对象的真实信息,从而消除不准确信息。第二,导航与定位技术。从自主移动机器人的导航过程来看,不管是躲避障碍还是规划路线,都是需要得到准确的位置信息之后才能顺利完成导航、躲避障碍等任务。第三,路径规划技术。路径规划技术的目的就是参考某些优化准则进行机器人的行进路径规划,以便在机器人的工作空间中寻找出一条从起始点到目标点的最佳路线。第四,机器人视觉技术。该技术包含图像处理、图像获取、图像分析、输出与显示等,其中最基本、最关键的工作是特征提取与图像辨别。第五,智能控制技术。该技术可以在很大程度上提高机器人的工作速度和运动精度,以及显著提高机器人工作时的准确性、流畅性、完整性。第六,人机接口技术。这主要涉及如何让人类员工能更顺利地与机器人进行交流,改善操控性能。

应当看到,虽然智能机器人已经取得了巨大的进展,但随着智能控制、人工智能等技术的不断发展和逐渐深化,智能机器人的发展还未有穷期,将来会朝着以下几个方面迈进。第一,机器学习。不同形式的机器学习都能在很大程度上促进人工智能的发展,而将各种类型的机器学习及其计算方法融入智能机器人中,将会使智能机器人具备与人类相同的学习能力。第二,多智能机器人协助生产。随着人工智能技术的不断应用,智能机器人的技术水平也在不断提升,如何对这些高性能的智能机器人进行协调,让其实现协助生产,从而完成单个智能机器人无法完成的复杂任务,将会成为未来智能机器人的重点研究内容。第三,智能机器人网络化。通过互联网技术和人工智能技术的加持,可以将各种类型的智能机器人连接到计算机网络中,通过网络来实现对智能机器人的控制,提高智能机器人的远程控制水平。

在纷繁复杂的社会发展进程中,机器人技术的研究与推广既促进了社会工业化的发展规模,也提高了社会现代化的运作水平。如今,我国对智能机器人的研究已经取得了良好的成绩,奠定了智能机器人推广应用的基础,智能机器人在我国的发展前途越来越广阔,相信在不久的将来,智能机器人一定会为我国自立、自强于世界民族之林做出巨大的贡献。

六、智慧教育的发展

目前,国内外对智慧教育并没有一个统一的定义。一些学者认为:智慧教育即教育信息化,是指在教育领域(含教育管理、教育教学和教育科研)中全面深入地运用现代信息技术来促进教育改革与发展的过程。其技术特点是数字化、网络化、智能化和多媒体化，基本特征是开放、共享、交互、协作，以教育信息化促进教育现代化，用现代信息技术改变传统教学模式。另一些学者认为：智慧教育是基于新技术革新而打造的泛在化、感知化、一体化和智能化的新型教育生态系统，其最终目标是通过教育环境、教育资源、教育管理等的智慧化，为师生、管理者、家长、社会大众提供更具体验感、获得感的高效教育服务[33]。从这两种表述可以看出，智慧教育是将新的技术引入传统的教育行业，让受教育者多维度地接收知识、锻炼技能和传承文化，成为一个优秀的复合型人才。

近年来，许多国家都将智慧教育作为教育发展的重大战略。美国自1996年起就开始陆续制定并稳步推进国家教育信息化发展战略，在2010年的"国家教育技术计划（NETP）"计划中，美国十分侧重利用信息技术构建21世纪学习模型，全面提升技术与教育（学习、评价、教学、设施和绩效五大要素）的深度融合。同样在1996年，马来西亚也开始实施"智慧学校（Smart School）计划"，积极促成课程内容、教学方法、评测手段和教材建设等方面的变革，该计划已在2020年全面落实完成。2006年，新加坡宣布"iN2015"计划，力图在2015年之前在全国各行各业打造信息技术通信生态系统，智慧教育是该计划的重要组成部分。2014年，在该计划完成之际，新加坡又稳步推进了"智慧国家2025计划"，大力兴建"未来学校"和"教育实验室"。2011年，韩国在其高度发达的信息通信技术的基础上颁布了智能教育推进战略，计划到2015年韩国所有的中小学须以数字教科书取代纸质教科书，并于2012年兴建四所智慧学校，智慧教育在韩国正式起航。

其实，我国对智慧教育的热切关注并非始于2008年IBM公司提出的"智慧地球"的观念，早在20世纪90年代，我国科技泰斗钱学森提出"大成智慧学"时就曾引起教育界的巨大反响[34]。IBM公司的"智慧教育"是构建新一代信息技术支持下教育发展的行动框架，而"大成智慧学"则强调利用现代科学技术培养人的高级智慧。所以，当时国内学者们多是从宏观层面去探讨智慧教育。直至2010年教育部印发《国家中长期教育改革和发展规划纲要（2010—2020年）》中明确提出"信息技术对教育发展具有革命性影响必须予以高度重视"，我国政府和教育界才真正重视从信息技术角度去发展教育。

我国教育系统对智慧教育的理解多是放在"教育信息化"的大框架内进行，普遍认同智慧教育是教育信息化发展的高级阶段。2012年，教育部印发的《教育信息化十年发展规划（2011—2020年）》中提出"充分发挥现代信息技术优势，注重信息技术与教育的全面深度融合"。2018年印发的《教育信息化2.0行动计划》中又明确提出"以人工智能、大数据、物联网等新兴技术为基础，依托各类智能设备及网络，积极开展智慧教育创新研究和示范，推动新技术支持下教育的模式变革和生态重构"。此后，国内很多一、二线城市都制订了智慧教育建设的具体行动计划，开展智慧教育学校试点，很多IT企业也纷纷提出自己的智慧教育解决方案，智慧教育在我国各地如火如荼地开展起来。

当前，"智慧教育"的研究还处于成长阶段。自2012年以来，智慧教育的热点在不断演变和持续拓展,已经涉及教育信息化、信息技术、大数据、互联网+教育、人工智能、智慧学习、智慧教室、智慧课堂(见图1-7)、教学模式等多个方面,它们涵盖了教学及学习的大部分环节。从总体上看,我国"智慧教育"的研究从侧重现代教育技术的应用转向教学环境、教学资源、教学管理等的智能化整合。随着移动互联网、大数据、云计算以及人工智能技术的发展,教育"智能化"必将成为"智慧教育"研究的核心和热点。

图1-7　智慧课堂场景

📄 本章小结

本章主要介绍了人工智能的基本内容。通过本章的学习,读者应重点掌握以下内容:

(1)人类智能是自然界的四大奥秘之一,很难给出确切的定义,目前有思维理论、知识阈值理论、进化理论等学派。

(2)人工智能是指能够让计算机像人一样拥有智能,可以代替人类实现识别、认知、分析和决策等多种功能的技术。其发展历程可分为孕育期、起步发展期、反思发展期、应用发展期、低迷发展期、稳步发展期和蓬勃发展期。

(3)人工智能的研究内容包括知识表示、知识推理、知识应用、机器学习、机器感知、机器思维和机器行为等;人工智能的应用领域包括自动定理证明、问题求解与博弈、专家系统、模式识别、机器视觉、自然语言处理、人工神经网络和分布式人工智能与多Agent等。

👆 思考与练习

1.选择题

(1)人工智能诞生的时间是(　　)。

A.1950年　　　　　　　B.1955年

C.1956年　　　　　　　D.1959年

参考答案

(2)人工神经网络属于人工智能研究的哪个学派(　　)。

A.符号主义　　　　　　　　B.连接主义

C.行为主义　　　　　　　　D.进化主义

(3)以下哪个选项不属于人工智能的分支领域(　　)。

A.自动规划　　　　　　　　B.机器博弈

C.符号主义　　　　　　　　D.3D打印技术

2.填空题

(1)对人工智能研究影响较大的学派主要有＿＿＿＿＿、＿＿＿＿＿和＿＿＿＿＿。

(2)人工智能在农业领域的应用贯穿于农业生产的整个过程,为农业生产在＿＿＿、＿＿＿和＿＿＿各环节的工作提供帮助。

(3)人工智能在生产管理中的应用包括＿＿＿＿＿、＿＿＿＿＿和＿＿＿＿＿。

3.简答题

(1)与一般人机接口相比较,智能人机接口的含义是什么?

(2)机器人技术发展历经了哪三个主要阶段?

📖 **推荐阅读**

[1](美)特伦斯·谢诺夫斯基.深度学习[M].姜悦兵译.北京:中信出版社,2019.

[2](美)杰瑞·卡普兰.人工智能时代[M].李盼译.杭州:浙江人民出版社,2016.

[3](美)霍金斯,(美)布拉克斯莉.人工智能的未来[M].贺俊杰,李若子,杨倩译.西安:陕西科学技术出版社,2006.

第二章
人工智能的基本概念、主要内容、常用方法与关键技术

　　作为在计算机科学、控制论、信息论、神经心理学、哲学、语言学等多学科研究基础上发展起来的综合性极强的交叉学科，人工智能与空间技术、原子能技术一起被誉为20世纪三大科学技术成就。有人称人工智能为三次工业革命后的又一次革命，前三次工业革命主要是扩展了人手的功能，把人类从繁重的体力劳动中解放出来，而人工智能则是扩展了人脑的功能，实现脑力劳动的自动化。本章首先介绍人工智能的基本概念和人工智能的主要内容，然后简要讲述当前人工智能的常用方法和关键技术，以开阔读者的视野，使读者能够对人工智能极其广阔的研究与应用领域有总体的了解。

☆ 学习目标

(1)了解人工智能的基本概念与人工智能的测试方法。

(2)了解人工智能的主要内容与常用方法。

(3)了解人工智能的关键技术与发展趋势。

(4)了解人工智能的重要性与必要性

◐ 思维导图

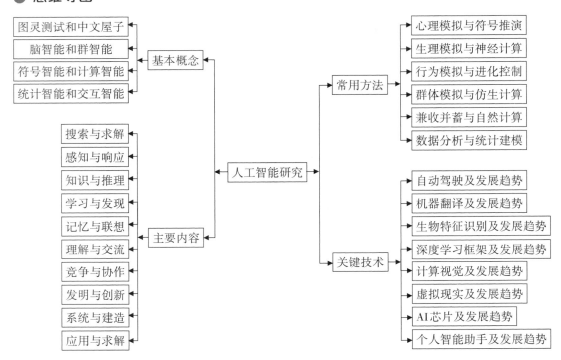

第一节 人工智能的基本概念

一、何谓人工智能

通俗来说,人工智能就是人造智能。当前,人工智能主要是指用计算机模拟或实现的智能,因此人工智能又称机器智能(Machine intelligence,MI)。关于人工智能的科学定义,学术界目前还没有统一的认识和公认的阐述,呈现出众说纷纭、莫衷一是的状态。通过简单归纳,可以发现目前关于人工智能的定义可以分为四类:像人一样思考的系统、像人一样行动的系统、理性思考的系统、理性行动的系统。我国《人工智能标准化白皮书（2018版）》中也给出了人工智能的定义：人工智能是利用数字计算机或者由数字计算机控制的机器模拟、延伸和扩展人类的智能，感知环境、获取知识并使用知识获得最佳结果的理论、方法、技术和应用系统。

从围绕人工智能的各种定义可知，人工智能的核心思想在于构造智能的人工系统。人工智能是一项知识工程，利用机器模仿人类完成一系列的思考及其动作。根据是否能够实现理解、思考、推理、解决问题等高级行为，人工智能又可分为强人工智能和弱人工智能。

强人工智能指的是机器能像人类一样思考，有感知和自我意识，能够自发学习知识。当然，机器的思考又可分为类人和非类人两大类。类人思考表示机器思考与人类思考类似，而非类人思考则是指机器拥有与人类完全不同的思考和推理方式。一直以来，强人工智能在哲学上存在着巨大的争论，不仅如此，它在技术研究层面也面临着巨大的挑战。目前，强人工智能的发展还十分有限，并且可能在未来几十年内都难以实现。

弱人工智能是指不能像人类一样进行推理思考并解决问题。迄今为止，人工智能系统都是实现特定功能的系统，而不是像人类智能一样，能够不断地学习新知识，适应新环境，产生新变化。当前，理论研究的主要力量仍然集中在弱人工智能方面，并取得了一定的成绩。对于某些特定领域，如机器翻译、图片识别等，人们开发出的一些专用系统已经接近人类的思考水平。

二、图灵测试和中文屋子

1950年，作为计算机科学创始人之一的英国数学家图灵就提出了一种称为图灵测试的方法来判定机器智能。简单来讲，图灵测试的做法是：让一位测试者分别与一台计算机和一个人进行交谈，而测试者事先并不知道哪一个被测者是人，哪一个是计算机。如果交谈后，测试者分不出哪一个被测者是人或哪一个是计算机的话，则可以认为这台被测的计算机具有智能。

现在，业界许多人仍把图灵测试作为衡量机器智能的准则。但也有人认为图灵测试只反映了结果，没有涉及思维过程，还算不上全面和完善。美国哲学家约翰·希尔勒（John Searle）就对图灵测试提出了质疑，并提出了"中文屋子思想实验"，试图说明即便是一台计算机通过了图灵测试，也不能说它就真的具有智能。在"中文屋子思想实验"中，一个完全不懂中文的人待在一间密闭的屋子里，里面有一本中文处理规则的书供其使用。他不必理解中文，就可以使用这些规则。屋外的测试者不断通过门缝塞给他一些写有中文语句的纸条。他在书中查找处理这些中文语句的规则，根据规则将一些中文字符抄在纸条上作为相应语句的回答，并将纸条递出房间。这样，在屋外的测试者看来，仿佛屋里参加测试的人是一个以中文为母语的人。但实际上这位测试者并不理解他所处理的中文，也不会在此过程中提高自己对中文的理解。用计算机模拟这个系统可以通过图灵测试,但不能说计算机就具有了人工智能。

在约翰·希尔勒看来,建造一台智能计算机是不可能的,因为智能是一种以有意识的思想者为前提的生物现象。这个论点与功能主义是相反的。功能主义认为,如果有任何东西可以模仿特定的心理状态与计算过程的因果作用,智能就是可以实现的。

实际上,要使机器达到人类智能的水平,还是非常困难的。但是,人工智能的研究正朝着这个方向高速前进。特别是在一些专业领域内,人工智能由于能够充分利用计算机的特点和优势,因而具有显著的优越性。所以,人们可以认为:人工智能是一门研究如何构造智能机器或智能系统,使其能够模拟、延伸和扩展人类智能的学科。通俗来说,人工智能就是要研究如何使机器具有能听、会说、能看、会写、能思维、会学习、能适应环境变化、会解决面临的各种实际问题等功能的一门学科。

三、脑智能和群智能

人的智能源于人脑。人脑是由 140 亿～160 亿个神经元所组成的一个复杂的动态神经网络系统,其工作原理至今尚未完全揭开,因而导致了人们对智能的认知并不完善与全面。但从整体功能来看,人脑的智能表现还是可以分辨出来的。例如学习、发现、创造的能力就是明显的智能体现。通过进一步分析可以发现,人脑的智能及其发生过程在心理层面上都是可见的,包括某些心理活动和思维过程表现。这就是说,基于宏观心理层面可以定义智能和研究智能。基于这一认识,人们把脑(主要指人脑)的这种宏观心理层次的智能称为脑智能(Brain Intelligence, BI)。

令人惊奇的是,人们发现一些生物群落或更一般的生命群体,例如蚂蚁、蜜蜂、鸟和鱼等其群体行为或社会行为也表现出了一定的智能。在这些群体中,个体的功能都很简单,它们的群体行为却表现出相当的智慧,例如蚂蚁觅食时总会走最短路径。人们通过研究进一步发现,人体内免疫系统中淋巴细胞群也具有学习、寻优的功能。

如果用"群"的眼光来考察脑,可以发现,脑中的神经网络其实就是由神经细胞组成的细胞群体。当人们在进行思维时,大脑中的相关神经元只是在各司其职。对于它们在传递什么信息,甚至做些什么,神经元自己并不知道。然而由众多神经元所组成的群体——神经网络却具有自组织、自学习、自适应的多种智能表现。现在人们把这种由群体行为所表现出的智能称为群智能(Swarm Intelligence, SI)。

不难看出,群智能是有别于脑智能的。事实上,它们是属于不同层次的智能。简言之,脑智能是一种个体智能,而群智能是一种社会智能或者说是一种系统智能。

对于人脑来说,宏观心理(或者语言)层次上的脑智能与神经元的群体行为有着密切的关系,正是由于微观生理层次上低级的神经元的群体行为不断"涌现"(Emergence),从而形成了宏观心理层次上高级的脑智能。令人遗憾的是,上述两者之间的具体关系如何至今却仍然是个谜,这个问题的解决可能需要借助系统科学。所以,研究脑智能不能仅仅局限于心理层次,还要深入生理(神经网络)层次。

四、符号智能和计算智能

如前所述,智能可分为脑智能和群智能。于是人们有理由相信,通过模拟、借鉴脑智能和群智能就可以研究和实现人工智能。事实上,现在所称的符号智能(Symbolic Intelligence)和计算智能(Computational Intelligence)正是这样做的。

1. 符号智能

符号智能就是符号人工智能,是模拟脑智能的人工智能,也就是人们所说的传统人工智能或经典人工智能。符号智能以符号形式的知识和信息为基础,主要通过逻辑推理、知识调用进行问题求解。符号智能的主要内容包括知识获取(Knowledge Acquisition)、知识表示(Knowledge Representation)、知识组织与管理和知识运用等技术(这些构成了知识工程(Knowledge Engineering),以及基于知识的智能系统等。

2. 计算智能

计算智能就是计算人工智能,是模拟群智能的人工智能。计算智能的主要内容包括神经计算(Neural Computation)、进化计算(亦称演化计算,Evolutionary Computation)、遗传算法(Genetic Algorithm)、进化规划(Evolutionary Planning)、进化策略(Evolutionary Strategies)、免疫计算(immune computation)、粒子群算法(Particle Swarm Optimization)、蚁群算法(Ant Colony Algorithm)、自然计算(Nature-inspired Computation)等。计算智能主要研究各类优化搜索算法,是当前人工智能学科中一个十分活跃的分支领域。

五、统计智能和交互智能

除了符号智能和计算智能以外,人工智能还有两个重要的组成部分,分别为统计智能(Statistical intelligence)和交互智能(Interactional Intelligence)。

1. 统计智能

有时候,人们在处置相关事务过程中,并不直接考虑事物的内部结构原理,而是针对事物的外在表现,采集或收集相关的测量数据,然后用统计、概率或其他数学方法让计算机进行某种处理,往往也可发现原事物的性质、关系、模式或规律,亦即相关知识,然后运用所得的这种相关知识来解决相关的应用问题。这样,计算机就具有了解决这类问题的智能。人们把这种利用样例数据并采用统计、概率或其他数学方法而实现的人工智能称为统计智能。后面章节中的统计机器学习、统计模式识别和统计语言模型等,就是统计智能的相关内容。时至今日,统计智能已经占了人工智能领域相当大的份额。

2. 交互智能

众所周知,人类或动物往往能在与环境的反复交互过程中获得经验和知识,进而能够适应环境或者学会某种技能。于是,人们就让智能体(智能机器人或更一般的 Agent)模仿人或动物,也在与环境的交互过程中通过某种方式(如试错)进行自学习而逐渐获得相关经验、知识和技能,从而使机器具有了智能。人们把这种通过交互方式而实现的人工智能称为交互智能,例如,强化学习(Reinforcement Learning)就是实现交互智能的一种重要方法。

第二节 人工智能的主要内容

综合考虑人工智能的内涵、外延、原理、方法、理论、技术、表现和应用,本章将人工智能学科的研究内容归纳为:搜索与求解、知识与推理、学习与发现、发明与创造、感知与响应、理解与交流、记忆与联想、竞争与协作、系统与建造、应用与推广等十个方面。这十个方面就是人工智能的十个主题或者说十个分支领域,构成了人工智能的总体架构。

一、搜索与求解

搜索是指计算机或智能体为了达到某一目标而多次进行某种操作、运算、推理或计算的过程。人工智能的研究实践表明,许多问题(包括智力问题和实际工程问题)的求解都可以描述为或者归结为对某种图或空间的搜索问题(其实,搜索也是人在求解问题而不知现成解法的情况下所采用的一种普遍方法)。进一步,人们发现,许多智能活动(包括脑智能和群智能)的过程,甚至几乎所有智能活动的过程,都可以看作或者抽象为一个基于搜索的问题求解过程。因此,搜索技术就成为人工智能最基本的研究内容。

二、知识与推理

人们从小就熟知——知识就是力量。在人工智能研究中，人们则更进一步领略到了这句话的深刻内涵。事实上，只有具备了某一方面的知识，方可解决相关的问题。所以，知识是智能的基础，甚至可以说"知识就是智能"。那么，要实现人工智能，计算机就必须拥有存储知识和运用知识的能力。为此，就要研究面向机器的知识表示和相应的机器推理技术。知识表示形式要便于计算机接受、存储和处理，机器的推理方式与知识的表示形式又息息相关。由于推理是人脑的一个基本而重要的功能，因而在符号人工智能中几乎处处都与推理有关。这样一来，知识表示和机器推理就成为人工智能的重要研究内容。事实上，知识与推理也正是知识工程的核心内容。

三、学习与发现

如前所述，经验积累、规律发现和知识学习等诸多能力都是智能的表现。那么，要实现人工智能就应该赋予计算机这些能力。简单来讲，就是要让计算机或者说机器具有自主学习能力。试想一下，如果机器能自己总结经验、发现规律、获取知识，然后再运用知识来解决相关问题，那么，其智能水平将会大幅提升，甚至可能会超过人类。因此，关于机器的自主学习和规律发现技术也是人工智能的重要研究内容。

事实上，机器学习（Machine Learning）与知识发现（Knowledge Discovery）现在已是人工智能的热门研究领域，并且取得了长足进步和丰硕成果。例如，基于神经网络的深度学习（Deep Learning）技术的出现和发展，已将机器学习乃至人工智能及其应用都提高到一个新的水平。

四、发明与创造

不言而喻，发明创造应该是最具智能的体现。或者可以说，发明创造能力是最高级的智能。所以，机器的发明创造能力也应该是人工智能研究的重要内容。当然，这里所说的发明创造是广义的，它既包括人们通常所说的发明创造，如机器、仪器、设备等的发明，也包括新软件、新方案、新规划等的开发，新技术、新方法、新设计等的提出，以及文学、艺术的创作，还包括思想、理论、法规的建立和创新等。发明创造不仅需要知识和推理，也需要想象和灵感；它不仅需要逻辑思维，而且也需要形象思维和顿悟思维。所以，这个领域应该说是人工智能中最富挑战性、开拓性的一个研究领域，目前，人们在这一领域已经开展了一些工作，并取得了一些成果。例如，已展开了关于形象信息的认知理论、计算模型和应用技术的研究，已开发出了计算机辅助创新软件，还尝试利用计算机进行文艺创作等。但总的来讲，原创性的机器发明创造进展甚微，甚至还是空白。

五、感知与响应

这里所讲的感知是指机器感知,就是计算机直接"感觉"周围世界,即像人一样通过感觉器官直接从外界获取相关信息,例如通过视觉器官获取图形、图像信息,通过听觉器官获取语言、声音信息等。所以,机器感知包括计算机视觉、听觉等各种感觉能力。与人和动物一样,机器对感知到的信息进行分析以后也要做出响应。这些响应可以是语言、行为或其他方式。显然,感知和响应是拟人化的智能个体或智能系统(如智能机器人)所不可缺少的功能组成部分。所以,机器感知与响应也是人工智能的研究内容之一。

其实,机器感知也是人工智能最早的研究内容之一,而且历经发展,已经成为模式识别(Pattern Recognition)的分支领域。近年来,在深度学习技术的支持下,模式识别已经取得长足进步和快速发展,诸如图像识别和语音识别已经基本达到了实用化程度。

六、理解与交流

类似于人与人之间存在语言信息交流一样,人机之间、智能体之间也需要进行直接的语言信息交流。事实上,语言交流是拟人化智能个体或智能系统(如人机接口、对话系统和智能机器人)不可缺少的功能组成部分。机器的信息交流涉及通信和自然语言处理(Natural Language Processing)等技术。自然语言处理包括自然语言理解和表达,而理解则是交流的关键。所以,机器的自然语言理解与交流技术也是人工智能的研究内容之一。关于自然语言处理的研究,人们先后采用了基于语言学、基于统计学和基于神经网络机器学习三种途径和方法。从目前的实际水平来看,基于神经网络机器学习的方法处于领先地位。

七、记忆与联想

记忆是人脑的基本功能之一,人脑的思维与记忆密切相关。所以,记忆是智能的基本条件。不管是脑智能还是群智能,都是以记忆为基础。在人脑中,伴随着记忆的就是联想,联想也是人脑的基本功能之一,亦是人脑的奥秘所在。从分析人脑的思维过程可以发现,联想是思维过程中最基本、使用最频繁的一种功能。例如,当人们听到一段乐曲,头脑中可能会立即浮现出多年前的某个场景,甚至某段往事,历历在目,栩栩如生,这就是联想。所以,计算机要成功模拟人脑的思维就必须具有联想功能。实际上,要实现联想无非就是建立事物之间的联系,在机器世界里面就是有关数据、信息或知识之间的对应联系。建立机器联系的方法多种多样,比如用指针、函数、链表等,通常的信息查询就是这样做的。但传统方法实现的联想,只能对于那些完整的、确定的(输入)信息,联想起(输出)有关的信息。这种"联想"与人脑的联想功能相差甚远。人脑对那些残缺的、失真的、变形的输入信息,仍然可以快速准确地输出联想响应,这是目前"机器联想"望尘莫及的。例如,人们对多年不见的老朋友(面貌已经发生巨大变化)仍能一眼认出。从机器内部的实现方法来看,常规的信息查询是基于传统计算机的按地址存取方式进行的。而研究表明,人脑的联想功能与信息储存地址无关,可由信息内容的相关联系进行。也就是说,只要是与内容相关的事情,不管它在哪里、有何特征,按内容记忆就容易被人所想起。例如,苹果这一物品,有形状、大小、颜色、气味等特征,按内容记忆的话,就是由苹果形状想起其颜色、大小、气味等特征,而不需要关心其信息储存的内部地址。在机器联想功能的研究中,人们利用这种按内容记忆的原理,采用了一种称为"联想存储"的技术来实现联想功能。联想存储的特点是:

(1)可以存储许多相关的激励或响应模式;

(2)可以通过自组织过程完成这种存储;

(3)以分布、稳健的方式(可能会有很高的冗余度)存储信息;

(4)可以根据接收到的相关激励模式产生并输出适当的响应模式;

(5)即使输入激励模式失真或不完全,仍然可以产生正确的响应模式;

(6)可在原存储中加入新的存储模式。

联想存储可分为矩阵联想存储、全息联想存储、Walsh 联想存储和网络联想存储等。另外,人们也研究用人工神经网络实现记忆与联想,例如,Hopfield 网络、循环神经网络、长短期记忆网络等就是这方面的一些成果。而语义网络则是基本信息之间语义关联的一种联想机制。

总之,记忆和联想也是人工智能的研究内容之一,同时还是一个富有挑战性、实用性的技术领域。

八、竞争与协作

与人和动物类似,智能体(如智能机器人)之间也有竞争与协作关系。例如,在机器人足球赛中,同队机器人之间是协作关系,而与异队机器人之间则是竞争关系。所以,要想实现高水平的竞争与协作,就既需要个体智能,也需要群体智能或系统智能。于是,竞争与协作也就成为人工智能不可或缺的研究内容。

人们除了利用博弈论、对策论等理论来指导关于竞争与协作的研究以外,还从动物群体(例如蚁群、蜂群、鸟群、鱼群等)的群体行为中获得灵感和启发,然后设计相应的算法来实现智能体的竞争与协作。

九、系统与建造

这里的系统与建造是指智能系统的设计和实现技术,包括智能系统的分类、硬软件体系结构、设计方法、实现语言工具与环境等。由于人工智能一般总要以某种系统的形式来表现和应用,因此,关于智能系统的设计和实现技术也是人工智能的研究内容之一。

显然,智能系统的建造技术与通常的计算机系统特别是计算机应用系统的建造技术密切相关。事实上,通常的计算机技术包括硬件技术、软件技术和网络技术等都可以为智能系统的建造提供有力支持;反过来,智能系统的建造又会进一步推动计算机技术和网络技术更快发展。

十、应用与工程

这里的应用与工程是指人工智能的应用和工程技术研究,它们是人工智能与实际问题的接口。应用与工程主要研究人工智能的应用领域、应用形式、具体应用工程项目等,其研究内容涉及问题的分析、识别和表示,相应求解方法和技术的设计与选择等。

随着人工智能的飞速发展,人工智能技术已经越来越多地付诸实际应用。所以,关于人工智能的应用与工程可以说是高潮迭起、方兴未艾。其实,人工智能和实际问题也是相辅相成的。人工智能技术的发展使许多困难问题得以解决;反之,实际问题又给人工智能的研究不断提出新的课题和新的挑战,激励人工智能在战斗中成长。所以,应用与工程也是人工智能的重要研究内容之一。

第三节　人工智能的常用方法

基于脑智能的符号智能和基于群智能的计算智能是人工智能的两种研究途径与方法,但这样划分仍然过于笼统和粗糙。下面将人工智能的研究途径和方法做进一步细分。

一、心理模拟与符号推演

"心理模拟,符号推演"就是从人脑的宏观心理层面入手,以智能行为的心理模型为依据,将问题或知识表示成某种逻辑网络,采用符号推演的方法,模拟人脑的逻辑思维过程,从而实现人工智能。

采用这一研究途径与方法的原因在于：①人脑可意识到的思维活动是在心理层面上进行的（如人的记忆、联想、推理、计算、思考等思维过程都是一些心理活动），而心理层面上的思维过程可以用语言符号加以显式表达，从而人的智能行为就可以用逻辑方式来建模；②心理学、逻辑学、语言学等实际上也是建立在人脑的心理层面上的，这些学科的一些现成理论和方法可供人工智能参考或直接使用；③当前的数字计算机可以十分方便地实现语言符号型知识的表示和处理；④可以直接运用人类已有的显式知识（包括理论知识和经验知识）建立基于知识的智能系统。

基于心理模拟和符号推演的人工智能研究一直被划分为心理学派、逻辑学派和符号主义（Symbolism）。其早期的代表人物有纽厄尔、肖（J.C.Shaw）、西蒙等，后来还有费根鲍姆、尼尔逊等。其代表性的理念是所谓的"物理符号系统假设"。他们认为，人对客观世界的认知基元是符号，认知过程就是符号处理的过程。而计算机是可以处理符号的，所以，人们就可以利用计算机通过符号推演的方式来模拟人的逻辑思维过程，从而实现人工智能。

符号推演法是人工智能研究中最早使用的方法之一。人工智能的许多重要成果也都是采用该方法取得的，如自动推理、定理证明、问题求解、机器博弈、专家系统等。由于该方法模拟人脑的逻辑思维，利用显式的知识和推理来解决问题，因此，它擅长实现人脑的高级认知功能，如推理和决策等。

二、生理模拟与神经计算

这里说的"生理模拟，神经计算"是指从人脑的生理层面，即微观结构和工作机理入手，以人的智能行为的生理模型为依据，采用数值计算的方法，模拟脑神经网络的工作过程，实现人工智能。具体来讲，就是用人工神经网络作为信息和知识的载体，用称为神经计算的数值计算方法来实现人工神经网络的学习、记忆、联想、识别和推理等功能。

众所周知，人脑是由140亿～160亿个神经元组成的神经网络，是个动态的、开放的、高度复杂的巨系统，以至于人们至今对其生理结构和工作机理尚未完全掌握。因此，对人脑的真正的、完全的模拟，一时还难以办到。所以，目前的结构模拟只是对人脑的局部模拟或近似模拟，也就是从群智能的层面出发进行模拟，以实现人工智能。

这种方法一般是通过神经网络的"自学习"获得知识，再利用获取的知识解决问题。神经网络具有高度的并行分布性、强大的鲁棒性和容错性，它擅长模拟人脑的形象思维，便于实现人脑的低级感知功能。例如，图像、声音信息的识别和处理。实际上，生理模拟、神经计算的方法早在20世纪40年代就已经出现，但由于种种原因而发展缓慢，甚至一度出现低潮，直到20世纪80年代中期才重新崛起，经过近些年来的持续发展，现已成为人工智能研究中不可或缺的重要途径与方法。

三、行为模拟与进化控制

除了上述两种研究途径和方法外,在人工智能领域还有一种基于"感知—行为"模型的研究途径和方法,人们称其为行为模拟法。这种方法是通过模拟人和动物在与环境的交互过程中的智能活动和行为特性,如反应、适应、学习、寻优等来研究和实现人工智能。麻省理工学院(MIT)的罗德尼·布鲁克斯(R.Brooks)教授是基于这一方法开展人工智能研究的早期典型代表,他研制的六足行走机器人(亦称人造昆虫或机器虫)曾在人工智能界引起极大的轰动。该机器人虽然其貌不扬,却可以看作新一代的"控制论动物",因为它具有一定的适应能力,是一个运用行为模拟方法(控制进化方法)研究成功的人工智能代表作。事实上,R.Brooks教授的工作代表了"现场(Situated)AI"的研究方向。现场AI强调智能系统与环境的交互作用,认为智能取决于感知和行动,智能行为可以不需要知识,提出"没有表示的智能"和"没有推理的智能"的观点,主张智能行为的"感知—行为"模式,认为人的智能、机器智能可以逐步进化,但只能在现实世界与周围环境的交互中体现出来。智能只有放在环境中才是真正的智能,智能的高低主要表现在对环境的适应性强弱上。

基于行为模拟方法的人工智能研究被称为行为主义(Behaviorism)、进化主义、控制论学派。行为主义曾强烈地批评传统的人工智能(主要指符号主义,也涉及连接主义)对真实世界的客观事物和复杂境遇做了虚假的、过分简化的抽象。沿着这一途径,人们开始研制具有自学习、自适应、自组织特性的智能控制系统和智能机器人,进一步展开了人工生命(Artificial Life)的研究。

进化控制(Evolutionary Control)源于生物的进化机制。20世纪90年代末,即在遗传算法等进化计算思想提出20年后,在生物医学界和自动控制界出现了研究进化控制的苗头[35]。1998年,埃瓦尔德(Ewald)、萨斯曼(Sussman)和维森特(Vicente)等人把进化计算原理用于病毒性疾病控制。1997—1998年,周翔提出机电系统的进化控制思想,并把它应用于移动机器人的导航控制,取得了初步研究成果。2002年,郑浩然等把基于生命周期的进化控制时序引入进化计算过程,以提高进化算法的性能。2003年,有媒体报道称,英国国防实验室研制出一种具有自我修复功能的蛇形军用机器人,该机器人的软件采用遗传算法,能够使机器人在受伤时依然在"数字染色体"的控制下继续蜿蜒前进。

从本质上来看,进化控制是建立在进化计算和反馈控制相结合的基础上的。反馈是一种基于刺激—反应(或感知—动作)行为的生物获得适应能力和提高性能的途径,也是各种生物生存的重要调节机制和自然界基本法则。进化是自然界的另一适应机制。相对于反馈而言,进化更着重于改变和影响生命特征的内在本质因素,通过反馈作用所提高的性能需要由进化作用加以巩固。自然进化需要漫长的时间来巩固优越的性能,而反馈作用却能够在很短的时间内加以实现。

尽管目前业界对进化控制的研究成果尚不多见,但毕竟已经有了一个良好的开端,可望在不远的将来取得较大的发展。

四、群体模拟与仿生计算

"群体模拟,仿生计算"就是模拟生物群落的群体智能行为,在仿生技术的帮助下去实现人工智能。例如,模拟生物种群有性繁殖和自然选择现象而出现的遗传算法,进而发展为进化计算;模拟人体免疫细胞群而出现的免疫计算、免疫克隆计算及人工免疫系统;模拟蚂蚁群体觅食活动过程的蚁群算法;模拟鸟群飞翔的粒群算法和模拟鱼群活动的鱼群算法等,这些算法在解决组合优化等问题中表现出了卓越的性能。这些对群体智慧的模拟是通过一些诸如遗传、变异、选择、交叉、克隆等算子或操作来实现的,人们统称其为仿生计算。仿生计算的特点是其成果可以直接付诸应用来解决工程问题和实际问题。目前这一研究方法风头正劲,展现出光明的前景。

五、兼收并蓄与自然计算

其实,上述人工智能的研究途径和方法的出现并非偶然。如前所言,至今人们对智能的科学原理还未完全明了和充分掌握。在这种情况下,研究和实现人工智能的一个自然而然的思路就是尽量从其他学科汲取智慧,通过兼收并蓄,来为人工智能学科的发展提供方法与途径。例如,人们发现一些生命群体的群体行为表现出了某些惊人的智慧。于是,如何模拟这些群体智能,并将其用于人工智能,就成了研究人工智能的又一个重要途径和方法。现在,人们则进一步从生命、生态、系统、社会、数学、物理、化学,甚至经济等众多学科和领域寻找启发和灵感,展开人工智能的研究。

比如,人们从热力学和统计物理学所描述的高温固体材料冷却时其原子的排列结构与能量的关系中得到启发,提出了"模拟退火算法"。该算法已是人工智能领域中解决优化搜索问题的有效算法之一。又比如,人们从量子物理学中的自旋和统计机理中得到启发,提出了量子聚类算法。1994年,阿德曼(Addman)利用现代分子生物技术,提出了解决哈密顿路径问题的DNA分子计算方法,并在"试管"里求出了此问题的解。

上述这些方法一般被称为自然计算。自然计算就是模仿或借鉴自然界中的某种机理而设计相应的计算模型,这类计算模型通常是一类具有自适应、自组织、自学习、自寻优能力的算法。如神经计算、进化计算、免疫计算、生态计算、量子计算、分子计算、DNA计算和复杂自适应系统计算等都属于自然计算。自然计算实际是传统计算的扩展,它是自然科学和计算科学相交叉而产生的研究领域。无数事实证明,自然计算能够解决传统计算方法难以解决的各种复杂问题,在大规模复杂系统的最优化设计、优化控制、网络安全、创造性设计等领域具有广阔的应用前景。

六、数据分析与统计建模

"数据分析,统计建模"就是人们着眼于事物或问题的外部表现和关系,搜集、采集、整理相关信息并做成样本数据,然后基于这些样本数据采用统计学、概率论和其他数学理论与方法建立数学模型,并采用适当的算法和策略进行计算,以期从事物外在表现的样本数据中推测事物的内在模式或规律,并用于解决相关实际问题。这种方法实际上也是科学研究中的一种常用方法。一般来说,用这种方法所获得的知识,虽然有些并不完全精确,有些还具有不确定性,但这些知识是对客观规律的一种定量描述,因而仍然能有效地解决实际问题。所以,它也是人工智能的一个不可或缺的研究途径与方法。

以上给出了当前人们研究人工智能的六种途径和方法。它们各有所长,也各有自己的局限性与适用性。所以,这些研究途径和方法并不能互相取代,而是保持着并存和互补的关系。

第四节　人工智能的关键技术

一、自动驾驶及其发展趋势

近年来,随着人工智能技术的不断提升和应用领域的不断拓展,自动驾驶技术得到了广泛关注。自动驾驶是指车辆通过观察和感知周围环境,在没有人为干预的情况下,实时地改变驾驶行为,完成驾驶任务。自动驾驶系统一般包括环境感知和决策两个部分,其中环境感知中使用的传感器包括相机、雷达、超声波传感器、定位设备等[36]。本节介绍的是基于计算机视觉和深度学习的自动驾驶技术,即通过相机获取环境信息,使用计算机视觉和深度学习的方法进行决策。相比于其他传感器而言,视觉信息具有易于采集、信息全面、相关采集设备廉价等优势。目前,基于计算机视觉的自动驾驶技术已成为该领域的主流方法,其他传感器往往作为辅助。

现有的自动驾驶技术主要分为三种,分别是间接感知型(Mediated Perception)方法、直接感知型(Direct Perception)方法和端到端控制(End-to-End Control)方法。间接感知型方法将驾驶任务分为多项子任务,分别作为计算机视觉的标准任务进行计算,随后将计算结果进行转换和整合作为决策的输入。直接感知型方法需要人工设计与自动驾驶相关的关键指标,随后从图像中直接学习这些关键指标,作为决策的输入。端到端控制方法也称表现反射型(Behavior Reflex)方法,该方法不进行任务拆分,直接从图像中学习诸如转向角等决策信息。

自动驾驶技术是一项涉及多个学科领域的交叉技术。在硬件方面,它依赖于视觉传感器的发展水平;在算法方面,它依赖于计算机视觉和深度学习的研究水平。自动驾驶提供了一个平台来组合使用多种技术,共同完成目标任务。因此,自动驾驶技术对计算机视觉和深度学习的发展具有很大的促进作用。近年来,计算机视觉和深度学习均取得了较大发展,但对于可靠、稳定地实现在任意复杂环境下的自动驾驶任务来说,仍需要很长的持续研发时间。

二、机器翻译及其发展趋势

机器翻译研究的是如何利用计算机实现自然语言之间的自动转换,它是人工智能和自然语言处理领域的重要研究方向之一[37]。机器翻译对于突破不同国家和民族之间在信息传递时面临的"语言屏障"具有关键作用,在促进民族团结、加强文化交流和推动对外贸易方面意义重大、影响深远。从20世纪40年代末至今,机器翻译研究大体上经历了两个发展阶段,一是理性主义方法占主导时期(1949—1992年),二是经验主义方法占主导时期(1993—2016年)。早期的机器翻译主要采用理性主义方法,主张由人类专家观察不同自然语言之间的转换规律,以规则形式表示翻译知识。虽然这类方法能够在句法和语义等方面深层次地实现自然语言的分析、转换和生成,却面临着相关知识获取难、开发周期长、人工成本高等多重困难。

随着互联网的日益兴起,特别是近年来大数据和云计算的蓬勃发展,经验主义方法在20世纪90年代以后开始成为机器翻译的主流。经验主义方法主张以数据为中心,而不是以人为中心,强调通过数学模型描述自然语言的转换过程,在大规模多语言文本数据上自动训练数学模型。这一类方法的典型代表是统计机器翻译,其基本思想是通过隐结构(词语对齐、短语切分、短语调序、同步文法等)描述翻译过程,利用特征刻画翻译规律,并根据特征的局部性,采用动态规划算法在指数级的搜索空间中实现多项式时间复杂度的高效翻译。2006年,谷歌翻译(Google translate)推出了在线翻译服务,这标志着数据驱动的统计机器翻译方法成为商业机器翻译系统的主流。尽管如此,统计机器翻译仍然面临着翻译性能严重依赖于隐结构与特征设计、从局部特征难以捕获全局依赖关系、对数线性模型难以处理翻译过程中的线性不可分现象等难题。2014年以后,端到端神经机器翻译获得了迅速发展,相对于统计机器翻译而言,在翻译质量上获得了显著提升。根据数据统计,机器翻译与神经机器翻译在30种语言对上的对比实验结果表明,神经机器翻译在其中的

27种语言对上超过了统计机器翻译。因此,神经机器翻译已经取代统计机器翻译成为Google、微软、百度、搜狗等商用在线机器翻译系统的核心技术,已牢牢占据重要地位。

神经机器翻译是近年来涌现出来的一种基于深度学习的机器翻译方法,目前已经取代传统的统计机器翻译,成为新的主流技术。相对于统计机器翻译,神经机器翻译不仅能够从陌生数据中直接学习特征,而且能够通过长短时记忆和注意力机制等方式来提高翻译的流畅度和准确性。尽管如此,神经机器翻译研究仍然面临着诸多挑战,下述5个科学问题仍有待进一步探索:

(1)如何设计表达能力更强的模型?

(2)如何提高语言学方面的可解释性?

(3)如何降低训练复杂度?

(4)如何与先验知识相结合?

(5)如何改进低资源语言的翻译效果?

三、生物特征识别及其发展趋势

随着二十世纪八九十年代人工智能第二次热潮的兴起,基于统计学习模型的生物特征识别方法的研究扶摇直上、炙手可热[38]。该类方法主要针对不同的生物特征,通过设计适宜的特征表示形式用于身份识别,例如局部二值编码方法。这类方法对于诸如指纹、虹膜等特征明显、纹路清晰的生物特征能够取得较好的识别效果;而对于人脸、步态、声纹等特征不够清晰的情况,其识别效果尚未满足实用化要求。因此,在这一阶段里,指纹识别、虹膜识别等技术被公安系统等大量使用。而人脸识别等生物特征识别技术由于系统性能暂时无法满足实际应用的入门需求,未被广泛使用。

当第三次人工智能热潮掀起以后,特别是随着深度学习技术的发展,机器视觉在图像分类数据集上的分类准确率不断提升,生物特征识别技术再次成为人工智能领域研究的热点之一,其性能也随着大数据与高算力技术的不断进步而日渐提高。例如,在人脸评测基准LFW(Labled Faces in the Wild)方面,传统人脸识别方法的准确率最高只能达到96.33%,但基于深度学习算法的DeepID2方法将其在LFW上的识别准确率提高到99.15%,成为首个超过人类识别准确率(97.53%)的方法,性能十分优异。

此外,指纹、虹膜、步态、掌纹等生物特征识别技术也取得了飞速发展。例如在步态识别标准数据库CASIA-B上,传统方法在90°步态上最高可达到60.4%的识别准确率,而采用深度学习的方法在对应情况下的识别准确率最高可达到95.1%。无数事实表明,我国具有发展人工智能技术的良好基础,经过多年的持续积累,我国在语音识别、视觉识别等生物特征识别技术方面达到世界领先水平,并逐步进入实际应用阶段。同时,国家也高度重视生物特征识别技术,在2017年国务院发布的《新一代人工智能发展规划》中将发展生物特征识别技术列为重要事项。

生物特征识别技术之所以能够获得普遍青睐和广泛应用,一方面得益于人工智能技术的迅速发展,另一方面得益于存储和计算能力的飞速提升,使得获取和利用生物特征大数据成为可能。当前,在深度学习与大数据的共同加持下,生物特征识别技术取得了突飞猛进的发展,但大数据生物特征识别技术与整个人工智能领域研究的发展也还面临一些共性的、严峻的挑战。未来大数据生物特征识别技术发展主要呈现以下五个方面的趋势。

(1)开放场景生物特征识别。

(2)低资源场景模型迁移。

(3)未知生物特征攻击防范。

(4)个人隐私与数据保护。

(5)生物特征识别模型的可解释性。

四、深度学习框架及其发展趋势

今天,全世界最为流行的深度学习框架有PaddlePaddle、TensorFlow、Caffe、Theano、MXNet、Torch和PyTorch。

TensorFlow是Google公司研发的一款开源数学计算软件,是采用C++语言开发的,它使用数据流图(Data Flow Graph)的形式进行计算。TensorFlow最初是由研究人员和Google Brain团队针对机器学习和深度神经网络进行研究而开发成功的,开源之后几乎可以在各个领域使用。

在深度学习框架中与TensorFlow一样声名远播的是Caffe,它是由加利福利亚大学伯克利分校的贾扬清开发的,全称是Convolutional Architecture for Fast Feature Embedding[39]。从本质上看,它是一个清晰而高效的开源深度学习框架,平常由伯克利视觉中心(Berkeley Vision and Learning Center,BVLC)进行维护。

Torch是一个有着大量机器学习算法支持的科学计算框架,其诞生已有十余年之久,但其真正起势得益于Facebook开源了大量Torch的深度学习模块和扩展板块。Torch的特点在于特别灵活,还有一个特点是采用了编程语言Lua。在深度学习领域大部分框架都以Python为编程语言的大环境之下,一个以Lua为编程语言的框架相对来说会处于劣势地位,这一相对小众的语言增加了学习使用Torch框架的成本。

PyTorch的前身便是Torch,其底层和Torch框架一样,但它使用Python重新编写了很多内容,不仅更加灵活,支持动态图,而且还提供了Python接口,方便用户使用。PyTorch是由Torch7团队开发的,是一个以Python优先的深度学习框架,不仅能够实现强大的GPU

加速,同时还支持动态神经网络,这是很多主流深度学习框架如Tensorflow都不支持的。PyTorch既可以看作加入了GPU支持的NumPy,同时也可以看成一个拥有自动求导功能的强大的深度神经网络。除了Facebook外,它已经被Twitter、CMU(卡耐基梅隆大学)和Salesforce等机构采用。

深度学习框架的出现显著降低了入门的门槛,用户不需从复杂的神经网络开始编写代码,可以根据需要选择已有的模型,通过训练得到模型参数。用户也可以在已有模型的基础上增加自己的layer,或者是在顶端选择自己需要的分类器和优化算法(比如常用的梯度下降法)。需要说明的是,没有什么框架是完美的,不同的框架适用的领域也不完全一致。总的来说,深度学习框架提供了一系列的深度学习组件(对于通用的算法,里面会有具体实现的方法与途径),需要使用新算法时就由用户自己去定义,然后调用深度学习框架里的函数接口来使用这些用户自定义的新算法。

五、计算机视觉及其发展趋势

计算机视觉是一门研究如何使机器"看得见""看得清""看得准"的科学,更进一步地说,就是指用摄影机和电脑代替人眼对目标进行识别、跟踪和测量,并将所得视觉信息进一步做图形处理,使之成为更适合人眼观察、判断或传送给仪器检测、利用的图像。作为一个科学学科,计算机视觉研究相关的理论和技术,试图建立能够从图像或者多维数据中获取"信息"的人工智能系统。这里所指的"信息"是指由著名的美国数学家、信息论的创始人香农定义的,那些可以用来帮助人们做一个"决定"的信息。因为感知可以看作从感官信号中提取信息,故而计算机视觉也可以看作研究如何使人工系统从图像或多维数据中"感知"的科学。

从本质上考察,计算机视觉是使用计算机及相关设备对生物视觉的一种模拟。它的主要任务就是通过对采集的图片或视频进行处理以获得相应场景的三维信息,就像人类和许许多多其他生物每天所做的那样。所以从某种意义上来讲,计算机视觉是一门关于如何运用照相机和计算机来获取人们所需的被拍摄对象的数据与信息的学问。形象地说,就是给计算机安装上眼睛(照相机)和大脑(算法),让计算机能够感知环境。我国的成语"眼见为实"和西方人常说的"One picture is worth ten thousand words"都表达了视觉对人类的重要性。不难想象,计算机视觉的应用前景该有多么宽广。

无论在工程领域,还是在科学领域,计算机视觉都是一个富有综合性、挑战性、拓展性和实用性的重要学科,它已经吸引了来自各个学科的研究者参加到对它的研究之中[40]。其中包括计算机科学和工程、信号处理、物理学、应用数学和统计学、神经生理学和认知科学等。今天,人们已经习惯了智能手机人脸识别或Instagram的图片生成。人们几乎不知道这些场景中其实使用了计算机视觉。计算机视觉使人们的生活变得更加精彩。如果没有对计算机视觉深刻而持久的研究,今天看起来十分正常的事情是不可能实现的。

鉴于计算机视觉的最新进展,人工智能现在已经成为各个行业的必需品,例如教育、医疗保健、机器人、消费电子、零售、制造等。事实上,计算机视觉已经发展了一段时间,未来还有很多的刚性需求。鉴于当前在该研究领域已经积聚起大量的资源和一些才华横溢的专家,计算机视觉的未来充满希望。

必须看到的是,尽管自20世纪60年代以来计算机视觉取得了长足进展,但就研发程度而言,它仍然是一个尚未充分开发的领域。这主要是因为人类视觉本身极其复杂,而计算机视觉系统相比之下就有所不足。例如,人们只需要几秒钟就能在众多图像中识别出他们的朋友,即使这些朋友年龄发生了变化,相貌也发生了变化。人们记住和存储面孔以供将来识别的能力似乎是无限的。然而,很难想象一台计算机处理类似任务需要做多少工作。当今计算机视觉工程师面临的另一个挑战是将开源计算机视觉工具可持续集成到应用中。特别是计算机视觉解决方案不断依赖于软件和硬件的发展,其中集成新技术成为一项具有挑战性的任务。技术的进步和计算机视觉算法的发展,正在为计算机视觉在现实生活中的应用开辟广阔的渠道。这带来了计算机视觉平台数量的急剧增加,由此表明构建和实施全面的计算机视觉管道需要更多样化的服务。

六、虚拟现实及其发展趋势

虚拟现实(Virtual Reality,简称VR)又称虚拟环境、灵境或人工环境。虚拟现实技术是指利用计算机生成一种可对参与者直接施加视觉、听觉和触觉等感受,并允许其交互地观察和操作的虚拟世界的技术[41]。虚拟与现实两词具有相互矛盾的含义,把这两个词放在一起,似乎没有意义,但是科学技术的发展赋予了它新的含义。虚拟现实的明确定义不太好说,按最早提出虚拟现实概念的学者哈维尔·拉尼尔(J.Laniar)的说法,虚拟现实,又称假想现实,意味着"用电子计算机合成的人工世界"。由此可以清楚地看到,这个领域与计算机有着不可分离的密切关系,信息科学是合成虚拟现实的基本前提。

1965年,美国学者伊凡·苏泽兰(Ivan Sutherland)在国际信息处理联合会(IFIP)会议上发表了题为"The Ultimate Display"(终极的显示)的论文。他在论文中提出,人们可以把显示屏当作"一个通过它观看虚拟世界的窗口",由此开创了研究虚拟现实的先河。1968年,伊凡·苏泽兰研究成功头盔显示装置和头部及手部跟踪器,标志着虚拟现实技术取得实质性进步。但由于技术上的原因,20世纪80年代以前,VR技术的发展速度还比较缓慢,直到80年代后期,随着信息处理技术的飞速发展,才真正促进了VR技术的进步。20世纪90年代初,国际上出现了VR技术的研究热潮,VR技术自此开始成为独立研究开发的热门领域。

从本质上看,VR系统的基本特征是三个"I",即沉浸(Immersion)、交互(Interaction)和想象(Imagination),强调人在VR系统中的主导作用,使信息处理系统适合人的需要,并与人的感觉相一致[42]。VR系统主要分为沉浸类、非沉浸类、分布式、增强现实四类。各类的特色与目标均有所不同。虚拟现实技术是一门崭新的综合性信息技术,它融合了数字图像处理、计算机图形学、多媒体技术、传感器技术等多个信息技术分支,从而大大推进了计算机技术的发展。

虚拟现实技术具有超越现实的虚拟性。它是伴随多媒体技术的发展而成长起来的计算机新技术。它利用三维图形生成技术、多传感交互技术以及高分辨率显示技术,生成逼真的三维虚拟环境,用户需要通过特殊的交互设备才能进入这种虚拟环境之中。这种特殊的交互设备的主要功能就是生成虚拟境界的图形,故此又称为图形工作站。实际上,图像显示设备是用于产生立体视觉效果的关键外设,目前常见的产品包括光阀眼镜、三维投影仪和头盔显示器等。其中高档的头盔显示器在屏蔽现实世界的同时,能够提供高分辨率、大视场角的虚拟场景,并带有立体声耳机,可以使人产生强烈的沉浸感。其他外设主要用于实现与虚拟现实的交互功能,包括数据手套、三维鼠标、运动跟踪器、力反馈装置、语音识别与合成系统等。虚拟现实技术的应用前景十分广阔。它始于军事和航空航天领域的客观需求,但近年来,虚拟现实技术的应用已大步走进工业生产、建筑设计、教育培训、观光旅游、文化娱乐等多个方面。它正在逐渐改变着人们的生活。

基于先前的研究,虚拟现实可被定义为特定的技术集合,也可被定义为一种高度交互的三维数字媒体环境,用户直观体验模拟环境,获得听觉、触觉及视觉等多感官反馈。虚拟现实系统的核心是沉浸感、交互感与存在感的高度融合[43]。基于用户中心视角,跟踪反馈用户在3D环境中的动作,借助软硬件设备,使用户完全沉浸其中。具体而言,沉浸程度与刺激感官量相关,受模拟环境与现实相似性的影响。交互感强调用户与虚拟环境之间流畅的人机互动,尽可能模拟用户听觉、视觉、触觉等感官的自然反馈。

虚拟现实下一层次的发展重点不在高技术,而是"讲故事"。用户如果无法与"故事"中的内容连接,产生主体感,就不会产生沉浸感。一旦建立起这种联系,现实和想象之间的界限就会被跨越,用户由此产生的满意度和欣悦感是难以想象的,这必将吸引更多的用户置身其中。

虚拟现实作为一种新兴的、前沿的科学技术,前途不可限量。它所产生的社会影响极其广泛,应用前景极其广阔。它必将成功跨越各个领域,一定会出现更多高价值的应用。

七、AI芯片及其发展趋势

自1956年达特茅斯会议以来，由于受到智能算法、计算速度、存储水平等多方面因素的制约与影响，人工智能的研究经历了两起两落的发展局面。当时，对AI看好者有之，唱衰者也有之。近年来，国际科学界在语音识别、计算机视觉等领域终于取得了重大突破。说起其中原委，业界普遍认为是三大要素合力促成了这次突破，即取得突破的主因在于：丰富的数据资源、深度学习算法和充足的算力支持。丰富的数据资源取决于互联网的普及和随之产生的海量信息；以深度学习为代表的机器学习算法的精确性和鲁棒性越来越好，适用于不同场景的各类算法不断优化和完善，具备了大规模商业化应用的潜力；而充足的算力则得益于摩尔定律的不断演进发展，高性能芯片大幅降低了深度学习算法所需的计算时间和成本[44]。虽然当前摩尔定律逐渐放缓，但作为推动人工智能技术不断进步的硬件基础，未来10年仍将是人工智能芯片（AI芯片）发展的重要时期，面对不断增长的市场需求，各类专门针对人工智能应用的新颖设计理念和创新架构将不断涌现。

当前，业界对人工智能芯片的定义并没有一个公认的标准。比较通用的看法是面向AI应用的芯片都可以称为AI芯片。若按设计思路考量，AI芯片可分为三大类，一是专用于机器学习尤其是深度神经网络算法的训练和推理的加速芯片；二是受生物脑启发设计的类脑仿生芯片；三是可高效计算各类人工智能算法的通用芯片。为了支持多样的AI计算任务和性能要求，理想的AI芯片需要具备高度并行的处理能力，能够支持各种数据长度的按位、固定和浮点计算；比当前大几个数量级的存储器带宽，以用于存储海量数据；低内存延迟和新颖的架构，以实现计算元件和内存之间灵活而丰富的连接。而且上述所有要求都需要在极低的功耗和极高的能量效率下完成。

当前，人工智能各领域的算法和应用处在高速发展和快速迭代的阶段，考虑到芯片高昂的研发成本和漫长的生产周期，针对特定应用、算法或场景的定制化设计，将很难适应市场快速多变的苛刻要求。因此，针对特定领域而不针对特定应用的设计，将成为AI芯片设计的一个指导原则，具有可重构能力的AI芯片可以在更多应用中灵活变身、广泛使用，并且可以通过重新配置适应新的AI算法、架构和任务。

在AI芯片领域，目前还没有出现一款CPU类的通用AI芯片，人工智能想要像移动支付那样深入人心，改变社会，可能还差一个"杀手"级别的应用。无论是图像识别、语音识别，还是机器翻译、安防监控、交通规划、自动驾驶、智能陪伴、智慧物联网等，AI涵盖了人们生产生活的方方面面，然而距离AI应用落地和大规模商业化还有很长的路要走。而对于芯片从业者来讲，当务之急是研究芯片架构问题。软件是实现智能的核心，芯片是支撑智能的基础。从当前AI芯片的发展情形来看，短期应当以异构计算为主来加速各类应用算法的落地;中期要发展自重构、自学习、自适应的芯片来支持算法的演进和类人的自然智能;长期则应当朝着通用AI芯片的方向发展。

八、智能虚拟助手及其发展趋势

智能虚拟助手属于一种行动代理人软件,能通过自然语言模拟人类对话,并深层次理解人类需求。它能代替人们执行某些任务,通过将这些服务以某种方式集成,最优化地满足人们的需求[45]。对话式交互与智能性服务是其核心特征。

人们可以从不同角度对智能虚拟助手进行分类,常见的分类角度包括依据解决问题的知识领域与技术生成模型。从智能虚拟助手解决问题的知识领域来看,可将其分为基于封闭域与基于开放域的。其中,基于封闭域的智能虚拟助手是指它们会基于特定的主题,专注于回答特定领域的问题,可以导入领域知识库里的专业知识,以有效提升系统的表现。而基于开放域的智能虚拟助手是指它们没有任何限定的主题,用户可以与之自由对话,因此难度相对提高,要准备的知识库与模型要复杂很多。从智能虚拟助手的技术生成模型来看,可将其分为检索式与生成式的。检索式智能虚拟助手使用已经定义好的问题库和答案知识库,通过将用户问题与知识库进行匹配,将合适的答案返回给用户。采用这种方式的智能虚拟助手需要知识库尽量大,其优势是回答问题的答案质量较高。生成式智能虚拟助手则不依赖于特定的答案库,而是采用一定技术手段自动生成应答。这种类型的智能虚拟助手优势是可以覆盖任意话题的用户问句,缺点是应答质量可能会不尽如人意。

在智能虚拟助手的发展与应用过程中,相关的技术都发挥着重要作用,现在予以简要介绍。

1. 语音技术:语音识别与语音合成

语音识别和语音合成是实现人机语音通信的关键技术。语音识别技术是将人类的语音转换为文本的技术;语音合成技术则是将自然语言文本转换为语音输出给用户的技术。随着深度学习的发展和应用,语音识别的准确率已经得到了大幅提高,而语音合成的效果也已经得到了极大改善。

2. 语义分析:自然语言处理与语义网络

由于人类自然语言的对话和文本一样,也普遍存在着多义性或歧义性,消除它们需要大量的知识和推理,因此需要从语义层面进行深入分析和深刻理解。自然语言理解的目标是将文本信息转换为可被机器处理的语义表示;自然语言生成则通过选择并执行一定的语义和语法规则来生成文本;语义网络则通过网络形式来表示人类的知识,它有着广泛的表示范围和强大的表示能力。

3. 知识推理:机器学习与深度学习

机器学习与深度学习是人工智能的核心,是使计算机具有智能的根本途径。机器学习使用大量的数据进行训练,通过算法解析与不断学习,从而进行判断和预测。深度学习是机器学习研究中的一个重要领域,近年来在许多应用中都取得了突破性进展。

4. 知识整合:知识库与知识图谱

大规模知识库与知识图谱是实现智能信息处理的关键。知识库是结构化的知识集群,是针对领域问题的知识集合。知识图谱是知识的可视化图谱表示方式。知识库与知识图谱的规模和类型决定了智能虚拟助手能够响应的不同情境以及在各个情境中进行决策的复杂度。

5. 支撑技术:大数据与云计算

智能虚拟助手是人工智能发展的产物。海量多维的情境化数据使人工智能得到更深入的应用,而人工智能的深度应用又产生了更加海量、精准、高质量的情境化数据。云计算是获得海量大数据的重要途径,并支撑人工智能和大数据计算存储密集型任务。人工智能、大数据、云计算之间构成了相互促进、紧密协同的关系。

对于智能虚拟助手来说,语音技术和语义技术是其展现智能应用的基础,机器学习、深度学习、知识库等知识推理和知识整合则是其功能的核心。总之,要使智能虚拟助手具有高度的智能性,成为人们工作、学习、生活中的好伙伴、好帮手,上述技术都是离不开的。

未来,智能虚拟助手及其技术的发展将主要呈现出以下5个方面的趋势。

(1)智能虚拟助手不再局限于室内使用,而会逐步走向户外。

(2)办公领域的智能虚拟助手的竞争会日益激烈。

(3)在智能虚拟助手方面,第三方硬件供应商将迎来大的发展机遇。

(4)智能显示屏大战正式擂响战鼓。

(5)将出现一台设备、多个智能虚拟助手协同工作的情况。

第五节　研究人工智能的重要性与必要性

一、人工智能的研究目标

人工智能作为一门学科,其研究目标就是制造各种智能机器和智能系统,实现智能化社会。具体来讲,就是不但要使计算机具有脑智能和群智能,而且还要使计算机具有看、听、说、写等感知、理解和交流能力。简言之,就是要使计算机具有自主发现规律、解决问题和发明创造的能力,从而大大扩展和延伸人的智能,实现人类社会的全面智能化。

但由于受到理论和技术等方面的多重制约,这一宏伟目标现阶段一时还难以完全实现。因此,人工智能学科的研究策略是先部分地或某种程度地实现机器的智能,并运用智能技术解决各种实际问题,特别是工程问题,从而使现有的计算机更灵活、更好用和更有用,成为人类的智能化信息处理工具,进而逐步扩展和不断延伸人的智能,"小步快跑",分步骤分阶段地实现社会的智能化。

需要指出,人工智能的长远目标虽然现在还不能全部实现,但在某些方面,当前的机器智能已经表现出相当高的水平。例如,在博弈、推理、识别、学习以及规划、调度、控制、预测、翻译等方面,当前的机器智能已经达到或接近人类高手的水平,在有些方面甚至已经超过了人类,这给人工智能的美好前景抹上了亮丽的色彩。

二、研究人工智能的重要性

计算机是人类有史以来发明并使用的最有效的信息处理工具,其功能十分强大、性能十分优异,以至于人们称其为"电脑"。但就智能水平而言,现在的普通计算机的智能还十分有限。譬如它们缺乏自适应、自学习和自优化等能力,也缺乏社会常识或专业知识等,只能按照人们为它预先安排好的步骤,"被动式"地进行工作。因而它的功能和作用就受到很大的限制,难以满足越来越复杂和越来越广泛的社会需求。既然计算机和人脑一样,都可以进行信息处理,那么是否能让计算机同人脑一样也具有智能呢?这正是人们研究人工智能的初衷与起点。

人们多次设想,如果计算机自身也具有一定智能的话,那么,它的功效将会产生质的飞越,成为名副其实的"电脑"。这样的电脑将是人脑更有效、更深刻的扩大和延伸,也是人工智能的扩大和延伸,其作用难以估量,其影响极其深远。例如,装备有这样"电脑"的机器人就是智能机器人,而智能机器人是机器人家族中的佼佼者,它的出现标志着人类社会进入一个新的时代,为人类社会的发展注入新的活力。

三、研究人工智能的必要性

一方面,当前,人类社会已经进入了信息化时代,广大人民群众正在享受信息化所带来的种种便利。但信息化程度的进一步提高必须有智能技术的强力支持,所以说研究人工智能也是当前信息化社会的迫切需求。

另一方面,智能化也是自动化发展的必然趋势。自动化发展到一定水平以后,再向前发展就是智能化。事实上,智能化将是继机械化、自动化之后,人类生产和生活中出现的又一个技术特征。

此外,研究人工智能对探索人类自身智能的奥秘也能够提供有益的帮助。通过电脑对人脑进行模拟,从而揭示人脑的思考机制和工作原理,发现自然智能的奥秘和渊源。近年来,一门称为"计算神经科学"的学科正在迅速崛起,该学科的宗旨和目标是从整体水平、细胞水平和分子水平对大脑进行模拟研究,以揭示其智能活动的机理和规律,并让研究成果为人类造福。

📄 本章小结

本章主要介绍了人工智能的基本概念、主要内容、常用方法与关键技术。通过本章的学习,读者应重点掌握以下内容:

(1)人工智能是利用数字计算机或者由数字计算机控制的机器模拟、延伸和扩展人类的智能,感知环境、获取知识并使用知识获得最佳结果的理论、方法、技术和应用系统。

(2)人工智能的常用方法包括心理模拟与符号推演、生理模拟与神经计算、行为模拟与进化控制、群体模拟与仿生计算、兼收并蓄与自然计算、数据分析与统计建模。

(3)自动驾驶、机器翻译、生物特征识别等人工智能关键技术的应用特点和发展趋势。

🔖 思考与练习

1.选择题

(1)AI芯片分类中不包括下列哪一项( )。

A.专用于机器学习尤其是深度神经网络算法的训练和推理的加速芯片

B.普通芯片

C.受生物脑启发设计的类脑仿生芯片

D.可高效计算各类人工智能算法的通用芯片

参考答案

（2）下列说法正确的一项是（　　）。

A.知识是智能的基础

B.人们可利用力觉传感器获取图形、图像信息

C.人们可利用力觉传感器获取语言、声音信息

D.人工智能学科的研究内容可归纳为：内涵、外延、原理、方法、理论、技术、表现和应用

2.填空题

（1）符号智能就是符号人工智能，它是模拟＿＿＿＿＿＿＿的＿＿＿＿＿＿。

（2）计算智能就是计算人工智能，它是模拟＿＿＿＿＿＿＿的＿＿＿＿＿＿。

（3）人脑是由＿＿＿＿＿＿＿个神经元所组成的一个复杂的＿＿＿＿＿＿＿＿。

3.简答题

（1）什么是人工智能？

（2）人工智能的研究目标是什么？

（3）人工智能有哪些常用方法？

4.实践题

（1）学生自己组织一次市场调研活动，了解人工智能芯片在高端家电产品中的应用情况和发展趋势，写出相应的调研报告。

（2）测试一下个人所用的智能手机，了解人工智能芯片在其中发挥的作用，写出相应的分析报告。

推荐阅读

[1]廉师友.人工智能概论[M].北京:清华大学出版社,2020.

[2]（美）史蒂芬·卢奇,（美）丹尼·科佩克.人工智能[M].第2版.林赐译.北京:人民邮电出版社,2018.

第三章
图搜索与问题求解

　　从工程应用的角度来看,开发人工智能技术的一个主要目的就是解决非平凡问题。非平凡问题是指难以用常规(数值计算、解析方程和数据库应用等)技术直接解决的问题。非平凡问题的求解依赖于问题本身的描述和特定领域相关知识的应用。

　　在求解一个问题时,往往涉及两个方面:一是该问题的正确表示。如果一个问题找不到一个合适的表示方法,就谈不上对它的正确求解。二是选择一种相对合适的求解方法。针对这两个方面,本章首先阐述了知识的表示方法,这是人工智能课程的三大内容(知识表示、知识推理、知识应用)之一,也是学习人工智能其他内容的基础。在此,着重介绍状态空间知识表示和状态图。接着,介绍了问题的求解方法。在人工智能中,问题求解的基本方法有搜索法、归约法、归结法、推理法及产生式等。本章主要阐述了搜索的基本概念,然后讨论了搜索策略,主要有回溯搜索策略、宽度优先搜索策略、深度优先搜索策略等穷举式搜索策略。最后,讲述了采用启发式搜索策略——A搜索算法、A*搜索算法等解决实际问题的案例。

☆ 学习目标

(1)了解什么是知识表示、状态空间表示法以及搜索的过程。

(2)能够根据搜索过程中是否运用与问题有关的信息,进行搜索策略的分类。

(3)掌握穷举式搜索和启发式搜索的概念。

(4)掌握A算法、A*算法的搜索策略。

◎ 思维导图

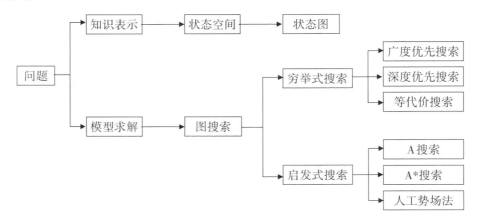

第一节　概述

一、问题的起源

随着计算机芯片技术和人工智能技术的迅猛发展,机器人正逐步从实验室走进人类的生活。这个过程的实现速度高度依赖一项关键的技术——机器人如何感知周围的环境,并进行合理的决策——自主导航。

图3-1所示为两款在人们生活中时常可见的机器人,它们已与人类社会高度融合,并给人们带来种种便利。图3-1(a)为美国波士顿动力公司设计的一款多功能移动机器狗Spot,其高度的智能性、机动性、可靠性使之适用于多种应用场景。Spot的有效载荷托架可以让人在其背部加载多达14 kg的配件。波士顿动力公司为其提供的配件之一是一个具有6个自由度的机械臂,该机械臂的功能十分出色,能让Spot轻易抓取物品和顺利开启房门。Spot还拥有功能强大的控制处理板和性能可靠的感知传感器模块。这些传感器模块分别位于Spot身体的前部、后部和两侧。每个模块都包括一对立体相机、一个广角相机和一个纹理投影仪,它们可以在弱光环境下增强Spot的3D感知能力。传感器模块的加持使

Spot能够利用一种被称为"即时定位和地图构建"（Simultaneous Localization and Mapping，简称SLAM）的导航技术，依托SLAM技术，机器人就能自动避开障碍物，在复杂环境中自如行走。

图3-1(b)为科沃斯公司开发的一种扫地机器人。该机器人配备了激光雷达，每秒旋转5次，可实现360°范围内的快速建图。同时，该机器人还配备了8颗ToF独立避障传感器，凭借其获得的障碍物实时信息，机器人清扫时可灵活避障，实现最优路径规划，完整打扫整个房间。

（a）四足机器狗——Spot （b）科沃斯扫地机器人

图3-1　生活中的机器人

在上述两种机器人为人类服务的过程中，自主导航技术在最优路径规划中起到了至关重要的作用。图3-2所示为通过激光雷达和视觉传感器建立的局部地图和全局地图，依据这些地图，机器人就能实时识别场景中的障碍物，准确完成人们交予它的任务。

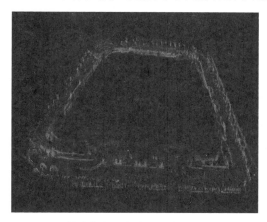
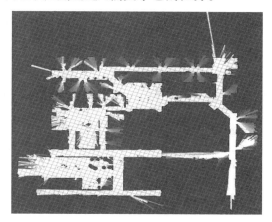

（a）通过激光雷达建立的地图 （b）通过视觉传感器建立的地图

图3-2　依托SLAM技术建立的地图

本章除着重介绍如何建立地图以外，还将详细介绍如何规划最优路径以实现自主导航。要达成上述目标，首先面临的问题就是如何向机器人或计算机描述这幅地图，并让其自动从中寻找最优路径。这个问题属于非结构化问题，无法用通用的数学方程求解。求解此问题需要引入人工智能技术,涉及问题(知识)的表示—状态图,以及问题的求解—图搜索技术。人工智能涉及多个学科,其研究内容包括知识表示、知识推理、知识应用、机器学习、机器感知、机器思维和机器行为等。知识表示是把人类的知识概念化、形式化或模型化。一般说来,就是运用符号知识、算法和状态图等来描述待解决的问题。状态图搜索是人工智能中的搜索技术之一。如果一个搜索可以描述为形状像一棵"倒立的树"的状态图的形成过程,就称为状态图搜索。

二、解决问题的思路

1. 人工智能求解问题的思路

此前,阐述了解决机器人路径规划问题以及其他实际复杂问题,需要运用人工智能中状态图和图搜索的相关方法。在此,将讨论如何将知识表示(状态空间、状态图)和图搜索方法结合起来,建立解决问题的思路框架。人工智能解决问题的思路与人类思考习惯类似,处理问题的大体思路为:首先,对待处理的问题用自然语言进行分析、归纳和总结,在此基础上建立数学模型;然后,使用知识表示,将数学模型转化为机器可以理解的语言;接着,运用优化方法求解数学模型中的相关参数;最后,将求解的参数重新用知识表示转化为自然语言,并通过数学模型解决实际问题。这种处理过程可以用图3-3简要表示。

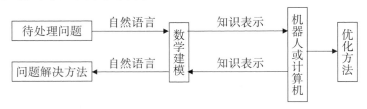

图3-3　人工智能求解问题的一般思路

其中,自然语言是人类进行思维活动的主要信息载体,可以理解为人类的知识表示。将自然语言所承载的知识输入计算机前一般先经过对实际问题进行数学建模,然后基于此模型实现面向机器的符号表示(一种数据结构),这种数据结构就是人们主要研究的知识表示问题。计算机对这种符号流进行处理后,形成原问题的解,再经过模型还原,最后得到基于自然语言(包括图像、文字和语音等)表示的问题解决方案。

2. 知识表示的特性

在上述求解问题的思路中,重点是知识表示和优化方法。实际上,这种形式化或模型化就是对知识的一种描述,或者说是一组约定,甚至说是一种计算机可以接受的用于描述知识的数据结构。知识表示的过程就是把知识编码成某种数据结构的过程。可以将知识表示视为数据结构及其处理机制的综合。

知识表示=知识的数据结构+知识的处理机制

一般说来,同一知识可以有多种不同的表示形式,而不同的表示形式所产生的效果又可能不同。因此,对知识表示的基本要求是:所表示的知识必须能够为计算机接收和识别(可行性)。在这个前提下,知识表示还应该注意以下的问题。

(1)合适性。采用的知识表示方法应该恰好适合问题的处理和求解,即表示方法不宜过于简单,以免导致不能胜任问题的求解;也不宜过于复杂,以免处理过程做了大量的无用功。

(2)高效性。求解算法对所用的知识表示方法应该是高效的,对知识的检索也应该能保证是高效的。

(3)可理解性。在既定的知识表示方法下,知识易于用户理解,或者易于转化为自然语言。

(4)无二义性。知识表示的结果应该是唯一的,对用户来说是无二义性的。

优化方法是通过对数学模型求极值,以梯度作为迭代方向获取最优参数的过程,包括图搜索、梯度下降和高斯-牛顿等方法。

针对路径规划等问题,总结上述知识,可以建立此方案进行解决:问题—人工智能知识表示—状态空间—状态图—状态图搜索。

三、解决问题的方法

问题求解是个大课题,它涉及归纳、总结、推理等过程的核心概念。问题求解技术包括以下两个主要方面:

(1)问题的建模与表示:对问题进行有效的建模,并采用一种或多种适当的知识表示方法。如果知识表示方法不对,就会给问题求解带来很大的困难。

(2)求解的算法:采用适当而有效的搜索推理方法,如采用试探搜索方法。

许多问题求解方法均是采用试探搜索方法。也就是说,这些方法是在某个可能的解空间内寻找一个解,来解决问题。

1. 状态空间法的定义

状态空间法三要点如下:

(1)状态:表示问题解法中每一步问题状况的数据结构。

(2)算符:把问题从一种状态变换为另一种状态的手段。

(3)状态空间方法:基于解答空间的问题表示和求解方法,它是以状态与算符为基础来表示和求解问题的。

状态是用来表示系统状态、事实等叙述性知识的一组变量或数组:

$$Q = \left[q_1, q_2, \cdots, q_n \right]^T \tag{3.1}$$

其中,$q_i(i = 0, 1, 2, \cdots, n)$为数组的元素,称为状态变量。给定每个分量确定的值就得到一个具体的状态。

操作是用来表示引起状态变化的过程性知识的一组关系或函数,操作符可以是走步、过程、规则、数学算子、运算符号或逻辑符号:

$$F = \{f_1, f_2, \cdots, f_n\} \tag{3.2}$$

状态空间是利用状态变量和操作符,表示系统或问题的全部可能状态及其关系的符号体系。状态空间可以用一个四元组表示:

$$S_p = (Q, F, Q_0, G) \tag{3.3}$$

其中,Q 是状态集合,Q 中每一个元素表示一个状态,状态是某种结构的符号或数据。F 是操作算子的集合,利用算子可将一个状态转换为另一个状态。Q_0 是所有可能问题的初始状态集合,是 Q 的非空子集。G 是问题的目标状态,可以是若干具体状态,或者是满足某些性质的路径信息描述。

从 Q_0 到 G 的路径称为求解路径。求解路径上的操作算子序列为状态空间的一个解。例如,操作算子序列为 $F_1, F_2, \cdots, F_n$,使初始状态转换为目标状态,如图3-4所示:

$$Q_0 \xrightarrow{F_0} Q_1 \xrightarrow{F_1} Q_2 \xrightarrow{F_2} \cdots \xrightarrow{F_n} G$$

图3-4　状态空间的解

则 $F_1, F_2, \cdots, F_n$,即为状态空间的一个解。当然解往往不是唯一的。

2. 状态空间表示详解

任何类型的数据结构都可以用来描述状态,如符号、字符串、向量、多维数组、树和表格等。所选的数据结构形式要与状态所蕴含的某些特性具有相似性。下面以二十四位数码难题为例,来说明状态空间表示的概念——状态图。

该难题由24个编号为1~24并放在5×5方格棋盘上的可移动的棋子组成。棋盘上只有一格是空的,以便让空格周围的棋走进空格中,这也可以理解为移动空格。二十四位数码难题如图3-5所示。图中绘制了两种棋局,即初始棋局和目标棋局,它们对应于该问题的初始状态和目标状态。

1	12	5	17	8
22	14	24	10	16
2	13		7	9
19	3	4	18	11
20	23	6	21	15

1	2	3	4	5
16	17	18	19	6
15	24		20	7
14	23	22	21	8
13	12	11	10	9

（a）初始棋局　　　　　　　　（b）目标棋局

图3-5　二十四位数码难题

如何把初始棋局变换为目标棋局呢？问题的解答就是某个合适的棋子走步序列,如"左移棋子7,上移棋子4,下移棋子24"等。

二十四位数码难题最直接的求解方法就是尝试各种不同的走步,直到得到目标棋局为止。这种尝试本质上是设计某种试探搜索。从初始棋局开始,试探(对于一般问题实际上是由计算机或机器人进行计算和执行的)由每一合法走步得到的各种新棋局,然后计算再走一步而得到的下一组棋局。这样继续下去,直至达到目标棋局为止。把初始状态可达到的各状态所组成的空间设想为一幅由各种状态对应的节点组成的图,称此图为状态图。图3-6说明了二十四位数码难题状态图的一部分,其中每个节点标有它所代表的棋局。首先把适用的算符用于初始状态,以产生新的状态,然后,把另一些适用的算符用于这些新的状态。这样继续下去,直至产生目标状态为止。

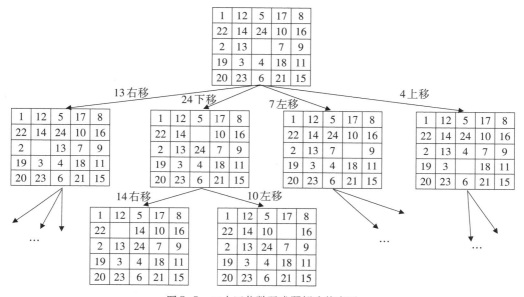

图3-6 二十四位数码难题部分状态图

第二节 状态图与状态图搜索

一、何谓状态图

1. 状态图的概念

本节将详细介绍状态空间的表示方式——状态图[46]。状态空间可用有向图来描述,图的节点表示问题的状态,图的弧线表示状态之间的关系,即求解问题的步骤。初始状态对应于实际问题的已知信息,是图中的根节点。在问题的状态空间描述中,寻找从一种状态转换为另一种状态的某个操作算子序列等价于在一个图中寻找某一路径。

状态图中常用的术语包括:

有向图:一对节点用弧线连接起来,从一个节点指向另一个节点。

节点:图形的汇合点,可表示状态、事件和时间关系的汇合,也可指示通路的汇合。

弧线:节点间的连接线。

后继节点与父辈节点:如果某条弧线从节点n_i指向节点n_j,那么节点n_j就称为节点n_i的后继节点或后裔,而节点n_i称为节点n_j的父辈节点或祖先。

路径:对于某个节点序列$(n_{i1}, n_{i2}, \cdots, n_{ik})$,当$j=2, 3, \cdots, k$,如果对于每一个$n_{i,j-1}$都有一个后继节点$n_{i,j}$存在,那么就把这个节点序列称为从节点$n_{i1}$至节点$n_{ik}$的长度为$k$的路径。

代价:用$c(n_i, n_j)$表示从节点n_i指向节点n_j的那段弧线的代价。两节点间路径的代价等于连接该路径上各节点的所有弧线代价之和。

上面采用较为形式化的描述说明了状态图的定义和作用,下面讨论具体问题的状态空间有向图的描述。图3-7所示为采用有向图表示的状态空间。该图表示对状态Q_0允许使用操作符F_0,F_1和F_2,并分别使Q_0转换为Q_1,Q_2和Q_3。之后再对状态Q_1,Q_2和Q_3进行操作,直至目标状态出现。若Q_9属于目标状态集G,则F_2,F_7和F_{10}就是问题的一个解。

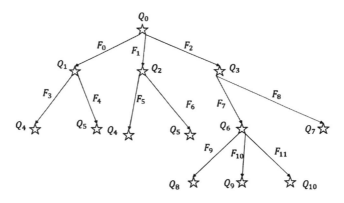

图3-7　状态空间有向图描述

2. 状态图的获取过程

状态空间的一般表示步骤:

(1)定义状态的描述形式;

(2)用所定义的状态描述形式把问题的所有可能状态都表示出来;

(3)定义一组操作符,通过这组操作符可把问题从一种状态转换为另一种状态;

(4)绘制状态空间图,寻找将问题从初始状态转换为目标状态的操作符序列。

上面亦采用较为形式化的描述说明了使用状态图表示状态空间的问题,下面再以旅行商问题为例,来讨论具体问题的状态空间的有向图描述。在某些问题中,各种操作算子的执行是有着不同费用支出的。如在旅行商问题中,两两城市之间的距离通常并不相等。

那么,在图中只需要给各弧线标注距离或费用即可。其终止条件则是用解路径本身的特点来描述,即经过图中所有城市的路径最短时,搜索便告结束。

例3.1 旅行商问题或推销员问题:假设一个推销员从出发地到若干个城市去推销产品,然后回到出发地。要求每个城市必须去一次,而且只能去一次。问题是要求找到一条最好路径,使得推销员所经过的路径最短或者费用最少。图3-8是这个问题的一个实例,图中的节点代表城市,弧上标注的数值表示经过该路径的费用或距离。假定推销员从A城出发。

图3-9是该问题的部分状态空间表示。可能的路径有很多,例如,费用为752的路径(A,B,C,D,E,F,G)就是一个可能的旅行路径,但目的是要找费用最少的旅行路径。

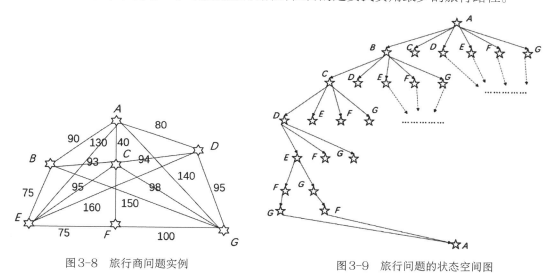

图3-8 旅行商问题实例   图3-9 旅行问题的状态空间图

上面例子中,只绘出了问题的部分状态空间图,当然完全可以绘出问题的全部状态空间图。但对于许多实际问题来说,要在有限的时间内绘出问题状态图是不可能的。例如,就旅行商问题而言,n个城市存在$0.5(n-1)!$条路径,当n够大时,对应的路径数将十分可观。因此,要研究能够在有限时间内搜索到较好解的搜索算法。

状态空间图搜索是搜索某个状态空间以求得操作算子序列的一个解答的过程。这种搜索是状态空间问题的求解基础。搜索策略的主要任务是确定选取操作算子的方法。它有两种基本方式:穷举式搜索和启发式搜索。

二、状态图搜索

由于绝大多数需要用人工智能方法求解的问题都缺乏解析解。因此,状态图搜索不失为一种求解问题的一般方法。状态图搜索求解方法的应用非常广泛,例如机器人自主导航、数码问题以及游戏中自动寻路等都是其应用的实例。

在求解实际问题的过程中,人们常会遇到以下两个问题:

(1)如何寻找可以利用的知识,即如何确定推理路线,才能在尽量少付代价的前提下圆满解决问题。

(2)如果存在多条路线可以求解问题,如何从中选出一条求解代价最小的路径,以获得最优解。

为合理解决上述问题,一般不能采用直接求解的方法,而只能利用已有的知识一步一步地搜索着前进。下面首先讨论状态图搜索的基本概念,然后介绍具体的搜索策略,重点放在回溯策略、宽度优先搜索、深度优先搜索等穷举式搜索策略,以及启发式搜索策略上。

1. 状态图搜索概念

搜索就是根据问题的实际情况,按照一定的策略或规则,从知识库中寻找可以利用的知识,从而构造出一条代价较小的推理路线,使问题得到解决的过程。

搜索是人工智能中的一项核心技术,是推理不可分割的一个组成部分,它直接关系到智能系统的性能状况和运行效率。在搜索问题中,要点是找到正确的搜索策略。搜索策略反映了状态空间或问题空间扩展的方法,也决定了状态或问题的访问顺序。

在搜索中需要解决的基本问题包括:

(1)在搜索过程中是否一定能够找到一个解;

(2)搜索过程的时间与空间复杂性如何;

(3)搜索过程是否会终止运行或是会陷入一个死循环;

(4)搜索过程找到一个解时,该解是否是最佳解。

2. 状态图搜索流程

搜索的主要过程如下:

(1)从初始或目的状态出发,并将它作为当前状态;

(2)扫描操作算子集,将适用当前状态的一些操作算子作用在其上面而得到新的状态,并建立指向其父节点的指针。

(3)检查所生成的新状态是否满足结束状态,如果满足,则得到解。并沿着有关指针从结束状态反向到达开始状态,给出一条解答路径;否则,将新状态作为当前状态,返回第二步再进行搜索。

在运用搜索策略求解问题的过程中,涉及的数据结构除了状态空间图之外,还需要两个辅助的数据结构,即存放已访问但未扩展节点的Open表,以及存放已扩展节点的Closed表。状态空间图的搜索过程如图3-10所示。

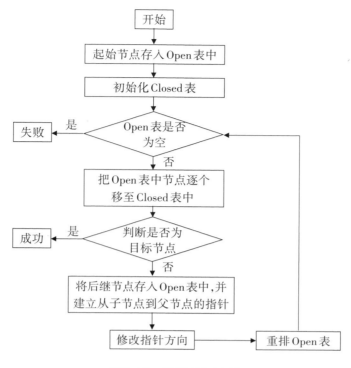

图3-10　搜索过程示意图

（1）建立一个只含起始节点S_0的搜索图，并将初始节点放入Open表中；

（2）建立一个Closed表，并将其初始化为空表；

（3）判断Open表是否为空，若为空表，则失败退出；否则继续（4）；

（4）选择Open表上的第一个节点（节点n），将其从Open表移出，并放入Closed表中；

（5）判断节点n是否为目标节点。若n为目标节点，则有解并成功退出，此解为沿着指针从节点n到初始节点S_0的这条路径［指针将在第（7）步中设置］。否则，执行（6）。

（6）扩展节点n，生成后继节点集合M，并将集合M中的成员作为n的后继节点添加入搜索图中。

（7）针对M中后继节点的不同情况，分别做如下处理：

①对于那些未曾在搜索图中出现过的（未曾在Open表中，也未在Closed中出现过）M成员，设置其父节点指针指向n，并加入Open表中；

②对于那些原来已在搜索图中出现过，但还没有扩展的（已经在Open表或Closed表中出现过）M成员，确定是否需要将其原来的父节点更改为n；

③对于那些先前已在搜索图中出现过，并已经扩展了的（已在Closed表中）M成员，确定是否需要修改其后继节点指向父节点的指针。若修改了其父节点，则将该节点从Closed表中移出，重新加入Open表中。

上述集合M中后继节点的3种情况分别是：①中提到的M成员是新生成的；②中提到的M成员是原生成但未扩展的；③中提到的M成员是原生成并已扩展的。

(8)按某一方式或按某个估价值,重新调整Open表,继续执行步骤(3)。

3. 状态图搜索策略

(1)从初始状态出发的正向搜索,称为数据驱动。

正向搜索是从问题给出的条件,即从一个用于状态转换的操作算子集合出发的。搜索的过程为应用操作算子从给定的条件中产生新条件,再用操作算子从新条件中产生更多的条件,这个过程一直持续到有一条满足目标要求的路径产生为止。数据驱动就是用问题给定数据中的约束知识指导搜索,使其沿着那些已知是正确的线路前进。

(2)从目的状态出发的逆向搜索,称为目的驱动。

逆向搜索是先从想达到的目标入手,看哪些操作算子能产生该目标以及应用这些操作算子产生目标需要哪些条件,这些条件就成为要达到的新目标,即子目标。逆向搜索就是通过反向的连续的子目标不断行进,直至找到问题给定的条件为止。这样就可以找到一条从数据到目标的操作算子所组成的链。

根据搜索过程中是否利用了与问题相关的信息,可以将搜索方法分为穷举式搜索和启发式搜索。

穷举式搜索是指在对特定问题不具有任何相关信息的条件下,按固定的步骤(依次或随机调用操作算子)进行的搜索。它能快速地调用一个操作算子。

启发式搜索则是考虑特定的问题领域可应用的知识,动态地确定调用操作算子的步骤,优先选择较适合的操作算子,尽量减少不必要的搜索,以求尽快地到达结束状态,提高搜索效率。

在穷举式搜索中,由于没有可供参考的信息,只要能够匹配的操作算子都需运用,这会搜索出更多的状态,从而生成较大的状态空间显示图;而在启发式搜索中,由于运用了一些启发信息,只需采用少量的操作算子,生成较小的状态空间显示图,就能搜索到一个解答。但是每使用一个操作算子便需要做更多的计算与判断。启发式搜索一般优于穷举式搜索,但不可过于追求更多的甚至完整的启发信息。

三、穷举式搜索

穷举式搜索又称无信息搜索。也就是说,在搜索过程中,只按照预先规定的搜索策略进行搜索,而没有任何中间信息可供利用来改变这些策略。常用的穷举式搜索有广度优先搜索、深度优先搜索和等代价搜索等。

1. 广度优先搜索

广度优先搜索是自顶向下一层一层逐渐推进的。广度优先搜索始终先在同一级节点中考查,只有当同一级节点考查完毕之后,才考查下一级节点。或者说,是以初始节点为根节点,向下逐级扩展搜索。图3-11所示为一个广度优先搜索的示意图,其中虚线表示搜索顺序。广度优先搜索算法的具体流程类似于图3-10所示,只是在节点的选择顺序上有些细微的变化。

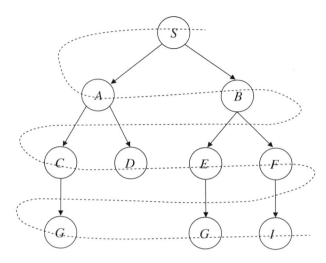

图3-11 广度优先搜索示意图

例3.2 用广度优先搜索求解木块搬运问题。如图3-12所示,通过搬动桌面上的积木块,希望从初始状态达到目标状态,即三块积木堆叠在一起,积木X在顶部,积木Y在中间,积木Z在底部。

这个问题的唯一操作算子为 Move(M, N),即把积木M移到N上面,N可表示积木或桌面。如移动积木Y到桌面,可表示为 Move(Y, Desk)。该操作算子运用的限制条件为:

(1)被搬动的积木顶部必须为空;

(2)如果N是积木,则N的顶部必须为空;

(3)同一状态下,运用操作算子的次数不得多于一次。

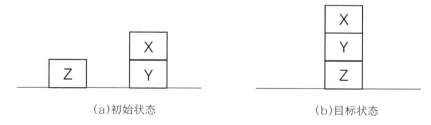

(a)初始状态　　　　　　　　　　(b)目标状态

图3-12 积木问题

图3-13表示了由广度优先搜索产生的搜索树。各节点是以产生和扩展的先后顺序编写下标的。当搜索到 S_9 状态时,搜索过程结束。此时 Open 表包含 S_0 至 S_7,而 Closed 表包含 S_8 至 S_{10}。

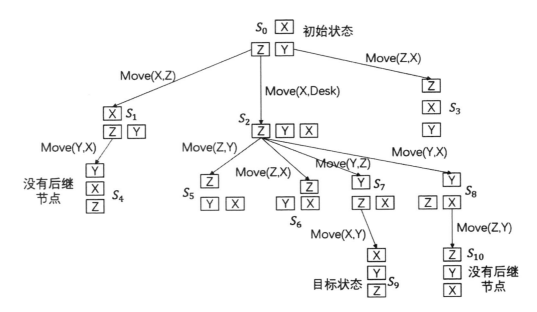

图3-13　积木问题的广度优先搜索

广度优先搜索亦称为宽度优先或横向搜索,其特点如下:

优点:策略是完备的,即如果问题的解存在,用它则一定能找到解,且是最优解(最短路径)[47]。

缺点:盲目性较大,尤其是当目标节点距初始节点较远时,将产生许多无用节点,因此搜索效率较低。

2. 深度优先搜索

深度优先搜索的基本思想是从起始节点开始,在其子节点中选择一个节点进行考察。如果不是目标节点,则在该节点的子节点中再选择一个节点进行考查,一直如此向下搜索。如果发现最终不能到达目标节点,则返回到上一个节点,然后选择该节点的另一个子节点往下搜索。如此反复,直到搜索到目标节点或搜索完全部节点为止。

图3-14所示为一个深度优先搜索的示意图,其中虚线表示搜索顺序。从该深度优先搜索示意图可以看出,在深度优先搜索中,首先扩展最新产生的(最深)节点。深度相等的节点可任意排列。其中,起始节点(根节点S)的深度为0,任何其他节点的深度等于其父节点深度加1。

对于许多问题而言,其状态图搜索树的深度可能为无限,或者比某个已知的可能解的已知深度下限还要深。为了避免考虑太长的路径而带来的麻烦,同时防止搜索过程沿着无益的路径扩展下去,往往给出一个节点扩展的最大深度——深度界限。任何节点如果到达了深度界限,那么都将它们作为没有后继节点的情况进行处理。

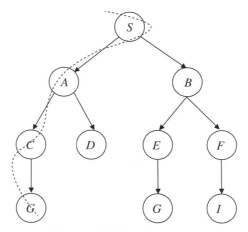

图3-14 深度优先搜索示意图

深度优先搜索的流程如下[48]：

(1)将起始节点S放到未扩展节点Open表中。如果此节点为一个目标节点，则得到一个解；

(2)如果Open为一个空表，则失败退出；

(3)将第一个节点(节点n)从Open表中移到Closed表；

(4)如果节点n的深度等于最大深度，则转向第(2)步；

(5)扩展节点n，产生其全部后继节点，并把它们放入Open表的前头。如果没有后继节点，则转向第(2)步；

(6)如果后继节点中任一个为目标节点，则求得一个解，成功退出；否则，转向第(2)步。

深度优先搜索的具体算法流程可用案例——卒子穿阵予以说明。

例3.3 要求卒子通过图3-15所示的阵列到达底部。卒子行进中不可进入代表敌兵驻守的区域(标注为255)，并不准后退。假定深度限制值为5。

	1	2	3	4
1	0	255	0	255
2	0	0	0	0
3	0	0	255	0
4	255	0	0	0

图3-15 阵列图

由深度优先搜索策略产生的搜索树如图3-16所示。在节点S_0,卒子还没有进入阵列，位于阵列的顶部。在其他节点，其所处的阵列位置用一对数字(行号、列号)表示，节点的编号代表搜索的次序。

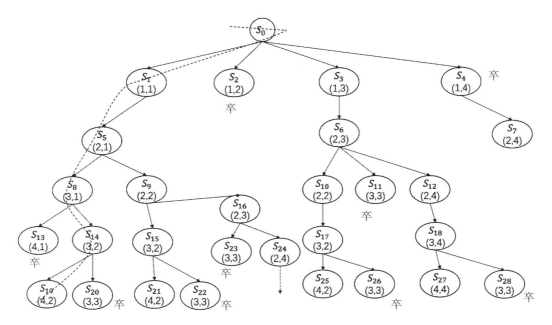

图3-16　卒子穿阵的深度优先搜索树

当搜索过程终止时,Open表含有节点S_{19}(为一个目标节点)和S_2,而其他节点(S_0-S_{14})都在Closed表中。很明显所求得的路径($S_0,S_1,S_5,S_8,S_{14},S_{19}$)即为最优路径。

深度优先搜索也是一个通用的与问题无关的方法,其性质如下:

(1)一般不能保证找到路径最短的解;

(2)当深度界限设置不合理时,可能找不到解;

(3)在最坏情况下,搜索空间等同于穷举。

四、启发式搜索

仔细分析可以发现,前面所述的广度优先、深度优先搜索均属穷举搜索算法,其不足之处是搜索效率低、计算空间大、耗费时间多。理论上来讲,穷举搜索似乎可以解决任何状态空间的搜索问题。但实际上,它只能解决一些状态空间很小的简单问题;对于那些状态空间很大的问题,穷举搜索就力有不逮,不能胜任了。因为状态空间大往往会导致"组合爆炸"。广度优先搜索与深度优先搜索的主要差别是Open表中待扩展节点的顺序确定方法不同,搜索的复杂性往往很高。

在这样的情况下,为了提高算法的效率,必须放弃利用纯数学方法来决定搜索节点的次序,而需要对具体问题做具体分析,利用与问题有关的信息,从中得到启发来引导搜索,选择最有希望的节点加以扩展,从而加快搜索速度,提高搜索效率。这种方式称为启发式搜索,它主要包括启发性信息和估价函数。

1. 启发性信息

启发性信息是指可以帮助确定搜索方向,简化搜索过程,且可反映问题特性的控制性信息。在启发搜索过程中,主要根据与问题有关的启发性信息估计各个节点的代价,从而确定每一次的搜索方向。启发性信息按用途可分为以下三种:

(1)用于确定要扩展的下一个节点,以免像在广度优先或深度优先搜索中那样盲目地扩展;

(2)在扩展一个节点的过程中,用于确定生成哪几个后继节点,以免盲目地生成所有可能的节点;

(3)用于确定应从搜索树中修剪或删除的节点,避免盲目地保留那些"最不可能"的节点。

需要强调指出的是,并不存在能适合所有问题的万能启发性信息。换言之,就是不同的问题有不同的启发性信息。

2. 估价函数

在启发式搜索中,通常用估价函数来估算当前节点是否是最佳节点的概率。一个节点是否是最佳节点,需要考虑两个重要的因素,即到达当前节点已经付出的代价和从当前节点到目标节点将要付出的代价。因此,人们将估价函数 $f(n)$ 定义为:从初始节点经过 n 节点到达目标节点的路径的最小代价估计值,其一般形式为:

$$f(n) = g(n) + h(n) \tag{3.4}$$

其中, n 是状态图中的某个当前被测试的节点[49]。$g(n)$ 表示从初始节点到节点 n 的实际代价,而 $h(n)$ 表示从节点 n 到目标节点的最小路径代价。

通常可以用至今已发现的自初始节点到当前节点 n 的最短路径作为 $g(n)$ 的值,而 $h(n)$ 是对未生成的搜索路径作某种经验性估计,要依赖于启发知识来加以估算,故而 $h(n)$ 称为启发式函数。

$g(n)$ 的作用一般是不可忽略的。因为它代表了从初始节点经过当前节点 n 到达目标节点的总代价估值中实际已经付出的那一部分[50]。保持 $g(n)$ 项就保持了搜索的宽度优先成分,$g(n)$ 的比重越大,越倾向于宽度优先搜索方式。这有利于搜索的完备性,但会影响搜索的效率。$h(n)$ 的比重越大,表示启发性越强。在特殊情况下,如果只希望找到目标节点的路径而不关心会付出什么代价,则 $g(n)$ 的作用可以忽略不计。另外,当 $h(n) >> g(n)$ 时,也可以忽略 $g(n)$,这时有 $f(n) = h(n)$,有利于提高搜索的效率,但会影响搜索的完备性。

给定一个问题后,根据该问题的特征和解的特性,可以有多种方法定义估价函数,用不同的估价函数指导搜索,其效果可以相差很远。因此,必须尽可能选择最能体现问题特性的、最佳的估价函数。设计估价函数的目标就是利用有限的信息做出一个较为精确的估价函数。

3. A算法

启发式搜索包括A和A*算法、人工势场法等。本处将以A算法为例,具体介绍启发式搜索算法。

A算法又称择优搜索,它是一种基于估价函数的启发式搜索算法。它在搜索过程中利用估价函数$f(n)$对Open表中的节点进行排序,每次选择$f(n)$值最小者进行扩展。因此,A算法的搜索方式也称为有序搜索。

与广度优先和深度优先搜索算法一样,启发式搜索算法使用两个矩阵数组记录状态信息;在Open表中保留所有已生成而未扩展的状态;在Closed表中记录已扩展过的状态。算法中的某一步是根据相关启发信息来排列Open表的。它既不同于广度优先所使用的队列(先进先出),也不同于深度优先所使用的堆栈(先进后出),而是一个按状态的启发估价函数值的大小排列而成的表格。进入Open表的状态不是简单地排在队尾(或队首),而是根据其估值大小插入表中的合适位置,每次从表中优先取出启发估价函数值最小的状态加以扩展。具体的流程如图3-17所示。

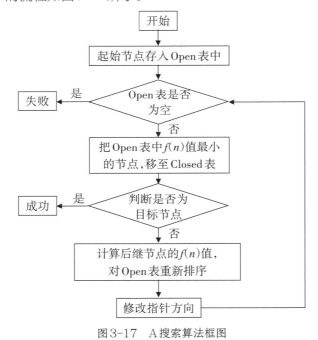

图3-17　A搜索算法框图

例3.4　利用A搜索算法求解八数码问题的搜索图,采用简单的估价函数来判断各个后继节点的价值:

$$f(n) = d(n) + w(n) \tag{3.5}$$

其中,$d(n)$表示搜索图中节点n的深度,作为对$g(n)$的度量。$w(n)$表示节点为n时,与目标状态相比较,状态空间中错位的数码个数。例如,初始状态节点S的评价函数值为4,其中状态深度为0,不在位数码位数为4。F的评价函数值为6,其中状态深度为2,不在位数码位数为4。如图3-18所示,以字母表示每个节点,字母后的括号表示评价函数的值。

搜索过程中, Open表和Closed表内节点的变化情况如表3-1所示。

前面已经提到启发信息给得越多, 即估价函数值越大, 则A算法需要搜索处理的状态数就越少, 其搜索效率也就越高。但也不是估价函数值越大越好, 因为估价函数值太大会使A算法不一定能搜索到最优解, 所以要辩证地分析与处理。

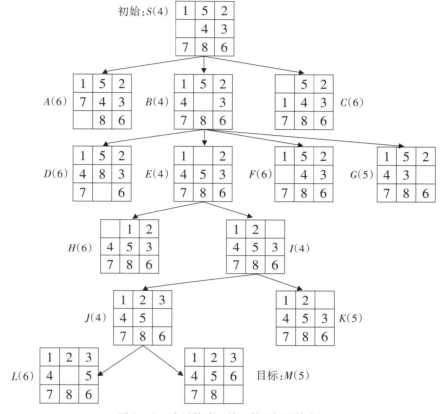

图3-18 应用算法A的八数码问题搜索图

表3-1 搜索过程中Open表和Closed表的状态排列变化情况

循环	Open表	Closed表
初始化	(S)	()
1	(B, A, C)	(S)
2	(E, G, A, C, D, F)	(S, B)
3	(I, G, A, C, D, F, H)	(S, B, E)
4	(J, G, K, A, C, D, F, H)	(S, B, E, I)
5	(M, G, K, A, C, D, F, H, L)	(S, B, E, I, J)
6	(G, K, A, C, D, F, H, L)	(S, B, E, I, J, M)
7	成功结束	

第三节　状态图搜索问题求解

一、问题的状态图表示

现在回到本章开始提出的问题,已知机器人的起始点和目标点,如何在通过激光雷达或视觉传感器和SLAM技术建立的地图上,为机器人规划最优路径,以便实现机器人的自主导航? 这里以A*算法为例,详细阐述状态图搜索方法的问题求解过程。

A*搜索算法是由人工智能学者Nilsson提出的,它是目前最有影响的启发式图搜索算法,也是最佳图搜索算法。A*搜索算法是在A算法的基础上对估价函数$f(n) = g(n) + h(n)$中的启发函数$h(n)$加上限制条件而形成的,即有:$h(n) \leq h*(n)$,对于所有节点。

其中,$h*(n)$表示节点n到目标节点最优路径的实际代价。利用A*搜索进行问题求解一定能得到最优解,保证A*搜索找到最优解的充分条件有4个,它们分别是:

(1)搜索树中存在从起始节点到目标节点的最优路径;

(2)问题域是在有限空间中;

(3)所有节点的后继节点的搜索代价值大于0,即两节点之间弧线的值大于0;

(4)$h(n) \leq h*(n)$。

例3.4所描述的八数码问题中的$w(n)$即为$h(n)$,它表示了"不在位"的数码数。这个$w(n)$满足了条件(4)。因此,图3–18的八数码搜索树也是A*搜索树,所得的解路径(S, B, E, I, J, M)为最优路径,其步数为状态$M(5)$上所标注的5,不在位的数码数为0。

分析A*算法在八位数码问题中的应用,可以更加清晰、更加合理、更加有效地解决机器人的最优路径规划。首先,设计估价函数和绘制状态图。

在这个问题中,主要是在两点之间选择一个最优路径。因此,可以使用两点之间的距离作为启发信息,来构造估价函数。距离的表示形式有多种,比如欧氏距离、曼哈顿距离等。在这里,经比较分析后选用曼哈顿距离,其估价函数可以表示为:

$$f(n) = |x_n - x_S| + |y_n - y_S| + |x_n - x_T| + |y_n - y_T| \tag{3.6}$$

其中,(x_S, y_S)表示起始节点的坐标。(x_n, y_n)表示中间任一节点的坐标。(x_T, y_T)表示目标节点的坐标。通过公式(3.6),可以对后继节点进行初步的筛选,并绘制状态图。

事实上,一张完整的SLAM地图巨大,不便于说明问题。为了清楚阐述如何使用A*算法为机器人规划出最优路径,可以依照下述步骤逐步展开。首先,截取SLAM地图的局部来进行路径规划,如图3–19所示。其中S表示起点(起始节点),T表示终点(目标节点),黑色的实心方块表示障碍物。此外,通过估价函数获得水平或垂直方向上相邻的两个方块之间距离为10,那么对角线方向上相邻的两个方块距离就约为14。

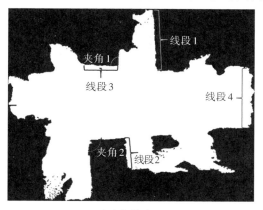

（a）完整地图

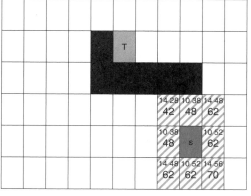

（b）局部地图

图3-19　SLAM地图

根据图3-19(b),可以绘制出部分状态图的搜索树,如图3-20所示。

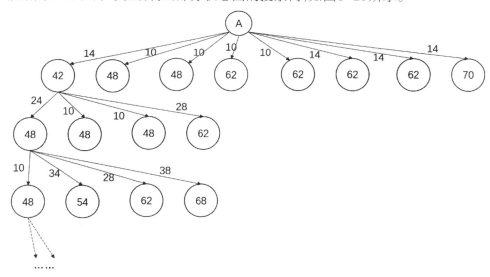

图3-20　机器人路径规划状态图

二、状态图搜索问题的求解

算法开始,首先搜索起始点 S 相邻的所有可能的移动位置[对应于图3-19(b)中的斜杠区域方块]。每个方块左上角的值 G 表示该点到 S 的距离,右上角值为 H。提请注意的是, H 不能大于该点到 T 的距离,所以这里的 H 就取其到 T 的距离。最后,还要计算一个估价函数 $f(n)$ 的值, $f(n)=H+G$。

然后,选一个 $f(n)$ 值最小的节点继续搜索。即上图中 S 的邻域中位于左上角的值 $(f(n)=42)$。更新该节点的邻域值。这时会发现,出现了三个 $f(n)$ 值都等于48的节点。到底应该选择哪一个来继续接下来的搜索呢?这时需要考察它们中哪个的 H 值最小,结果发现$H=24$是最小的，所以下面就要从该点出发继续搜索。于是更新该节点的邻域方块中的值。

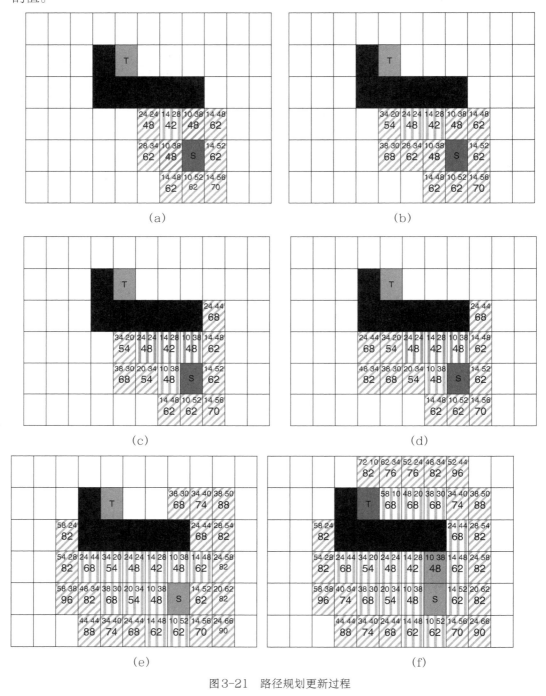

图3-21　路径规划更新过程

这个时候再找出全局$f(n)$值最小的点，结果发现有两个为48（而且它们的H值也相当），于是从中随机选取一个作为新的出发点，并更新其邻域值（例如选择右上方的方块），然后再从全局选取$f(n)$最小的更新其邻域值，于是有新的状态图如图3-21（c）所示。此时

全局最小的 $f(n)$ 值为54,而且 $f(n)$=54的节点还有两个,因此还需要继续选择其中 H 值最小的来做更新。于是,更新该节点邻域方块中的值。这里需要注意的是, $f(n)$=54的竖状底仅节点下方邻域($f(n)$=68)的方块中, G=38。但是,从 S 到该节点的最短路径应该是30。这是因为目前程序所选择的路径是图3-21(d)中黑色线路所规划出来的路径,其 G 的增长序列是14→24→38。

不过该情况的出现并不要紧,只要继续执行算法,更新全局 $f(n)$ 值为最小节点($f(n)$=54)的方块,上面的 G 值就会自动更新为正确的值了。此时,全局 $f(n)$ 值最小的方块中 $f(n)$=60,所以更新该节点邻域方块中的值。

现在全局 $f(n)$ 值最小的有两个,都为68。此时先更新 H 值最小的。这是因为程序已经发现左侧 $f(n)$=68的节点并不能引导一条更短的路径。于是接下来就要转向右侧 $f(n)$=68的节点,并以此为新起点搜索路径。最终反复执行上述过程,就会得到图3-21(f)中灰色方块所示的一条最短路径。

将此过程应用于整个SLAM地图上,并反复执行上述过程,就会得到如图3-22中所示的一条最短路径,用波浪线表示。

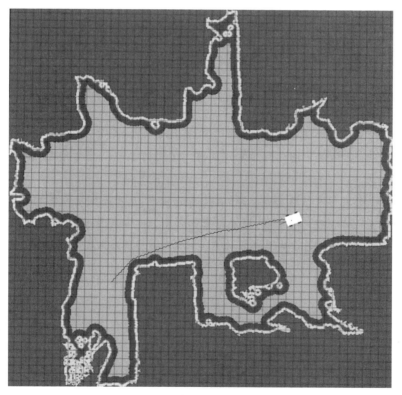

图3-22 机器人的最优路径

根据上面两个问题的解析,归纳并分析A*搜索算法的有关特性如下:

(1)可采纳性。对于一个可求解问题,如果一个算法能在有限步内终止并找到问题最优解,则该算法是可采纳的。

(2)单调性。单调性是指在A*搜索中,如果对其估价函数中的启发性函数$h(n)$加上适当的单调性限制条件,就可以减少对Open表和Closed表的检查和调整,从而提高搜索效率[51]。

(3)信息性。所谓信息性就是指比较两个A*搜索的启发函数$h_1(n)$和$h_2(n)$,如果对搜索空间任意节点n都有$h_1(n) \leqslant h_2(n)$,就代表搜索策略h_2比h_1具有更多的信息性,则它的搜索状态要少得多。

此外,启发式搜索方法还有一些其他变种,比如人工势场法,以及基于采样的算法,如快速搜索随机树算法(RRT)和概率路线图(PRM)等。读者可以查阅相关资料进行学习。

📄 本章小结

本章主要介绍了人工智能的一种表示方法——状态图,同时介绍了不同的搜索策略。通过本章的学习,读者应重点掌握以下内容:

(1)知识表示是人类知识形式化或模型化的一种方式,是对知识的一种描述或一组约定,是一种计算机可以接受的用于描述知识的数据结构。

(2)状态空间表示法是指基于解答空间的问题表示和求解方法,它是以状态和操作符为基础来表示和求解问题的。

(3)搜索就是根据问题的实际情况,按照一定的策略或规则,从知识库中寻找可以利用的知识,从而构造出一条代价较小的推理路线,使问题得到解决的过程。

(4)根据搜索过程中是否运用与问题有关的信息,可以将搜索策略分为穷举式搜索和启发式搜索。

(5)穷举式搜索又称无信息搜索,也就是说,在搜索过程中,只是按照预先规定的搜索策略进行搜索,而没有依据任何中间信息来加以改变。常用的穷举式搜索有宽度优先搜索、深度优先搜索和等代价搜索等。

(6)启发式搜索又称有信息搜索,是指在搜索过程中,利用与问题有关的信息,引导搜索朝最有利的方向进行,加快搜索的速度,提高搜索的效率。启发式搜索中涉及的重要内容有启发性信息和估价函数,常用的启发式搜索策略有A搜索、A*搜索和人工势场法等。

🔍 思考与练习

1.选择题

(1)穷举式搜索不包括下列哪一项( )。

A.A搜索算法　　　　　　　B.深度优先搜索

C.宽度优先搜索　　　　　　D.等代价搜索

(2)下列说法正确的一项是( )。

A.宽度优先搜索中,Open表是表示一个栈结构

B.深度优先搜索中,Open表是表示一个队列结构

参考答案

C.宽度优先搜索和深度优先搜索中,后继节点在Open表中存放的位置相同

D.A搜索和A*搜索都属于启发式搜索

2.填空题

(1)搜索策略分为_____和_____。

(2)穷举式搜索在搜索过程中,只按照_____的搜索策略进行搜索,而没有依据任何中间信息来加以改变。常用的穷举式搜索包括_____、深度优先搜索和_____等。

(3)启发式搜索在搜索过程中,利用_____的信息,引导搜索朝最有利方向进行,提高搜索效率。常用的启发式搜索有_____、_____和_____。

3.简答题

(1)什么是搜索? 有哪两大类不同的搜索方法,两者的区别是什么?

(2)什么是启发式搜索? 什么是启发信息?

4.实践题

(1)修道士和野人问题。设有3个修道士和3个野人来到河边,打算用一条船从河的左岸渡到河的右岸,但该船每次只能装载2个人。在任何岸边野人的数目都不得超过修道士的人数,否则修道士就会被野人吃掉。假设野人服从任何一种过河安排,如何规划过河计划才能把所有人都安全地渡过河去。用状态空间表示法表示修道士和野人的渡河问题,画出状态空间图。

(2)猫抓老鼠问题。在猫抓老鼠的过程中,老鼠察觉危险临近,于是老鼠从*P*处出发,经过*I*处逃到*O*处,如图3-23所示。其中,两节点间弧线的数值代表猫的体力消耗值,请用A*搜索算法帮猫寻找最省力的捕捉路线。

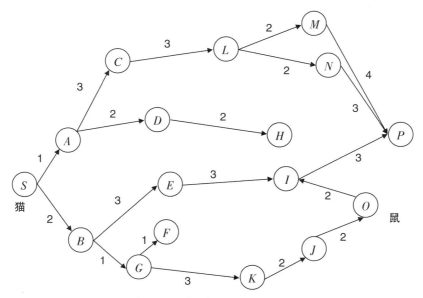

图3-23 猫和老鼠的位置表示图

📖 推荐阅读

［1］Harabor Daniel Damir, Grastien Alban. Online Graph Pruning for Pathfinding On Grid Maps ［C］, Proceeding of the Twenty-Fith AAAI Conference on Artifical Inte lligence. San Francisco, USA, 2011:1114-1119.

［2］郑凯林. 新型移动排爆机器人自主导航的关键技术研究［D］. 北京:北京理工大学, 2020.

第四章
自动规划与配置

　　从知识工程的角度来说,自动规划与配置都是对综合性、构造型问题进行任务求解的过程,只不过侧重点和阐述维度不同。规划侧重于任务求解时采取的动作,常以时间维度对其进行描述;而配置则是侧重于任务求解时使用的部件,往往从空间层面进行阐述。在某种程度上,配置可看作一种规划——规划需要的部件和部件间的匹配关系;规划也可看作一种配置——配置需要的动作和动作间的先后次序。本章针对自动规划与配置技术展开,主要介绍经典规划技术、自动规划技术和自动配置技术及其对应的进展与实际应用。

☆ 学习目标

(1)了解规划、自动规划、自动配置等技术的相关概念。

(2)了解早期的经典规划技术有哪些,以及其与自动规划技术的衔接。

(3)掌握自动规划技术的发展与应用,能够将智能调度、智能规划与项目管理等实际案例结合并加以使用。

(4)掌握自动配置的建模方法与应用。

☉ 思维导图

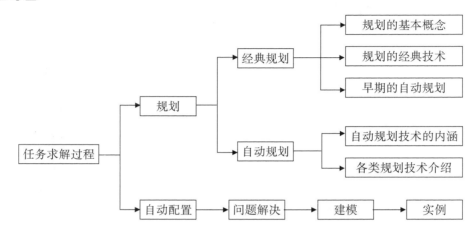

第一节　经典规划技术

一、规划的基本概念

"规划"一词堪称源远流长,最早出现于《五代史平话·周史》,"世宗乃自往视,授以规划,旬日而成,用工甚省",其中提到的"规划"做"筹谋策划"之意。《现代汉语词典》(第七版)中"规划"有两个解释:①比较全面的长远的发展计划;②做规划。

一般而言,规划就是个人或组织制订的比较全面长远的发展计划,是对未来整体性、长期性、基本性问题的思考和考量,是设计未来整套行动的方案,具有综合性、系统性、时间性、强制性等特点。

然而,本章讨论的"规划"与上述各类规划的概念是不同的,其称为"自动规划",是一种基于人工智能理论和技术的自动规划技术,在自动化和机器人理论中,称为高层规划(High-Level Planning)。

迄今为止,业界对规划概念的认知和理解主要包含以下几种:

(1)规划就是设计一个动作序列,使得通过执行该动作序列,可以将系统从初始状态转变为目标状态。

(2)规划是关于动作的推理。通过预期动作的期望效果,选择和组织一组动作,其目的是尽可能好地实现预先给定的目标。

(3)从某个特定的问题状态出发,寻求一系列行为动作,并建立一个操作序列,直到求得目标状态为止。这个求解过程就称为规划。

《人工智能辞典》对规划和规划系统给出了如下定义:

(1)规划是对某个待求解问题给出求解过程的步骤。规划涉及如何将问题分解为若干个相应的子问题,以及如何记录和处理问题求解过程中发现的子问题间的关系。

(2)规划系统是一个涉及有关问题求解过程步骤的系统。例如,嵌入式系统或机器人本体的设计、机器人自主行走的路径、机器人避障策略等规划问题。

规划是指给定问题的初始状态和目标状态,以及规划动作的描述,要求能够自动找到一个动作序列,使系统能够从初始状态转换到目标状态[52]。因此,对于一个规划来说,其基本要素有三个:状态集合、动作集合、初始状态和目标状态。状态的描述通常涉及类似机器人所处的位置,集装箱的堆放情况以及各种物理世界的描述[53]。所有各种不同的状态就构成状态空间,状态空间既可以是离散的(有限或可数无限),也可以是连续的(不可数无限)。在大多数应用场合,状态空间的规模通常都是巨大的,从而难以进行显式描述。对状态的定义是规划形式描述的一个重要的组成部分,并且直接影响相关求解算法的设计和分析。动作是要作用于状态的,动作描述的内容表明当动作作用于某一状态时,状态将会发生怎样的变化。一般情况下,一个规划中所涉及的动作应是简单的,容易对其进行描述,但又难以且没有必要对所有动作采用穷举的办法一一列举出来。例如,对于一个"积木世界",只需要un stack、stack、putdown、pickup这四个基本动作就足够了,显然这四个基本动作是简单且容易描述的,对于不同的积木世界问题,只需要对这四个基本动作进行实例化,即可得到人们所需要的实例化动作。最后,对于一个规划问题,还必须给出一个初始状态以及最终必须达到的目标状态。

规划具有层次结构,且层次结构之间具有递进性。在规划的任务—子任务层次结构中,位于底层的子任务,其动作必须是个基本动作,所谓基本动作就是无须再规划即可直接执行的动作。在日常生活中,规划意味着在行动之前决定行动的进程;在人工智能领域里,规划则更多意味着在执行一个问题求解过程中,对问题求解的过程进行分解,拆分为几个步骤(动作序列、行为动作)的过程。因此,一个规划就是一个行动过程的描述。比如,一个机器人要搬运某个物品,其必须是先移动到该物品处,再执行抓取动作抓住该物品,然后带着物品移动,最后才能搬运到目的地。提醒注意的是,许多规划所包含的步骤往往是模糊的,需要进一步加以说明。比如在上述例子中,对抓取过程中机器人是如何识别抓取的物品、是以什么样的形式抓取物品等,都没有具体说明,还需要进一步规划。大多数规划具有很大的子规划结构,规划中的每个目标可以由达到此目标的比较详细的子规划所代替。尽管最终得到的规划是某个问题求解算符的线性或分部排序,但是由算符来实现的目标常常具有分层结构。

由此可见,规划可以用来监控问题的求解过程,并能够在造成较大的危害之前就发现差错。规划的好处可归纳为简化搜索、解决目标矛盾以及为差错补偿提供理论和技术支撑。

二、规划的经典技术

"规划"的思想、意识和行为在人类发展史上由来已久。我国历代王朝在筑城营室、都邑道路、农田水利、人文礼法、兵法军事等领域运用规划的案例可谓浩如烟海、数不胜数。如咸阳帝都、长安汉唐古城、北京紫禁城等,无不闪耀着中华文明的璀璨光芒和我国先民的规划思想智慧。新中国成立以来,规划的思想与技术在我国从站起来到富起来,再到强起来的发展历程中,发挥了重要的牵引作用。

可以看出,早在人工智能出现之前,规划技术就已经广泛应用在社会工程层面上了。然而使规划成为一门科学技术,还得益于运筹学和应用数学的不断发展。线性规划(Linear Programming,简称LP,也称静态规划)是运筹学算法中最早出现的规划技术。法国数学家让·巴普蒂斯·约瑟夫·傅里叶(Baron Jean Baptiste Joseph Fourier)和C.瓦莱－普森分别于1832和1911年独立地提出线性规划的想法,但未引起注意。1939年,苏联数学家康托罗维奇在《生产组织与计划中的数学方法》一书中提出线性规划问题,也未引起重视。1947年,美国数学家丹齐格(G.B.Dantzig)提出求解线性规划的单纯形法,为这门学科奠定了基础。1947年美国数学家冯·诺伊曼提出对偶理论,开创了线性规划的许多新的研究领域,扩大了它的应用范围和解题能力。

下面以最短路径问题来说明一下线性规划。如图4-1所示,连接两个节点的线段上标注着节点间的距离,请问A到D点的最短距离是多少?

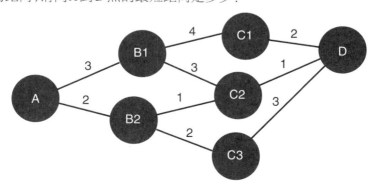

图4-1　最短路径问题的静态规划

　　一个非常简单,但也非常粗陋的思路就是穷举所有可能的途径,然后从中选择最短的一条。这个方法的缺点是速度慢、效率低。因为当问题规模较大时,穷举全部路径要面临几乎达天文数字的计算量。不过话说回来,这种方法也有优点,那就是在穷举过程中始终保存着一个可行解。如果因为惧怕麻烦而不愿意继续计算,在停止计算以后,总能得到一个不算太差的可行解。如果运气够好的话,说不定还有可能是最优解。如果以后有时间和勇气了,想接着进行穷举,理论上也是可行的。这种方法,从一个或多个可行解开始,通过不断迭代对现有可行解进行优化,最后得到最优解。这种方法称为静态规划。线性规划的单纯性解法就是一种静态规划方法。采用这种方法时,首先生成线性规划的一个可行解,然后不断迭代和优化可行解,最后得到最优解。在迭代计算过程中,始终保持一个可行解或近优解,这是静态优化的一个显著特征。线性规划作为运筹学中研究较早、发展较快、应用较广、方法较成熟的一个重要分支,逐步成为辅助人们进行科学管理的一种数学方法,目前在军事作战、经济分析、经营管理和工程技术等方面仍有广泛的应用,为人们合理利用有限的人力、物力、财力等资源做出最优决策提供科学的依据。

　　除了静态规划(线性规划)以外,动态规划(Dynamic Programming)也是运筹学的一个重要分支,它既可以看作线性规划在更高层面上的发展产物(解决静态规划不能解决的难题),也可以看作人工智能领域自动规划的技术基础。

　　动态规划是求解决策过程(Decision Process)最优化的数学方法。20世纪50年代初,美国数学家理查德·贝尔曼(R.E.Bellman)等人在研究多阶段决策过程(Multistep Decision Process)的优化问题时,提出了著名的最优化原理(Principle of Optimality),把多阶段过程转化为一系列单阶段问题,逐个进行求解,创立了解决这类过程优化问题的新方法——动态规划。1957年,他的名著《动态规划》(*Dynamic Programming*)得以出版,这是该领域的第一本著作。

　　动态规划一般指的是在求解问题时,对于每一步决策,列出各种可能的局部解,再依据某种判定条件,舍弃那些肯定不能得到最优解的局部解,再每一步都经过筛选,以每一步都是最优解来保证全局也是最优解,这种求解方法称为动态规划法。

　　现在仍以上面的例子为例来加以说明,如图4-2所示:

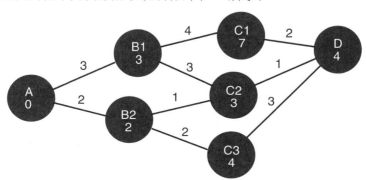

图4-2　最短路径问题的动态规划

如果可以把问题求解分成 $A{\rightarrow}B$、$B{\rightarrow}C$、$C{\rightarrow}D$ 三个阶段完成。采用拆分的方法,把问题分解成多个相互联系的单阶段问题,通过求解每个单阶段问题,完成问题求解。这就是动态规划。由于问题比较简单,很容易用手工标出从 A 点出发到各个节点的最短距离,参见图4-2。如果用 $F(X)$ 表示节点 X 到 A 点的最短距离,很明显,有:

$$F(D) = \min\big(F(C1) + 2, F(C2) + 1, F(C3) + 3\big) \tag{4-1}$$

在动态规划问题中,$F(X)$ 称为状态,上述状态关系式称为状态转移方程。在式(4-1)中,将 $F(D)$ 的求解问题归结为了 $F(C1)$、$F(C2)$、$F(C3)$ 三个子问题。同样,可以得到:

$$F(C2) = \min\big(F(B1) + 3, F(B2) + 1\big) \tag{4-2}$$

动态规划的关键就是确定状态转移方程,所谓状态实质上就是动态规划的子问题。动态规划的解决方法,其实就是利用状态转移方程对问题归结的子问题进行求解。换句话说,把最终状态的求解归结为其他状态的求解,这大概是状态转移所要表达的真正含义。

自从动态规划问世以来,在经济管理、生产调度、工程技术和最优控制等方面得到了广泛的应用[54]。例如最短路线、库存管理、资源分配、设备更新、排序、装载等问题,用动态规划方法求解比用其他方法更为方便,且更加有效。虽然动态规划主要用于求解以时间划分阶段的动态过程的优化问题,但对于一些与时间无关的静态规划(如线性规划、非线性规划)问题,只要人为地引进时间因素,把它视为多阶段决策过程,也照样可以用动态规划方法灵活且方便地进行求解。

20世纪60年代,自动规划技术在人工智能领域的研究开始掀起热潮,这个热潮的兴起得益于在线性规划、动态规划算法的基础上,搜索和定理证明这两项技术得到深入开发。最早的自动规划系统是通用解题者。原则上,GPS可用于解决任何搜索问题,并且其解决的某些问题就是规划问题。需要说明的是,GPS给规划的实现设置了以下假设:

(1)计划(作为规划的结果)是动作序列;

(2)执行计划的目的是到达目标状态;

(3)每个动作的执行结果是完全可预言的。

20世纪80年代中期以前开发的自动规划技术基本上都遵循了上述假设,人们将这些技术称为人工智能的经典自动规划技术或早期的自动规划技术。

除了GPS规划技术以外,同期开发的另一项人工智能自动规划技术是格林(Green)方法,它将规划问题的解决归约到定理证明上来,引入了状态演算方法以演绎动作序列。1969年,斯坦福研究所设计了著名的机器人动作规划系统STRIPS。该系统用类似于状态演算形式的动作定义取代了GPS中的操作符—差别表,从而在综合利用GPS和Green两种方法优点的同时避免了它们的许多缺点。尽管STRIPS能解决的规划问题数量比GPS和Green方法大得多,但其搜索控制方式过于简单,难以解决复杂的规划问题。20世纪70年代中期,部分排序规划技术腾空出世,并在解决上述难题方面取得了突破性的进展。NOAH系统和目标回归方法是这种技术的杰出代表。其中典型的内容将在下一节进行介绍。

进入20世纪80年代中期以后,为了消除规划理论和实际应用之间存在的差距,人们开始将规划技术的研究重点转向开拓非经典的实际规划技术。尽管如此,经典规划技术,尤其是部分排序规划技术仍然还是开发规划新技术的重要基础。

三、早期的自动规划技术

在人工智能领域,最早出现的自动规划技术是GPS和Green方法,STRIPS综合了这两者的优点,成为早期人工智能规划技术的代表。除此以外,还有情景演算规划等方法,这些都被看作早期的自动规划技术。下面对具有一定代表性的GPS规划、情景演算规划和STRIPS规划分别进行简要介绍。

1. GPS规划

GPS规划的发展步伐与人工智能技术的发展步伐几乎同步。GPS旨在实现一个宏大的目标:给定问题的描述,可以解决任何问题的计算机程序。GPS针对规划的目标状态与初始状态之间的差别,来寻找能直接消除这些差别的动作。为此,其需要建立领域相关的程序去检查状态差别,并设计操作符—差别表去记载各操作符能消除的差别。仍以"积木世界"为例,在其动作规划的问题中,可以通过比较目标状态和初始状态的描述(以谓词公式描述,感兴趣的读者可以查阅相关的资料)来确定差别。例如图4-3中初始状态 S_o 和目标状态 S_g 就可分别描述为:

S_o: $\{T(Clear(A), S_o), T(On(A, C), S_o), T(Table(C), S_o), T(Table(B), S_o), T(Clear(B), S_o)\}$

S_g: $\{T(Clear(A), S_g), T(On(A, B), S_g), T(On(B, C), S_g), T(Table(C), S_g)\}$

所以 S_o 和 S_g 之间的状态差别是:

$\{On(A, B), On(B, C)\}$

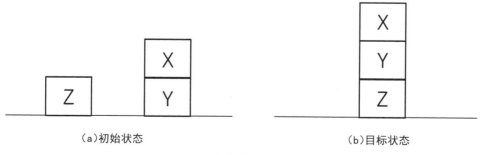

（a）初始状态　　　　　　　　　（b）目标状态

图4-3　积木世界

基于操作符—差别表的推理控制策略又称手段—目的分析法。拟消除的差别就是目的,而手段则是能用于消除差别的操作符。运用这种方法的主要问题在于:要消除的各个差别往往并非独立,而是具有一定的交互作用。所以,GPS实际只能用于解决一些十分简单的问题,复杂问题的求解必须依赖大量启发式知识的引入。

2. 情景演算规划

情景演算是一种表示动态世界变化的二阶逻辑语言。在情景演算中,世界的状态用情景表示,所谓情景即是一阶逻辑项的集合,初始情景用 s_0 表示。所有情景的变化都是使用某一动作的结果,$do(\alpha,s)$ 表示将动作 α 作用于情景 s 的后续情景。而动作则是带有参数的,比如 $put(x,y)$ 表示将物体 x 拿起来放在物体 y 上,$do(put(A,B),s)$ 表示在当前情景 s 下,将 A 放到 B 上后导致的后续情景,$do(putdown(A),do(walk(L),do(pickup(A),s_0)))$ 表示从初始情景 s_0 出发,执行动作序列 $(pick(A),walk(L),putdown(A))$ 后的结果情景。

前提条件公理:显然,对于某一动作 α 和某一情景 s 而言,动作 α 必须满足一定的条件才能将其作用于情景 s。也就是说,动作必须满足一定的前提条件。在情景演算中,动作的前提条件被表示成前提条件公理。为表示动作的前提条件公理,需要引入谓词符号 $Poss$,$Poss(\alpha,s)$ 表示在情景 s 下,动作 α 是可执行的。例如 $Poss(pickup(r,x),s)\supset[\forall z\rightarrow holding(r,z,s)]\wedge\rightarrow heavy(x)\wedge nextTo(r,x,s)$ 表示,在情景 s 下,动作 $pickup(r,x)$ 可执行的前提条件是,在情景 s 下机器人 r 手中没有拿任何其他物体,同时,机器人要在物体 x 旁边,并且物体 x 是不重的。

效果公理:将动作作用于某一情景后会导致情景的转换。在情景演算中,动作的这一效果是通过所谓的效果公理来表示的。例如,$fragile(x,s)\subset broken(x,do(drop(r,x),s))$ 表示一个易碎的物体从机器人手上掉下来后,该物体将会被打碎。

这样一来,人们就可以实现对规划问题中的初始情景、目标情景以及动作进行公理化描述。相应的规划问题就转化为在给定初始情景和目标情景的公理化描述的基础上,要求找到某一动作序列,使得系统能从初始情景最终到达目标情景。由于情景演算表示方法是一种在纯逻辑框架下的表示方法,因此,在情景演算表示方法下,规划的产生过程可以被看作一个定理证明的过程。因此,对于一个规划问题,情景演算方法除了要对通常的规划三要素进行公理化表示以外,还必须对所谓的资历问题、派生问题以及框架问题进行公理化表示。

情景演算方法是在纯逻辑的框架下对规划问题进行研究的。其好处是采用逻辑语言对规划问题进行描述,具有很强的表达能力。但情景演算的不足之处是除了需要对实际规划问题进行公理化描述以外,同时还要解决有关资历问题、派生问题以及框架问题,这给实际规划问题的形式化描述带来了若干困难。而且在情景演算方法下,规划的求解过程效率不高,因为规划的产生过程实质上是一个定理证明的烦琐过程。

3. STRIPS 规划

STRIPS 规划是以"Stanford Research Institute Planning System"这个学术机构的名字来命名的,最早起源于机器人研究领域,目的是对机器人的基本动作进行组合,以形成能够完成特定目标任务的动作序列。STRIPS 问题可描述为一个三元组形式 D = <I, A, G>,其中I表示初始状态集合,A表示动作的集合,G表示目标状态集合。这类规划要求分别明确给出初始状态、动作特征以及目标状态的描述,动作在这里被描述为一种改变系统状态的行为,动作序列导致了系统状态的演变,如图4-4所示。

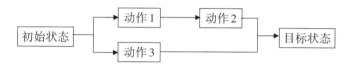

图4-4　STRIPS 规划状态的演变

最初的 STRIPS 描述对领域进行了多项假设,由此形成了所谓的"经典问题"。这些假设包括:

(1)静态性假设——除动作外的其他因素对环境状态不产生影响,动作是唯一改变世界状态的因素。

(2)信息完全性假设——求解所需的环境信息是完全的,即由这些信息可以完全了解环境的变化情况。

(3)确定性假设——当动作执行的条件给定时,动作执行产生的效应是完全确定的。

(4)动作独立性假设——不同的动作间彼此独立,没有前后顺序上的依赖关系,只是通过上下文(context)形成了间接的联系。

(5)间原子性假设——考虑动作执行的延时对执行效果的影响,即动作的效果不能按延时再细分解[55]。

STRIPS 规划具有比较坚实的理论基础,适用于目标状态能够明确描述且求解直接涉及基本动作特征描述的问题。这样的问题通常规模较小或只涉及局部应用领域,目标状态容易准确观察和便于描述,如机器人运动、无人驾驶车辆(UAV)调度、货物仓储等问题。

第二节　自动规划技术

一、自动规划技术概述

由前述内容可知,规划问题是人工智能研究领域中的一个经典问题,其核心是在给定的已知条件(初始状态)下,如何通过产生式规则(领域动作)获得所需要的结论(目标状态)。实际上,对智能规划的研究自人工智能学科诞生之际就已经存在,经过半个多世纪的持续发展,至今仍然是人工智能领域中的一个极其活跃的研究方向。

1. 自动规划的概念

自动规划(Automated Planning)又称智能规划(Artificial Intelligence Planning),是人工智能研究中的一个重要领域,同时也是一门涵盖知识表示、自动推理、非单调逻辑、人机交互和认知科学等方面的多领域交叉性学科。经过半个多世纪,尤其是最近20年的发展,自动规划技术无论在求解性能、处理能力方面,还是在实际应用能力等方面,均得到了极大的提高。

目前,自动规划还没有统一的定义。业界对自动规划概念的解释主要有以下几种。

(1)根据规划定义的解释,一般认为自动规划是"找到从初始状态到达既定目标的动作序列的过程"。

(2)姜云飞等人将自动规划定义为:对周围环境进行认识与分析,根据预定实现的目标,对若干可供选择的动作及所提供的资源限制施行推理,综合制定出实现目标的动作序列[56]。

(3)张钹将人工智能中的规划和推理定义为:在给定的目标和任务下,机器如何自动地生成一系列的动作和命令,以完成该给定的任务以及在不完全信息情况下,如何观察用户的行为、理解他们的意图等。

(4)在《智能规划研究综述——一个面向应用的视角》一文中,宋泾舸等人指出:智能规划是用人工智能理论与技术自动或半自动地生成一组动作序列(或称一个"计划",plan)用以实现期望的目标。自动规划是智能系统理论与应用研究的重要分支,与基于遗传算法等智能方法的线性、非线性规划问题不同,动作排序是自动规划的主要任务。

现有的自动规划方法主要分为两大类:基于转换的自动规划方法和基于状态空间启发式搜索的自动规划方法。下面予以具体介绍:

基于转换的自动规划方法将自动规划问题直接或间接地转化为若干经典问题(如命题可满足问题、约束可满足问题、模型检测问题、线性规划问题、动态规划问题、非经典逻辑的定理证明问题等),通过高效求解转换后的目标问题,间接地求解原自动规划问题。在各种基于转换的规划方法中,基本都或多或少地利用了逻辑演绎与推理技术,规划问题的类一阶谓词逻辑表示是产生这种现象的根源。研究者们都十分重视如何借鉴逻辑演绎与推理技术来提高规划方法的效率。

基于状态空间启发式搜索的自动规划方法来源于基于状态空间的路径搜索,即将问题求解过程表现为从初始状态到目标状态寻找路径的过程。启发式搜索算法在状态空间搜索时,对每一个搜索的节点进行评估,得到最佳的节点,再从这个节点进行搜索直到目标节点,可省略大量的无效搜索路径,极大地提高了搜索效率,这使其在那些状态空间较大的领域中得到了广泛应用,如自驾行车路线、网络传输路径、游戏中角色行走路线等。

2. 自动规划的发展

(1)自动规划的历史。

在20世纪90年代之前,对于规划问题,人们一直采用逻辑演绎的方法予以求解,主要侧重于经典逻辑下的各种推理技术的利用[57]。1971年,斯坦福国际研究院(SRI International)的Richard Fikes和Nils J.Nilsson开发了一种新的方法,可应用定理证明来解决问题。该方法试图在一个世界模型的空间中找到一个操作序列,将初始的世界模型转化为一个目标状态存在的模型。它将世界建模为一组一阶谓词公式,并设计将其用来与包含大量公式的模型一起工作,这就是STRIPS。在STRIPS中,Problem Solver的任务是找到一个算子序列,以便将给定的初始问题转化为满足目标条件的问题。操作符是构建解决方案的基本元素,而每个操作符对应一个动作例程,执行操作符将触发某些具体的操作。定理证明和搜索过程则通过一个世界模型的空间而分别开来。1975年,Sacerdoti E.D.构建了NOAH(Nets Of Action Hierarchies)系统,该系统是分层任务网络(HTN)规划第一个实现的案例。HTN规划随后得到了人们的广泛研究和大量应用。1992年,Henry Kautz等人提出将规划问题转换为命题可满足(Propositional Satisfiablility,简称SAT)问题予以求解的规划方法。1996年,Henry Kautz等人又设计了SATPLAN规划系统,这使得开发规划问题得以解决。1997年,Blum等人设计了Graphplan规划系统,妥善解决了知识表示过程中的指数级空间爆炸问题,使得自动规划领域逐步得到相关研究者的重视。表4-1反映了自动规划技术领域取得的一些历史性进展情况。

表4-1 自动规划技术历史标志性事件

年份	事件	相关论文参考文献
1971	Richard Fikes 和 Nils J. Nilsson 开发出了 STRIPS(一种自动规划器),这应该是第一个重要的规划系统	STRIPS: A new approach to the application of theorem proving to problem solving.
1975	Sacerdoti E.D. 在 NOAH 系统中开发了偏序规划(Partial-order Planning)	A Structure for Plans and Behavior.
1992	Henry Kautz 等人提出将规划问题转换为命题可满足(propositional satisfiablility,简称 SAT)问题予以求解的基于可满足性的规划方法	Planning as satisfiability.
1994	在交通调度中应用开发了动态分析和重新规划工具(Dynamic Analysis and Replanning Tool /DART)	Intelligent Scheduling.
1996	1996年,Henry Kautz 等人通过公理的组合和规划图结构设计了SATPLAN规划系统,使开发规划问题得以解决	Pushing the envelope: Planning, propositional logic, and stochastic search.

续表

年份	事件	相关论文参考文献
1997	Blum 等人设计的 Graphplan 规划系统很好地解决了知识表示过程中的指数级空间爆炸问题	Fast planning through planning graph analysis.
2003	Dana Nau 等学者对 SHOP2 进行了描述	SHOP2: An HTN Planning System.
2004	NASA 的火星探测器使用 MAPGEN 规划维持日常运作	MAPGEN: mixed-initiative planning and scheduling for the Mars Exploration Rover Mission.
2007	Mexar2 为欧洲航天局(ESA)的火星快车任务执行 logistic 规划和科学规划	Mexar2: AI Solves Mission Planner Problems.

（2）自动规划技术现状。

人工智能规划技术的研究最早起源于 20 世纪 60 年代，自动规划问题的研究最早起源于 STRIPS 规划器，该规划器系统在当时就具备学习宏的能力，足以见得其起点不低[58]。许多自动规划系统均是基于解释学习（Explanation-Based Learning，EBL）模式研发的。实际上，EBL 属于演绎学习方法，即学习到的控制知识是可证明的。尽管人们在这一方面投入了大量的精力与时间，但收效甚微，甚至在很多情况下这些学习还会损害系统的整体性能。究其原因主要是 EBL 学习了太多过于具体的控制规则，结果导致"规划器"在控制规则的评估方面花费过多时间，超过了因控制规则的使用对搜索空间的压缩效果。

为了不受 EBL 方法局限性的影响，许多自动规划系统采用了归纳学习方法。归纳学习方法采用了统计学习原理，寻找能够区分好的搜索方向和坏的搜索方向的共同模式。与 EBL 不同，通过归纳学习得出来的控制知识，虽不能保证其正确性，但这种知识往往具有普遍性，因而在实用中更加有效。在这类具有代表性的系统中，有基于部分序自动规划的学习、基于可满足自动规划的学习，以及基于 Prodigy means-ends 框架的学习。这些系统一般比对应的 EBL 系统具有更好的扩展性，一般用于范围较小的规划领域和（或）数量较少的测试问题[59]。

最近，Khardon 等人提出了从自动规划领域中学习反应式策略（Reactive Policies）的方法，通过采用统计学习技术进行学习，将给定自动规划领域中的状态——目标映射到合适动作的策略或函数。当给定领域反应式策略以后，通过迭代使用这些策略就可以快速解决自动规划问题，而不需要进行相关搜索。

再励学习的思想也被人们广泛用于 AI 自动规划领域的控制策略中。关系再励学习采用带关系函数逼近的 Q-learning 方法，在"积木世界"问题求解中取得了较好的实验结果。从传统的再励学习的角度来看，人们使用的"积木世界"问题比较复杂，具有大规模的状态动作空间。而从 AI 自动规划的角度来看，这些问题则是相对比较简单的。这一方法并没有呈现出其对现有自动规划所能处理的大规模问题具备良好的扩展性。另一相关方法采用更强大的再励学习形式——近似策略迭代,在许多规划领域显示出良好的结果和远大的发展前景。

Beniamino Galvani 等人注意到一个事实,那就是规划器的性能受搜索空间的结构影响较大。自动规划领域决定了其搜索空间的基本结构,这就必然会导致某些规划器在一些领域能够表现出良好的性能,而在另一些领域则表现得不尽如人意。有鉴于此,人们提出了多种规划器自动配置的基于公文包的求解策略:首先,为公文包中的规划器计算宏动作集合,然后从中选择有竞争力的几个规划器以及相应的有用宏动作,最后按照轮盘赌的方式为这些选中的规划器配置运行时间片。

3. 自动规划的应用

在我国,影响国民经济发展、科学技术进步、社会民生保障、基础工程建设的重要问题,都需要进行科学规划和系统决策。然后,按照合理制定的规划逐步推进以实现规定的目标。智能决策和自动规划是进行科学决策的重要手段,它们同专家系统一起成为了21世纪智能管理与决策的得力工具。

目前,自动规划技术已广泛用于航空航天、机器人控制、后勤调度、游戏角色设计和系统建模中,带来的成果有目共睹、有口皆碑。实际上,这样的应用案例不胜枚举。自动规划技术在生产流水线调度领域,以及其在火星漫步者号机器人、哈勃太空望远镜等重要装备上的应用也充分展示了其巨大的应用前景。

自1998年至今,有关方面已连续举办多届国际规划竞赛(International Planning Competition,简称IPC),促进了自动规划技术的发展、扩大了其影响。前三届主要考查参赛的规划系统的性能。当时,规划问题的处理时间是衡量系统优劣的唯一标准。在第四届竞赛中,加入了概率规划问题,考查参赛者考虑复杂问题的处理能力。在第五届竞赛中,又加入了Conformant规划问题,使竞赛的重心发生新的变化。在IPC发展过程中,需要处理的问题的规模越来越大,难度也越来越高。标准的测试问题已经能够更加精细地描述复杂的客观世界,使得自动规划研究逐步贴近于处理复杂的实际应用问题。

二、任务规划

目前,任务规划已经成为自动规划技术的一个重要分支,在人工智能领域得到了广泛的应用。今天,人们在多种应用场景里都可以看到任务规划的身影,包括积木世界的规划、基于消解原理的规划、具有学习能力的任务规划、分层规划、基于专家系统的规划,都是任务规划大显身手的地方。下面将从技术层面对任务规划和任务规划技术进行简要的介绍。

1. 任务规划技术的内涵

谈到任务规划（Mission Planning），需要先从任务说起。任务是解决某一问题或完成某一工作所进行的求解过程或行动进程，如作战任务、飞行任务、搬运任务、推理任务等。任务规划技术是一项多领域相关、多层面运用、多学科交叉、多技术融合、多系统集成，以及人机、脑机交互的高新技术。从本质上来看，任务规划技术横向可联通传统技术手段，纵向可融合新兴技术理念，形成传统手段与新兴技术的最佳结合点。进化算法、知识/规则库、分布式协同、机器学习、人工智能、大数据、云计算、AR/VR、脑机结合等新技术、新理念都已经或即将在任务规划技术中得到应用[60]。

当前，任务规划技术在计算机科学和信息技术的推动下得到了极大的发展。利用计算机技术已可实现以人为主、计算机为辅的人工（Manual）规划，以及以计算机自动处理为主的自动（Automatic）规划。同时，在自动控制和人工智能的支持下，还可实现自主（Autonomous）规划，从而体现出一定的智能性。

任务规划按时间维度考量，可划分为4个层级，即战略规划（或长期规划）、战术规划（或中期规划）、行动规划（或短期规划），以及时序或行程安排。任务规划也可按规划对象进行划分，例如划分为有人/无人飞行器任务规划、航天器任务规划、成像卫星任务规划、车辆任务规划等。任务规划还可按规划的任务进行划分，例如划分为后勤管理任务规划、发射任务规划等。

2. 任务规划的关键技术

实现任务规划技术的方法多种多样，各有所长。比较通用的方法有数学规划、D^*优化算法、Agent方法、遗传算法等。在一些专业研究领域，广大学者创造出了大量的具体方法，例如加权框架四叉树的规划方法、Petri网模型的规划方法、基于对象模型的规划方法等。随着人工智能技术的发展，实现任务规划技术的方法越来越有效，应用越来越多样。下面将简要介绍几种通用型的任务规划方法。

（1）数学规划法。

数学规划法又称"最优化理论"。它研究目标函数在一定约束条件下的极值问题。前面讲的线性规划、动态规划等都属于数学规划法的内容。目前，在经济管理、社会生活、工程应用、科学研究及军事实践上，数学规划方法均得到了广泛的应用。例如：在军事上，可以应用线性规划来解决兵器的合理分配、各种战斗兵器的协同配合、弹药及军需物资的有效运输、有限资源在各部门之间的科学调配等问题。

（2）D*优化算法。

在不断的知识学习进程中,D*优化算法应用图论技术持续地修正路径,进而有效地生成一条新的优化路径[61]。D*优化算法可以实现实时的动态路径重规划（注释:如果在行动过程中出现了未预想到的状况,行动规划就要不断地理解环境和规划行动,这种情况称为"重规划"）。D*优化算法根据已知的和假设的信息,先产生一个初始的任务策略,然后随着现实世界新信息的不断被发现,它又不断地修正初始的任务策略。其修正后的任务策略和在当前点进行任务重规划得到的策略是相当的。也就是说,这两个策略的功效是不分上下的。假使在任意点P可以得到足够的信息,那么运动实体从P点到达目标点的路径总是最优的。例如:在大规模的地图中进行任务规划时,D*优化算法重规划的速度比A*优化算法快100多倍,D*优化算法比其他算法要快200多倍。

（3）Agent方法。

Agent是一个运行于动态环境的实体,它具有较高的自治能力。它的根本目标是接受另一个实体的委托并为之提供帮助和服务[62]。它能够在该目标的驱动下,主动采取包括社交、学习等手段在内的各种必要的行为,以感知、适应并对动态环境的变化进行适当的反应。Agent的基本属性包括:自治能力（Autonomy）、面向目标的能力（Goal Orient）、社交能力（Social ability）、反应能力（Reactivity）、主动性（Proactively）、流动性（Mobility）、暂时连续性（Temporal Continuity）。

根据Agent项目的分层动态属性及其相应的组织方法,可以将多个项目以功能模块的形式组成一个任务计划系统,该系统的功能模块结构如图4-5所示。

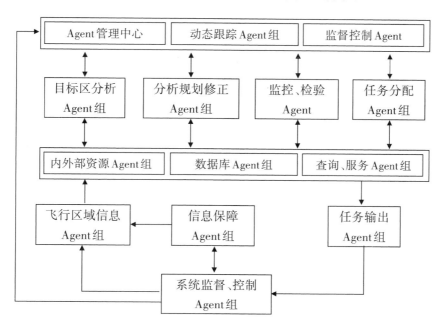

图4-5　面向Agent方法的任务计划系统功能模块图

在任务计划系统中,由于各功能模块运行状态的连续性、交互性等有所不同,因此可采用多线程单元(Multi-Threaded Apartment)模型来实现Agent间消息传递和协作请求的异步性,并采用连接点通信机制。图4-6所示为任务计划系统的体系结构图。

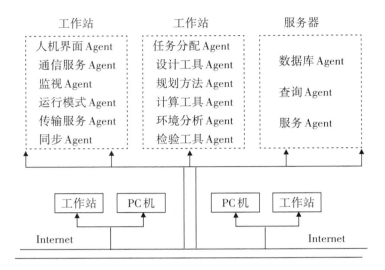

图4-6　任务计划系统体系构架

(4)遗传算法。

在研究自然和人工自适应系统的基础上,Holland教授最早提出了遗传算法。该方法是一种自适应随机搜索启发式算法,是以自然选择规律与遗传理论为依托,对自然界中生物的进化方式和遗传特性进行模拟,以求解问题的一类自组织与自适应的人工智能技术,现已广泛应用于复杂函数系统优化、机器学习、系统识别、故障诊断、系统分类、控制器设计、神经网络设计、自适应滤波器设计等工作与研究中[63]。

一般而言,遗传算法有三个算子,具体介绍如下:

①选择算子。

算子的英文为operator,意思是"运算符",加减乘除、与或非这些均属于运算符。因此可以称选择算子为选择运算,即通过某种"公式"运算得出一个结果。选择算子的作用是对群体进行优胜劣汰操作,使适应度较高的个体被遗传到下一代群体中的概率较大,使适应度较小的个体被遗传到下一代群体中的概率较小。大量事实证明:改进选择过程的方法可以提高遗传算法的性能,而选择过程及其方法却不是唯一的。常用的选择方法有:精华选择、重组选择、均分选择、适应性调整线性排序、比例选择、自适应选择等。选择是一个非常重要的过程,因为选择不当,容易失去许多重要的个体,从而影响算法的收敛性。

②交叉算子。

交叉算子其实就是交叉运算,是指对两个相互配对的染色体依据交叉概率(Pc)按某种方式相互交换其部分基因,从而形成两个新的个体。交叉运算是遗传算法区别于其他进化算法的重要特征,在遗传算法中起着关键作用,是产生新个体的主要方法。当两个染色体之间进行杂交操作时,由于杂交通过个体传播可以发生模式的破坏作用,因此研究杂交技术对减少杂交的破坏作用具有重要的意义。常用的杂交技术有:一点杂交、二点杂交、均匀杂交、多点杂交、启发式杂交、顺序杂交、混合杂交等。

③变异算子。

变异算子即是变异运算,是指依据变异概率(Pm)将个体编码串中的某些基因值用其他基因值来替换,从而形成一个新的个体。遗传算法中的变异运算是产生新个体的辅助方法,决定了遗传算法的局部搜索能力,同时还可保持种群的多样性。交叉运算和变异运算相互配合,共同完成对搜索空间的全局搜索和局部搜索。

遗传算法的流程图如图4-7所示:

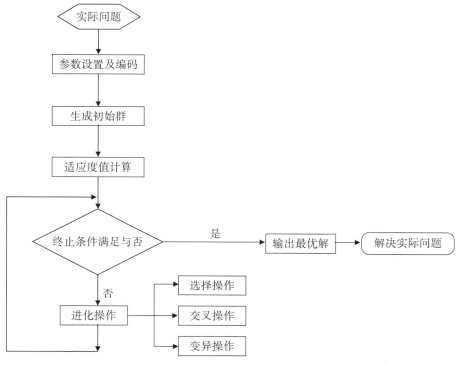

图4-7 遗传算法流程图

3. 任务规划技术的应用

以美国、英国、法国为代表的一些西方国家对任务规划技术的研究及相关项目的开发已有近30年的历史,其中美国处于世界领先水平,美国的波音公司、洛马公司、雷神公司等几十家科研单位与生产企业正在大力从事任务规划各方面技术的研究。随着武器装备的日益发展与作战体系的不断变革,任务规划技术经历了由单型武器任务规划技术,向装备平台任务规划技术、合同作战任务规划技术、联合作战任务规划技术发展的一系列历程,其应用领域也覆盖了从武器装备使用到全作战过程应用的广阔范围。

从工程实践的角度来看,任务规划技术实现工程化的重点在于"以平台为基础、以模型为核心、以数据为关键"。通过研发通用规划平台,可为不同部门的协同规划、不同层级的联动规划、不同领域的通用规划,提供所需的共用技术支撑与基础实现途径,同时还可满足用户在网络化、服务化、自主可控等方面的特殊需求。建立任务规划模型体系,利用通用化建模手段构建覆盖各领域装备的性能/效能/使用模型体系,实现多领域模型的快速积累和高效复用,积累各种类型的高精度数据,通过形成科学的数据保障规范,以构建稳定可靠的任务规划数据保障体系。

目前,任务规划技术已在各军兵种武器系统中得到了广泛应用,为部队形成战斗力发挥了巨大作用。随着人工智能、体系仿真等技术不断融入任务规划技术中,任务规划技术的"智能化""预测化"能力将逐步体现。随着联合作战需求的日渐扩大,任务规划技术在解决多军兵种作战力量联合运用、多平台多武器协同、战役战术多层级作战方案拟制等传统作战系统面临的难题时,凸显出高效性、专业性和精准性,在智能化、信息化战争中具有越来越重要的作用。

三、路径规划技术

目前,路径规划已成为人工智能领域自动规划技术的一个研究热点。其与轨迹规划作为运动规划的主要组成部分和关键技术,在移动智能机器人方面得到了大力的发展。本节将先从技术角度介绍路径规划,轨迹规划将在后续环节展开介绍。

1. 路径规划技术的内涵

路径规划是运动规划的主要研究内容之一。运动规划由路径规划和轨迹规划组成,连接起点位置和终点位置的序列点或曲线称为路径,构成路径的策略称为路径规划[64]。具体而言,路径规划是指移动机器人按照某一性能指标(如距离、时间、能量等)搜索一条从起始状态到达目标状态的最优或次优路径。路径规划在机器人学或虚拟装配中研究较多,主要研究内容可概括为:静态结构化环境下的路径规划、动态已知环境下的路径规划,以及动态不确定环境下的路径规划。

根据规划体对环境信息了解程度的不同,路径规划可分为两种类型:环境信息完全已知的全局路径规划,又称静态或离线路径规划;环境信息完全未知或部分未知,通过传感器在线对机器人的工作环境进行探测,以获取障碍物的位置、形状和尺寸等信息的局部路径规划,又称动态或在线路径规划。局部路径规划和全局路径规划并没有本质区别。很多适用于全局路径规划的方法,经过改进都可以用于局部路径规划;而适用于局部路径规划的方法也可以适用于全局路径规划。

一般说来,连续域范围内的路径规划(如机器人、飞行器等的动态路径规划)的主要步骤包括环境建模、路径搜索、路径平滑三个环节。下面予以具体介绍:

（1）环境建模。

环境建模是路径规划的重要环节,目的是建立一个便于计算机进行路径规划所使用的环境模型,即将实际的物理空间抽象成算法能够处理的抽象空间,实现相互间的映射。

（2）路径搜索。

路径搜索阶段是在环境模型的基础上应用相应算法寻找一条行走路径,使预定的性能函数获得最优值。

（3）路径平滑。

通过相应算法搜索出的路径并不一定是一条运动体可以行走的路径,需要做进一步处理与平滑,才能使其成为一条实际可行的路径。

需要说明的是,对于离散域范围内的路径规划问题,或在环境建模前或在路径搜索前已经做好路径可行性分析的问题,路径平滑这一环节可以省去。

2. 路径规划的关键技术

路径规划的方法十分丰富,根据各自的优缺点,每种方法的适用范围也各不相同。依据对各领域常用路径规划方法的整理与归纳,按照各种方法问世的先后次序以及方法依托的基本原理,将路径规划方法大致分为以下几类:传统方法、图形学方法、智能仿生学方法等。

（1）传统方法。

传统的路径规划方法有:模拟退火算法、人工势场法、模糊逻辑算法、禁忌搜索算法等。

①模拟退火算法(Simulated Annealing,简称SA)是一种适用于大规模组合优化问题的有效近似算法。它模仿固体物质的退火过程,通过设定初温、初态和降温率控制温度的不断下降,结合概率突跳特性,利用解空间的邻域结构进行随机搜索。具有描述简单、使用灵活、运行效率高、初始条件限制少等优点,但其存在着收敛速度慢、随机性等缺陷。参数设定是该算法在应用过程中的关键环节。

②人工势场法是一种虚拟力法。它模仿引力和斥力下的物体运动,目标点和运动体之间为引力,运动体和障碍物之间为斥力,通过建立引力场和斥力场函数进行路径寻优。优点是规划出来的路径平滑安全、描述简单等,但是存在局部最优的问题。引力场的设计质量是该算法成功应用的关键。

③模糊逻辑算法通过模拟驾驶员的驾驶经验,将生理上的感知和动作结合起来,根据系统实时的传感器信息,通过查表得到规划信息,从而实现路径规划。该算法符合人们的思维习惯,免去了烦琐的数学建模,也便于将专家知识转换为控制信号,具有很好的一致性、稳定性和连续性。但总结模糊规则比较困难,而且模糊规则一旦确定下来,则在线调整十分困难,导致应变性变差。最优隶属度函数、控制规则,以及在线调整方法是该算法面临的三大难题。

④禁忌搜索算法(Tabu Search,简称TS)是由美国科罗拉多州立大学的Fred Glover教授在1986年提出的,是一个用来跳出局部最优的搜寻方法。从本质上看,它是一种亚启发式随机搜索算法。它从一个初始可行解出发,选择一系列的特定搜索方向作为试探,实现让特定的目标函数值变化最多的移动。为了避免陷入局部最优解,TS搜索中采用了一种灵活的"记忆"技术,对已经进行的优化过程进行记录和选择,指导下一步的搜索方向。TS是人工智能的一种体现,是局部领域搜索的一种扩展。禁忌搜索是在领域搜索的基础上,通过设置禁忌表来禁忌一些已经历的操作,并利用藐视准则来奖励一些优良状态,其中涉及邻域、禁忌表、禁忌长度、候选解、藐视准则等影响禁忌搜索算法性能的关键因素[65]。迄今为止,TS算法在组合优化等计算机领域取得了很大的成功,近年来又在函数全局优化方面得到较多的研究,并有大发展的趋势。

(2)图形学方法。

传统算法在解决实际问题时往往存在建模难的问题,图形学方法恰好提供了建模的基本方法。但图形学方法普遍存在搜索能力不足的缺陷,往往需要结合专门的搜索算法,才能有所补偿。图形学方法有:C空间法、自由空间法、栅格法、Voronoi图等[66]。

①C空间法又称可视图空间法,即在运动空间中扩展障碍物为多边形,再以起始点、终点和所有多边形顶点之间的可行直线连线(不穿过障碍物的连线)为路径范围来搜索最短路径。C空间法的优点是直观,容易求得最短路径;缺点是一旦起始点和目标点发生改变,就要重新构造可视图,缺乏灵活性。即其局部路径规划能力较差,适用于全局路径规划和连续域范围内的路径规划,尤其适用于全局路径规划中的环境建模。

②自由空间法针对可视图空间法应变性差的缺陷,采用预先定义的基本形状(例如广义锥形、凸多边形等)构造自由空间,并将自由空间表示为连通图,然后通过对图的搜索来进行路径规划。当起始点和终点改变时,只相当于它们在已构造的自由空间中的位置发生变化,只需重新定位,而不用将整个图进行重绘。缺点是障碍物多时将加大算法的复杂度,算法实现起来比较困难。

③栅格法是用编码的栅格来表示地图,把包含障碍物的栅格标记为障碍栅格,反之则为自由栅格,然后以此为基础来进行路径搜索。栅格法一般作为路径规划的环境建模技术使用,作为路径规划的方法,它很难解决复杂环境中的路径规划问题,一般需要与其他智能算法结合起来使用。

④Voronoi图又叫冯洛诺伊图(Voronoi Diagram),是关于空间邻近关系的一种基础数据结构。它用一些被称为元素的基本图形来划分空间,以每两点之间的中垂线来确定元素的边,最终把整个空间划分成结构紧凑的voronoi图,此后再运用算法对多边形的边所构成的路径网进行最优搜索。优点是把障碍物包围在元素中,能实现有效避障。缺点是图的重绘比较费时,因而不适用于大型动态环境中的路径规划问题。

(3)智能仿生学方法。

处理复杂动态环境下的路径规划问题时,借鉴自然界中的一些成功案例和有益启示往往能起到很好的作用。智能仿生学方法就是人们通过仿生学研究而发现的算法，人们经常采用的有：蚁群算法、神经网络算法、粒子群算法、遗传算法等。其中遗传算法也同样适用于任务规划，本章已经予以介绍，不再赘述，下面只介绍前面提及的三种方法。

①蚁群算法的思想来自人们对蚁群觅食行为的探索，每个蚂蚁觅食时都会在走过的道路上留下一定浓度的信息素，相同时间内最短的路径上由于蚂蚁个体遍历的次数多而信息素浓度高，加上后来的蚂蚁在选择路径时会以信息素浓度为依据，起到正反馈作用，因此信息素浓度高的最短路径很快就会被后面的蚂蚁个体所发现与效仿。算法通过迭代来模拟蚁群觅食的行为，以达到目的，具有全局优化能力良好、本质上的并行性、易于利用计算机实现等优点。但该算法计算量大，易陷入局部最优解，不过可通过加入精英蚁等方法予以改进。近年来，随着蚁群算法的普及，又出现了鱼群算法、鸽群算法、萤火虫算法等。

②神经网络算法是人工智能领域中的一种非常优秀的算法，主要模拟动物神经网络行为，进行分布式并行信息处理。但它在路径规划中的应用的收效却并不理想，因为路径规划中复杂多变的环境很难用数学公式进行描述，如果用神经网络去预测学习样本分布空间以外的点，其效果必然很差。尽管神经网络具有优秀的学习能力，但是泛化能力差是其短板。神经网络算法学习能力强、鲁棒性好，它与其他算法的结合应用已经成为路径规划领域研究的热点。

③粒子群算法也是一种迭代算法，模拟鸟群飞行捕食行为。与遗传算法相似，它也是从随机解出发，通过迭代来寻找最优解，并通过适应度来评价解的品质。相比起来，它比遗传算法更为简单，不像遗传算法那样需要进行"交叉"和"变异"操作，且有记忆功能，通过追随当前搜索到的最优值来寻找全局最优。它具有算法简洁、易于实现、鲁棒性好、算法对种群大小不十分敏感、收敛速度快等优点。其缺点是易于陷入局部最优解的窘境。

除了上述算法以外，还有一些算法因其具备不同的优点而得到人们的认可与应用，这些算法一般都具有很强的路径搜索能力，可以很好地在离散的路径拓扑网络中发挥作用。这些算法包括A*算法、Dijkstra算法、fallback算法、Floyd算法等。

3. 路径规划技术的应用

当前，路径规划技术在许多领域都得到了广泛的应用。例如，在高新科技领域里的应用有：机器人的自主无碰撞行动、无人机的避障突防飞行、巡航导弹的躲避雷达搜索与防反袭击、无人机/无人艇的完成突防爆破任务等。在日常生活领域里的应用有：GPS导航；基于GIS系统的道路规划、城市道路网规划导航等。在决策管理领域里的应用有：物流管理中的车辆路线规划问题、资源管理中的物资配置问题。在通信技术领域里的应用有：路由问题等。可以说，凡是可以拓扑为点线网络的规划问题基本上都可以采用路径规划的方法加以解决。目前比较活跃的研究课题是探索在环境未知情况下的局部规划技术。从已经取得的研究成果来看，路径规划技术未来将会呈现以下趋势：

（1）智能化的路径规划算法将不断涌现。模糊控制、神经网络、遗传算法以及它们的相互结合也将成为研究热点。智能化方法能模拟人的经验，逼近非线性，具有自组织、自学习功能，并且具有一定的容错能力。

（2）路径规划的性能指标将不断提高。这些性能指标包括实时性、安全性和可达性等。比如在移动机器人的路径规划方面，一个实时性指标不好的方法，即使它能使移动机器人走出完美的轨迹，也将被人们淘汰，因为实时性不好意味着移动机器人的实用性也肯定不好。而有些路径规划方法虽然没有高深的理论作为支撑，但其计算简单，实时性、安全性好，那就有存在的空间。因此，如何使性能指标更好将是路径规划各种算法研究的重要内容。

（3）多规划体系统的路径规划技术将不断发展。协调路径规划已成为新的研究热点，随着其应用的不断扩大，规划体工作环境的复杂度和任务量将持续加重，对其要求不再局限于单规划体，而是要求在动态环境中实现多规划体的合作与单规划体路径规划的统一。

（4）多传感器信息融合将不断用于路径规划。规划体在动态环境中进行路径规划所需信息是从传感器得来的，单传感器难以保证输入信息的多样性、准确性与可靠性，多传感器所获得的信息具有冗余性、互补性、实时性和低代价性，可以快速用于并行分析现场环境。移动机器人的多传感器信息融合就是当今一个非常活跃、非常"得宠"的研究领域。

四、轨迹规划技术

轨迹规划既是运动规划的一个重要分支，更是一些智能体（例如工业机器人）运动控制的基础，其性能对这些智能体的工作效率、运动平稳性和能量消耗具有重大影响。由于智能体的典型代表是机器人，所以下面将主要结合机器人的例子展开相关介绍。

1. 轨迹规划技术的内涵

轨迹规划方法分为两个方面：对于移动机器人，是指移动的轨迹规划，如在有地图条件下或是在没有地图的条件下，移动机器人按什么样的轨迹来行走，这一部分的研究和路径规划类同，可参考相关介绍理解；对于工业机器人，则意指两个方向，机械臂末端行走的曲线轨迹，或是操作臂在运动过程中的位移、速度和加速度的曲线轮廓，这是本部分要介绍的重点内容。

工业机器人轨迹规划是指综合考虑作业要求和机器人性能，在关节空间或笛卡尔空间内规划得出指导机器人手部末端运动的轨迹，即建立机器人在运动过程中空间与时间之间的联系[67]。因此，工业机器人轨迹规划一般表示为位姿等运动量关于时间的函数，该函数描述了机器人（末端执行器或关节）在任意时刻的精确位置与姿态信息。

轨迹规划的常规流程如图4-8所示，根据工作要求及已知的点位信息，利用直线、圆弧、多项式曲线、样条曲线、非均匀理性B样条（NURBS，Non-uniform rational B-splines）曲线等的插补算法可以得到中间点位姿,再通过求运动学逆解得到机器人的各关节变量,然后将这些关节变量发送至控制器以准确控制各关节运动达到所要求的位姿。在此过程中,常常要考虑避障、机械振动、冲击、运动平稳等因素,因此,选择合适的轨迹拟合插补方法是轨迹规划的关键要点之一。此外,在轨迹参数、运动学求解时,人们面临的是多参数、带约束、高度非线性的方程,这就给参数求解带来了一定的难度。所以,对轨迹规划方法进行深入研究具有十分重要的现实意义。

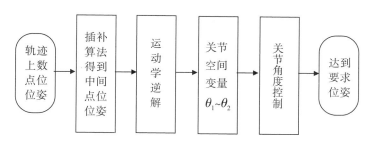

图4-8 轨迹规划常规流程

根据采用的规划空间不同,轨迹规划可以分为关节空间轨迹规划和笛卡尔空间轨迹规划。当采用关节空间进行轨迹规划时,若给定条件(轨迹规划的位姿)为笛卡尔空间位姿时,首先需要运用逆运动学求解,将机器人末端在笛卡尔空间的路径点转换成各关节的关节路径点,然后根据各关节的运动要求(如速度、加速度等)为相应的关节路径点拟合合适的函数,该函数描述了关节运动从起始点依次经过各路径点,最后达到目标点的运动轨迹。笛卡尔空间的轨迹规划则以机器人末端运动轨迹为规划目标,先根据需求规划得到末端运动轨迹,再将末端运动轨迹通过运动学逆解映射到关节空间,获得各关节的运动轨迹曲线。关节空间与笛卡尔空间轨迹规划的性能特点比较如表4-2所示。为了使用方便,现在机器人通常采用关节空间的轨迹规划,只有在对机器人工作末端轨迹有特殊要求时才采用笛卡尔空间轨迹规划。

表4-2 关节空间与笛卡尔空间轨迹规划性能特点比较

规划空间	优点	缺点	适用场景
关节空间	计算简单、省时,不会发生奇异现象,计算量小	所得轨迹不够直观、机器人末端轨迹存在误差	对机器人末端运动轨迹无特殊要求的场景,如点焊工业机器人
笛卡尔空间	直观,能够直接看到机器人末端运动轨迹;末端轨迹精度高,重复性好,可移植性好	求逆解次数多,计算量大;可能存在奇异点,导致关节速度失控	对机器人末端路径有特殊要求且精度要求高,如喷涂机器人

2. 轨迹规划的关键技术

一般说来,在无任何约束条件下,工业机器人末端作业起始点到终止点的轨迹有无数多条,根据是否采用最优化方法进行最优轨迹寻找,可将轨迹规划分为一般轨迹规划和最优轨迹规划。该分类方法从轨迹规划的要求出发,全面描述了轨迹规划的方法及特点,且最优轨迹规划目前是轨迹规划的研究热点。

（1）一般轨迹规划。

一般轨迹规划主要考虑运动的连续性，故而一般采用直线、圆弧、多项式曲线、B样条曲线、S曲线等的插补方式进行轨迹规划，现选择其中的几种方式进行简要介绍。

①直线轨迹规划。

直线轨迹规划一般是采用将归一化后的直线等距或等时插补得到的，其插补算法如下：

$$\begin{cases} x = x_0 + \lambda(x_n - x_0) \\ y = y_0 + \lambda(y_n - y_0) \\ z = z_0 + \lambda(z_n - z_0) \\ \alpha = \alpha_0 + \lambda(\alpha_n - \alpha_0) \\ \beta = \beta_0 + \lambda(\beta_n - \beta_0) \\ \gamma = \gamma_0 + \lambda(\gamma_n - \gamma_0) \end{cases} \quad (4-3)$$

式中：x_0、y_0、z_0、α_0、β_0、γ_0 为末端初始位姿；x_n、y_n、z_n、α_n、β_n、γ_n 为末端终止位姿；λ 为归一化算子，其轨迹即为初始点到终止点的直线。

为保证运动的连续性，不少学者针对运动速度进行了直线轨迹规划，即采用了直线加减速规划方法。这种方式在给定位置、速度和加速度要求下，可使运动时间得以缩短，所以得到了极大的应用。理想的直线加减速规划将轨迹分为加速段、匀速段和减速段3个部分。加速段由初始运动速度以恒定的正加速度加速到最大速度，匀速段以最大速度运动，减速段从最大速度以恒定的负加速度减速到初始速度，机器人末端正好运动到目标位置，其位置、速度、加速度曲线如图4-9所示。

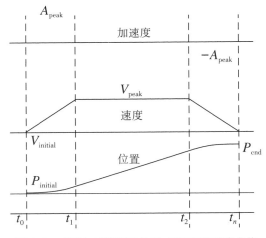

图4-9　直线加减速规划位置、速度与加速度曲线

由图4-9可看出，采用直线加减速规划，速度曲线不平滑，在t_1时刻速度达到最大，形成尖点，此时加速度产生突变，因此将对机器人造成冲击，导致轨迹精度降低，从而在到达终点时超程。相比而言，抛物线过渡的线性插值轨迹规划在线性插值结合处采用抛物线

进行平滑过渡,解决了直线轨迹规划时速度突变造成的运动不平稳问题。

②圆弧轨迹规划。

圆弧轨迹规划是采用以作业空间中某一点为圆心的圆弧曲线进行插补的方法,常用于末端运动轨迹为圆弧的场景。一般说来,圆弧轨迹规划可以分为空间圆弧轨迹规划和平面圆弧轨迹规划。在圆弧插补时,可以将圆弧曲线上任意两个起始点和终止点之间的弧长计算转化为这两点对应的圆心角增量的计算。在空间坐标系中,任意三点可以确定唯一圆心的一段圆弧,该圆弧即为机器人末端运动的轨迹。

直线轨迹规划方法和圆弧轨迹规划方法简单、直观,但后期的可调节性较低,因此适用面较窄,常用于轨迹简单的作业项目,如搬运和码垛作业。直线轨迹规划和圆弧轨迹规划常常作为轨迹规划的基本单元使用,通过这两种轨迹规划方法,人们可以拟合出许多复杂的运动轨迹来。

③多项式轨迹规划。

多项式轨迹规划是以多项式曲线插值进行的轨迹规划,通常采用三次到七次的多项式,次数较高时在插值区两端会出现振动,即出现龙格现象。三次多项式轨迹规划主要考虑末端轨迹的位移、速度,用含4个未知数的三次多项式表达轨迹。

$$\theta(t) = a_0 + a_1 t + a_2 t^2 + a_3 t^3 \tag{4-4}$$

对位移函数求导即可得末端轨迹的速度曲线,由起始、终止位置的位移和速度可求得上式中的三次多项式系数,从而求得轨迹函数。三次多项式通过位置、速度约束,可以保证运动位移、速度轨迹连续。但由于没有考虑加速度问题,无法保证加速度轨迹连续,因此可能会对机器人造成一定的冲击。

针对三次多项式存在的问题,在考虑位移、速度连续的基础上,人们提出了考虑加速度的更高阶的五次多项式。

$$\theta(t) = a_0 + a_1 t + a_2 t^2 + a_3 t^3 + a_4 t^4 + a_5 t^5 \tag{4-5}$$

通过对五次多项式函数求一阶导数可得速度函数,求二阶导数可得加速度函数,由起始和终止位置的位移、速度、加速度可建立6个方程,从而解得五次多项式的6个系数,进而就可求得五次多项式轨迹规划结果。与三次多项式轨迹规划相比,五次多项式计算量较大,但引入加速度约束保证了加速度的连续性,轨迹平滑、冲击小。在处理器计算性能允许的情况下,五次多项式轨迹规划能获得更优的性能。

④S曲线轨迹规划。

S曲线是指机器人运动速度的曲线形状为S形,这样可以保证运动轨迹的速度、加速度连续,从而避免运动过程中出现振动。近年来,不少学者采用空间直线和空间圆弧插补设计了S形速度曲线,并将弧长增量插补方法用于轨迹规划。实验表明该轨迹规划方法可以在路径长度约束下实现速度和加速度的自动调整,从而保证了速度、加速度连续,有效地减少了机器人所受的机械冲击。除以上轨迹规划方法外,不少学者针对以上函数曲线存在的问题,采用不同曲线复合的方式或对原曲线进行大量改进,以满足机器人在运动过程中的运动连续性、平稳性。

（2）最优轨迹规划。

在机器人的实际应用中，人们不仅要考虑任务要求和运动效果，还要考虑机器人的能量消耗、工作效率和平稳性等因素。因此，为了得到满足上述要求的理想轨迹，国内外不少学者围绕时间最优、能量最优、平稳性最优等方面对最优轨迹规划展开了研究。最优轨迹规划一般是先通过作业要求找到轨迹规划目标，并构造优化目标函数，然后在约束条件下通过优化算法对最优要求的轨迹进行求解。现有的最优轨迹规划主要包括时间最优、能量最优及混合最优轨迹规划。

①时间最优轨迹规划。

时间最优轨迹规划是指在给定约束条件下，寻找机器人运动时间最短的轨迹，即以时间最短作为性能指标对机器人的运动轨迹进行优化，从而提高机器人的工作效率。Elias 等通过三次 B 样条曲线规划机械手的运动轨迹，考虑机械手的运动学约束（速度和加速度）来优化时间，以提高机械手的工作效率。目前实现时间最优轨迹规划主要有三种思路：一是根据运动学或动力学理论与方法，在约束条件下寻找最大加速度和最大速度，通过提高运动速度来缩短运动时间；二是采用优化算法在多种轨迹中寻找时间最优的轨迹；三是将时间最短目标转化为其他更易表达的模型来寻找最优解，如将时间最优转化为轨迹中相邻路径点之间的路径最短。

现有的时间最优轨迹规划研究主要集中在优化插值方法和求解算法上面。近年来，相关的研究热点已经逐渐转向优化算法的应用层面。但有的方法还停留在理论研究阶段，此外，不同的方法存在着不同的问题，至今没有统一的理论方法获取最优轨迹。

②能量最优轨迹规划。

能量最优轨迹规划以最少能量消耗作为轨迹优化目标，在满足工作要求的基础上争取最大程度地减少能量消耗，这对某些特殊场景下供能不便的机器人尤为重要，如太空作业机器人、军用作战机器人等。实际上，人们早在 1970 年就提出了能量最优轨迹规划的概念，但直到 20 世纪 90 年代才有学者对此进行了全面的研究。例如：有人采用拉格朗日插值法来表达各关节的轨迹函数，以位置和稳定性为约束条件，并采用直接迭代法进行能耗优化，得到了工业机器人的能量最优轨迹。Gregory 等根据机器人动力学模型、系统初始及终止状态，综合考虑完整的约束条件来缩小能量的变化范围，提出了"全约束"概念，并将有约束的最优问题转化为无约束变分问题，从而求得能量最优轨迹。

现有能量最优轨迹规划的实现途径主要有两种：一是通过建立能耗函数，在约束条件下进行优化；二是将能量最优进行转化，如转化成最小驱动力矩。很多轨迹规划方法在建模过程中都将机器人动力学模型视为刚体动力学模型，而机器人在实际运动过程中可能存在某些柔性变化，因此将影响最优轨迹的求解。而且实际约束情况十分复杂，求解算法对其影响也较大，往往难以获得全局最优。目前单独的能量最优轨迹规划研究较少，大多是结合时间、稳定性等因素进行的混合轨迹优化。近年来随着全国环境保护、节能减排等政策的颁布,与能量相关的轨迹优化研究将得到大力的发展。

在实际的运用中,单一的最优轨迹规划往往难以满足实用需求。混合最优轨迹规划则是在单一最优轨迹规划的基础上,综合考虑了效率、能量、冲击等多个因素以后对轨迹进行优化,其效果较好。现有的研究工作主要集中在时间-能量最优轨迹规划、时间-冲击最优轨迹规划方面。其中,时间-能量最优轨迹规划以最少时间、最低能量为优化目标,通常以速度、加速度、脉动、力矩等为优化的约束条件,采用位移-时间样条函数或三次、五次多项式曲线和样条曲线等函数作为光滑的轨迹曲线进行轨迹优化。

近年来,随着优化算法的不断发展,出现了一些可以自适应调整加权系数的算法,克服了加权系数人为选取的主观性影响,因而得到了人们的重视。目前,最优轨迹规划研究更多的是从插补方法、多约束优化转向更好优化算法的推广使用,随着对各种新型算法的不断研究和不断应用,算法的通用性也在不断完善中。

3. 轨迹规划技术的发展趋势

总结轨迹规划技术的内涵、类型及关键技术,结合近年来科学技术的发展趋势,可以得知工业机器人轨迹规划将朝着以下几个方向发展:

(1)考虑实际工况的多目标最优轨迹规划。

纵观现有轨迹规划的研究情况,可知人们虽然比较重视一些考虑时间、能量等因素在内的混合最优轨迹的研究和使用,但其中大多数还只是针对主要影响因素建立轨迹规划的简化优化模型,进而求得相应的最优解。然而在机器人实际的轨迹规划过程中,有一些客观因素是不容忽略的,如机器人电机的驱动特性(电机转速、驱动力矩、负载大小等)、作业环境(在高温、低温、水下等场景为延长机器人工作寿命,往往使电机、减速器等性能受到一些限制)等。因此,应针对工业机器人不同的作业任务要求、作业环境、作业对象进行具体和全面的规划,从而确保规划的轨迹具有高可靠性。

(2)基于智能感知的自主实时轨迹规划。

当前,柔性化生产是国内外中小型企业生存发展的重要趋势。现有的那些针对特定作业任务而进行的单独轨迹规划模式,在不同作业任务(如喷涂机器人对不同类型工件进行喷涂)中需要依靠人工多次编辑轨迹,极大地影响了工作效率。另外,在工业机器人自动化作业过程中,即使是同一作业任务,不同工件及夹具间往往也存在公差,使得规划的轨迹与实际需求轨迹存在一定的偏差,导致加工出来的工件也存在一定的误差,且误差会随着加工工序的进行不断积累,导致产品质量下降。基于上述情况,必须完善根据不同的作业任务和同种作业任务下不同的工件状况而进行自主实时轨迹规划的功能。近年来,随着机器视觉、激光检测等智能感知技术的高速发展,为作业任务识别、轨迹规划目标自主获取提供了良好的方法。通过智能感知技术实时获取轨迹规划任务,再根据预设算法自动生成作业轨迹,使得机器人能够自主实时规划轨迹,从而大大提升工业机器人的工作柔性及抗干扰能力。

(3)基于虚拟现实的轨迹规划。

在工业机器人的实际应用中,作业轨迹只能通过专业人士编程才能够获得实际使用,且在正式作业之前往往需要进行大量的调试,通过预加工测试轨迹的可行性,并根据测试结果不断调整以保证作业轨迹的可靠性,这一流程不仅导致工件浪费,还降低了轨迹规划的实际应用效率。因此,基于虚拟现实的轨迹规划将得到人们的青睐,在克服上述问题中发挥重要的作用。

(4)基于机器学习的轨迹规划。

近年来,随着机器学习等人工智能技术的日渐成熟,一些学习类的轨迹规划方法在多个领域得到了应用。学习类算法通过自动分析样本数据中的规律,利用所得规律对未知数据进行预测,避免了人为的主观干预。但必须看到的是,现有的轨迹规划曲线函数构造、求解算法的研究成果虽然较多,但多为不同学者根据不同需求而进行的特定研究,且尚未分析出最优的轨迹规划方式,也未形成一套完善的轨迹规划体系。相比而言,基于机器学习的轨迹规划一方面可以通过学习的方式自主探索获取最佳轨迹曲线的构造方法,另一方面可以避免求解过程中调节参数的人为干预,基于机器学习的轨迹规划有望实现轨迹规划的通用性。目前结合机器学习的轨迹规划研究刚刚起步,引入机器学习等人工智能技术将极大地提升轨迹规划的智能化程度。

第三节　自动配置

一、配置的一般概念

在汉语词典中,"配置"是一个组合词,其中"配"是指把缺少的补足,"置"则是指设立。合起来看,"配置"就是把缺少的补足并且设置好。这里的配置(作为与规划同等重要的任务求解的另一个部分)主要是指自动配置。在人工智能领域,所谓配置(Configuration)就是选择和组装适当的部件,以使产品满足用户的实际需求。配置问题无处不在,从大到国家政策的实施与配置、重大专项的计划与配置,小到家中厨具和娱乐系统(如音像系统和家庭影院)的配置、计算机和各种成套设施的配置,甚至食谱的制订和医疗处方的配置。

配置任务以一般的需求说明作为输入,并将选择什么部件以及如何组装它们的详细说明作为解答输出。其主要特征之一就是仅限于从预定义的有限部件型集合选配部件实例,不涉及部件自身的设计。配置有点类似于分类任务,但又比分类任务复杂得多,因为其识别的不是单一事物,而是从预定义事物类(部件型)中识别一个较大的子集——部件型幂集的一个成员。此外,多个同型部件可以出现于解答,且不同布局的组装也会导致不同的解答。所以,配置是比分类困难得多的一类任务。

人们可以把配置视为设计任务的一个特例。只是设计具有开放的解答空间——解答的构成部件可按需自由创造,而配置的解答空间则是封闭的——由预定义部件型的集合构成。从事物发展进程的角度来看,可以把系统化的部件系列设计作为配置的前期工作和基础。配置是一种综合型任务,由于配置需求说明的细微差别也会导致解答方案的不同,所以无法像分类系统那样穷尽各种可能的解答。另外,从知识工程的角度来看,配置是知识密集型问题求解任务,更需要相关领域中特别的知识而非一般的解决方法。

二、配置问题的解决

选择和组装部件是解决配置问题的核心环节。图4-10给出了一个某配置问题的示意性解答,其遵从"端口—连接件"组装模式。作为解答,整个产品的顶层结构由部件1和部件2组成;上层部件作为下层部件的包容器;每个部件都有若干端口(以字母标注),端口之间以连接件(图中连线)关联。

不同领域配置任务的差别主要体现在组装模式上[68]。例如,可以采用上述"端口—连接件"组装模式或别的组装模式。每种组装模式都给部件的组装强加了一定的约束。例如在"端口—连接件"组装模式中,可以限定部件的每个端口都对应于部件的某种角色(功能),且部件之间的连接(通过端口)只能以预定义方式进行。这就要求对部件型和连接件型预先作规格(包括使用方式)定义。

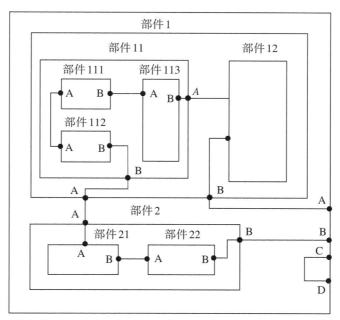

图4-10某配置问题的示意性解答

注:整个外层方框指示产品的组装方案,里层方框指示部件,黑点指示部件的端口

在搜索需求方面的差异和所用领域知识的不同,也会导致配置方法上的一些差异。不过话说回来,还是可以制订某些跨越不同配置任务的知识使用模式。常见的基于知识的配置问题解决过程一般都会遵从一种二阶段模式:解答扩展和解答精化。前者将客户的需求说明映射到关于配置方案的抽象说明上,后者则将这个抽象说明(解答)映射到细化的物理配置方案上,以详细说明组装的安排和进一步的需求。

这两个阶段的分离并不意味着它们具有足够的独立性,只是强调了配置的需求说明、抽象解答和物理解答之间的不同含义。解答的扩展涉及抽象解答的逐步生成和附属部件(不直接对应于客户的需求说明)的收集,而解答精化则包括物理组装方案的建立和选择。尽管这两个阶段总体上应依次进行,但实际的配置过程往往采用渐增方式,即并不强调先建立完整的抽象解答以后,再去做精化工作,而是边扩展边精化,直至相应工作完成。

如前所述,自动配置是知识密集型的问题求解任务,KB 系统技术在其中会大有用武之地。使用的领域知识包括部件层次体系、部件选择规则、部件组装规则和部件共享规则,后三者实际上构成了指导自动配装的启发式知识。

三、自动配置的建模

为了更好地说明自动配置,需要制订面向解答空间搜索和领域知识使用的计算模型。有学者提出计算模型应包括以下4个部分:

(1)需求说明语言。

面向配置任务的需求说明语言主要用于描述配置必须满足的需求,包括被配置产品的运转环境和产品应提供的使用功能。另外,配置优化准则也是需求描述的组成部分,包括成本或体积的最小化以及客户偏爱的特征。

需求说明往往只对拟配置的产品做出功能描述,并不指定具体用什么部件。例如配置计算机系统时,不必指定选配某一特定型号的打印机,只需说明计算机系统需提供打印机功能,以及关于打印速度、分辨率、字符集、打印纸规格以及是否彩色等性能要求。进行功能性描述的优点是便于自动配置系统依据功能描述来选配更合适的部件,并按产品总体性能需求对某些部件进行适当的调整。当然,为支持配置工作,还需要提供从功能说明到部件选配的映射知识。

对于许多配置任务,产品的每个主要功能都分别对应于一个关键部件。这种情况下,可以把这些关键部件包括在需求说明中。若需求说明已经包括了所有的关键部件,配置过程就可从满足关键部件的使用条件开始,补充附属部件并确定组装方案。

(2)部件模型。

部件模型说明供选配的部件类型及其需要的附属部件(作为使用条件)。附属部件对于关键部件的正常使用往往是不可缺少的。例如,计算机主板就需要电源、控制器、电缆和机箱等附件,部件模型定义附件的需求关系,以便配置过程能将这些附件扩展进配置方案。对于附件,可以直接指定或仅做功能性描述。

（3）部件组装模型。

该模型描述部件的布局和可能的部件组合关系,以使配置系统决定相关部件应安装在何处,安装空间是否足够,什么样的部件可用等。部件组装模型实际上表示了建立物理配置方案应当遵从的约束,尤其是资源占用约束,如空间、毗邻和连接等。显然,不同的配置方案对资源占用的需求不同,这就要求组装模型包含解决配置问题所需的约束知识,并由此反映问题求解的复杂性。

（4）部件共享模型。

该模型描述将个体部件用于满足多种需求时应当遵从的约束。在简单情况下,部件的使用是有排他性的,例如一根电缆只能与一台打印机连接,不能同时再与另一台设备连接。但对于某些部件,能为多种需求所同时共享是自然的,也是应该的,例如,计算机的电源应为计算机所有部件供电,而内存则应支持所有软件的运行,常用的部件共享约束如下:

①排他性应用——部件服务于指定的单一应用;

②受限的共享——部件只能在限定的几种职能中共享;

③不受限的共享——部件能为各种不同应用目的所共享;

④串行可重用——部件可服务于多种应用目的,但不能并发使用;

⑤容量共享——这种部件提供的服务受容量限制(如电源);只要不超过容量,就可为多种应用目的所共享。

这些共享约束可以组合使用,并可针对不同的应用领域和不同的部件类型制定细化的约束说明。

四、自动配置实例—XCON专家系统

专家系统是人工智能研究最活跃和应用最广泛的领域之一。专家系统定义为:使用人类专家推理的计算机模型来处理现实世界中需要专家做出解释的复杂问题,并得出与专家相同的结论。1980年,美国卡纳奇-梅隆大学的麦克德莫与同事根据前述模型,开发成功了一种可满足客户需求的计算机系统——XCON专家系统。从本质上来看,它是一种进行计算机系统配置的专家系统。它运用计算机系统配置的知识,依据用户的订货情况,选出最合适的系统部件,如中央处理器的型号,操作系统的种类以及与系统相应的型号,存储器和外部设备以及电缆的型号,并指出哪些部件是用户没有提及但必须加进去的,以构成一个完整的系统。它给出一个系统配置的清单,并给出一个这些部件装配关系的样图,以便技术人员按图进行装配。该专家系统用产生式规则表达知识,采用正向推理的控制结构,是用 OPSS 语言写成的。XCON 专家系统开发成功后交付美国数字设备公司(DEC)使用。在 DEC 公司内使用时又得到了发展,系统的规则已从原来的 750 条发展到 3000 多条,功能大大增强。DEC 公司是 PC 时代来临之前的宠儿,他们用小型机冲击 IBM。当客户订购 DEC 的 VAX 系列计算机时,XCON 可以按照需求自动配置零部件,从而给用户带来极大的帮助。

📄 本章小结

本章主要介绍了人工智能领域问题求解的两个方面:自动规划与自动配置。其中,自动规划偏重任务求解的动作,常以时间维度对其进行描述;而自动配置则是偏重任务求解的部件,往往从空间层面进行阐述。通过本章的学习,读者应重点掌握以下内容:

(1)自动规划是指给定问题的初始状态和目标状态,以及规划动作的描述,要求能够自动找到一个动作序列,使系统能够从初始状态转换到目标状态。因此,对于一个自动规划来说,其基本要素有三个:状态集合、动作集合、初始状态和目标状态。在人工智能领域,最早出现的自动规划技术就是 GPS 和 Green 方法,STRIPS 综合了这两者的优点,成为早期人工智能规划技术的代表。除此以外,还有情景演算规划法,这些都被看作早期的自动规划技术。

(2)自动规划问题是人工智能研究领域中的一个经典问题,其核心是在给定的已知条件(初始状态)下,如何通过产生式规则(领域动作)获得所需要的结论(目标状态)。实际上,对智能规划的研究自人工智能学科诞生之际就已经存在,经过半个多世纪的持续发展,至今仍然是人工智能领域中的一个极其活跃的研究方向。进入 20 世纪 80 年代以后,自动规划技术研究的热点逐渐开始转向开拓非经典的实际规划问题。然而,经典规划技术,尤其是部分排序规划技术仍是开发规划新技术的基础。

(3)现有的自动规划方法主要分为两大类:基于转换的自动规划方法和基于状态空间启发式搜索的自动规划方法。基于转换的自动规划方法将自动规划问题直接或间接地转化为若干经典问题(如命题可满足问题、约束可满足问题、模型检测问题、线性规划问题、动态规划问题、非经典逻辑的定理证明问题等),通过高效求解转换后的目标问题,间接地求解原自动规划问题。基于状态空间启发式搜索的自动规划方法来源于基于状态空间的路径搜索,即将问题求解过程表现为从初始状态到目标状态寻找路径的过程。启发式搜索算法在状态空间搜索时,对每一个搜索的节点进行评估,得到最佳的节点,再从这个节点进行搜索直到目标节点,可省略大量的无效搜索路径,极大地提高了搜索效率。

(4)任务是解决某一问题或完成某一工作所进行的求解过程或行动进程;规划是个人或组织制订的比较全面、长远的发展计划,是对未来整体性、长期性、基本性问题的考量,其工作重点是设计未来整套行动的方案。任务规划技术是一项多领域相关、多层面运用、多学科交叉、多技术融合、多系统集成,以及人机、脑机交互的高新技术。从本质上来看,任务规划技术横向可联通传统技术手段、纵向可融合新兴技术理念,形成传统手段与新兴技术的最佳结合点。

(5)实现任务规划技术的方法多种多样,各有所长。通过采用科学高效的规划算法、人工智能和先进的计算机技术,依据任务要求对任务进行分解细化,并进而依据应用对象的使用约束对获取的信息进行综合处理及资源优化配置,以获取应用对象的最佳受益或最佳使用效能。比较通用的方法诸如数学规划、D*优化算法、Agent方法、遗传算法等。在一些具体的领域,广大学者创造出了大量方法,例如加权框架四叉树、Petri网模型、基于对象模型等。

(6)路径规划是运动规划的主要研究内容之一。运动规划由路径规划和轨迹规划组成,连接起点位置和终点位置的序列点或曲线称之为路径,构成路径的策略称之为路径规划。路径规划是指移动机器人按照某一性能指标(如距离、时间、能量等)搜索一条从起始状态到达目标状态的最优或次优路径。它在机器人学或虚拟装配中研究较多,主要研究内容包括:静态结构化环境的路径规划、动态已知环境的路径规划,以及动态不确定环境下的路径规划。

(7)根据采用的规划空间不同,轨迹规划可以分为关节空间的轨迹规划和笛卡尔空间的轨迹规划。当采用关节空间进行轨迹规划时,若给定条件(轨迹规划的位姿)为笛卡尔空间位姿时,首先需要运用递运动学求解,将机器人末端在笛卡尔空间的路径点转换成各关节的关节路径点,然后根据各关节的运动要求(如速度、加速度等)为相应的关节路径点拟合合适的函数,该函数描述了关节运动从起始点依次经过各路径点,最后达到目标点的运动轨迹。笛卡尔空间的轨迹规划则以机器人末端运动轨迹为规划目标,先根据需求规划得到末端运动轨迹,再将末端运动轨迹通过运动学逆解映射到关节空间,获得各关节的运动轨迹曲线。

(8)所谓配置,就是选择和组装适当的部件,以使产品满足给定的需求说明。配置任务以一般的需求说明作为输入,并将选择什么部件以及如何组装它们的详细说明作为解答输出。其主要特征之一就是仅限于从预定义的有限部件型集合选配部件实例,不涉及部件自身的设计。配置有点类似于分类任务,但又比分类任务复杂得多,因为其识别的不是单一事物,而是从预定义事物类(部件型)中识别一个较大的子集——部件型幂集的一个成员。此外,多个同型部件可以出现于解答,且不同布局的组装也会导致不同的解答。所以,配置是比分类困难得多的一类任务。

需要指出的是:第一,自动规划已发展为综合应用多种方法的规划;第二,自动规划方法和技术已应用到图像处理、计算机视觉、作战决策与指挥、生产过程规划与监控以及机器人学各领域,并将获得更为广泛的应用;第三,自动规划尚有一些需要进一步深入研究的问题,如动态和不确定性环境下的规划、多机器人协调规划和实时规划等。今后,一定会有更先进的自动机器人规划系统和技术问世。

思考与练习

1.选择题

(1)下列是一些关于"规划"这一概念的说法,其中正确的是(   )。(多选)

A.规划是一种重要的问题求解技术　　B.规划指的就是机器人规划

C.规划是一个行动过程的描述　　D.一个总规划可以含有若干个子规划

(2)根据本章的叙述,规划的作用可归结为(   )。(多选)

A.规划可用来监控问题求解过程,并能够在造成较大的危害之前发现差错。

参考答案

B.规划可以减少算法的复杂度,提高机器的执行效率。

C.规划的好处可归纳为简化搜索、解决目标矛盾以及为差错补偿提供基础。

D.规划的主要目的是把大问题分成小问题,然后对小问题逐个解决,从而达到解决问题的目的。至于哪个"小问题"先解决则不在其考虑范围之内。

(3)积木世界中,从状态CLEAR(C)^ON(C,A)^ON(A,B)^ONTABLE(B)^HANDEMPTY变到状态ON(A,B)^CLEAR(A)^HOLDING(C)^ONTABLE(B),是运用了下列哪一动作( )?

A.stack(C,A)   B.unstuck(C,A)

C.pickup(C)   D.putdown(C)

(4)规划技术主要包括哪两部分的内容( )?(多选)

A.任务规划   B.机器人规划

C.路径规划   D.运动(空间)规划

2.填空题

(1)F规则也称为STRIPS规划系统规则,它由_____、_____、_____组成。

(2)STRIPS系统和ABSTRIPS系统的不同之处在于:前者采用_____,后者采用_____。

(3)一般来说,规划系统适合于解决_____的问题。

(4)分层规划是一种_____规划。

3.简答题

(1)有哪几种重要的机器人高层规划系统? 它们各有什么特点?

(2)结合实例叙述自动规划的概念和作用。

(3)常见的任务规划方法有哪些?

(4)常见的路径规划和轨迹规划各有哪些方法?

4.实践题

机器人Rover在房外,它想进入房内,但又不会打开房门让自己进去,而只能通过喊叫求助。另一个机器人Max正在房内,它能开门但喜静。遇到类似情况,Max通常会把门打开以便让Rover停止叫喊。假设Max和Rover各有一个STRIPS规划生成系统和规划执行系统。试说明Max和Rover的STRIPS规则和动作,并描述导致平衡状态的规划序列和执行步骤。

推荐阅读

[1](法)加拉卜,(美)诺,(意)特拉韦尔索.自动规划:理论实践[M].姜云飞译.北京:清华大学出版社,2008.

[2]Daniel Harabor,Alban Grastien.Online Graph Pruning for Pathfinding On Grid Maps[C].San Francisco:Twenty Fifth AAAI Conference on Artificial Intelligence,2011,2011.

第五章
非单调推理与软计算

　　科学需要思维,思维是科技创新的源泉。思维需要科学方法,科学方法是思维深化的基石。思维最初是人脑借助语言对事物的概括和间接的反应过程。思维以感知为基础又超越感知的界限。它探索事物的内部本质联系和规律性,是认识过程的高级阶段。随着研究的深入,人们发现,除了逻辑思维之外,还有形象思维、顿悟思维等思维形式。然而,现实世界中的客观事物存在随机性、模糊性、不完全性和不精确性。这时若仍采用经典的精确推理方法进行处理,必然无法反映事物的真实性。为此,需要在不完全和不确定的情况下运用不确定知识进行推理,即进行不确定性推理。基于这种情况,本章从分析传统逻辑系统出发,介绍了现代人工智能领域常用的非单调推理及不确定推理、模糊逻辑和神经网络等软计算技术。

☆ 学习目标

（1）了解传统逻辑系统的内涵，掌握其存在的局限性和发展改进的原因；

（2）了解非单调推理的基本概念、内容、特点及应用；

（3）了解不确定推理的基本概念、内容和方法；

（4）了解模糊逻辑、模糊推理和模糊技术的相关知识；

（5）了解神经网络的基本概念、算法和应用。

○ 思维导图

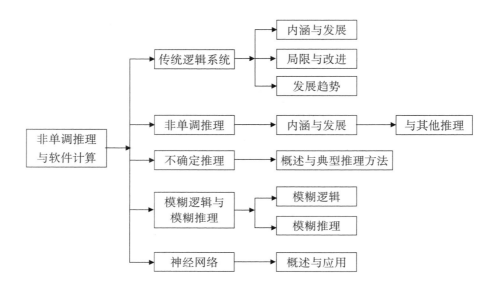

第一节　传统逻辑系统

20世纪中后期，随着人工智能的不断发展与计算机技术的不断提升，计算机科学进入了知识处理和智能模拟领域。构造逻辑系统描述规则关于认知过程的特征，进行规则表达与处理，研制新型应用软件，这已是当代科技发展的普遍要求，也是逻辑学发展最有生命力的方向。然而，现代逻辑系统的发展离不开传统逻辑系统的支撑，为了更好地推进人工智能的发展，还需要在了解传统逻辑系统的基础上开展进一步的研究。本节就对传统逻辑系统进行简要的介绍。

一、传统逻辑系统的内涵

众所周知,传统的逻辑理论是以亚里士多德和康德关于定义的思想为代表的。亚里士多德认为,定义是表现事物本质的短句,这意味着定义的对象是事物,定义的目的是揭示事物的本质,他所理解的定义是本质定义[69]。在他看来,事物的本质是使事物成为其"所是"的属性,而能够述说本质的只有属和种差,因此在一个定义句中,定义项只由属和种差这两个元素构成。康德在《逻辑学讲义》中说:定义是充分明晰准确的概念(以最少言词充分完全规定的概念)。

这里所讲的传统逻辑系统,其讨论的范畴还是在计算机科学、机器人学及人工智能领域范围内的,相对于当前的人工智能的逻辑体系来说,其是传统的、旧的逻辑系统,也可以称为经典逻辑系统。其理论体系是以现代的逻辑系统为基础的,是一种以现代的逻辑系统理论的"关于一个新引进的符号意指另一个已知其意义的符号串的说明,是以表意的形式语言和逻辑演算"为基本特征的形式化系统。

二、传统逻辑系统的发展

1. 国外研究发展概况

国外对传统逻辑系统的研究自20世纪早期就开始了,其发展动力主要来自数学中的公理化运动。当时的数学家们正试图从以少数公理为根据而明确给出的演绎规则中推导出其他的数学定理,从而把整个数学构造成为一座严格的演绎大厦,然后再用某种程序和方法一劳永逸地证明数学体系的可靠性。为达此目的,需要发明和锻造严格、精确、适用的逻辑工具。这是现代逻辑系统诞生的主要动力。由此造成的后果就是20世纪逻辑系统的研究趋向于严重的数学化,其表现在于:一是逻辑系统专注于在数学形式化过程中提出的各种问题;二是逻辑系统采纳了数学的方法论,从事逻辑系统研究就意味着必须像数学那样用严格的形式证明去解决问题。由此发展出来的逻辑系统称为"数理逻辑系统",它增强了逻辑系统研究的深度,使逻辑学的发展继古希腊逻辑、欧洲中世纪逻辑之后进入第三个高峰期,并且对整个现代科学(特别是数学、哲学、语言学和计算机科学)产生了非常重要的影响。

2. 国内研究发展概况

对于我国来说,受孔孟之道的影响与浸润,我国古代逻辑的思想体系根深蒂固,并在相当长的历史时期内都占据着统治地位。到了近代以后,情况发生了一些变化。在国外数理逻辑的影响下,我国的逻辑体系开始产生转折与变革。有研究成果说明:我国对传统逻辑系统的研究可分为两个阶段。

20世纪前半叶为逻辑系统的初步引进和研究启动阶段。1920年,数理逻辑的奠基人——英国著名数学家罗素在北京大学展开了一次破冰之旅——宣讲数理逻辑,根据其演讲报告整理的《数理逻辑》一书由北京大学知新出版社在1921年出版,这是中国引进数理逻辑的开端[70]。此后中国对逻辑系统的引进研究,由少到多,由浅入深,金岳霖是这一时期引进和研究现代逻辑系统的代表人物,其专著《逻辑》全面介绍了罗素演绎逻辑,包括命题演算、谓词逻辑、类演算和关系演算,并精辟论述了演绎逻辑系统的性质。他从基本概念、定义和命题出发,在罗素演绎逻辑系统的160余个命题中,选取67个给予证明,引导读者进行演绎逻辑训练。

20世纪后半叶为逻辑系统的大规模引进和大范围研究阶段。在这个时期里,我国各地学者引进和研究现代逻辑系统的规模在逐渐扩大,成果也在逐渐增加。关于逻辑系统的研究论文达到数千篇之多,且以年均百篇的速度激增。许多研究成果带有一定的创造性,接近或达到同时期的世界先进水平。沈有鼎、胡世华和莫绍揆等人是此时期的杰出代表。从我国业界学者对逻辑系统的研究情况来看,总体呈现出积累增多、进步加快的态势,陆续涌现出许多原创性的成果,例如基于价值判断的变规则逻辑系统就是国外同行都未曾研究过的。

三、传统逻辑系统的局限与改进

1. 传统逻辑系统自身所存在的问题是核心因素

传统逻辑系统之所以被逐渐取代,其中一个决定性的因素就是人们力求改进和完善传统逻辑系统,弥补传统逻辑系统中存在的缺陷。如人所知,传统逻辑系统在发展过程中遇到了许多困难,表现出了极大的局限性。例如,传统逻辑系统只关注具有简单结构的陈述,没有关系谓词,不能证明许多推理是必然有效的。类似情况不在少数。这些缺陷让研究者们意识到,传统逻辑系统在面对复杂证明时是无能为力的。

当一些逻辑学家企图借助传统的形式逻辑来分析数学中的证明时,发现传统的亚里士多德逻辑并没有提供一种合适的逻辑推论理论。由于数学证明的一个显著特征就是高度的严密性,所以每一个证明步骤都一定能够借助逻辑推理规则证明其是正确的。但让人十分失望的是,在复杂的数学证明中,传统逻辑系统的大多数证明步骤都不能用亚里士多德逻辑证明是正确的。所以必须建立一种完整的逻辑系统,使其中一切有效的推断都能够通过公式化的精确规则证明其是正确的。

2. 现代的逻辑系统的强大生命力

随着世界范围内社会现代化进程的发展,现代的逻辑系统彰显出强大的生命力,使新事物取代旧事物成为一种历史的必然。总体来看,现代逻辑系统的强大生命力主要体现在以下几个层面:

(1)技术层面。

现代逻辑系统之所以能取代传统逻辑系统并得到飞速发展,主要在于它对传统逻辑系统不能解决的难题提出了修改方案,使很多传统逻辑系统不能解决、不能回答的问题在现代逻辑系统里找到答案,使传统逻辑系统面临的尴尬处境得到了改善。而这一切又源于现代逻辑系统在技术上的革新[71]。很多交叉学科的前沿研究技术、先进研究方法被引入逻辑学领域,使现代逻辑系统具有了高度的抽象性、严格的精确性和广泛的应用性。所以,可以这样来表述形式逻辑的现代形态:经历了技术革新后的形式逻辑采用公理化、形式化的方法,对各种形式系统及其语义,对于这些逻辑系统的元逻辑进行研究,这些形式系统既包括经典逻辑,也包括非经典逻辑。

(2)语言层面。

传统逻辑系统存在很多自身不能解决的问题。因为在解决这些问题时,人们面临对自然语言的理解歧义,同时也不能对其形式结构进行内部分析,所以在处理某些推理理论时总显得理论单薄、技术单调、方法单一,不得不孤立地、单独地研究某些推理理论,这严重阻碍了一个完整的推理理论的形成,同样也严重阻碍了一个完整的逻辑系统的构建。而这一切皆因为传统逻辑系统已经处于无法仅仅用自然语言就可解决问题的窘况,迫切需要一种使系统结构内部分析更加精确化的语言取而代之,于是符号语言的引进便瓜熟蒂落、水到渠成,成为一种必然。符号语言的精确性不容小觑,让人们深切感受到它在处理逻辑问题上所体现出来的强大生命力。概括地说,现代逻辑系统产生的另一个重要原因就是人们追求一种更为精确的语言,以使表达更为精准,避免出现歧义。

(3)应用层面。

相对于传统逻辑系统的单一性,现代逻辑系统显示出了系统功能数量越来越多、性能越来越好的多样性。传统逻辑系统由于其单一性,应用范围受到极大限制。而现代逻辑系统则截然不同,在当今多学科交叉发展、多领域协同融合的趋势下,数学、哲学、自然科学、语言学等学科的研究方法也被引入逻辑学中,使现代逻辑系统的应用范围越来越广泛,不仅应用于数学、计算机等科学领域,还广泛应用于各种科学实践活动和社会实践活动。这些应用促成了许多新的逻辑学分支学科的出现,尤其是人工智能与计算机的发展及应用直接推动了现代逻辑系统学的长足进步与快速发展。总之,现代逻辑系统的思想与技术已经渗透到人们生活的方方面面,这些思想与技术为人们的生活解决了许多实实在在的问题。

四、逻辑系统的发展趋势

计算机科学和人工智能是21世纪早期逻辑系统发展的主要动力,并由此决定了21世纪逻辑系统的发展态势。人工智能要模拟人的智能,其难点不在于模拟人脑所进行的各种必然性推理,而在于最能体现人的智能特征的能动性思维与创造性思维。因为在这样的思维中包括学习、抉择、尝试、修正、推理诸因素。例如,在海量资料中有选择地搜集相关的经验证据,在不掌握充分信息的基础上做出尝试性的判断或抉择,能够不断地根据环境反馈信息调整、修正自己的行为,进而取得实践的成功。因此,逻辑系统应当全面地研究人的思维活动,并着重研究人的思维中最能体现其能动性特征的各种不确定性推理,由此发展出的逻辑理论也将具有新的可应用性。

实际上,在20世纪中后期,与上述内容相关的研究活动就已经开始了。逻辑与人工智能之间的相互融合和渗透越来越普遍,也越来越深入。例如,哲学逻辑所研究的许多课题在理论计算机和人工智能中具有重要的应用价值。人工智能从认知心理学、社会科学以及决策科学中获得了许多资源,但逻辑(包括哲学逻辑)在人工智能中发挥了特别突出的作用[72]。某些原因促使哲学逻辑家去发展关于非数学推理的理论;基于几乎同样的理由,人工智能的研究者们也在进行类似的探索。这两方面的研究正在相互接近、相互借鉴,甚至逐渐融合在一起[73]。例如,人工智能特别关心下述课题:

(1)效率和资源有限的推理;

(2)感知;

(3)做计划和计划再认;

(4)关于他人的知识和信念的推理;

(5)各认知主体之间相互的知识;

(6)自然语言理解;

(7)知识表示;

(8)常识的精确处理;

(9)对不确定性的处理,容错推理;

(10)关于时间和因果性的推理;

(11)解释或说明;

(12)对归纳概括以及概念的学习。

21世纪的逻辑系统也应该关注上述这些问题,并对之进行系统研究和深入探索。为了做到这一点,逻辑系统的研究者们应当熟悉人工智能的要求及其相关进展,使其研究成果在人工智能中具有可应用性和可推广性。

第二节　非单调推理

一、非单调推理概述

1. 非单调推理的发展

对非单调推理(Non-monotonic reasoning)的研究可以追溯到20世纪70年代。著名学者明斯基(Minsky)关于"鸟会飞"的经典例子描绘了这种推理方式的作用与特征[74]。该例子大致是说,依据常识,人们一般认为鸟都会飞。当得知一种名为"翠迪"的鸟儿新近被人发现时,按照单调推理的方式,自然而然认定"翠迪"和其他鸟类一样会飞。这就相当于在前提集加入了新信息,即使加入的新信息与原有已知的信息发生了冲突,"翠迪"会飞的结论依然不会改变。但是,实际情况是复杂的,客观世界是多样的。如果人们又得知"翠迪"其实与鸵鸟或企鹅一样,属于不会飞的鸟儿的话,那么先前所得的结论就需要修改了,即结论应改成"翠迪"不会飞。因为如果该结论不做修改的话,就将违背客观事实。

非单调推理认为:人类思维本质上是非单调的。由于人们往往对客观条件掌握得不够充分,因而当有新的事实被认识时,可能会导致原来的某些结论被推翻。具有这种特点的推理即是非单调推理,它最早是由明斯基在1975年提出的。研究非单调推理的目的是更好地描述和实现人的常识推理。例如,有一个关于非单调逻辑和非单调推理的有趣实例,这个例子说的是:宋江刺配江州,路过揭阳镇时偶遇"病大虫"薛永正使枪弄棒在街头卖艺,眼见一套把式下来无人赏他钱财,薛永羞愧难当。见此情景宋江仗义疏财赠其白银五两。此时宋江自以为做了一件扶危济贫的好事,必然会得到众人赞赏。谁知"没遮拦"穆弘、"小遮拦"穆春两兄弟出言不逊,横加阻拦,弄得宋江一行在镇上连饭也吃不成。晚上好不容易找到投宿处,以为摆脱了是非纠缠,没想到却是一头扎进穆家,险些自投罗网,束手就擒。待他们逃出穆家后,如丧家之犬在芦苇丛中慌忙奔走,前有大江阻隔,后有穆弘、穆春两兄弟带人追赶,自以为今番插翅难飞,必落魔掌。此时,居然从芦花丛中出现一叶扁舟摇拢过来,载着他们脱离险境,并且艄公毫不理会岸上穆家兄弟的威胁,摇船直奔江心,使宋江长舒一口气,以为否极泰来,逃命有望。正在惊魂稍定之际,忽然,艄公抽出尖刀,喝令他们交出钱财,并问宋江要吃馄饨还是吃板刀面。宋江此时自谓必死,和押送公差一起准备跳江。危急时刻,上流驶下一条船,他的朋友李俊、童威、童猛赶到,终于使宋江转危为安。

短短不到一天的时间里,"穆弘的干涉"推翻了宋江"善有善报"的结论;"穆家兄弟对穆太公说的话"推翻了宋江"已经离开是非之地"的结论;"一叶扁舟的出现"推翻了"必落魔掌"的结论;"馄饨和板刀面"推翻了"逃命有望"的结论;"李俊等人赶到"推翻了"此命休也"的结论。由此可见,日常情形下的推理所面临的因素是复杂多变的。按照单调推理的方法,所得的结论可能与实际情况不符,导致单调推理失效。这时需要借助非单调推理,才能够保证推理的合理性。

后来,人们开始关注非单调推理的研究,特别是对非单调逻辑系统的研究。1980年,在经典一阶逻辑的基础上,麦克德莫特(D.McDermott)与多伊尔(J.Doyle)联手构建了非单调逻辑系统,并在此后不久,麦克德莫特又提出了比原来的非单调逻辑更强的新的非单调逻辑系统。为了便于区分,一般将前者称为非单调逻辑 I ,将后者称为非单调逻辑 II 。同样也是在1980年,赖特(R.Retier)创立了缺省逻辑。他重点研究了闭正规缺省理论,并提出了非单调推理的封闭世界假设(CWA)方法。紧接着,道伊尔建立了非单调推理系统TMS(Truth Maintenance System)。随后,麦卡锡讨论了限制方法,并在1986年研究了一类非单调推理的应用方法。

起初,人们关注于建立不同的非单调逻辑系统。现阶段对非单调推理的研究表现为,探讨各个非单调逻辑系统之间的关系。比如,阿米尔(E.Amir)在其著作《非单调推理的二十年》中的第四、第五与第六部分,从公理性质、非单调推理的语义和翻译三个相关原则分别谈到了各个非单调逻辑系统之间的关系。

2. 非单调推理的概念

非单调推理的推理形式呈现出非单调性的特征。非单调性即非演绎性。归纳推理、模糊推理和概率推理都具有非单调性的特征。比较而言,经典逻辑的推理模式是演绎的、单调的。从某种意义上讲,演绎和单调表达了相同的内涵,因此在本质上是一样的。演绎与单调都呈现出线性的特征,用式子表示单调推理为:

$$(\Gamma \rightarrow X) \wedge (\Gamma \subseteq \Gamma') \rightarrow (\Gamma' \rightarrow X) \tag{5-1}$$

上式表示:如果从已知信息 Γ 能得到结论 X,并且已知信息 Γ 的内涵包含新信息 Γ' 的内涵,那么人们就可以得出新信息 Γ' 能推出结论 X。也就是说,随着前提中条件的增加,所得结论也必然增加,至少不会减少结论或者修改结论。

然而,在现实生活中,人们所遇到的推理问题往往面临着复杂的或者不可测的情况,并不是简单的线性推理问题。非单调推理具有一定的灵活性,所得结论具有暂时性。随着新信息的出现,可以不断修正结论。这满足了常识推理的要求。非单调推理可以处理日常情景中所遇到的复杂推理问题。

现实生活中非单调推理的实例很多。比如,一般而言,现在的天气预报比较准确,其准确率大于90%。天气预报说今天本地的天气是白天阴转多云。按照单调推理的说法,人们会认为今天白天最多是阴天而不会下雨,但实际情况是也可能出现下雨。可能的原因之一是当地为了抗旱,要实施人工降雨。又比如,法庭上如果对被告有罪进行指证的证据不足,就要判被告人无罪。而这个时候,如果法庭知道了一个能够指证被告有罪的关键性证据,形势就会发生逆转,法庭就很可能判决被告人有罪。

由此可知,非单调推理把由单调推理所得的结论标上了一个问号。随着对前提集中所包含的已知信息和未知信息的确定,结论的问号会暂时消除,或者修改结论。把上面提到的表示单调推理的式子变为非单调推理的式子,就有:

$$?(\Gamma \rightarrow X) \wedge (\Gamma \subseteq \Gamma') \rightarrow ?(\Gamma' \rightarrow X) \tag{5-2}$$

或者是:

$$?(\Gamma \wedge X) \wedge (\Gamma \subseteq \Gamma') \rightarrow ?(\Gamma' \rightarrow X) \tag{5-3}$$

式中,Γ 表示已知信息,Γ' 表示新信息,$?$ 表示不确知或者不确定。上式表示,在已知前提中,新信息 Γ' 属于已知信息 Γ,但是已知信息 Γ 与结论 X 的关系是不确知的。因此,新信息 Γ' 所得出的结论 X 只是暂时成立。如果出现新信息与结论相悖的情况,就需要修改结论。由此可见,非单调推理所得结论是在前提条件不确知的情况下得出的。非单调推理的最终目标是实现推理的合理性。这里的合理性主要是指合乎常识的一般情况,或者能合乎情理地解释现实状况等。这不同于单调推理所要求的有效性。

3. 非单调推理的特征

随着人工智能基础理论领域的不断拓展,众多研究者们已经提出了许多的非单调推理模式,并在较深的层次上做了大量的研究工作。虽然不同的研究者对非单调推理的研究内容和侧重点不同,但对非单调推理所反映的本质特征是什么都有一个大概的阐述。总的来说,大家认为非单调推理应当具备如下三个特征:

(1)一般意义上的非单调特征;

(2)以推理的行为所反映的关于知识增长的不确定性和认识的可容错性;

(3)如果站在传统逻辑的立场上,坚持要求具备正确性和完备性的话,便会给非单调计算带来困难,其结果一般是半不可判定的[75]。

4. 非单调推理的类型

了解非单调推理,需要从非单调推理的形式化方面着手。对非单调推理的形式化研究又表现为对非单调逻辑系统的研究。在此,将介绍两类非单调逻辑系统,并对系统的基本性质进行简要分析。这两类非单调逻辑系统所对应的推理分别是模态非单调推理和缺省推理。

(1)模态非单调逻辑。

模态非单调推理是指具有模态非单调逻辑基本特征的推理。通过了解模态非单调逻辑的基本特征,就可以清晰认识模态非单调推理。模态非单调逻辑利用模态逻辑的方法,通过增加模态算子"相信",把非单调推理"已知 Γ,在未知 Γ' 的情况下,得出 X'"的结论修改为"已知 Γ,在未知 Γ' 的情况下,相信 X 或者不出现 $\neg X$,得出 X'"的结论。模态非单调推理是在"相信"不完全信息的情况下进行推理。模态非单调逻辑由非单调逻辑Ⅰ与Ⅱ和自认知逻辑构成。

非单调逻辑系统是由麦克德莫特和道伊尔在1980年提出的。后来，麦克德莫特又提出了更为严格的非单调逻辑系统。因此非单调逻辑有了Ⅰ与Ⅱ之分。非单调逻辑Ⅰ是通过一阶逻辑语言A加一个模态算子M构造出来的，用式子表示为MA，读作A是一致的或相信的。一般来说，非单调逻辑的一个理论Γ可以表示为$\Gamma = \{MA\}$。

用非单调逻辑Ⅰ的语言可以把前面提到的非单调推理的式子(5-2)表示为：

$$M(\Gamma \rightarrow X) \wedge (\Gamma \subseteq \Gamma') \rightarrow M(\Gamma' \rightarrow X) \tag{5-4}$$

该式也可以表示为：

$$(\Gamma | \sim X) \wedge (\Gamma \subseteq \Gamma') \rightarrow (\Gamma' | \sim X) \tag{5-5}$$

1983年，摩尔提出了自认知逻辑。自认知逻辑是在经典命题逻辑的基础上引入"相信"这一模态算子，"在给定的初始假设条件下，形成相信集(belief sets)"。自认知逻辑研究的是具有反思能力的"主体相信"。基于自认知逻辑的推理公式与基于非单调逻辑Ⅰ的推理公式类似，如：

$$M(\Gamma \rightarrow X) \wedge (\Gamma \subseteq \Gamma') \rightarrow M(\Gamma' \rightarrow X) \tag{5-6}$$

$$\neg L \neg (\Gamma \rightarrow X) \wedge (\Gamma \subseteq \Gamma') \rightarrow L(\Gamma' \rightarrow X) \tag{5-7}$$

从上面所列的两个式子可以发现，其中模态算子M被替换为L。除此之外，两个公式之间的区别还在于非单调逻辑Ⅰ中的模态算子M前不要求出现$\neg$，而自认知逻辑的模态算子L前至少需要出现一个$\neg$。在L前出现$\neg$的原因在于，如果$\neg(\Gamma \rightarrow X)$不在"相信集"中，那么主体要接受$\neg L \neg (\Gamma \rightarrow X)$，再由$\neg L \neg (\Gamma \rightarrow X) \rightarrow L(\Gamma \rightarrow X)$。由此表明，在自认知逻辑中进行推理的主体对它不相信的事物具有反思能力。这种以否定相信达到相信的反思具有直观的意义。这也是自认知逻辑不同于经典模态逻辑的地方所在。

(2)缺省逻辑。

缺省逻辑由著名学者赖特提出，后来经过其他学者的持续研究，得以发展和完善。缺省逻辑建立在经典逻辑的基础之上，并且添加了新的推理规则——缺省规则。缺省规则强调一致性概念。但是它不能表示为对象语言中的公式，并且使用缺省规则需要一定的条件。需要说明的是，在有的情况下，缺省规则并不可用。

通常情况下，缺省逻辑把关于外部世界的常识表示为一个形式为二元组的缺省理论，一般地，用式子表示：

$$\Gamma = (W, D) \tag{5-8}$$

其中，Γ是缺省理论。W是Γ的一阶公式集，它表示关于外部世界的常识，一般是不完全的。D是缺省规则集，表示相信，它可用以下公式表示：

$$D = \{(A(x) : MB1(x), \cdots, MBn(x)/w(x))\} \tag{5-9}$$

其中，$A(x) : MB1(x), \cdots, MBn(x)$和$w(x)$是一阶公式。$x$是自由变元。一般地，称$A(x)$为缺省$D$的前提；称$MB1(x), \cdots, MBn(x)$为缺省的理由；称$w(x)$为缺省的结论。

二、非单调推理与其他推理

1. 非单调推理与单调推理

从宏观层面来看，单调推理与非单调推理的共同之处在于两者在本质上都是一种推理模式，在功能上都是为了能从前提中得出相应的结论。不同的是，在推理形式上，单调推理呈现线性特征，而非单调推理则与之相反；在推理有效性方面，单调推理要强于非单调推理，只不过单调推理在常识推理中的应用范围要远远小于非单调推理；在常识推理中，非单调推理要比单调推理更加灵活。从具体层面来看，单调推理是非单调推理的基础。这就类似于演绎推理是归纳推理、模糊推理和概率推理的基础。

单调推理的有效性强于非单调推理的合理性。但是人们还是希望能在日常生活、工作和学习中，通过非单调推理获取可靠的结论。这就要求在非单调推理的前提下建立更为充分可靠的知识库。而且在进行推理时，要尽可能地充分运用有用的知识和成功的经验，以增强推理的合理性。

2. 非单调推理与常识推理

众所周知，常识是指人们关于现实世界的日常知识，而基于日常知识的推理就是常识推理。由于日常语境具有多样性、变化性和复杂性，所以常识推理普遍是在知识不完全的情况下进行的。比如，在人们还不知道海豚和鲸是哺乳动物的时候，总认为两者都属于鱼类。因为在人们看来，它们都生活在海洋中，能在海水中畅游，并且和鱼类有许多共同的特征。随着人类知识库的不断扩张，人们对鱼类的属性与特征有了更深入的了解，逐渐知道海豚和鲸其实并不具备鱼类的关键特征，而是具有哺乳动物的重要特征。因此，人们修改了先前的结论，将新结论改为海豚与鲸不是鱼类。

在知识不完全的前提下，在对未知的知识没有经过确认之前，常识推理首先对它进行了否定性的猜测，即认为未知知识并不存在。而随着新知识的增加，可能会出现新的证据，要求修改曾经所做的假设和所得的结论。常识推理有一个最基本的要求，就是其接受任何结论都必须要有合理的依据。这与非单调推理的特征十分相似。因此，可以说非单调性刻画了常识推理的最一般特征，非单调推理代表了一类常识推理模式。非单调推理所具有的特点符合常识推理的要求，即在假设不存在新信息的情况下，根据现有信息来进行推理，但是推理所得结果只是暂时成立的，如果增添与原有信息相冲突的新信息，那就可以返回修改原有的结论。

由此可知，非单调推理是一种开放性的推理模式，可以用于常识推理，用以处理日常情形下的复杂推理问题。所以，非单调推理也是常识推理中最为重要的内容。故而有学者断言："非单调逻辑几乎可以说是处理不完全信息推理的唯一有效方法。"

3. 非单调推理与人工智能

思维、语言与推理都是人类智能的表现。一般说来,语言可以表达思维,这既是人类独有的表达工具,也是人类独有的特殊本领。推理是构造语言的重要成分,也是体现智能的基本要素。因此可以说推理是智能最基本、最重要的表现。人的智能取决于其运用推理解决复杂问题的能力。人的智能之所以比其他动物的智能要高,就在于人在面对复杂环境时,可以通过一系列的推理来解决所遇到的各种问题。

人工智能的发展目标就是力求创造出人造思维主体,能够有效地模拟人类思维甚至超越人类思维,帮助人们解决一些复杂的智能问题。这一发展目标及其成果可以表现为人工智能系统是如何进行学习的,是如何理解常识的,又是如何帮助人们进行推理的。在人工智能早期,代表单调推理的经典逻辑得到广泛应用,可以解决一些演绎的单调推理问题。后来由于经典逻辑本身的不自洽性与不完全性,加上经典逻辑无法解决机器学习问题,人工智能一度陷入困境而发展缓慢。随着人们研究出了不完全信息下的推理方法,如不确定推理和非单调推理,人工智能在机器学习方面有了新的进展。因此,研究非单调推理,对解决人工智能发展的瓶颈问题具有重要的促进作用。

4. 非单调推理与法律推理

法律是在维持正义或公正的原则上,合理地解决现实中的纠纷与矛盾,保护人们的合法权益。法律推理是法律的重要内容。法律推理以现有的、具有法律效用的证词和证据为根据,依照相应的法律条款,从而得出合法的结论。当推理过程中出现新的证词和证据时,就需要保证扩充后的证词与证据之间是协调一致的。必须将其中不符合事实的伪证删去,再进行推理,得出新的结论。然后,根据法律条文来进行审判。研究法律推理对于人们合理使用法律与完善法律体系都有重要意义。

一般而言,研究法律推理有两种途径:一是以法律逻辑为研究对象的法律推理;二是作为法理学一个重要分支的法律推理。对于第二种途径来说,法律推理是建立在法理学基础之上的,法律推理不仅具有经典逻辑的单调性特点,也具有非经典逻辑的非单调性特点。博登海默提出:"形式逻辑在解决法律问题时只起到了相对有限的作用。当一条制定法规则或法官制定的规则——其含义明确或为一个早先的权威性解释所阐明——对审判该案件的法院具有拘束力时,它就具有了演绎推理工具的作用。但是另一方面,当法院在解释法规的语词、承认其命令具有某些例外、扩大或限制某一法官制定的规则的适用范围或废弃这种规则等方面具有某种程度的自由裁量权时,三段论逻辑方法在解决这些问题时就不具有多大作用了。"由此可见,人们应当关注非单调推理在研究法律推理中的重要作用。

5. 非单调推理与哲学推理

哲学推理就是哲学理论中所包含的推理成分。古希腊哲学家亚里士多德创建逻辑学的最初目的就是让哲学推理变得更为合理、更为有效。通过严格的哲学推理,可以确保哲学理论具有较强的说服力。近代以前的哲学理论,其推理部分关注单调推理的应用。然而,单调推理不是万能的,其缺陷在于当前提集中加入新信息以后出现了矛盾,这时却仍然可以得出原结论。因此,哲学理论中存在着一些自相矛盾的现象。相比而言,非单调推理具有相对的灵活性,可以修改理论内容不一致的新情况,得出新结论。人们可以通过运用非单调推理的方法来合理地解释一些哲学理论,并将其用于哲学的研究之中。

整个哲学发展的过程都体现出一种非单调性特征。比如,哲学有三大转向,即本体论转向、认识论转向和语言转向。上述讨论的问题就属于第二个转向,人们由于对本体问题所持的观点各不相同,开始反省人对外部世界是否可能实现真的认识。后来认识论因为认识的标准问题,出现了经验论与唯理论之争。于是,人们开始反思认识论所使用的语言是否存在问题,认为解决认识论问题的关键在于研究所使用的语言。这种不断反思的过程体现出模态非单调推理中的自认知推理的特点,即通过否定相信集中原有内容来达到对相信集新内容的重新认识。

哲学发展的过程类似于非单调推理的推理过程,即从不断修改、不断反思当中,得出暂时性的结论。当出现新情况时,再去修改原有结论。由于这一过程处于无穷状态,所以哲学的探索之路极其漫长。

第三节　不确定推理

一、不确定推理概述

1. 不确定推理的内涵

讲述不确定性推理之前,首先应当了解不确定性的概念。不确定性和随机性是两个截然不同的概念。随机性是指对于相同的输入,结果有好坏之分,是随机出现的;而不确定性是指对于相同的输入,得出的结果可能会不止一种。明确了不确定性的含义之后,人们就容易理解不确定性推理的重要性。因为现实世界中的很多事物都是不能用规则或知识完全表示出来的,或者虽能用规则和知识完全表示,但还会存在一些误差,这使得不确定性推理成为目前学术界的研究热点。

不确定性推理(Reasoning with Uncertainty)也称不精确推理,以非经典逻辑为基础,运用不确定性知识进行推理。它从不确定性的初始证据出发,通过运用不确定性知识,推出具有一定程度不确定性的、合理的或近乎合理的结论。

由于知识本身的不精确和不完全,一个人工智能系统采用标准逻辑意义下的推理方法往往难以达到解决问题的目的。对于一个智能系统来说,知识库是其解决问题的核心。但在这个知识库中,通常包含着大量具有模糊性、随机性、不可靠性或不知道等不确定性因素的知识。由此可以看出,不确定性推理是指建立在不确定性知识和证据基础之上的推理。例如,不完备、不精确知识的推理,模糊知识的推理等。不确定性推理实际上是一种从不确定的初始证据出发,通过运用不确定性知识,最终推出具有一定程度的不确定性却又是合理或基本合理的结论的思维过程。

2. 不确定性推理的需求

采用不确定性推理是客观问题的需求,其原因如下:

(1)所面对的知识不完备、不精确。知识的不完备是指在解决某一问题时,人们并不具备解决该问题所需的全部知识[76]。例如,医生看病时,一般是从病人的部分症状开始诊断的。知识的不精确是指既不能完全确定知识为真,又不能完全确定知识为假。例如,专家系统中的知识多为专家长期积累的经验,而这些经验又多为不精确知识。

(2)所面对的知识描述模糊。知识描述模糊是指知识的边界不明确,往往是由模糊概念引起的。例如,人们平常所说的"很好""好""比较好""不很好""不好""很不好"等都是模糊概念。那么,当用这类概念来描述知识时,所得到的知识当然也是模糊的。例如,"如果张三这个人比较好,那么就可以把他当成好朋友"所描述的就是一条模糊知识。

(3)多种原因导致同一结论。多种原因导致同一结论是指知识的前提条件不同而所得结论相同。在现实世界中,可由多种不同原因导出同一结论的情况大量存在。例如,引发人体低热的原因至少有几十种,如果每种原因都作为一条知识或一个条件,那就可以形成几十条前提条件不同而结论相同的知识。当然,在不确定性推理中,这些知识的静态强度可能是不同的。

(4)解决方案不唯一。解决方案不唯一是指同一个问题可能存在多种不同的解决方案。其实这在现实生活中是屡见不鲜的。遇到类似情况,人们通常的解决方法是优先选择主观上认为相对较优的方案,这也是一种不确定性推理。

总之,在人类的知识和思维中,确定性是相对的,不确定性才是绝对的。人工智能要解决不确定性问题,就必须采用不确定性的知识表示和推理方法。

3. 不确定性推理的表示

不确定性推理的表示包括知识不确定性的表示和证据不确定性的表示,具体介绍如下。

(1)知识不确定性的表示。知识不确定性的表示方式是与不确定性推理方法密切相关的一个问题。在选择知识不确定性的表示方式时,通常需要考虑以下两个方面的因素:一是要能够比较准确地描述问题本身的不确定性;二是要便于推理过程中不确定性的计算。对于这两个方面的因素,一般是将它们结合起来统筹解决,只有这样才会得到较好的表示效果。

知识的不确定性通常可用一个数值来描述,该数值表示相应知识的确定性程度,也称为知识的静态强度。知识的静态强度可以是该知识在应用中获得成功的概率,也可以是该知识的可信程度等。如果用概率来表示静态强度,则其取值范围为$[0,1]$,该值越接近于1时,其值越大,说明该知识越接近于"真";该值越接近于0时,其值越小,说明该知识越接近于"假"。如果用可信度来表示静态强度,则其取值范围一般为$[-1,1]$。当该值大于0且越接近于1时,其值越大,说明知识越接近于"真";当该值小于0且越接近于-1时,其值越小,说明知识越接近于"假"。在实际应用中,知识的不确定性是由领域专家给出的。

(2)证据不确定性的表示。

证据有多种不同的分类方法。如果按照组织形式分类,可分为基本证据和组合证据。基本证据是指单一证据和单一证据的否定。组合证据是指将多个基本证据组织到一起形成的复合证据。如果按照不同来源分类,可分为初始证据和中间结论。初始证据是指在推理之前由用户提供的原始证据,如病人的症状、检查结果等,其可信度是由提供证据的用户给出的。中间结论是指在推理中所得到的中间结果,它将被放入综合数据库,并作为以后推理的证据来使用,其可信度是在推理过程中按不确定性更新算法计算出来的。证据不确定性的表示应包括基本证据的不确定性表示和组合证据的不确定性计算。对于前者而言,其表示方法通常应该与知识的不确定性表示方法保持一致,以便在其推理过程中能对不确定性进行统一处理。常用的表示方法有可信度方法、概率方法、模糊集方法等。对于后者而言,多个基本证据的组合方式可以是析取关系,也可以是合取关系。当一个知识的前提条件是由多个基本证据组合而成时,各个基本证据的不确定性表示方式同上,组合证据的不确定性可在各基本证据的基础上由最大最小方法、概率方法和有界方法等经过计算得到。

4. 不确定性推理的匹配

实际上,推理过程是一个不断寻找和运用可用知识的过程。可用知识是指其前提条件可与综合数据库中的已知事实相匹配的知识。因为只有匹配成功的知识才可以被使用。在不确定性推理中,由于知识和证据都是不确定的,而且知识所要求的不确定性程度与证据实际所具有的不确定性程度往往又不一定相同,那么,怎样才算匹配成功呢? 这是一个需要解决的具体问题。目前,常用的解决方法是:设计一个用来计算匹配双方相似程度的算法,并给出一个相似的限度,如果匹配双方的相似程度落在规定的限度内,则称匹配双方是可匹配的;否则,就称匹配双方是不可匹配的。

5. 不确定性推理的更新

在不确定性推理中,由于证据和知识均是不确定的,那么就存在以下两个问题:一是在推理的每一步中如何利用证据和知识的不确定性去更新结论(在产生式规则表示中也称为假设)的不确定性;二是在整个推理过程中如何把初始证据的不确定性传递给最终结论。对于第一个问题,一般做法是按照某种算法由证据和知识的不确定性计算出结论的不确定性,至于如何计算,不同的不确定性推理方法其处理方式各有不同。对于第二个问题,不同的不确定性推理方法其处理方式却基本相同,都是把当前推出的结论及其不确定性作为新的证据放入综合数据库,供以后的推理使用。由于推理第一步得出的结论是由初始证据推出的,该结论的不确定性当然要受到初始证据不确定性的影响,而将其放入综合数据库作为新的证据进一步推理时,该不确定性又会传递给后面的结论。如此进行下去,就会将初始证据的不确定性逐步传递到最终结论。

6. 不确定性结论的合成

在不确定性推理过程中,很可能会由多个不同知识推出同一结论,并且推出的结论的不确定性程度又各不相同。对此,需要采用某种算法对这些不同的不确定性进行合成,求出该结论的综合不确定性。

以上问题是不确定性推理中需要考虑的一些基本问题,但也并非每种不确定性推理方法都必须包括这些全部内容。实际上,不同的不确定性推理方法所包括的内容可以不同,并且对这些问题的处理方法也可以不同。

7. 不确定性推理的类型

目前,关于不确定性推理的类型有多种不同的分类方法,如果按照是否采用数值形式来描述不确定性,那么可将其分为数值方法和非数值方法两大类型[77]。数值方法是一种用数值对不确定性进行定量表示和处理的方法。人工智能对数值方法的研究和应用较多,目前已形成了多种不确定性推理模型。非数值方法是指除数值方法以外的其他各种对不确定性进行表示和处理的方法,如非单调推理、不完备推理等。

对于数值方法,又可按其所依据的理论分为两大类型,一类是在概率理论的基础上形成的模型,另一类是在模糊逻辑的基础上形成的模型。第一类模型又可分为基于概率的推理模型和直接概率推理(简称概率推理)模型。其中,基于概率的推理模型包括确定性理论、主观贝叶斯方法、证据理论等,它们的共同特点是需要用到概率,但又不能在概率论的框架内直接推理。而概率推理模型却不同,它可以在概率论的框架内直接推理,如贝叶斯网络推理方法。

二、不确定推理的方法

概率推理、D-S证据推理和模糊推理分别具有处理不同类型的不确定性的能力。比较而言,概率推理处理的是"事件发生与否不确定"这样的不确定性;D-S证据推理处理的是含有"分不清"或"不知道"信息这样的不确定性;模糊推理则是针对概念内涵或外延不清晰这样的不确定性。这些不确定性在实际的推理问题中是非常普遍与常见的。下面将先介绍概率推理、D-S证据推理,模糊推理则放到下一节再作介绍。

1. 概率推理

概率推理也称贝叶斯推理,是一种以贝叶斯法则为基础的不确定性推理方法,具有处理"事物发生与否不能确定"这样的不确定性的能力。而这样的不确定性在现实问题中是普遍存在的。因此,概率推理有着广泛的应用需求。为了便于说明,下面将以多源目标身份信息融合处理这一当前十分热门的应用为例对该推理方法进行介绍。

在一个特定的目标身份融合问题中,目标身份的可能种类的集合称为假设空间,可以抽象地表示一个有限集合。假定这个集合是确定的,且该集合中的每个元素(每种类型)的先验概率是已知的。现有若干信息源(如传感器),分别能够从某一角度对所关注的目标进行观察,并给出目标身份为假设空间中每一类型的条件下得到这一观察结果的条件概率,则利用概率论中著名的贝叶斯法则,就能够得出融合所有信息源观察信息后的目标各种可能身份的后验概率,这就是概率推理的基本原理。

假定目标身份的类型为 O_1, O_2, $\cdots$, O_m,即假设空间为

$$\Theta = \{O_1, O_2, \cdots, O_m\} \tag{5-10}$$

同时假定传感器(信息源)的数量为 n,它们在某一次观察中得到的关于目标身份信息的观察报告分别为 D_1, D_2, $\cdots$, D_n。即观察报告集为

$$D = \{D_1, D_2, \cdots, D_n\} \tag{5-11}$$

按照前面的说法,若已知各先验概率 $P(O_i)$ $(i=1, 2, \cdots, m)$,且按照概率论的要求,满足

$$\sum_{i=1}^{m} P(O_i) = 1 \tag{5-12}$$

同时,每个信息源给出条件概率 $P(D_j|O_i)$ $(i = 1, 2, \cdots, m)$ $(j = 1, 2, \cdots, n)$。按照贝叶斯公式,有

$$P(O_i|D) = \frac{P(D|O_i)P(O_i)}{\sum_{i=1}^{m} P(D|O_i)P(O_i)} \tag{5-13}$$

$P(O_i|D)$ $(i=1, 2, \cdots, m)$ 是综合了各传感器报告结果后各目标身份的概率,这就是概率推理的结果。由此可以看出,这个概率推理的过程也是一个信息融合的过程。如果各传感器的报告相互独立,则

$$P(D|O_i) = \prod_{j=1}^{n} P(D_j|O_i) \tag{5-14}$$

将公式(5-14)代入公式(5-13),有

$$P(O_i|D) = \frac{\prod_{j=1}^{n} P(D_j|O_i)P(O_i)}{\sum_{i=1}^{m} \prod_{j=1}^{n} P(D_j|O_i)P(O_i)} \tag{5-15}$$

按照以上的说明,概率推理在目标身份信息融合的过程可以用图5-1表示。其中的决策逻辑一般采用最大验后概率准则。

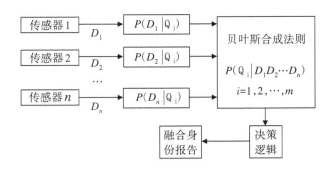

图5-1　概率推理过程

概率推理最大的优点在于它的理论十分严密。概率推理以概率论为基础,而概率论是建立在完整的公理体系之上的,因此,概率推理是严密的。只要有关的先验概率和条件概率是可信的,则概率推理的结果也是可信的。此外,由于有大数定理的保障,概率推理在许多实际问题中的应用也得到了理论上的支持。概率推理的这种理论严密性也正是其被广泛应用的根本原因所在。

2. D-S 推理

1967年,Dempster提出了由多值映射导出的上概率和下概率理论与方法,使证据理论得到人们的关注,之后Shafer进一步将其完善,建立了命题和集合之间的一一对应关系,把命题的不确定性问题转化为集合的不确定性问题,满足比概率论弱的情况,形成了一套关于证据推理的数学理论。此后,证据推理成为以证据论为核心的不确定性推理技术。它的出发点就是要解决概率推理存在的上述问题,即无法处理含有"分不清"或"不知道"这类不确定性信息的问题。

在此,仍以目标身份信息处理问题为例,来分析"分不清"和"不知道"的相关不确定性。在实际问题中,人们常常会遇到这样的信息:"目标类型是A或B的可能性为70%;目标类型是C的可能性为30%。但具体到A和B就分不清了。"这样的信息在概率推理中是不能使用的,因为目标类型在A和B之间无法具体区分。更为常见的是,人们获取的信息可能仅为:"目标类型是A或B,且可能性为70%;别无所知。"显然,这样的信息在概率推理中更是不堪采用。因为不仅目标类型在A和B之间无法详细区分,而且各种可能性的总和还不为1。

为了能处理这样的信息,首先是要合适地描述这类信息。D-S证据论是采用基本概率分配(Basic Probability Assignment,简称BPA)这一概念来描述的,基本概率分配亦可称为概率质量,简称mass。此外,有必要说明一下,前面提到的例子中的目标类型假设空间Θ在证据论中称为辨识框架。

首先来看mass的定义。称映射$m:2^{\Theta}\rightarrow[0,1]$为mass,若满足

$$m(\Phi)=0 \tag{5-16}$$

$$\sum_{A\in\Theta}m(A)=1 \tag{5-17}$$

其中，2^Θ为辨识框架Θ的幂集，即Θ的全体子集的集合；Φ表示空集，自然它也是2^Θ的子集。

这样看来，D-S证据论确实解决了上述"分不清"和"不知道"信息的描述问题。实际上，它是将"目标类型是 A 或 B 的可能性为 70%"这种 A 或 B 之间"分不清"的 mass 分配给Θ的子集 A∪B。同时，证据论是通过将 mass 分配给整个辨识框架Θ的办法来解决"不知道"的那部分信息的描述的。

证据论的一个核心内容是证据合成。设m_1和m_2是Θ上的两个证据，则

$$m(A) = \frac{1}{K} \sum_{U \cap A = A} m_1(U)m_2(V) \tag{5-18}$$

仍是 mass。

这就是 Dempster 证据合成法则。上中的参数K起着将合成后的 mass 归一化的作用。当两个证据之间存在冲突时，冲突部分的 mass 应设置为零，而剩下部分的 mass 则通过K^{-1}归一化。K的具体表达式为：

$$K = 1 - \sum_{U \cap V \neq \Phi} m_1(U)m_2(U) = \sum_{U \cap V \neq \Phi} m_1(U)m_2(V) > 0 \tag{5-19}$$

D-S证据论还有两个重要概念：确信度和似信度。限于篇幅这里不加介绍。读者感兴趣的话，可以查阅相关的参考文献。

第四节　模糊逻辑和模糊推理

一、模糊逻辑概述

1. 模糊逻辑简介

谈及模糊逻辑，就要从著名的"沙堆问题"说起。"从一个沙堆里拿走一粒沙子，剩下的还是一个沙堆吗？"如果有人一本正经地问你这个问题，那你毫无疑问会回答"是"。但如果有人重复这个动作，并且每拿走一粒沙子就问你这个问题，该问题的答案还会一直都是"是"吗？ 试想一下，如果每次都拿走一粒沙子，剩下的始终还是一个沙堆的话，那么到最后一粒沙子都被拿走时，就会出现一个怪事——没有一粒沙子的空地还能说成是沙堆。这显然是违背人们正常认知的[78]。那么这里的问题到底出在哪里呢？ 其实，问题出在"沙堆"这个概念是模糊的，没有一个清晰的界限将"沙堆"与"非沙堆"分开。人们没有办法明确指出，在这个不断拿走沙子的过程中，什么时候"沙堆"就不再是"沙堆"了。与"沙堆"相似的模糊概念还有"年轻人""小个子""大房子"等。这种在生活中常见的模糊概念，在用

传统数学方法处理时,往往会出现问题。

如果人们尝试消除这些概念的模糊性,会如何去做呢?假如人们规定含有10000粒以上沙子的才能称为"沙堆","沙堆"这个概念的模糊性就消除了。10000粒沙子组成的算是沙堆,9999粒沙子组成的不算是沙堆,这在数学上没有任何问题。然而,仅仅取走微不足道的一粒沙子,就将"沙堆"变为"非沙堆",这又不符合人们日常生活中的思维习惯。在企图用数学处理生活中的问题时,精确的数学语言和模糊的思维习惯产生了矛盾。

1965年,美国自动控制专家扎德(L.Zadeh)首先提出了模糊集合和模糊逻辑的概念,标志着模糊数学的诞生。在逻辑中,模糊逻辑是多值逻辑的一种形式,其中变量的真值可以是0到1之间的任何实数。相比之下,在布尔逻辑中,变量的真值可能只是整数值0或1。传统的数学方法常常试图进行精确定义,而人们关于真实世界中许多事物的概念往往却是模糊的,没有精确的界限和定义。在处理一些问题时,精确性和有效性形成了矛盾,诉诸精确性的传统数学方法变得无效,而具有模糊性的人类思维却能轻易解决。

2. 模糊集合与模糊逻辑

在介绍模糊集合之前,先来回忆一下曾经学习过的古典集合。在古典集合里,对于任意一个集合A,论域中的任何一个元素x,或者属于A,或者不属于A。集合A也可以由其特征函数定义:

$$f_A(x) = \begin{cases} 1, x \in A \\ 0, x \notin A \end{cases} \tag{5-20}$$

而模糊集合呢,则是论域上的元素可以"部分地属于"集合A。一个元素属于集合A的程度称为隶属度,模糊集合可以采用隶属度函数定义。模糊集合的完整定义如下:设存在一个普通集合U,U到$[0,1]$区间的任一映射f都可以确定U的一个模糊子集,称为U上的模糊集合A。其中映射f叫作模糊集的隶属度函数,对于U上一个元素u,$f(u)$叫作u对于模糊集的隶属度,也可写作$A(u)$。

经典逻辑是二值逻辑,其中一个变元只有"真"和"假"(1和0)两种取值,其间不存在任何第三值。模糊逻辑也属于一种多值逻辑,在模糊逻辑中,变元的值可以是$[0,1]$区间上的任意实数。

设P、Q为两个变元,模糊逻辑的基本运算定义如下:

(1)补运算:$\bar{P} = 1 - P$

(2)交运算:$P \wedge Q = \min(P, Q)$

(3)并运算:$P \vee Q = \max(P, Q)$

(4)蕴涵:$P \rightarrow Q = ((1 - P) \vee Q)$

(5)等价:$P \leftrightarrow Q = (P \rightarrow Q) \wedge (Q \rightarrow P)$

根据如上定义,可得模糊逻辑运算定律如下:

(1)幂定律:$\begin{cases} P \vee P = P \\ P \wedge P = P \end{cases}$

(2)交换律:$\begin{cases} P \vee Q = Q \vee P \\ P \wedge Q = Q \wedge P \end{cases}$

(3)结合律:$\begin{cases} P \vee (Q \vee P) = (P \vee Q) \vee P \\ P \wedge (Q \wedge P) = (P \wedge Q) \wedge P \end{cases}$

(4)吸收律:$\begin{cases} P \vee (P \wedge Q) = P \\ P \vee (P \vee Q) = P \end{cases}$

(5)分配律:$\begin{cases} P \vee (Q \wedge R) = (P \vee Q) \wedge (P \vee R) \\ P \wedge (Q \vee R) = (P \wedge Q) \vee (P \wedge R) \end{cases}$

(6)双重否定定律:$\bar{\bar{P}} = P$

(7)摩根律:$\begin{cases} \overline{P \vee Q} = \bar{P} \wedge \bar{Q} \\ \overline{P \wedge Q} = \bar{P} \vee \bar{Q} \end{cases}$

(8)常数法则:$\begin{cases} 1 \vee P = 1 & 0 \vee P = P \\ 1 \wedge P = P & 0 \wedge P = 0 \end{cases}$

这些基本公式都可以用于模糊逻辑函数的化简。

二、模糊逻辑的应用

1. 模糊逻辑的意义

扎德为了更好地建立模糊性对象的数学模型,把只取0和1二值的普通集合概念推广为在$[0,1]$区间上取无穷多值的模糊集合概念,并用"隶属度"这一概念来精确地刻画元素与模糊集合之间的对应关系。正因为模糊集合是以连续的无穷多值为依据的,所以,模糊逻辑可以看作运用无穷连续值的模糊集合去研究模糊性对象的科学。把模糊数学的一些基本概念和方法运用到逻辑领域中,产生了模糊逻辑变量、模糊逻辑函数等基本概念。扎德对模糊联结词与模糊真值表也做了相应的对比研究,其创立和研究模糊逻辑的主要意义在于:

(1)运用模糊逻辑变量、模糊逻辑函数和似然推理等新思想和新理论,为寻找解决模糊性问题的突破口奠定了理论基础,从逻辑思想上为研究模糊性对象指明了方向。

(2)模糊逻辑在原有的布尔代数、二值逻辑等数学和逻辑工具难以描述和处理的自动控制过程、疑难病症诊断、大系统研究等方面,都具有独到之处。

(3)在方法论上,为人类从精确性到模糊性、从确定性到不确定性的研究提供了正确的研究方法。此外,在数学基础研究方面,模糊逻辑有助于解决某些悖论。对辩证逻辑的研究也会产生深远的影响。当然,模糊逻辑理论本身还有待进一步系统化、完整化、规范化。

2. 模糊逻辑的重要性

模糊逻辑的重要性具体体现在以下方面:

(1)模糊逻辑在概念上非常容易理解。模糊逻辑背后的数学概念也非常简单,它是一种直观的方法,并不深奥、复杂。

(2)模糊逻辑是灵活的,将其使用在任何给定的系统中,都可以轻松实现更多功能,而无须从头开始。

(3)模糊逻辑可以容忍不精确的数据。如果仔细观察其各项试验数据,可以发现一切都是不精确的。但更重要的是,即使仔细检查,大多数事情还是不精确的。模糊逻辑将这种理解建立在过程中,而不是将其附加到最后。

(4)模糊逻辑可以对任意复杂度的非线性函数进行建模,人们可以创建一个模糊系统以匹配任何一组输入输出数据。在这个模糊系统的模糊逻辑工具箱中,备有一些使用方便、功能强大的自适应神经模糊推理系统(ANFIS)之类的软件,这些软件将使前述工作变得十分容易。

(5)模糊逻辑可以建立在专家的经验之上,与采用训练数据相比,模糊逻辑可以依靠已经了解并熟知系统的人员的宝贵经验。

(6)模糊逻辑可以与常规控制技术混合,模糊系统不一定能取代传统的控制方法,但在许多情况下,模糊系统会增强传统控制系统的功能并简化其实现方式。

(7)模糊逻辑基于自然语言。模糊逻辑的基础是人类交流的基础。这一观察结果为有关模糊逻辑的许多其他陈述奠定了基础。由于模糊逻辑建立在日常语言中使用的定性描述结构的基础上,因此模糊逻辑易于用户理解并便于用户使用。

3. 模糊逻辑的应用

从学术的角度来说,模糊逻辑适用于那些复杂且没有完整数学模型的非线性问题,可在不知晓具体模型的情况下利用经验规则对问题进行求解,或者与其他智能算法结合使用,以实现优势互补。总体而言,模糊逻辑提供了将人类在识别、决策、理解等方面的模糊性思维方式引入机器及其控制中的有效途径。

目前,模糊逻辑在控制理论范畴和人工智能领域已经获得了广泛的应用,诸如汽车、冰箱、空调、微波炉、洗碗机、手写识别软件等诸多产品均是模糊逻辑的成功应用案例。模糊逻辑旨在让计算机能够确定数据之间的区别,既不是真也不是假,类似于人类认知推理的过程。与精确数学理论相比,模糊逻辑可能不提供准确的推理,但它可提供唯一能让人接受的推理,它为复杂问题提供了简便、有效的解决方案。

例如,在航空航天领域,人们会采用模糊逻辑来辅助完成下述任务:①航天器的高度控制;②卫星的入轨角度控制;③飞机除冰车中水流和混合物的比例调节控制。在汽车及交通领域,人们会采用模糊逻辑来辅助完成下述任务:①发动机怠速的自动控制;②自动变速器的排挡调度控制;③高速公路智能管理系统;④高峰期的交通流量智能管制;⑤提高汽车自动变速器的工作效率。在商业业务领域,人们会采用模糊逻辑来辅助完成下述任务:①商业决策支持系统;②大型公司的人员绩效评估。在国防军事领域,人们会采用模糊逻辑来辅助完成下述任务:①水下目标的自动识别;②红外图像的自动识别;③海军舰艇大型编队的决策支持工具;④超高速拦截器的自动控制。在电子产品领域,人们会采用模糊逻辑来辅助完成下述任务:①摄像机的自动曝光控制;②洁净室中的温、湿度自动调节;③空调智能管理系统;④洗衣机洗涤方式的智能调节。在金融财务领域,人们会采用模糊逻辑来辅助完成下述任务:①现金的转移控制;②基金的高效管理;③股市的风险预测。在工业生产领域,人们会采用模糊逻辑来辅助完成下述任务:①水泥窑热交换器的智能控制;②活性污泥废水处理工序的自动控制;③工业产品质量的定量分析;④复杂结构设计中的约束满足问题。在海洋运输领域,人们会采用模糊逻辑来辅助完成下述任务:①远洋船舶的自动驾驶;②复杂海域最佳航线的自动选择;③自主水下航行器的深度控制;④大型船舶的平稳转向。在医疗卫生领域,人们会采用模糊逻辑来辅助完成下述任务:①医疗诊断智能支持系统;②麻醉期间的动脉压自动控制;③麻醉的多变量自动控制;④前列腺癌的模糊推理诊断。

诸如此类的应用不计其数,人们完全可以相信,随着人工智能技术和模糊算法的深入发展,模糊逻辑将会发挥越来越重要的作用。

三、模糊推理概述

1. 模糊推理的意义

在科学研究中,人们常用基于二值逻辑的演绎推理和归纳推理方法来解决相关问题。特别是在科学报告和学术论文中,过去人们只承认这种推理方法是严格与合理的。用传统二值逻辑进行推理,只要大前提或者推理规则是正确的,小前提是肯定的,那么就一定会得到确定的结论。然而在现实生活中,人们获得的信息往往是不精确、不完全的,或者事实本身就是模糊不清而无法完全确定的,但人们还仅能利用这些信息进行判断和决策。此时,传统的二值逻辑推理方法在这里就无法奏效了。实际上,人们平时大部分的情况就是要在这样的条件下进行判断和决策。那么应对这样情况、解决这样问题的不确定性推理的规律又是什么呢?目前有关这方面的理论和方法还不十分成熟,还正在发展、壮大之中。当前,主要的不确定性推理方法可以归为五类:MYCIN方法(注释:MYCIN是一种帮助医生对住院的血液感染患者进行诊断和用抗生素类药物进行治疗的专家系统。MYCIN系统是20世纪70年代初由美国斯坦福大学研制,用LISP语言写成。)、主观贝叶斯方法、证据理论方法、发生率计算方法和模糊推理方法。因限于篇幅,在此只介绍模糊推理方法。

2. 模糊推理的概念

模糊推理作为近似推理的一个分支,是模糊控制的理论基础。在实际应用中,它以数值计算而不是以符号推演为特征,并不注重像经典逻辑那样的基于公理的形式推演或基于赋值的语义运算,而是通过模糊推理的算法,由推理的前提计算出(而不是推演出)结论[79]。

事实上,模糊推理是不确定性推理方法的一种,其基础是模糊逻辑。它是在二值逻辑三段论的基础上发展起来的,其生长点和关注点在应用领域。虽然有人认为它的数学基础不够扎实,缺乏弗莱杰和罗素发展的现代形式逻辑中的那些性质,但是由于人们把它与传统布尔集合论进行了统一处理,其基础问题已经得到解决。尽管它的理论问题一直存有争论,但这并不妨碍其在应用中常常被证明是有用的。采用这种推理方法得到的结论与人的思维一致或相近,所以得到人们的青睐。从根本上看,它是一种以模糊判断为前提,运用模糊语言规则,推出一个新的近似的模糊判断结论的方法。

在推理系统中,一个结论是由前提通过逻辑推理而得出的结果。但模糊推理算法有所不同,它是通过人为规定的方法计算出结果而不是推理出逻辑结论。具体而言,就是它将推理前提约定为一些算子,再借助于一些运算来计算出结论。由此可见,模糊推理算法虽然实用,但主观性强,本身的理论基础还显得比较薄弱。因此,将模糊推理算法作为研究对象,从理论上对模糊推理算法的构造体系进行分析研究和改善强化,对丰富模糊推理算法的理论依据、提升其学术地位、应用水平都是十分重要的。

3. 模糊推理的例子

下面通过几个例子来具体说明什么是模糊推理。

例如,大前提:漂亮就是美丽。

小前提:张小姐是个漂亮姑娘。

结论:张小姐是个美丽姑娘。

虽然这里提及的"漂亮"和"美丽"都是模糊概念,但是大前提中的前件和后件是明确等价的,所以可以直接替换,这是一种直接推理。这里的推理过程并无模糊性,与精确推理并无两样。

又如,大前提:友好是一种对称关系。

小前提:小张和小王友好。

结论:小王和小张友好。

这里所说的"友好"是一个模糊概念,但由于它是明确的对称关系,所以从前提可以直接推理得到结论,并且推理过程也无模糊性,与精确推理是一样的。由此可见,如果前提中用的是模糊概念,但是可以用直接推理方法得到结论的,其实质仍然是精确推理。

再看一个间接推理的例子。

例如,大前提:健康则长寿。

小前提:王大爷健康。

结论:王大爷长寿。

这里"健康"和"长寿"都是模糊概念,但是因为大前提的前件和小前提中的模糊判断严格相同,而结论则与大前提中的后件严格相同。故这里的推理过程也无模糊性,所以这种间接推理方法,其实质与传统逻辑推理还是一样的。然而像下面的例子就无法再用与传统逻辑一样的方法来推理。

例如,大前提:健康则长寿。

小前提:王大爷很健康。

结论:王大爷近乎会很长寿。

这里小前提中的模糊判断和大前提的前件不是严格相同,而是相近,它们有程度上的差别,这就不能得到大前提中后件的明确结论;其结论也应该是与大前提中后件相近的模糊判断。这种结论不是从前提中严格推出来的,而是近似采用逻辑推理方式推出来的,通常称为假言推理或似然推理。

从以上分析可以得知,确定是不是模糊推理并不是看前提和结论中是否使用了模糊概念,而是看推理过程是否具有模糊性,具体表现在推理规则是不是模糊的。从另外一个角度看,模糊推理与精确推理之间没有黑白分明的界限,有时是交叉的。这本身也要用模糊逻辑来划分。

四、模糊推理的应用

客观世界一直在变化,相关信息也一直在变化。人们往往需要对事物有真实、可靠的认知,这就需要关注相关信息的变化情况。同时,各种事物之间在一定程度上又存在着相互关联,逻辑推理可以帮助人们实现对客观世界的真实了解。逻辑推理可以帮助人们实现对一部分相对明显关联事物的认知。但是对于一些界限不太清晰、关系不太明确的事物,仅靠逻辑推理可能就有些力所不及,不能完美解决此类问题。在这样的情况下,模糊推理的有关方法就可以发挥其优势作用。

在此,以模糊推理在日常交通流控制、管理中的应用为例,来探讨模糊推理的作用。在日常交通所具备的实时信息条件下,网络交通流分配是由驾驶员路线选择行为和网络交通条件等因素综合决定的,在这里不考虑驾驶员出行行为的动态交通分配结果是不真实的,也是不合理的[80]。相当长一段时间以来,人们一直在利用模糊推理技术来协调运输规划和交通管控工作,并取得了很好的效果。1993年,人们开始利用模糊推理技术研究出行者的路线选择行为;1994年,人们利用模糊集合论和神经网络研究离散的路线选择模型;1998年,人们假设 ATIS 能够告知驾驶员竞争路线的运行时间,并把驾驶员选择某一固定路线的偏好程度用模糊集合进行处理来推断驾驶员的路线选择行为。由此可见,利用模糊推理技术解决诱导信息条件下网络交通流预测问题是可行的。

第五节　神经网络

一、神经网络概述

1. 神经网络的内涵

神经网络可以分为两种,一种是生物神经网络,另一种是人工神经网络。生物神经网络一般是指由生物的大脑神经元、细胞、触点等组成的网络,用于产生生物的意识,帮助生物进行思考和行动。在业界内,生物神经网络主要是指人脑的神经网络,它是人工神经网络的技术原型。

人脑是人类思维的物质基础,思维的功能区就位于大脑皮层,大脑皮层含有大约140亿个神经元,每个神经元又通过神经突触与大约103个其他神经元相连,形成一个既高度复杂又高度灵活的动态网络。作为一门新兴的学科,生物神经网络主要研究人脑神经网络的结构体系、功能特点及工作机制,探索人脑思维和智能活动的规律,为人工智能的发展提供理论与技术支撑。人工神经网络是生物神经网络在某种简化意义上的技术复现,其主要任务是根据生物神经网络的原理和实际应用的需要建造实用的人工神经网络模型,设计相应的学习算法,模拟人脑的某些智能活动,然后在技术上实现出来,用以解决实际问题。因此,生物神经网络主要研究智能的机理;人工神经网络主要研究智能机理的实现,两者相辅相成。

在本节中,主要介绍人工神经网络。在业界内,人工神经网络也简称为神经网络(Neural Network,简写为NN)或称作连接模型(Connection Model,简写为CM)。它是一种模仿动物神经网络行为特征,进行分布式并行信息处理的算法数学模型。这种网络依靠系统的复杂体系,通过调整内部大量节点之间相互连接的关系,从而达到处理信息的目的。

2. 神经网络的发展

1986年,鲁梅尔哈特(D. Rumelhart)等人提出了一种面向多层神经网络的反向传播(Back-Propagation,简称BP)学习算法,自此以后,人工神经网络就被人们所了解和研究,并开始投入实际应用,尤其是在模式识别(如语音识别)、经济分析(如市场分析)和控制优化(如家电和工控优化)等领域掀起一波波热潮。现代人工神经网络从模拟人脑的感知行为出发,基于神经元间的连接来实现感知信息的大规模并行、分布式存储和处理,并提供自组织、自适应和自学习能力,特别适用于那些涉及诸多因素和苛刻条件的、不精确的、模糊的信息处理问题。实际上,人工神经网络的初始研究可追溯到麦克洛奇和皮兹提出的M-P模型,该模型首先提出计算能力可以建立在足够多的神经元之相互连接上。

1958年,康奈尔大学心理学教授弗兰克·罗森布拉特(Frank Rosenblatt)认为可利用感知器把神经网络的研究付诸工程实践。这种感知器可以通过监督(有教师指导的)学习来实现神经元间连接权的自适应调整,以产生线性的模式分类和联想记忆的能力。然而,以感知器为代表的早期神经网络缺乏先进的理论和实现技术作为强力支撑,加上感知信息处理能力较为低下,甚至连简单的非线性分类问题也解决不了,所以其研究热度很快就消退了。

20世纪60年代末,知识工程的兴起使得从宏观角度模拟人脑思维行为的研究变得欣欣向荣,降低了人们从模拟人脑生理结构来研究思维行为的热情。著名人工智能学者明斯基等人以批评的观点编写了《感知器》,产生了很大的影响力,直接导致了神经网络研究进入萧条时期。1982年,美国生物物理学家霍普菲尔德(J.J.Hopfield)提出了一种具有联想记忆能力的神经网络模型,这标志着神经网络的研究走出低谷又一次开始兴盛。他在研究中引入了能量函数,用非线性动力学研究神经网络的状态变换过程,并指出信息存储在网络中神经元之间的连接上。随后,他又以运算放大器和电子线路模拟方式实现了神经元及神经元之间的连接,并成功地解决了具有NP复杂度的旅行商计算难题。这一成果激发了神经网络的研究热潮,推动了波尔兹曼机(一种具有自学习能力的神经网络)和BP学习算法的研究进程。

3. 神经网络的学习原理

20世纪80年代以后,仿生学开始得到人们的重视,利用仿生学的成果开展神经网络的研究变得生机勃勃。实际上,神经网络的研究就来源于仿生学的思想,通过模拟生物神经网络的结构和功能来实现建模。神经元细胞结构如图5-2所示。

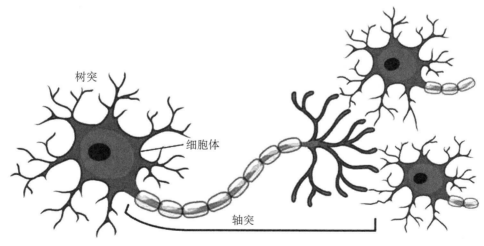

图5-2 神经元细胞结构

由图5-2可知,在神经元两侧分布着树突和轴突两种结构,树突用于接受其他神经元传递的信号,而轴突用于向其他神经元传递信号,信号在多个神经元之间传导,构成了神经网络。许许多多的神经元细胞构成了神经中枢,用于对刺激做出响应。

借鉴神经元这一生物结构,麦克洛奇和皮兹提出了人工神经元模型,即M-P神经元模

型,其结构如图5-3所示:

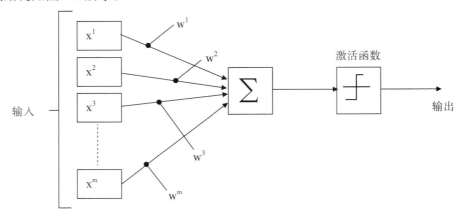

图5-3　人工神经元模型

　　输入层的不同信号首先通过一个线性加和模型进行汇总,每个信号都有一个不同的权重,然后通过一个激活函数来判断是否需要进行输出。激活函数可以有多种形式,部分激活函数的情况如表5-1所示。

图5-1　激活函数的形式

单位阶跃函数	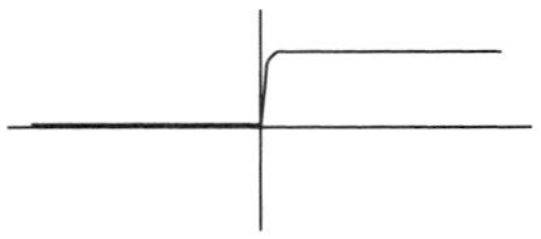	$f(x) = \begin{cases} 0 & \text{for } x < 0 \\ 1 & \text{for } x \geq 0 \end{cases}$
逻辑函数(也被称为S函数)	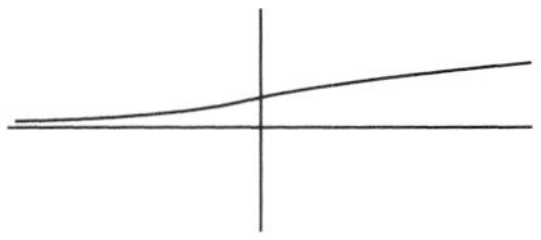	$f(x) = \sigma(x) = \dfrac{1}{1 + e^{-x}}$
双曲正切函数	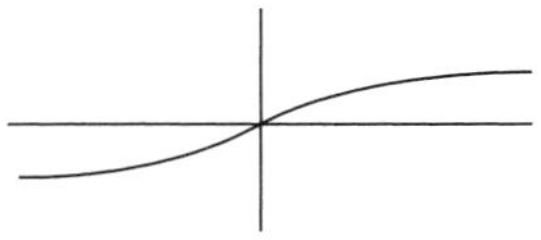	$f(x) = \tanh(x) = \dfrac{(e^x + e^{-x})}{(e^x + e^{-x})}$
反正切函数	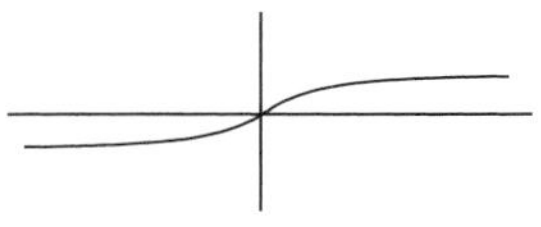	$f(x) = \tan^{-1}(x)$
Softsign函数	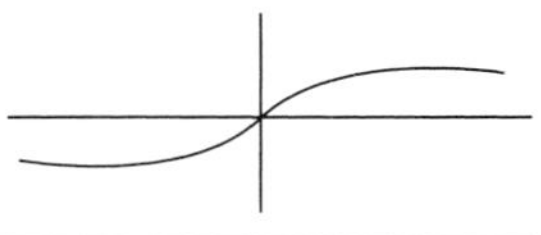	$f(x) = \dfrac{x}{1 + |x|}$
反平方根函数(ISRU)	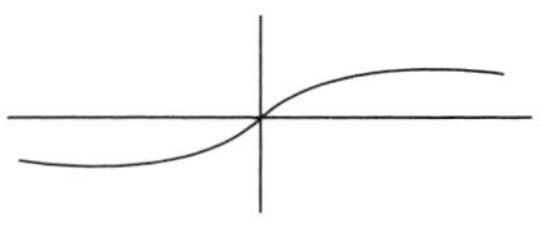	$f(x) = \dfrac{x}{\sqrt{1 + \alpha x^2}}$
线性整流函数(ReLU)	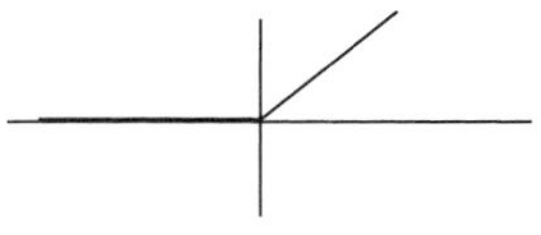	$f(x) = \begin{cases} 0 & \text{for } x < 0 \\ 1 & \text{for } x \geq 0 \end{cases}$

激活函数与线性组合的关系可以表示如下：

$$y = f\left(\sum_{i=1}^{n} \omega_i \chi_i - \theta\right) \tag{5-21}$$

其中 θ 表示阈值，ω 表示权重，在 M-P 神经元模型中，权重和阈值是固定值，是一个不需要学习的模型。

为了让机器具备学习的能力，在 M-P 神经元模型的基础上，人们又提出了最早的神经网络模型——单层感知器，其结构如图5-4所示。

输入单元格

输出单元格

图5-4 神经网络模型图

由图5-4可知，这是一个两层的神经网络，第一层为输入层，第二层为输出层。因为只有在输出层需要进行计算，也就是说只有一层计算层，所以称之为单层感知器。从形式上看，仅仅是将 M-P 模型中的输入信号当作了独立的一层神经元，本质上却有很大差别。感知器模型中权重和阈值不再是固定的了，而是计算机"学习"出来的结果。人们引入了损失函数的概念，通过迭代不断调整权重和阈值，使得损失函数最小，以此来寻找最佳的权重和阈值。单层感知器只可以解决线性可分的问题。在单层感知器的基础上，如果再引入一层神经元，就构成了一个3层的神经网络，其结构如图5-6所示。

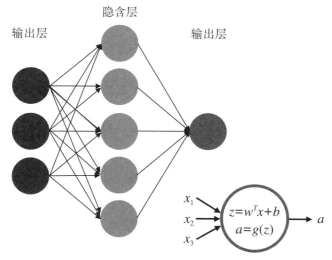

隐含层

输出层　　　　　　　　　　　　　　输出层

x_1
x_2　　$z = w^T x + b$　　a
x_3　　$a = g(z)$

图5-5 3层的神经网络模型图

图5-5所示的3层神经网络模型，适用范围更广，涵盖了线性和非线性可分的场景。其中的每一层称为"layer"，除了输入层和输出层之外，还有中间的隐含层。这样的神经网络模型可以通过反向传播算法来求解。需要说明的是，增加一层的好处在于拥有更好的数据表示方式和更强的函数拟合能力。在3层的基础上，如果再引入更多的隐含层，就变成了深度神经网络，其结果如图5-6所示。

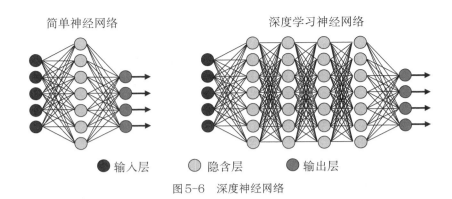

图5-6　深度神经网络

不难看出,在图5-7所示深度神经网络中,每增加一层,模型参数的数量就会急剧增加,所以深度学习对计算资源的要求极高,在实际使用中,模型训练时间很久。不过任何事物都有两面性,虽然深度学习耗费计算资源,但是其优点也非常突出。相比机器学习,深度学习模型自动完成特征提取,不需人工的特征工程,这一点对于高维数据的处理特别重要,二者的对比情况如图5-7所示。

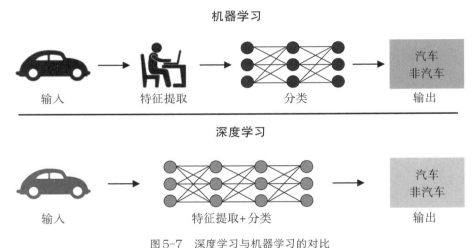

图5-7　深度学习与机器学习的对比

在业界,由输入层、隐含层、输出层这3种典型结构组成的神经网络统称为前馈神经网络,通过反向传播算法来迭代更新参数。除此之外,还有卷积神经网络、循环神经网络、生成对抗网络等多种变种,它们在计算机视觉、自然语言处理、图像生成等领域,各自发挥着重大作用。

二、神经网络的应用

经过几十年的深入研究、持续探索、不断发展,神经网络理论已经在模式识别、自动控制、信号处理、辅助决策、人工智能等众多研究领域取得了广泛的应用。下面介绍其应用现状和发展态势。

1. 神经网络在信息领域中的应用

在处理许多问题时，人们往往会面临信息来源既不完整，又包含若干假象的窘境，更何况决策规则有时相互矛盾，有时无章可循，这给传统的信息处理方式带来了极大的困难。而神经网络却能很好地应对和处理这些问题，并给出合理的识别与判断。

（1）信息处理。

现代信息处理要解决的问题通常是极其复杂的，人工神经网络具有模仿或代替与人的思维有关的功能，可以实现自动诊断和问题求解，从而帮助人们解决传统方法不能或难以解决的问题[81]。人工神经网络系统具有很高的容错性、鲁棒性及自组织性，即使连接线遭到很大程度的破坏，它仍能处于优化工作状态，这一突出优点使其在军事系统的电子设备中得到广泛的应用。现有的智能信息系统包括智能仪器、自动跟踪监测仪器、自动控制制导系统、自动故障诊断和报警系统等。

（2）模式识别。

模式识别以贝叶斯的概率论和香农的信息论为理论基础，其对信息的处理过程更接近于人类大脑的逻辑思维过程。现在有两种基本的模式识别方法，一是统计模式识别方法，二是结构模式识别方法。人工神经网络是模式识别中常用的方法之一。近年来，人工神经网络的模式识别方法正在逐渐取代传统的模式识别方法。经过多年的研究和发展，模式识别已经成为当前比较先进的实用技术，被广泛应用到文字识别、语音识别、指纹识别、遥感图像识别、人脸识别、手写体字符识别、工业故障检测、精确制导等方面。

2. 神经网络在医学领域中的应用

众所周知，人体和疾病都具有一定的多样性、复杂性和不可预测性，因而在了解与掌握它们的生物信号与信息的表现形式和变化规律（自身变化与医学干预后产生的变化）方面还存在着许多困难。对人体和疾病进行信息检测与信号表达，对获取的相关数据及信息进行精确分析与合理决策等诸多方面所表现出来的特点，使之适合采用人工神经网络进行处置。目前的研究几乎涉及从基础医学到临床医学的各个部分，主要应用在生物医学信号的检测与分析，以及医学专家系统等具体方面。

（1）生物医学信号的检测和分析。

目前，大部分医学检测设备都是以连续波形的方式输出检测数据的，这些波形是医生进行诊断的依据。人工神经网络是由大量的简单处理单元连接而成的自适应动力学系统，具有巨量并行性、分布式存贮、自适应学习、自组织协调等功能。因而可以用它来解决生物医学信号分析处理中采用常规检测方法难以解决或无法解决的问题[82]。现阶段，神经网络在生物医学信号检测与处理中的应用主要集中在对脑电信号的分析、听觉诱发电位信号的提取、肌电和胃肠电等信号的识别、心电信号的压缩，以及医学图像的识别和处理等方面。

（2）医学专家系统。

传统的专家系统是把专家的经验和知识以规则的形式存储在计算机中,建立相关的知识库,然后用逻辑推理的方式进行医疗诊断。但在实际应用中,随着数据库资料的增多、规模的增大,将导致知识"爆炸"。另外,在知识获取途径中也存在一些"瓶颈"问题,致使工作效率很低。以非线性并行处理为基础的神经网络为专家系统的研究和利用指明了新的发展方向,解决了专家系统的上述问题,并提高了知识推理、自组织、自学习能力,因而神经网络在医学专家系统中得到广泛的应用和发展。例如,在麻醉与危重病患救治等相关领域的研究中,涉及多生理变量的分析与预测,在临床数据中存在着一些尚未发现或无确切证据的关系与现象,信号的处理和干扰信号的自动区分检测,以及各种临床状况的预测等,都可以应用人工神经网络技术加以处置。

3. 神经网络在经济领域中的应用

（1）市场价格预测。

对商品价格变动的分析其实可归结为对影响市场供求关系的诸多因素的综合分析。传统的统计经济学方法因其固有的局限性,难以对价格变动做出科学的预测。相比而言,人工神经网络容易处理那些不完整的、模糊不清的、规律性不明显的数据,所以用人工神经网络进行价格预测具有传统方法难以比拟的优势。研究人员可从市场价格的确定机制出发,依据影响商品价格的家庭户数、人均可支配收入、贷款利率、城市化水平等复杂、多变的因素,利用人工神经网络建立较为准确可靠的分析模型。该模型可以帮助研究人员对商品价格的变动趋势进行科学预测,并得到准确客观的评价结果。

（2）风险评估。

风险是指人们在从事某项特定活动的过程中,因该活动存在不确定性,从而产生经济或财务损失、自然破坏或损伤的可能性。防范风险的最佳办法就是事先对风险做出科学的预测和评估。人工神经网络的预测思想是根据具体现实的风险来源,构造出适合实际情况的信用风险模型的结构和算法,得到风险评价系数,然后确定实际问题的解决方案。利用人工神经网络模型进行实证分析能够弥补主观评估的不足,可以取得令人满意的效果。

4. 神经网络在控制领域中的应用

人工神经网络独特的模型结构和固有的非线性模拟能力,以及高度的自适应性和容错性,使其在控制系统中获得了广泛应用。人们利用人工神经网络,在各类控制器框架结构的基础上,加入了非线性自适应学习机制,从而使控制器具有更好的性能。目前,基于人工神经网络的控制结构有监督控制、直接逆模控制、模型参考控制、内模控制、预测控制和最优决策控制等。

5. 神经网络在交通领域中的应用

近年来,人们对神经网络在交通运输系统中的应用开展了深入的研究和系统的探索。

交通运输问题是高度非线性的,同时其获得的数据又是海量和复杂的,采用神经网络处理相关问题就容易显现出其巨大的优越性。神经网络的应用范围目前已经涉及汽车驾驶员行为的模拟、参数估计、路面维护、车辆检测与分类、交通模式分析、货物运营管理、交通流量预测、运输策略与经济、交通环保、空中运输、船舶的自动导航及船只的辨认、地铁运营及交通控制等领域,并已经取得了很好的实用效果。

6. 神经网络在心理学领域中的应用

从神经网络模型形成伊始,它就与心理学产生了密不可分的联系。神经网络抽象于神经元的信息处理功能,神经网络的训练反映了感觉、记忆、学习等认知过程。人工神经网络的结构模型和学习规则从不同角度探索着神经网络的认知功能,为其在心理学中的研究活动奠定了坚实的基础。近年来,人工神经网络模型已经成为人们探讨社会认知、记忆、学习等高级心理机制不可或缺的工具。此外,人工神经网络模型还可以对脑损伤病人的认知缺陷进行研究,对传统的认知定位机制提出了挑战。

虽然人工神经网络已经取得了一定的进步,但还存在着许多不足。例如,其应用面不够宽阔、结果不够精确、现有模型算法的训练速度不够快捷、算法的集成度不够理想。同时人们还希望在理论上找到新的突破口和切入点,建立新的通用模型和算法。这就需要进一步加强对生物神经元系统的研究,不断丰富人们对人脑神经系统及其机制、机理的认识。

📄 本章小结

本章从分析传统逻辑系统出发,介绍了人工智能领域常用的非单调推理、不确定推理、模糊逻辑和神经网络等软计算技术。通过本章的学习,读者应重点掌握以下内容:

(1)这里所讲的传统逻辑系统,其讨论的范畴还是在计算机科学、机器人学及人工智能领域范围内的,相对于当前的人工智能的逻辑体系来说,其是传统的、旧的逻辑系统,也可以称为经典逻辑系统。其理论体系是以现代的逻辑系统为基础的,是一种以现代的逻辑系统理论的"关于一个新引进的符号意指另一个已知其意义的符号串的说明,是以表意的形式语言和逻辑演算"为基本特征的形式化系统。

(2)非单调推理所得结论是在前提条件不确知的情况下得出的。非单调推理的最终目标是实现推理的合理性。非单调推理与常识推理、法律推理、哲学推理等均有着密不可分的关系。

(3)不确定性推理是一种建立在非经典逻辑基础上的基于不确定性知识的推理,它从不确定性的初始证据出发,通过运用不确定性知识,推出具有一定程度的不确定性的、合理的或近乎合理的结论。不确定性推理的方法有很多,主要包含:概率推理、D-S证据推理和模糊推理等。

(4)模糊逻辑是多值逻辑的一种形式,其中变量的真值可以是0到1之间的任何实数。模糊逻辑适用于:复杂且没有完整数学模型的非线性问题,可在不知晓具体模型的情况下利用经验规则求解。

(5)模糊推理作为近似推理的一个分支,是模糊控制的理论基础,它以数值计算而不是以符号推演为特征,通过模糊推理的算法由推理的前提计算出(而不是推演出)结论。

(6)神经网络或称作连接模型,是一种模仿动物神经网络行为特征,进行分布式并行信息处理的算法数学模型,其依靠系统的复杂程度,通过调整内部大量节点之间相互连接的关系,从而达到处理信息的目的。

思考与练习

1.选择题

(1)非单调推理的特点是( )。

A.在整个推理过程中,只采用正向推理,而不用反向推理

B.在整个推理过程中,只采用反向推理,而不用正向推理

C.在整个推理过程中,已知为真的命题数目随时间而严格减少

D.在整个推理过程中,已知为真的命题数目并不一定随时间而严格增加

(2)神经网络研究属于下列( )学派。

A.符号主义   B.连接主义   C.行为主义   D.以上都不是

(3)~P∨Q和P经过消解以后,得到( )。

A.P   B.Q   C.~P   D.P∨Q

2.填空题

(1)模糊控制器由_____、_____、_____和_____组成。

(2)神经网络的发展历程经历了4个阶段,分别是_____、_____、_____和_____。

(3)根据神经网络的连接方式分类,神经网络的3种形式为_____、_____和_____。

3.简答题

(1)非单调推理的类型有哪些,有哪些典型特征?

(2)什么是不确定性推理? 有哪几类不确定性推理方法?

(3)模糊逻辑的重要性主要体现在哪些方面?

4.实践题

(1)以模糊推理在家用电器中的应用为例,阐述模糊推理的作用。

(2)分析模糊控制技术在洗衣机中的功能与作用。

推荐阅读

[1]雷明.机器学习——原理、算法与应用[M].北京:清华大学出版社,2019.

[2]卞世晖.专家系统中不确定性推理的研究与应用[D].合肥:安徽大学,2010.

[3]陈翔.专家系统中不精确推理的研究与应用[D].合肥:安徽大学,2006.

第六章
知识表示与机器推理

从本质上看，人类的智能活动主要是获得并运用知识。知识是智能的基础，也是智能的源泉。为了使计算机具有智能，能够模拟人类的智能行为，就必须使计算机也具有知识。但知识必须采用适当的形式表示出来，为计算机所认识，才能被存储到计算机中去，并能被计算机所高效运用。因此，知识的表示方法是人工智能的一个极其重要的研究课题。

为了让学习者对知识表示与机器推理认知明了，本章将首先介绍知识表示和机器推理的基本概念和相关原理，然后介绍一阶谓词逻辑、产生式规则、语义网络等人工智能中应用比较广泛、效果比较显著的知识表示方法，并简单介绍不确定性知识的表示和推理方法，最后介绍软语言值及其数学模型。希望能够借此开阔学习者的视野，为后续学习奠定基础。

☆ 学习目标

（1）了解知识表示和机器推理的基本概念。

（2）了解语义网络和知识图谱的含义。

（3）掌握不确定性和不确定性知识的表示与推理方法。

（4）了解软语言机器数学模型。

思维导图

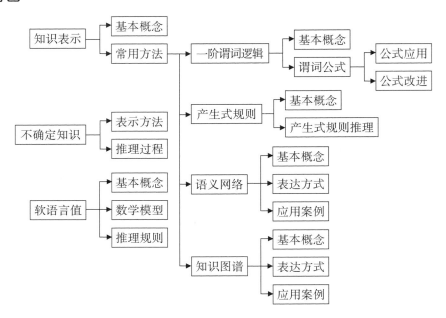

第一节　知识表示概述

一、何谓知识表示

"知识"是人们司空见惯、习以为常的名词。人们经常念叨知识，甚至崇尚知识，但究竟什么是知识呢？可能并非所有人都能正确回答。其实，知识就是人们对客观事物（包括自然的和人造的）及其规律的认识；知识还包括人们利用各种客观规律解决实际问题的方法和策略。

人们对客观事物及其规律的认识，包括对事物的现象、本质、属性、状态、关系、联系和运动等的认识，即对客观事物的原理的认识，这些就构成了知识的本体。人们利用各种客观规律解决实际问题的方法和策略，既包括解决问题的步骤、操作、规则、过程、技术、技巧等具体的微观方法,也包括诸如战术、战略、计谋、策略等宏观方法,这些就成为知识的价值所在。

就内容而言,知识可分为(客观)原理性知识和(主观)方法性知识两大类。就形式而言,知识可分为显性的和隐性的。显性知识是指那些可用语言、文字、符号、形象、声音及其他形式表示的知识,它们能被人直接识别和处理,属于可明确地在其载体上表示出来的知识。例如,人们日常学习的书本知识就是显性表示的知识。隐性知识则是不能用上述形式表达的知识,即那些"只可意会,不可言传或难以言传"的知识。如人们在游泳、驾车、表演时的某些知识就属于隐性知识。隐性知识只可用神经网络存储和表示。进一步来说,显性知识又可分为符号式显性知识和形象式显性知识。符号式显性知识是指那些可用语言(指口语)、文字以及其他专用符号(如数学符号、化学符号、音乐符号、图示符号等)表示的知识。形象式显性知识是指那些可用图形、图像以及实物等表示的知识。相比而言,符号式显性知识具有逻辑性,而形象式显性知识具有直观性;前者在逻辑思维中使用,后者在形象思维中使用。这就是说,如果从逻辑科学和思维科学的角度观察,知识又可分为逻辑的和直觉的。

知识表示是指面向计算机的知识描述表达形式和方法。知识表示与知识本身的性质、类型有关,它涉及知识的逻辑结构研究与表达形式设计。众所周知,面向人的知识表示可以是语言、文字、数字、符号、公式、图表、图形、图像等多种形式,这些表示形式是人们所能接收、理解和处理的。但面向人的这些知识表示形式,目前还不能完全被计算机接收、理解和使用,因此人们迫切需要研究适于计算机使用的知识表示形式。具体来讲,就是要用某种约定的形式结构(外部逻辑形式)来表示知识,而且这种形式结构的知识能够为计算机有效使用(内部运行形式),也就是要让计算机能够方便地加以存储、处理和利用。

知识表示并不神秘。实际上,人们已经或多或少地接触过或使用过。比如,通常所说的算法,就是一种知识表示形式。它刻画了解决问题的方法和步骤(它描述的是知识),又可以在计算机上用程序加以实现。又比如一阶谓词逻辑,它是一种表达力很强的形式语言,也可以用程序语言加以实现,所以它也可以作为一种知识表示形式。

知识表示是建立专家系统及各种知识系统的一个重要环节,也是知识工程的一个重要方面。经过多年的探索,现在人们已经提出了不少的知识表示方法,例如一阶谓词逻辑、产生式规则、框架、语义网络(知识图谱)、类和对象、因果网络(贝叶斯网络)等。这些表示方法隐式地表示知识,可称为知识的分布表示。那些显式表示知识的方法,可称为知识的局部表示。另外,神经网络也可用来表示知识,这种表示法是隐式表达知识的,所以它属于知识的分布表示。

在有些文献中,人们将知识表示分为陈述表示和过程表示两类。陈述表示是把事物的属性、状态具体地、显式地表达出来;而过程表示则是把实物的行为和操作、解决问题的方法和步骤具体地、显式地表达出来。一般称陈述表示为知识的静态表示,称过程表示为知识的动态表示。

二、知识表示的应用

迄今为止,知识的过程表示已经取得很多研究成果。程序设计中的许多常用算法,如数值计算中的各种计算方法、数据处理(如查询、排序)中的各种处理算法,都是知识过程表示的一些成熟产物。随着知识系统复杂性的不断增加,人们发现单一的知识表示方法已不能满足实际需求,于是又提出了混合知识表示的概念。另外,人们还面临不确定性、不确切性知识的表示问题。要把知识表示的外部逻辑形式转化为计算机的内部运行形式,还需要程序语言的支持。理论上讲,一般的通用程序设计语言都可实现上述的知识表示方法。但专用程序设计语言与通用程序设计语言的效能大不相同,采用专用的面向某一知识表示的程序设计语言将更为方便和更加有效。因此,几乎每一种知识表示方法都有与之相应的专用程序设计语言。例如,支持谓词逻辑的程序设计语言有PROLOG和LISP;支持产生式的程序设计语言有OPS5;支持框架的程序设计语言有FRL;支持面向对象的程序设计语言有Smalltalk、C++和Java等;支持神经表示的程序设计语言有AXON。另外,还有一些专家系统工具或知识工程工具也支持某一种或几种知识表示方法。

三、何谓机器推理

机器推理与知识表示密切相关。事实上,对于不同的知识表示有着不同的推理方式。例如,基于一阶谓词逻辑和产生式规则的推理主要是演绎方式的推理;而基于框架、语义网络和对象知识表示的推理是一种被称为集成方式的推理。随着人工智能的发展,多种人类推理方式已被不同程度地应用到机器推理系统中,成为机器推理的组成部分。与人类推理方式的划分情况不同,迄今为止都还没有按照明确的类别和方式对机器推理进行划分,人们常常将不同的机器推理形式组合在一起,以完成困难复杂的任务。上述情况显然利弊杂陈。

为了便于介绍人工智能中的机器推理,本章将简要介绍近年来取得较大进展的四种推理方式,分别是直觉推理、常识推理、因果推理和关系推理[83]。从本质上分析,机器的直觉推理受到了人的直觉推理的启发,机器的常识推理、因果推理和关系推理则需要借鉴人的逻辑推理,机器的因果推理包含了演绎推理和归纳推理。实际上,机器推理通常可看作基于知识的推理,主要以知识表达为必要前提。通过数据分析和推理,从现有的数据中获取新的知识和结论,做出合理的决策规划。知识表达的形式多种多样,如语义网络、知识库、知识图谱等。视觉知识作为知识表达的一种新形式,包括视觉概念、命题、叙述,能较好地表达场景和语义,对人们认知世界和开展推理十分重要。直觉推理基于知识和经验,需要构造代价空间并引导决策搜索,常用于解决具有复杂解空间的问题。常识推理需要基于世界知识或背景知识,对日常场景中的问题和事物本质进行分析和推断,其用到的知识平淡无奇,是每个人都知道的日常知识。因果推理从观察到的现象推断原因,旨在了解常见事件或动作之间的一般因果关系,需要基于先验因果的知识。关系推理主要推理实体及其属性之间的关系,需要基于物体关系的知识。各类知识相互包含、彼此融合,各类推理相互联系、协同运用。人类的直觉根植于因果,因果也是一种关系。因果知识、关系知识可以是常识,常识可用于直觉推理,也可用于因果推理。

四、机器推理的应用

随着人工智能理论与技术的不断发展,越来越多的人工智能应用正在不断涌现,智能人机交互、自动驾驶技术、医疗保健诊断等新技术、新应用接踵而至,有望为人们的智慧生活增添浓墨重彩。曾几何时,人们就在憧憬人工智能发展的高级阶段就是要让机器像人类一样思考,赋予机器理解数据、知识表达、逻辑推理和自主学习的能力,使机器拥有类人甚至超人的智慧,让机器也像各个行业的顶级专家那样,具有积累经验、运用知识、解决难题的强大能力。随着大数据和机器学习等技术的快速发展,人们的预想与期盼越来越可能成为现实。目前,众多的科技工作者正在保持和发扬大数据优势的基础上,努力拼搏,以便尽快尽好地实现机器推理。

当前,机器已在许多场合帮助或代替人类从事复杂、困难、有害、危险的工作,人工智能技术也在越来越多地用于人们的日常生活,如智能推荐、智能搜索、精准预测等。在电商领域,客商需要按照用户的购物习惯、检索频率和浏览顺序等对用户进行推荐,而简单地识别图像、文字或视频并不能充分、合理、高效地利用各种多模态数据,也难以满足用户的检索要求。在这样的情况下,如何采用机器推理技术对文本、图像、视频等多模态数据进行内容识别、关联分析和理解推理,进而提高用户的检索效率,实现对用户需求的精准把握与正确认知,帮助用户做出更为合适的决策,这是目前人工智能领域研究的热点、难点问题。此外,在公共安全领域,人脸识别仅能识别个人身份,但是涉及公安侦查、破案时,就需要对大量碎片化的线索数据进行跨时间、跨空间的多维关联,以正确推理或精准预测可能的结果,这是人工智能领域亟待解决的实际问题。未来的人工智能,将更全面、更系统地融合认知科学、脑科学、心理学等学科,更好地模拟人类感知、思考、理解和推理的能力,使机器具备高度的类人智能。综合考察机器推理的研究成果与发展趋势,科技工作者们希望未来可在百万、千万,甚至数亿个因素的大规模知识库中,进行可靠的多模式推理,以执行机器决策,支持和设计人工智能的相关任务,对涉及不同形式的推理进行更加深入的科学解释和理解,建立一整套用于综合演绎和非演绎推理的开源方法,并通过各种机器推理方法逐步建立和维护成千上万个概念模型,最终使人工智能系统具备高度的认知能力,灵活适应复杂的生活环境和工作场景,更加便捷和高效地为人类服务。

第二节　一阶谓词机器推理

一、谓词、函数、量词

基于谓词(Predicate)的机器推理又称自动推理,是人工智能早期的主要研究内容之一。谓词是一种表达力很强的形式语言,而且这种语言非常适合数字计算机处理,因而成为知识表示的首选。基于这种语言,不仅可以实现类似人类推理的自然演绎法机器推理,也可以实现不同于人类推理的归结(或称消解)法机器推理。本节主要介绍知识表示形式的一阶谓词和基于它的机器推理。

1. 谓词

谓词是用来描述或判定客体性质、特征或者客体之间关系的词项。谓词逻辑是基于命题中谓词分析的一种逻辑。一个谓词可以分为谓词名与个体两个部分,个体表示某个独立存在的实物或者某个抽象的概念。谓词的一般形式是 $P(t_1, t_2, \cdots, t_n)$,其中 P 是谓词名,$t_1, t_2, \cdots, t_n$ 是谓词的项。谓词中包含的个体数目称为谓词的元数。$P(x)$ 是一元谓词,$P(t_1, t_2, \cdots, t_n)$ 称为 n 元谓词。下面对相关例子进行说明:

(1)素数(2), 就表示命题"2是个素数"。

(2)好朋友(张三, 李四),就表示命题"张三和李四是好朋友"。

谓词中的项 $t_1, t_2, \cdots, t_n$ 可以是代表具体事务的符号或数值,这样的项称为个体常元;也可以是取不同值的变元,这样的项称为个体变元。显然,当项 $t_1, t_2, \cdots, t_n$ 全为常元时,$P(t_1, t_2, \cdots, t_n)$ 就表示一个命题。但当项 $t_1, t_2, \cdots, t_n$ 中含有变元时,$P(t_1, t_2, \cdots, t_n)$ 则是一个命题形式,称为命题函数或谓词命名式。个体变元的取值范围称为个体域(或论述域),包揽一切事物的集合称为全总个体域。由于谓词有严格的语法格式,所以谓词实际上是一种形式语言,它可以表示自然语言命题。换句话说,谓词就是自然语言命题的一种形式化表示。谓词逻辑中,符号¬、∧、∨、→、⟷依次表示连接词"非""并且""或者""如果……则""当且仅当",称为否定词、合取词、析取词、蕴含词、等价词,它们是5个逻辑符号。

2.函数

为了表达个体之间的对应关系,人们引入数学中函数的概念和记法。例如用 $father(x)$ 表示 x 的父亲,用 $sum(x, y)$ 表示数 x 和 y 之和。一般地,人们用 $f(x_1, x_2, \cdots, x_n)$ 表示个体变元$x_1, x_2, \cdots, x_n$所对应的个体y,并称其为n元个体函数,简称函数(或函词、函词命名式),其中f是函数符号。有了函数的概念和记法,谓词的表达能力就更强了,人们使用起来也会更加方便,例如,用$Doctor(father(Li))$表示"小李的父亲是医生",用$E(sq(x), y))$表示"x的平方等于y"。

3. 量词

为了刻画谓词与个体间的关系,在谓词逻辑中引入两个量词:全称量词和存在量词。在谓词逻辑中,将"所有""任一""全体""凡是"等词统称为全称量词,记做$\forall$。而将"存在""一些""有些""至少有一个"等词统称为存在量词,记做$\exists$。

（1）全称量词:表示"对个体域中的所有(或任一个)个体x",记作$(\forall x)$。

例如,"所有的汽车是白色的"可以表示为:

$(\forall x)[CAR(x) \rightarrow COLOR(x, WHITE)]$

（2）存在量词:表示"在个体域中存在个体x",记作$(\exists x)$。

例如,"学校房间内有个物品"可以表示为:

$(\exists x)INROOM(x, school)$

全称量词和存在量词可以出现在同一个命题中。例如,设谓词$F(x, y)$表示x与y是朋友,则:

$(\forall x)(\exists y)F(x, y)$表示对于个体域中的任何个体$x$都存在个体$y$,$x$与$y$是朋友。

$(\exists x)(\forall y)F(x, y)$表示在个体域中存在个体$x$,与个体域中的任何个体$y$都是朋友。

$(\exists x)(\exists y)F(x, y)$表示在个体域中存在个体$x$与个体$y$,$x$与$y$是朋友。

$(\forall x)(\forall y)F(x, y)$表示在个体域中的任何两个个体$x$和个体$y$,$x$与$y$是朋友。

当全称量词和存在量词出现在同一个命题中时,量词的次序将影响命题的意思。例如:

$(\forall x)(\forall y)(EMPLOYEE(x) \rightarrow MANAGER(y, x))$表示"每个雇员都有一个经理";

而$(\exists x)(\forall y)(EMPLOYEE(x) \rightarrow MANAGER(y, x))$则表示"有一个人是所有雇员的经理"。

二、谓词公式

谓词公式是指由谓词符号、常量符号、变量符号、函数符号以及括号、逗号等按一定语法规则组成的字符串表达式。在谓词公式中,连接词的优先级别从高到低的排列顺序是:$\neg$、$\wedge$、$\vee$、$\rightarrow$、$\longleftrightarrow$。无论是命题逻辑,还是谓词逻辑,均可用上述连接词把一些简单命题连接起来,构成一个复合命题,以表示一个比较复杂的含义。对于连接词来说,存在着下述特性:

（1）单个谓词是谓词公式，称为原子谓词公式。

（2）若A是谓词公式，则$\neg A$也是谓词公式。

（3）若A、B都是谓词公式，$A \wedge B$、$A \vee B$、$A \rightarrow B$、$A \longleftrightarrow B$也都是谓词公式。

（4）若A是谓词公式，则$(\forall x)A$，$(\exists x)A$也都是谓词公式。

（5）有限步应用（1）~（4）生成的公式，也是谓词公式。

三、谓词公式的应用

如上所述，利用谓词公式这种形式语言可以将自然语言中的陈述语句严格地表示为一种符号表达式。由此得知，将自然语言命题用谓词形式表示的一般方法是：

（1）简单命题可以直接用原子公式[注释：在数理逻辑中，原子公式（Atomic formula）或原子是没有子公式的公式。把什么公式当作原子公式依赖于所使用的逻辑。如在命题逻辑中，唯一的原子公式是命题变量。]来表示。

（2）复合命题则需要先找出支命题，并将其符号化为原子公式，然后根据支命题之间的逻辑关系选用合适的连接词（$\neg$、$\wedge$、$\vee$、$\rightarrow$、$\longleftrightarrow$）和量词（$\forall$、$\exists$）将这些原子公式连接起来。

如：命题"如果角$A = A'$，并且角$B = B'$，线段$AB = A'B'$，则ΔABC与$\Delta A'B'C$全等"用谓词公式可表示为$epual(A, A') \wedge epual(B, B') \wedge equal(AB, A'B') \rightarrow congruent(\Delta ABC, \Delta A'B'C)$。

一般说来，一个复合命题的形式化表示方式并不是唯一的，即同一个复合命题可能符号化为不同形式的谓词公式。由于不同的个体变元可能有不同的个体域，为了方便和统一，用谓词公式表示命题时，一般选取全总个体域，然后再采取使用限定谓词的办法来指出每个个体变元的个体域。具体而言，就是：

（1）对全称量词，把限定谓词作为蕴涵式之前件加入，即$\forall x(p(x) \rightarrow \cdots)$。

（2）对存在量词，把限定谓词作为一个合取项加入，即$\exists x(p(x) \wedge \cdots)$。

这里的$p(x)$就是限定谓词。

再举一例，要求用谓词公式表示命题"不存在最大的整数"。

现用$I(x)$表示x是整数，用$D(x, y)$表示$x > y$，则原命题就可形式化为：

$$\neg \exists x\big(I(x) \wedge \forall y(I(y) \rightarrow D(x, y))\big) \text{或} \forall x\big(I(x) \rightarrow \exists y(I(y) \wedge D(y, x))\big)$$

又例如，将命题"对于所有的自然数x、y，均有$x + y > x$"用谓词公式表示。

现用$N(x)$表示x是自然数，用$S(x, y)$表示函数$s = x + y$，用$D(x, y)$表示$x > y$，则原命题可形式化为谓词公式：$\forall x \forall y\big(N(x) \wedge N(y) \rightarrow D(S(x, y), x)\big)$

再例如：将命题"某些人对某些食物过敏"用谓词公式表示。

现用$P(x)$表示x是人，用$F(y)$表示y是食物，用$A(x, y)$表示：x对y过敏，则原命题可用谓词公式表示为：$\exists x \exists y \left(P(x) \wedge F(y) \wedge A(x,y) \right)$。

需要注意，全称量词$\forall$与存在量词$\exists$不满足交换律，从而$\forall x \exists y P(x,y) \neq \exists y \forall x P(x,y)$。现举例加以说明。

例如将$P(x,y)$解释为y是x的母亲，则$\forall x \exists y P(x,y)$的意思就是"任何人都有母亲"，而$\exists y \forall x P(x,y)$的意思则是"有一个人是所有人的母亲"。显然这两者的意思是不同的。

四、谓词公式的改进

推理是由一个或几个命题（称为前提）得到一个新命题（称为结论）的（思维）过程。可以看出，如果将一个推理过程符号化，其形式就是一个蕴涵式。一个正确的、有效的推理首先要求其推理形式必须正确，正确的推理形式是推理中应该遵循的基本形式。所以，在逻辑学中正确的推理形式称为推理规则。推理规则也就是从形式逻辑中抽象出来的谓词公式的变换规则。

这样一来，如果人们将待推理的提前命题表示成谓词公式，则就可以利用推理规则将基于自然语言的逻辑推理转化为基于谓词公式的符号变换，即实现所谓的形式推理。下面通过举例简要介绍基于谓词公式的形式演绎推理方法。设有前提：

（1）凡是大学生都学过计算机；

（2）小王是大学生。

请根据前提，回答：小王学过计算机吗？

现用$S(x)$表示x是大学生，用$M(x)$表示x学过计算机，用a表示小王，则上面两个命题可用谓词公式表示为：

（1）$\forall x \left(S(x) \rightarrow M(x) \right)$；

（2）$S(a)$。

下面遵循有关推理规则进行符号变换和推理：

（1）$\forall x \left(S(x) \rightarrow M(x) \right)$　　　　　　　［前提］

（2）$S(a) \rightarrow M(a)$　　　　　　　　　［（1），US］

（3）$S(a)$　　　　　　　　　　　　　［前提］

（4）$M(a)$　　　　　　　　　　　　　［（2），（3），I_3］

得到结论$M(a)$，即"小王学过计算机"。

例如证明：$\neg P(a,b)$是$\forall x \forall y \left(P(x,y) \rightarrow W(x,y) \right)$和$\neg W(a,b)$的结果。

（1）$\forall x \forall y \left(P(x,y) \rightarrow W(x,y) \right)$　　　　［前提］

（2）$\forall y \left(P(a,y) \rightarrow W(a,y) \right)$　　　　　　［（1），US］

$(3) P(a,b) \rightarrow W(a,b)$ [(2), US]

$(4) \neg W(a,b)$ [前提]

$(5) \neg P(a,b)$ [(3),(4), I_4]

例如证明：$\forall x(P(x) \rightarrow Q(x)) \wedge \forall x(R(x) \rightarrow \neg Q(x)) \Rightarrow \forall x(R(x) \rightarrow \neg P(x))$

$(1) \forall x(P(x) \rightarrow Q(x))$ [前提]

$(2) (P(y) \rightarrow Q(y))$ [(1), US]

$(3) \neg Q(y) \rightarrow \neg P(y)$ [(2), 逆否变换]

$(4) \forall x(R(x) \rightarrow \neg Q(x))$ [前提]

$(5) R(y) \rightarrow \neg Q(y)$ [(4), US]

$(6) \forall x(R(x) \rightarrow \neg P(x))$ [(3),(5), I_6]

$(7) \forall x(R(x) \rightarrow \neg P(x))$ [(6), UG]

可以看出，上述推理过程完全是一个符号变换过程。这种推理十分类似于人们用自然语言推理的思维过程，因而也称为自然演绎推理。同时，这种推理实际上已几乎与谓词公式所表示的含义完全无关，而是一种纯形式的推理。因此，这种形式推理是传统谓词逻辑中的基本推理方法。

有感于谓词公式形式推理的特点，人们会想到将这种推理方法引入机器推理中。但这种形式推理在机器中具体实施起来存在着许多困难。例如，其推理规则太多，应用规则需要很强的模式识别能力，而且中间结论的数量会呈指数递增。所以，在机器推理中完全照搬谓词逻辑中的形式演绎推理方法将会导致困难重重。因此，人们开发了一些条件受限的自然演绎推理技术，这里不再详述。

第三节　产生式规则及其推理

一、产生式规则

产生式（Production）这一术语是在1943年由美国著名数学家波斯特（E.L.Post）首先提出的，他根据串替代规则提出了一种称为Post机的计算模型，模型中的每一条规则称为产生式。后来，这一术语几经修改与扩充，被用到更多领域。例如，形式语言中的文法规则就称为产生式。产生式也可称为产生式规则。产生式规则通常用于表示具有因果关系的知识，其基本形式为：

IF<前件>　THEN<后件>

或者更形式化地表示为:

<前件>→<后件>

其中,前件就是前提或条件,后件是结论或动作。前件和后件可以是一个原子公式或者其简化形式(如一个语言值或谓词名),也可以是原子谓词公式或其简化形式经逻辑运算符 AND、OR、NOT 组成的复合谓词公式或逻辑表达式。

产生式规则的语义是:如果前提成立或条件满足,则可得结论或者执行相应的动作,即后件由前件来触发。所以,前件是规则的执行条件,后件是规则体。

例如,下面就是几个产生式规则:

(1)IF 银行存款利率下调,THEN 股票价格会上涨。

(2)IF 炉温超过上限,THEN 立即关闭风门。

(3)IF 键盘突然失灵 AND 屏幕上出现怪字符,THEN 是病毒发作。

(4)IF 胶卷感光度为 200 AND 光线条件为晴天 AND 目标距离不超过 5 m,THEN 快门速度取 1/250 AND 光圈大小取 f16。

这是用自然语言表示的产生式规则,在应用中则需将其形式化表示而且尽可能简化。例如,在上下文约定的情况下,规则(1)可形式化表示为:

(1′)being-cut(利率)→be-rising(股价)。将前件、后件用一阶谓词形式表示,或进一步简化为:

(1″)(利率)下调→(股价)上涨。

而规则(4)也可以用变量描述为:

(4′)IF x1=200 AND x2="晴天" AND x3≤5,THEN y1=1/250 AND y2=f16。或进一步简化为:

(4″)x1=200∧x2 ="晴天"∧x3≤5→y1=1/250∧y2=f16。

由此可见,产生式规则描述了事件之间的一种对应关系(如因果关系、蕴涵关系、函数关系等),其外延十分广泛。例如,图搜索中的状态转换规则和问题变换规则都是产生式规则。另外,程序设计语言的文法规则、逻辑学中的逻辑蕴涵式和等价式、数学中的微分和积分公式、化学中的化学方程式和分子结构式的分解、变换规则等,都是产生式规则;体育比赛中的规则、国家的法律条文、单位的规章制度等,也都可以表示成产生式规则。所以,产生式规则就是一种最常见、最常用的知识表示形式。

产生式规则与逻辑蕴涵式非常相似。前已说明,逻辑蕴涵式就是一种产生式规则。除蕴涵命题以外,产生式规则还包括逻辑蕴涵命令。蕴涵命题的前件、后件有真假联系,前件是后件的充分条件。蕴涵命令的前件是后件的触发条件,后件是对前件的响应,前件、后件并无直接的真假含义的蕴涵关系。这种规则只是表示了其前件、后件之间的一种关联,这种关联可能是客观的,也可能是主观的。蕴涵命题一般表示客观规律,而蕴涵命令一般则表示人的主观意志,两者都可以表示人们的经验知识。蕴涵命题的后件是断言或结论,蕴涵命令的后件可以是各种操作、规则、变换、算子、函数等。

二、基于产生式规则的推理

由产生式规则的含义与规则可知,当现有事实可与某一规则的前件匹配(规则的前提成立)时,就得到该规则后件中的结论(结论也成立);当测试到某一规则的前提条件满足时,就执行其后件中的命令(这称为该规则被触发或点燃)。上述过程可理解为这就是基于产生式规则的推理模式。从形式上看,这种基于产生式规则的推理模式与形式逻辑中的假言推理(对于常量规则而言)和三段论(对于变量规则而言)完全一样。比较而言,这种基于产生式规则的推理属于更广义的推理。

在实际问题中,相关的产生式规则按逻辑关系往往会形成一个"与或图",称为推理网络。下面的规则集也形成一个推理网络,其结构关系如图6-1所示。

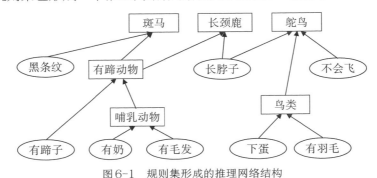

图6-1　规则集形成的推理网络结构

r1：若某动物有奶,则它是哺乳动物。

r2：若某动物有毛发,则它是哺乳动物。

r3：若某动物有羽毛且生蛋,则它是鸟类。

r4：若某动物是哺乳动物且有爪且有犬齿且目盯前方,则它是食肉动物。

r5：若某动物是哺乳动物且吃肉,则它是食肉动物。

r6：若某动物是哺乳动物且有蹄,则它是有蹄动物。

r7：若某动物是有蹄动物且反刍食物,则它是偶蹄动物。

r8：若某动物是食肉动物且黄褐色且有黑色条纹,则它是老虎。

r9：若某动物是食肉动物且黄褐色且有黑色斑点,则它是金钱豹。

r10：若某动物是有蹄动物且长腿且长脖子且黄褐色且有暗斑点,则它是长颈鹿。

r11：若某动物是有蹄动物且白色且有黑色条纹,则它是斑马。

r12：若某动物是鸟且不会飞且长腿且长脖子且黑白色,则它是鸵鸟。

r13：若某动物是鸟且不会飞且会游泳且黑白色,则它是企鹅。

r14：若某动物是鸟且善飞且不怕风浪,则它是海燕。

基于这种推理网络的机器推理是用产生式系统来实现的。产生式系统是由规则库、推理机和动态数据库等组成的一个机器推理系统,其结构如图6-2所示。产生式系统可进行由因导果的正向推理,也可进行执果索因的反向推理,还可进行双向推理,从而可实现图搜索问题求解。产生式系统实际上是一种人工智能问题求解系统的通用模型。

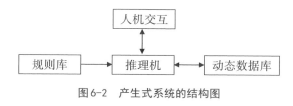

图6-2　产生式系统的结构图

第四节　语义网络

一、何谓语义网络

语义网络(Semanmic Nerwork)是由节点和边(也称有向弧)组成的一种有向图。其中的节点表示事物、对象、概念、行为、性质、状态等;有向边则表示节点之间的某种联系或关系。例如,图6-3就是一个语义网络,其中,边上的标记就是边的语义。

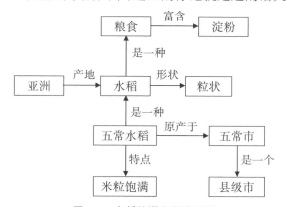

图6-3　水稻的语义网络示例

二、语义网络的表达

由语义网络的结构特点可以看出,它不仅可以表示事物的属性、状态、行为等,而且更适合于表示事物之间的关系和关联。而表示一个事物的层次、状态、行为的语义网络,也可以看作该事物与其属性、状态或行为的一种关系。图6-4所示的语义网络既表示了专家系统这个事物(的内涵),同时也表示了专家系统与"智能系统""专家知识""专家思维""困难问题"这几个事物之间的关系或关联。所以从抽象的角度来看,语义网络可表示事物之间的关系。关系(或关联)型的知识和能转化为关系型的知识都可以用语义网络来表示。

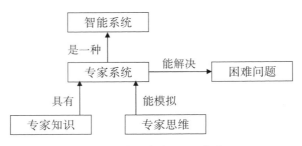

图6-4　专家系统的语义网络表示

下面给出语义网络表达的几种常见的关系：

1. 实例关系

实例关系表示类与其实例(个体)之间的关系。这是最常见的一种语义关系,例如"地球是一个行星"就可表示为图6-5所示形式。其中,关系"是一个"一般标识为is-a或ISA。

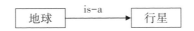

图6-5　表示实例关系的语义网络示例

2. 分类(或从屈、泛化)关系

分类关系是指事物间的类属关系,图6-6所示即为一个描述分类关系的语义网络。

图6-6　表示分类关系的语义网络示例

在图6-6中,下层概念节点除了可继承、细化、补充上层概念节点的属性外,还出现了变异的情况:鸟类是燕子的上层概念节点,其属性是"有羽毛""会飞",燕子的属性继承了"有羽毛"和"会飞"的属性。其中,关系"是一种"一般标识为a-kind-of或AKO。

3. 组装关系

如果下层概念是上层概念的一个方面或者一个部分,则称它们的关系是组装关系,图6-7所示的语义网络就是一种组装关系。其中,关系"一部分"一般标识为a-part-of。

图6-7　表示组装关系的语义网络示例

4. 属性关系

属性关系表示对象的属性及其属性值。例如图6-8表示李丽是一个人,女性,30岁,职业是工人。

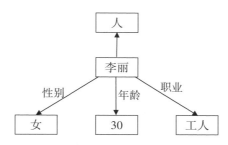

图6-8　表示属性关系的语义网络示例

5. 集合-成员关系

意思是"是……的成员",它表示成员(或元素)与集合之间的关系。例如,"李明是人工智能学会会员"可表示为图6-9所示形式。其中,关系"是成员"一般标识为a-member-of。

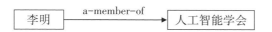

图6-9　表示集合-成员关系的语义网络示例

6. 逻辑关系

如果一个概念可由另一个概念推出,两个概念间存在因果关系,则称它们之间是逻辑关系。例如,图6-10所示的语义网络就是一个逻辑关系。

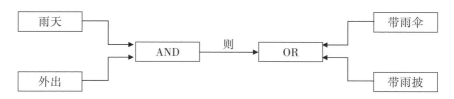

图6-10　表示逻辑关系的语义网络示例

7. 方位关系

在描述一个事物时,经常需要指出它发生的时间、位置,或指出它的组成、形状等。此时可用相应的方位关系语义网络予以表示。例如事实:

张宏是石油大学的一名助教;

石油大学位于西安市电子二路;

张宏今年25岁。

可用图6-11所示的语义网络表示。

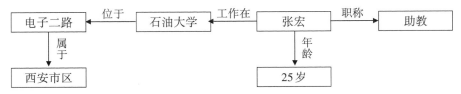

图6-11　表示方位关系的语义网络示例

8. 所属关系

所属关系表示"具有"的意思。例如"狗有尾巴"可表示为图6-12所示形式。

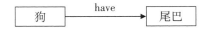

图6-12　表示所属关系的语义网络示例

语义网络中的语义关系是多种多样的,一般根据实际关系定义。常见的还有before、after、at等表示时间次序关系,located-on、located-under等表示位置关系。进一步,还可对带有全称量词和存在量词的谓词公式的语义加以表示。

由以上所述可以看出,语义网络实际上是一种复合的二元关系图。网络中的一条边就是一个二元关系,而整个网络可以看作由这些二元关系拼接而成。以上所述内容是从关系角度出发来考察语义网络的表达力的,下面将从语句角度出发来考察语义网络。例如,对于如下的语句(或事件)"小王送给小李一本书",用语义网络可表示为图6-13所示形式,其中S代表整个语句。这种表示被称为自然语言语句的深层结构表示。

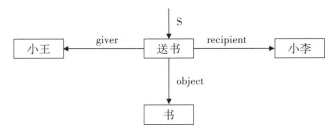

图6-13　表示事件的语义网络示例

语义网络也能表示用谓词公式表示的形式语言语句。

例如:$\exists x(student(x) \land read(x, 三国演义))$,即"某个学生读过《三国演义》",其语义网络可表示为图6-14所示形式。

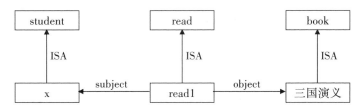

图6-14　表示谓词公式的语义网络示例

又如：$\forall x\big(student(x) \rightarrow read(x, 三国演义)\big)$即"每个学生读过《三国演义》"，其语义网络表示为图6-15所示形式，这是一个分块语义网络。

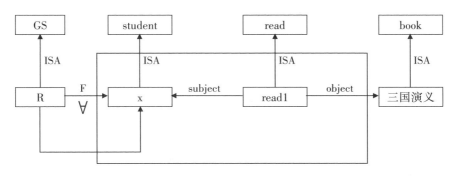

图6-15　分块语义网络示例

由此可见，语义网络有很强的表达能力。所以，它已成为一种重要的知识表示形式，目前已经广泛用于人工智能、专家系统、知识工程以及自然语言处理领域。

三、语义网络的应用

从根本上看，基于语义网络的推理是一种继承。继承就是实例可以拥有所属类的属性值。实际上，继承是通过匹配、搜索实现的。当人们在进行问题求解时，首先根据问题的要求构造一个网络片段，然后在知识库中查找可与之匹配的语义网络，当网络片段中的询问部分与知识库中的某网络结构匹配时，则与询问部分匹配的事实就是问题的解。例如，要通过语义网络(假设它已存入知识库)查询富士苹果有什么特点，那么，人们可先构造如图6-16所示的一个网络片段，然后，使其与知识库中的语义网络进行匹配。匹配后x的值应为"脆甜"。当然，这是一个简单的问题，如果问题复杂，也可能不能通过直接匹配得到结果。那么这时就还需要沿着有关边进行搜索，通过继承来获得结果。例如要问：吃富士苹果对人的健康有何意义？通过上述网络片段是不能直接获得答案的，这时，就需要沿着边AKO一直搜索到节点"水果"，找到水果的"富有营养"性，通过特性继承便得到富士苹果也富有营养的结论。

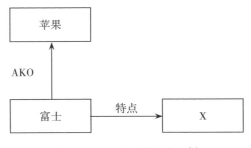

图6-16　语义网络片段示例

第五节 知识图谱

一、何谓知识图谱

知识图谱又称科学知识图谱。它采用各种不同的图形等可视化技术产物来描述知识资源及其载体,挖掘、分析、构建、绘制和显示知识及它们之间的相互联系。

知识图谱以结构化的形式描述客观世界中的各种概念、实体间的复杂关系,将互联网的信息表达成更接近于人类认知世界的形式,为人们提供了一种能够更好地组织、管理和理解互联网海量信息的方式。它把复杂的知识领域通过数据挖掘、信息处理、知识计量和图形绘制而显示出来,揭示知识领域的动态发展规律。

目前,知识图谱还没有一个标准的定义。不过这并不妨碍人们去了解它、认识它和运用它。简单而言,知识图谱是由一些相互连接的实体及其属性构成的。知识图谱也可被看作一张图,图中的节点表示实体或概念,而图中的各边则反映了相关的属性或关系。例如,图6-17所示为一张典型的知识图谱。图中"山东—省会—济南"是一个(实体1—关系—实体2)三元组样例。济南作为一个实体,人口是一种属性,940万是属性值。"济南—人口—940万"构成一个(实体—属性—属性值)三元组样例。

实体是具有可区别性且独立存在的某种事物,如"中国""美国""日本"等,又如某个人、某个城市、某种植物、某种商品等。实体是知识图谱中的最基本元素,不同的实体间存在不同的关系。

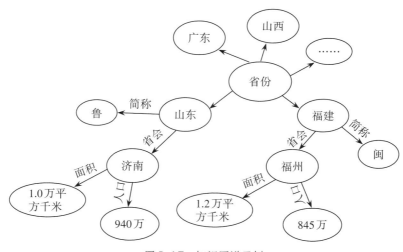

图6-17 知识图谱示例

（1）概念（语义类）：具有同种特性的实体构成的集合，如国家、民族、书籍、电脑等。概念主要指集合、类别、对象类型、事物的种类，如人物、地理等。

（2）内容：通常作为实体和语义类的名字，描述、解释等，可以由文本、图像、音视频等来表达。

（3）属性（值）：描述资源之间的关系，即知识图谱中的关系。不同属性的类型对应于不同类型的边。属性值主要指对象指定属性的值。例如，城市的属性包括面积、人口、所在国家地理位置等。例如，面积是多少平方千米等。

（4）关系：把k个图节点（实体、语义类、属性值）映射到布尔值的函数。

二、知识图谱的表达

三元组是知识图谱的一种通用表示方式，其基本形式分为两种，具体如下：

（1）（实体1—关系—实体2）。例如，"中国—首都—北京"是一个（实体1—关系—实体2）三元组样例。

（2）（实体—属性—属性值）。例如，北京是一个实体，人口是一种属性，2184万是属性值。"北京—人口—2184万"构成一个（实体—属性—属性值）三元组样例。

知识图谱由一条条知识组成，每条知识表示为一个主谓宾spo（subject-predicate-object）结构。主语可以是国际化资源标识符或空白节点，主语是资源。谓语和宾语分别表示其属性和属性值。例如，"人工智能基础教程的授课教师是张三老师"就可以表示为"人工智能基础教程的授课教师，是，张三老师"这个三元组。blank node是没有IRI和literal的资源，或者说是匿名资源。literal是字面量，可以看作带有数据类型的纯文本。在知识图谱中，用资源描述框架（RDF）表示这种三元关系。RDF是用于描述实体/资源的标准数据模型。

如果将RDF的一个三元组中的主语和宾语表示成节点，将之间的关系表示成一条从主语到宾语的有向边，所有RDF三元组就将互联网的知识结构转化为图结构。合理地使用RDF就能够将网络上各种繁杂的数据进行统一的表示。

知识图谱中的每个实体或概念用一个全局唯一确定的ID来标识，称为标识符[84]。每个属性值用来刻画实体的内在特性，而关系用来连接两个实体，刻画它们之间的关联。

三、知识图谱的应用

知识图谱通过语义搜索，可增强搜索结果，改善用户的搜索体验。美国IBM公司的研发团队在历经十余年的努力之后，开发出了一款基于知识图谱的智能机器人——Watson，其研发初衷是参加美国的一档智力游戏节目。2011年，Watson以绝对优势赢得了人机对抗比赛。除去大规模并行化的部分,Watson工作原理的核心部分是基于证据的概率化答案生成,即根据问题线索,不断缩小在结构化知识图谱上的搜索空间,并利用非结构化的文本内容寻找证据支持。对于复杂问题,Watson采用分治策略,以递归方式将复杂问题分解为更为简单的问题来解决。

知识图谱还可以应用于知识问答、大数据分析等。美国Netflix公司利用其订阅用户的注册信息和观看行为构建的知识图谱,通过分析受众群体、观看偏好、电视剧类型、导演与演员的受欢迎程度等信息,了解到用户十分喜欢大卫·芬奇(David Fincher)导演的作品,同时了解到凯文·史派西(Kevin Spacey)主演的作品总体收视率不错及英剧版的《纸牌屋》很受欢迎这些信息,因此决定拍摄美剧《纸牌屋》,最终其在美国及40多个国家成为极其热门的在线演播剧集。

第六节　不确定性和不确切性信息处理

一、不确定性和不确切性

这里所说的不确定性信息(Uncertain Information)是指那些不能确定其真实性的信息[85]。例如:

(1)明天下雨;

(2)如果头痛且发烧,则患了感冒。

上述描述的信息和知识就是不确定性信息。对于不确定性信息,只能对其为真的可能性给出某种估计。在通常的语言和文字交流中,人们用"可能""大概"等副词来表述不确定性信息为真的可能性程度。例如:

(1)明天可能下雨;

(2)头痛且发烧,则大概是患了感冒。

需要注意,这里所说的不确定性仅是指因事物的随机性或人们对事物的认识不足而导致的(信息)不确定性,而并非有些文献中所说的那种包括模糊性(不确切性)以及非专一性、不一致性、不协调性、无知性和时变性等的不确定性,它也不包括不可靠、不稳定、不完全及含糊性等。

另外,这里所说的不确切性信息(Imprecise Information)还指那些意思不够明确、不够严格(有一定弹性)的信息。例如:小王是个高个子。这句话所表达的信息就是不确切性信息。因为多高的个子算是"高个子"，并没有一个明确的、严格的、刚性的标准。其实，造成信息不确切的原因是其中有的词语的含义不确切。例如上面的"高个子"一词的含义就不确切。又如：

（1）小明是个好学生；

（2）张三和李四是好朋友；

（3）如果向左转，则身体就向左稍倾。

这几个命题中的"好学生""好朋友""稍倾"等词语的含义都是不确切的。所以，这几个命题所描述的信息就是不确切的，亦即它们均属不确切性信息。

应当说明的是，这里的不确切（Imprecise）也就是模糊集理论中的模糊（Fuzzy），但模糊技术中并未明确地将含义模糊的信息称为不确切性信息。

二、无确定性信息处理和不确切性信息处理

既然不确定性信息与不确切性信息是两种性质不同的信息，那么，针对不确定性的信息处理即不确定性信息处理（Uncertain Information Processing）与针对不确切性的信息处理即不确切性信息处理（Imprecise Information Processing）也就是性质不同的两种信息处理。事实上，不确定性信息处理解决的是信息真（或伪）的可能性问题，不确切性信息处理解决的是信息真（或伪）的强弱性问题。从问题求解的角度看，不确定性信息处理解决的是可能解的问题，不确切性信息处理解决的是近似解的问题。

除了对信息进行常规的各种处理外，在人工智能领域中，这两种信息处理还有推理、计算、归纳、抽象、挖掘、学习、转换等智能性任务需要完成，以解决有关预测、诊断、分类识别、决策、控制、规划等实际问题。由此可见，上述这两种信息处理实际上贯穿于人工智能的各个领域，它们对人工智能的重要性以及它们在人工智能中的地位是不言而喻的。

需要强调说明的是，对于不确定性信息处理，人们已经有了相当深入的研究，并已取得了相当丰硕的成果。由于有概率论和数理统计的支持，不确定性信息处理已形成较为成熟和完善的理论与技术体系。相比而言，不确性信息处理还缺乏坚实的理论基础，其技术也不够成熟。尽管自1965年扎德提出模糊集合的概念以来，以模糊集理论为基础的模糊技术发展迅速，并在不确切性信息处理中取得了不少成绩。但时至今日，模糊技术中一些理论和技术问题仍未得到很好的解决。虽然有不少学者致力于模糊集理论的改进和发展，并提出了许多新见解、新理论和新方法。但总体来说，大家的认识还未高度统一，所存在的问题也还未得到真正解决。因此，不确切性信息处理仍然是一个需要重点关注和认真研究的重大课题。

第七节　不确定性知识的表示及推理

一、不确定性知识的表示

对于不确定性知识(Uncertain Knowledge),其表示的关键是如何描述不确定性。一般的做法是用信度(Believability)来量化不确定性。一个命题的信度是指该命题为真的可信程度。例如,(这场球赛甲队取胜,0.9)。这里的0.9就是命题"这场球赛甲队取胜"的信度。它表示"这场球赛甲队取胜"这个命题为真(该命题所描述的事件发生)的可能性程度是0.9。

不失一般性,设$c(S)$为命题S的信度。这样,二元组$(S,c(S))$就可作为不确定性命题的一种表示形式,进而可将不确定性产生式规则$A \to B$表示为:

$$(A \to B, c(A \to B))$$

或

$$A \to (B, c(B|A))$$

其中,$c(B|A)$表示规则的结论B在前提A为真的情况下为真的信度。例如,对上节中给出的不确定性条件命题,可表示为:如果头痛且发烧,则得了感冒(0.8)。这里的0.8就是对应规则结论的信度,它代替了原命题中的"可能"。

信度一般是基于概率的一种度量,或者就直接以概率作为信度。例如,著名的专家系统MYCIN中的信度就是基于概率而定义的。在贝叶斯网络中也是直接以概率作为信度的。对于上面的式子,要直接以概率作为信度则只需取$c(B|A) = P(B|A)$即可。

二、不确定性知识表示的推理

基于不确定性知识的推理一般称为不确定性推理。如果用信度来量化前提的不确定性,则推理的结果仍然应含有信度。这就是说,在不确定性推理时,除了要进行符号推演操作以外,还要进行信度计算。不确定性推理的一般模式可表示为:

不确定性推理=符号推演+信度计算

由此可以看出,不确定性推理与通常的确定性推理相比,区别在于多出了一个信度计算过程。然而,正是因为含有信度及其计算,所以不确定性推理与通常的确定性推理就存在显著差别。

（1）不确定性推理中规则的前件能否与证据事实匹配成功,不但要求两者的符号模式能够匹配(合一),而且要求证据事实所含的信度必须达到一定的阈值。

（2）不确定性推理中,一个规则的触发不仅要求其前提能匹配成功,而且前提条件的总信度还必须至少达到阈值。

（3）不确定性推理中所推得的结论是否有效也取决于其信度是否达到阈值。

（4）不确定性推理还要求有一套关于信度的计算方法,包括"与"关系的信度计算、"或"关系的信度计算、"非"关系的信度计算和推理结果的信度计算等。这些计算也就是在推理过程中要反复进行的数值计算。

综上所述,不确定性推理要涉及信度、阈值以及信度的各种计算和传播方法的定义与选取,所有这些就构成了不确定性推理模型。

20世纪70年代,专家系统的建造引发和刺激了关于不确定性推理的研究,人们相继提出了许多不确定性推理模型,其中有传统的概率推理,有别于纯概率推理的信度推理,以及基于贝叶斯网络的不确定性推理等。概率推理是直接以概率作为不确定性度量,并基于概率论中的贝叶斯公式而进行规则结论的后验概率计算。最初人们对这一方法充满了希望,但是很快发现这种方法无法大规模发展。因为在全联合概率分布中所需要的概率数目呈指数级增长,而这会带来巨大的麻烦。结果,经历了1975年到1988年这段时期以后,人们对概率方法失去了兴趣。于是,各种各样的不确定性推理模型作为替代方法便应运而生。

不确定性推理模型中较为著名和典型的有确定性理论(或确定因素方法)、主观贝叶斯方法和证据理论等,这些模型都有一定的特色和很好的应用实例,特别是证据理论,曾被认为是最有前途,能与传统概率推理竞争的一种不确定性推理模型。但后来的实践证明,这些经典的不确定性推理模型也都存在一些局限和缺点,比如缺乏坚实的数学基础作为支撑。

20世纪80年代中期以后,出现了称为贝叶斯网络的不确定性知识表示及其推理的新方法。贝叶斯网络为人们提供了一种方便的框架结构来表示因果关系,这使得不确定性知识在逻辑上变得更为清晰,可理解性更强。从本质上来看,贝叶斯网络是一种表示因果关系的概率网络,基于贝叶斯网络的推理是一种基于概率的不确定性推理。贝叶斯网络的出现,使概率推理再度兴起。事实上,自从1988年被Pearl提出之后,贝叶斯网络现已成为不确定性推理领域的研究热点和主流技术,已在专家系统、故障诊断、医疗诊断、工业控制、统计决策等许多领域中得到了广泛应用。例如,在人们熟知的Microsoft Windows中的诊断修理模块和Microsoft Office中的办公助手里都使用了贝叶斯网络。

第八节 软语言值及其数学模型

一、软语言值

考察"大""小""多""少""高""低""快""慢""热""冷""很""非常"等形容词和副词,不难看出这些词都是由相应的一批数量概括描述。所以,它们就是相应数量值域上的一种值——语言值。又由于它们所概括的数量值一般并没有硬性的、明确的边界,或者说其边界有一种柔性或弹性,所以,人们将这类语言值称为软语言值。软语言值的语义就是软概念。有了软语言值这个术语,人们就可以说,信息的不确切性是由软语言值造成的。或者说,正是软语言值导致了信息的不确切性。

二、软语言值数学模型

定义 A 是论域 $U = [a, b]$ 上的一个软语言值,令

$$c_A(x) = \begin{cases} \dfrac{(x - sA)}{(cA - sA)}, & a \leqslant x \leqslant \xi_A \\[2mm] \dfrac{(sA - x)}{(sA - cA)}, & \xi_A \leqslant x \leqslant b \end{cases} \tag{6-1}$$

称其为软语言值 A 的相容函数。对于 $\forall x \in U, c_A(x)$ 称为 x 与 A 的相容度。其中区间 $[sA, sA]$ 为 A 的支持集,记为 $supp(A)$, sA 和 sA 为 A 的临界点;$[cA, cA]$ 为 A 的核,记为 $core(A)$, sA 和 sA 为 A 的核界点;ξ_A 为 A 的峰值点;集合 $\{x \mid x \in U, 0.5 < cA(x) < 1\}$ 称为 A 的扩展核,记为 $core(A) +$。相容函数 $c_A(x)$ 的图像如图 6-18 所示:

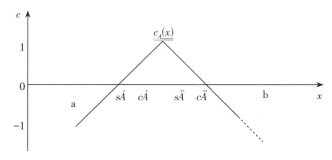

图6-18 软语言值 A 的相容函数 $c_A(x)$ 示意图

例如,"低""中等""高"为男性成人的身高域[1.2, 2.2](假设)中三个相邻的软语言值。设"中等"的两个临界点分别为1.5 m和1.8 m,两个核界点分别为1.6 m和1.7 m。那么"中等"的相容函数就是

$$c_{中等}(x) = \begin{cases} 10x - 15, & 1.2 \leqslant x \leqslant 1.65 \\ 18 - 10x, & 1.65 \leqslant x \leqslant 2.2 \end{cases} \tag{6-2}$$

其图像如图6-19所示(略去了横轴下面的部分)。"低"和"高"的相容函数留给读者完成。

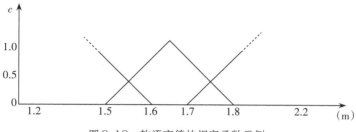

图6-19 软语言值的相容函数示例

由上面的定义和例子可以看出:

(1)一个软语言值的相容函数完全由其核和支持集确定。

(2)相容函数的值域为区间$[\alpha, \beta]$($\alpha \leqslant 0, 1 \leqslant \beta$)。

(3)论域U上一个相容函数就决定了或者说定义了U上的一个软语言值。所以,相容函数就是软语言值(软概念)的数学模型。

需要说明的是,软概念还有一种数学模型——软集合。软集合与软语言值是对应的,前者可以看作后者的数值模型。软语言值还有全峰和半峰之分。全峰软语言值的相容函数为三角形函数,而半峰软语言值的相容函数为线性函数,其图像只有一条斜线。一般来讲,位于论域边界处的软语言值为半峰软语言值(其峰值点刚好为论域的边界点)。

从图6-19可以看出,在"低""中等""高"这组软语言值中,前一个语言值的临界点同时也是后一个语言值的核界点,后一个语言值的临界点同时也是前一个语言值的核界点。这种关系的两个软语言值实际是一种互否关系,称为互否软语言值。这样,"低""中等""高"三个软语言值之间就是依次两两互否。一组依次两两互否的软语言值,如果还刚好覆盖了所属论域,则称这组软语言值为相应论域上的一个基本软语言值组。据此"低""中等""高"构成了论域[1.2, 2.2]上的一个基本软语言值组。

三、基于软语言规则的推理模型

人们将前件或者后件中含有软语言值的产生式规则称为软语言规则,简称为软规则。基于软语言规则的推理是不确切性信息处理的一种核心技术。这种推理有多种形式和方法,如自然推理、真度推理、程度推理、多规则程度推理、带数据转换的程度推理、基于程度

推理的近似推理、并行程度推理、AT推理等。本节简要介绍其中的2种方法。

1. 自然推理

自然推理(Natural Reasoning)就是通常所用的演绎推理。虽然软语言规则中的符号(语言值)是软的,但在证据事实与相应规则的前提完全匹配的情况下,基于软语言规则的推理与通常基于一般规则的推理并无区别。由于软语值与数量值可以互相转换,基于软语言规则的自然推理就有其独特之处了。事实上,配上数据转换接口,基于软语言规则的自然推理就可实现数量值到软语言值、软语言值到数量值,以及数量值到数量值的变换。

2. 程度推理

基于伴随程度函数和程度计算的软语言规则推理称为程度推理(Reasoning with Degrees),其形式如下:

$$\frac{(A,d) \to (B,f(d))}{(A,d_A)} \atop (B,d_B)} \tag{6-3}$$

或者更简单地写为

$$\frac{(A \to B), (f(d))}{(A,d_A)} \atop (B,d_B)} \tag{6-4}$$

其中,$f(d)$是原规则$A(x) \to B(y)$的伴随程度函数,$d_A = c_A(x_0) > 0.5$是证据事实命题$A(x_0)$中语言值A的程度,$d_B = f(d_A) > 0.5$是推理结果命题$B(y_0)$中语言值B的程度,即$c_B(y_0)$。

程度推理的语义是:如果x工具有A的程度$d_A > 0.5$,则y具有B的程度$f(d_A) > 0.5$。现已知某x_0具有A的程度为d_A,且> 0.5,所以存在y_0,其具有B的程度$d_B = f(d_A)$,而且$d_B > 0.5$。

程度推理的过程是:先进行证据事实语言值与规则前件语言值的符号模式匹配,再判断是否$d_A > 0.5$。如果是的话,则将d_A代入$f(d)$,得$d_B = f(d_A)$,进而可得结果(B,d_B)。由伴随程度函数的值域可知,一定有$d_B > 0.5$。

由以上所述可知,程度推理实际上是一种谓词层次上的推理。故程度推理的基本原理简单来讲就是:谓词符号推演+程度计算。

例子:设有软语言规则,如果市场对某商品的需求旺盛而供货却不足,则该商品的价格就会上涨。又已知事实:该商品的需求大增(假设具体数量对"旺盛"相容为1.25)并且供货有些不足(假设具体供货量对"不足"的相容度为0.78)。试用程度推理给出该货物价格情况的预测。

根据上述例子的具体情况,现求解如下:设A_1、A_2和B分别表示软语言值"旺盛""不足"和"涨",则原规则就是$A_2 \rightarrow B$,而已知事实为:$(A_1, 1.25)$和$(A_2, 0.78)$。根据上述程度推理一般模式,拟进行的程度推理就是:

$$\frac{\begin{array}{c}\left(A_1 \wedge A_2 \rightarrow B, f(d)\right) \\ \left(A_1 \wedge A_2, d_{A_1 \wedge A_2}\right)\end{array}}{\left(B, d_B\right)} \qquad (6\text{-}5)$$

由上可知,要进行这一程度推理,需先构造规则$A_1 \wedge A_2 \rightarrow B$的伴随程度函数$f(d)$,再将原来的证据事实$(A_1, 1.25)$和$(A_2, 0.78)$合成为$\left(A_1 \wedge A_2, d_{A_1 \wedge A_2}\right)$,现直接取规则$A_1 \wedge A_2 \rightarrow B$的伴随程度函数$f(d)$为:

$$f(d) = \frac{\beta_B - 0.5}{\beta_A - 0.5}(d - 0.5) + 0.5 \qquad (6\text{-}6)$$

其中,$\beta_A = \min\{\beta_{A_1}, \beta_{A_2}\}$,$\beta_{A_1}$和$\beta_{A_2}$分别为$A_1$和$A_2$的相容度最大值,$\beta_B$为$B$的相容度最大值。现假设$\beta_{A_1} = 2.5$,$\beta_{A_2} = 1.7$,则得$\beta_A = \min\{2.5, 1.7\} = 1.7$;又假设$\beta_B = 2.0$,将这两个数代入上面所设的函数式,可得规则$A_1 \wedge A_2 \rightarrow B$的实际伴随程度函数$f(d)$为:

$$f(d) = 1\frac{1}{4}d - \frac{1}{8} \qquad (6\text{-}7)$$

又由程度化软语言值的运算法则:

$$(A_1, 1.25) \wedge (A_2, 0.78) = \left(A_1 \wedge A_2, d_{A_1 \wedge A_2} \rightarrow \min\{1.25, 0.78\}\right) = (A_1 \wedge A_2, 0.78) \qquad (6\text{-}8)$$

现在,该程度推理的大、小前提分别为$\left(A_1 \wedge A_2 \rightarrow B; 1\frac{1}{4}d - \frac{1}{8}\right)$和$(A_1 \wedge A_2, 0.78)$。显而易见,小前提中的合成语言值$A_1 \wedge A_2$与大前提中的前件语言值完全匹配,而且$d_{A_1 \wedge A_2} = 0.78 > 0.5$。因此,相应的程度推理可以进行。

将$d_{A_1 \wedge A_2} = 0.78$代入函数$f(d) = \frac{15}{16}d - \frac{1}{32}$,得$f\left(d_{A_1 \wedge A_2}\right) = 0.85$,即$d_B = 0.85$。于是,该程度推理的结果为$(B, 0.85)$,这一结果可解释为该商品的价格会有一定程度的上涨,且强度为0.85。

程度推理实际上是真度推理的一种变体,而真度推理则是在真度逻辑和软语言真值逻辑及其推理的基础之上产生的,一方面,它实际是"偏真-全称假言推理"和"约真-全称假言推理"的进一步量化,故程度推理有坚实的逻辑基础;另一方面,程度推理也是软谓词推理的量化,是一种兼有定性与定量的谓词逻辑推理。程度推理也可看作传统谓词推理的一种推广。事实上,伴随程度函数为$f(d) = d_A$,且程度$d_A = 1$的程度推理,就相当于传统的谓词推理。

最后需要说明的是,程度推理虽然有其特定的模式和方法,但如果运用得法,则用其可以实现多种情况和多种要求的推理,如带数据转换的推理、多步推理、多路推理、并行推理等,甚至近似推理和计算也可看到它的身影。

📄 本章小结

本章主要介绍了知识表示和机器推理的基本概念、知识表示的常用方法、不确定性知识的表示和推理方法、软语言值的概念和数学模型。通过本章学习,读者应重点掌握以下内容:

(1)知识表示是指面向计算机的知识描述表达形式和方法。知识表示与知识本身的性质和类型有关,它涉及知识的逻辑结构研究与表达形式设计,是将人类知识形式化或模型化。

(2)知识表示的常用方法包含一阶谓词、产生式规则、语义网络和知识图谱等。

(3)不确定性知识采用信度来量化不确定性,在不确定性推理时,除了要进行符号推演操作外,还要进行信度计算。

(4)前件或后件中含有软语言值的产生式规则称为软语言规则,基于软语言规则的推理方法包括自然推理、真度推理、程度推理、多规则程度推理、带数据转换的程度推理等。

👉 思考与练习

1.选择题

(1)下列选项中用谓词表达"所有的汽车是白色的"这一意思的是(   )。

A.$(\exists x)[CAR(x) \rightarrow COLOR(x, WHITE)]$ B.$(\forall x)[CAR(x) \rightarrow COLOR(x, WHITE)]$

C.$(\exists x)[CAR(x) \neg COLOR(x, WHITE)]$ D.$(\forall x)[CAR(x) \neg COLOR(x, WHITE)]$

(2)下列不属于知识表示常用方法的是(   )。

  A.强化学习   B.一阶谓词   C.产生式   D.语义网络

(3)$(\forall x)(\exists y)love(x, y)$表达的意思是(   )。

A.每个人都有喜欢的人   B.有的人大家都喜欢他

C.每个人都喜欢大家   D.有的人都喜欢大家

(4)下列不属于产生式表示法主要优点的是(   )。

A.自然性   B.模块化   C.有效性   D.模糊性

(5)造成知识具有不确定性的主要原因有(   )。

A.随机性   B.模糊性   C.经验性   D.完全性

2.填空题

(1)谓词可分为_____和_____两部分。

(2)一个产生式系统主要由_____、_____和_____组成。

(3)知识图谱主要有_____和_____两种构建方法。

(4)知识图谱在逻辑上可以分为_____层和_____层。

(5)可以采用_____来量化不确定性。

3.简答题

(1)什么是产生式方法? 产生式方法具有哪些特点?

(2)简述语义网络中常见的关系类型。

(3)不确定性推理与通常的确定性推理相比,存在哪些区别?

4.实践题

(1)用谓词公式表示以下知识。

①人人都爱劳动;②所有正数不是偶数就是奇数;③自然数都是大于零的整数。

(2)将命题"某个学生读过三国演义"分别用谓词公式和语义网络表示。

📖 推荐阅读

[1](美)索沃.知识表示(英文版)[M].北京:机械工业出版社,2003.

[2]邱锡鹏.神经网络与深度学习[M].北京:机械工业出版社,2020.

参考答案

第七章
机器学习与知识发现

　　机器学习是一门多学科、多领域交叉的专业,涵盖概率论知识、统计学知识、近似理论知识和复杂算法知识。它使用计算机作为工具,致力于真实、实时模拟人类的学习方式,并将现有内容进行知识结构划分来有效提高学习效率。机器学习是一门人工智能的科学,其主要研究对象是人工智能,特别是如何在经验学习中改善具体算法的性能。

　　知识发现是从各种信息中,根据不同的需求获得知识的过程。知识发现的目的是向使用者屏蔽原始数据的烦琐细节,从原始数据中提炼出有效的、新颖的、潜在的、有用的知识,直接向使用者报告。

　　本章将系统介绍机器学习和知识发现的基本概念、主要内容、常用方法和关键技术,以开阔读者的视野,并增进读者对机器学习和知识发现的总体了解。

☆ **学习目标**

(1)了解机器学习和知识发现的基本概念。

(2)掌握机器学习和知识发现的基本原理。

(3)熟悉机器学习和知识发现的分类方法。

(4)知道机器学习和知识发现的发展趋势。

◐ **思维导图**

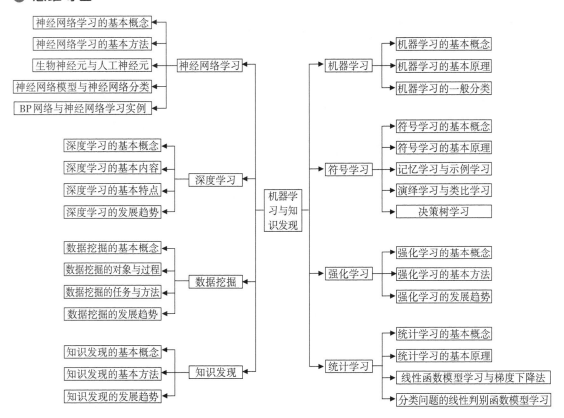

第一节　机器学习

一、机器学习的基本概念

机器学习(Machine Learning)是计算机科学的子领域,也是人工智能的一个分支和实现方式。1997年,汤姆·米切尔(Tom Mitchell)在其撰写并公开出版的《机器学习》(*Machine Learning*)一书中指出,机器学习这门学科所关注的是计算机程序如何随着经验积累而自动提高性能[86]。他同时给出了形式化的描述:对于某类任务 T 和性能度量 P,如果一个计算机程序在 T 上以 P 衡量的性能随着经验 E 而自我完善,那么就称这个计算机程序在从经验 E 上学习。机器学习主要的理论基础涉及概率论、数理统计、线性代数、数学分析、数值逼近、最优化理论和计算复杂理论等,其核心要素是数据、算法和模型。

机器学习是人工智能的技术基础,伴随着人工智能几十年的发展历程,其间有过几次大起大落。作为机器学习的高级阶段,最近几年,深度学习算法在自然语言处理、语音识别、图像处理等领域取得巨大突破,使得机器学习成为计算机学科非常热门的一个方向。这也标志着机器学习已经彻底迈出实验室大门,走向实践,甚至走向市场,推动着人工智能向更高阶段发展。

与机器学习联系十分密切的概念有数据挖掘、大数据分析等。这些数据分析技术使用了一些机器学习的方法和算法,解决了企业应用中的一些实际问题,辅助业务人员和管理人员做出更好的决策。正是几种技术的相辅相成,促进了数据分析技术和人工智能的进步。

当前,机器学习、人工智能和数据挖掘都很热门,趋之者如过江之鲫。很多人容易将人工智能与机器学习混淆,此外,数据挖掘、人工智能和机器学习之间的关系也容易被混淆,因此需要对它们正本清源、厘清关系。从本质上看,数据科学的目标是通过处理各种数据,促进人们进行正确决策。机器学习的主要任务是使机器模仿人类的学习,从而获得知识。而人工智能借助机器学习和推理最终形成具体的智能行为。故此,机器学习与其他领域之间的关系如图7-1所示。

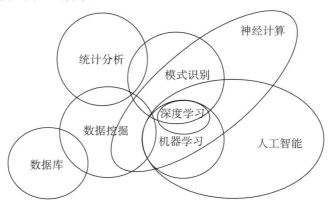

图7-1　机器学习与其他领域之间的关系

二、机器学习的基本原理

机器学习的一般流程包括确定分析目标、收集数据、整理和预处理数据、数据建模、模型训练、模型评估、模型应用等多个步骤。首先要从业务的角度开展分析,然后提取相关的数据进行探查,发现其中的问题,再依据各算法的特点选择合适的模型进行实验验证,评估各模型的结果,最终选择合适的模型进行应用。

1. 确定分析目标

人们应用机器学习来解决实际问题时,首先要明确目标任务,这是选择机器学习算法的关键步骤。明确要解决的问题和业务需求,才有可能基于现有数据开展设计或选择算法。例如,在监督式学习中对定性问题可用分类算法,对定量分析可用回归方法。在无监督式学习中,如果有样本细分可应用聚类算法,如需找出各数据项之间的内在联系,则可应用关联分析算法。

2. 收集数据

数据要有代表性并尽量覆盖相关领域,否则容易出现过拟合(over-Fitting)或欠拟合。对于分类问题,如果样本数据不平衡,不同类别的样本数量占比差距过大,会影响模型的准确性。还要对数据的量级进行评估,包括样本量和特征数,可以估算出数据以及分析其对内存的消耗,判断训练过程中内存是否过大,否则需要改进算法或使用一些降维技术,或者使用分布式机器学习技术。

3. 整理和预处理数据

获得数据以后,不必急于创建模型,可先对数据进行一些探索,以弄清数据的大致结构、数据的统计信息、数据噪声以及数据分布等。在此过程中,为了更好地查看数据情况,可使用数据可视化方法或数据质量评价方式对数据质量进行评估。

通过数据探索以后,人们可能会发现不少问题,例如缺失数据、数据不规范、数据分布不均衡、数据异常、数据冗余等。这些问题都会影响数据质量。为此,需要对数据进行预处理,这部分工作在机器学习中非常重要,特别是在生产环境中的机器学习,其数据往往是未加工和处理过的,因而不便于直接使用。数据预处理常常要占据机器学习整个过程的大部分时间。归一化、离散化、缺失值处理、去除共线性等,均是机器学习的常用预处理方法。

4. 数据建模

应用特征选择方法,人们可以从数据中提取出合适的特征,并将其应用于模型中以得到较好的结果。从大量数据中筛选出显著特征需要人们充分理解业务,并对数据进行分析。而特征选择得是否合适,往往会直接影响模型的结果。当选择出好的特征以后,即使是使用简单的算法也能得出良好、稳定的结果,所以要重视特征选择。选择特征时,可应用特征有效性分析技术,如相关系数、卡方检验、平均互信息、条件熵、后验概率和逻辑回归权重等方法。

训练模型前,人们一般会把数据集分为训练集和测试集,或对训练集再细分为训练集和验证集,从而对模型的泛化能力进行评估。

模型本身并没有优劣。在选择模型时,应当认识到一个客观现实问题,那就是一般并不存在对任何情况都能表现很好的算法,这又被称为"没有免费的午餐"原则。因此人们在实际选择模型时,一般会用几种方法来进行模型训练,然后比较它们的性能,从中选择最优的一个。需要注意的是,不同的模型使用不同的性能衡量指标。

5. 模型训练

在模型训练中,需对模型超参数(在机器学习中,超参数是在开始学习过程之前设置值的参数,而不是通过训练得到的参数数据。通常情况下,需对超参数进行优化,给学习机选择一组最优超参数,以提高学习的性能和效果)进行调优。如果对算法原理理解不够透彻,往往无法快速定位能决定模型优劣的模型参数。所以在训练过程中,对人们关于机器学习算法原理理解程度的要求较高,人们理解越深入,就越容易发现问题的原因,从而确定合理的调优方案。

6. 模型评估

使用训练数据构建模型后,须使用测试数据对模型进行测试和评估,测试模型对新数据的泛化能力。如果测试结果不理想,则要分析原因并进行模型优化,如采用手工调节参数等方法。如果出现过拟合,特别是在回归类问题中,则可以考虑采用正则化方法来降低模型的泛化误差,可以对模型进行诊断以确定模型调优的方向与思路。过拟合、欠拟合判断是模型诊断中非常重要的一步。常见的方法有交叉验证、绘制学习曲线等。过拟合的基本调优思路是增加数据量,降低模型复杂度。欠拟合的基本调优思路是提高特征数量和质量,增加模型复杂度。

误差分析是通过观察产生误差的样本,分析误差产生的原因。一般的分析流程是依次验证数据质量、算法选择、特征选择、参数设置等,其中对数据质量的检查最容易被人所忽视,常常在反复调参很久后才发现数据预处理工作没有做好。一般情况下,模型调整后,需要重新训练和评估,所以机器学习的模型建立过程就是不断地尝试,并最终达到最优状态。从这一点儿看,机器学习具有一定的艺术性。

7. 模型应用

模型应用主要与工程实现的相关性比较大。工程上是结果导向,模型在线上运行的效果好坏直接决定模型的好坏,不单纯包括其准确程度、误差等情况,还包括其运行速度(时间复杂度)、资源消耗程度(空间复杂度)、稳定性是否可以接受等方面。

三、机器学习的一般分类

机器学习算法是一类从数据中通过自动分析获得规律,并利用规律对未知数据进行预测的方法,具体可以分成:监督学习、无监督学习、强化学习等几种类别。

1. 监督学习

监督学习是指从有标记的训练数据中学习一个模型,然后根据这个模型对未知样本进行预测。其中,模型的输入是某一样本的特征,函数的输出是这一样本对应的标签。常见的监督学习算法包括回归分析和统计分类两大类别,前者包括逻辑回归、决策树、KNN(K-Nearest Neighbor,K-近邻算法)、随机森林、支持向量机、朴素贝叶斯等,后者包括线性回归、提升梯度法(Gradient Boosting)和自适应提升法(AdaBoost)等。

2. 无监督学习

无监督学习又称为非监督式学习,它的输入样本并不需要标记,而是自动从样本中学习特征来实现预测。常见的无监督学习算法有聚类分析和关联分析等。在人工神经网络中,自组织映射(SOM)和适应性共振理论(ART)是最常用的无监督学习。

3. 强化学习

强化学习是指通过观察来学习做成什么样的动作。每个动作都会对环境有所影响,学习对象根据观察到的周围环境的反馈来做出判断。强化学习强调如何基于环境而行动,以取得最大化的预期利益。其灵感来源于心理学中的行为主义理论,即有机体如何在环境给予的奖励或惩罚的刺激下,逐步形成对刺激的预期,产生能获得最大利益的习惯性行为。

根据机器学习的任务分类,常见的机器学习任务可以分为回归、分类、聚类三大类。某些机器学习算法可能同时属于不同的分类,例如深度学习算法既可以用于监督学习,也可以用于强化学习,在实践过程中可依据实际需要进行选择。

第二节　符号学习

一、符号学习的基本概念

20世纪30年代,美国心理学家托尔曼(E.C.Tolman)根据一系列动物学习实验的结果,提出了符号学习的概念,符号学习既是机器学习的重要方式,也是人工智能早期阶段机器学习的主流方式。

符号学习的概念其实十分简单,它是一种基于符号主义学派的机器学习观点,那就是知识可以用符号来表示,即人们可以用一些特定的符号来表示现实的事物或者观念。例如可用汉字"苹果"来表示现实中的苹果。这些符号代表的意义是约定俗成的。一个头脑完全空白的人需要通过学习才能将符号和现实事物建立起联系。而且符号不只是字符，还可以是图片、图表等。机器学习的过程实际上就是一种符号运算的过程。

二、符号学习的基本原理

符号学习的基本流程分为制符与学习两个过程。制符是指制定一些特定的符号与现实中的某些对象关联起来，通过这些特定符号来表示现实中的相关对象。学习是指机器通过一些符号的运算过程，将这些符号与现实中的相关对象联系起来。通过制符与学习可以模拟人类认识和感知世界的学习过程。

三、记忆学习与示例学习

1. 记忆学习

记忆学习又称机械式学习或死记式学习，是一种最简单、最原始、最基本的学习策略[87]，通过记忆和评价外部环境所提供的信息达到学习的目的。学习系统要做的工作就是把经过评价所获取的知识存储到知识库中，需要时就从知识库中检索出相应的知识直接用来求解问题。

当机械式学习系统的执行部分解决完一个问题之后，系统就记住这个问题和它的解[88]。可以把执行部分抽象地看成某一函数，各函数在得到自变量输入值$(x_1\cdots x_n)$之后，计算并输出函数值$(y_1\cdots y_p)$。实际上它就是一个简单的存储联合对$[(x_1\cdots x_n)(y_1\cdots y_p)]$。在以后遇到求自变量输入值为$(x_1\cdots x_n)$的问题时，就从存储器中把函数值$(y_1\cdots y_p)$直接检索出来，而不是进行重新计算。机械式学习过程可用模型示意如下：

$$(x_1\cdots x_n)\xrightarrow{\text{计算}}(y_1\cdots y_p)\xrightarrow{\text{存储}}[(x_1\cdots x_n)(y_1\cdots y_p)]$$

记忆学习是一种基于记忆和检索的学习，其学习方法非常简单，但学习系统需要具备几种能力：

①能实现有组织地存储信息；

②能进行信息结合；

③能控制检索方向。

对于记忆学习，需要注意三个重要的问题，即存储组织信息、环境的稳定性与存储信息的适用性，以及存储与计算之间的权衡。机械式学习的学习程序不具有推理能力，只是将所有的信息存入计算机来增加新知识，其实质上是用存储空间换取处理时间。虽然节省了计算时间，却多占用了存储空间。当因学习而积累的知识逐渐增多时，占用的空间就会越来越大，继而检索的效率也将随之下降。所以，在记忆学习中要全面权衡时间与空间的关系。

2. 示例学习

示例学习是一种从具体示例中产生抽象概念的方法,因此也被称为概念获取或者例子中学习。它是通过从环境中取得若干与某概念有关的例子,经过归纳得出一般性概念的一种学习方法。在这种学习方法中,外部环境(教师)提供的是一组例子(正例和反例),这些例子实际上是一组特殊的知识,每一个例子表达了仅适用于该例子的知识。示例学习就是要从这些特殊知识中归纳出适用于更大范围的一般性知识,它将覆盖所有的正例并排除所有的反例。

示例学习的学习过程如图7-2所示,具体内容如下:

(1)从示例空间(环境)中选择合适的训练示例;

(2)经过解释,归纳出一般性的知识;

(3)再从示例空间中选择更多的示例对它进行验证,直到得到可供应用的知识为止。

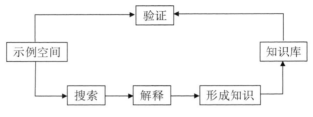

图7-2 示例学习的学习过程示意图

在示例学习系统中有两个重要的概念,即示例空间和规则空间。示例空间就是人们向系统提供的训练例集合。规则空间是示例空间所潜在的某种事物规律的集合,学习系统应该从大量的训练例中自行总结出这些规律。可以把示例学习看成选择训练例去指导规则空间的搜索过程,直到搜索出能够准确反映事物本质的规则为止。如图7-3所示为西蒙和利亚(Lea)在1974年提出的通过示例学习的双空间模型。

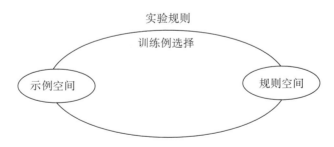

图7-3 示例学习双空间示意图

示例学习由教师提供关于某概念的正例和反例集,机器则通过归纳推理产生该概念的一般性描述。它根据有无反例集分成两种类型:

(1)只有正例,没有反例。

正例可以提供获取概念定义的依据,却无法防止概念的过分泛化。在这种情况下,系统采用"保守"原则,即以最低的泛化程度来建立概念的定义,或者使用已有的知识来限制经由归纳推理所得到的概念定义。

（2）有正例，也有反例。

这是一种最典型的示例学习，用给出的正例来生成概念定义，用给出的反例来防止过分泛化。学生可通过归纳推理得出覆盖所有正例，并且排除所有反例的概念定义，而且要求获取的概念定义也应排斥任何未列入反例集的反例。

四、演绎学习与类比学习

（一）演绎学习

演绎学习是通过向学习系统输入新问题，并运用学习系统中已有的知识加以解决。但知识库已有知识中的相关部分不能被有效地使用，故而演绎学习的任务就是将这部分知识转化为更便于有效使用的形式。

1. 演绎推理

关于演绎推理，还存在以下几种定义：

（1）演绎推理是从一般到特殊的推理；

（2）它是前提蕴涵结论的推理；

（3）它是前提和结论之间具有必然联系的推理；

（4）演绎推理就是前提与结论之间具有充分条件或充分必要条件联系的必然性推理。

演绎推理的逻辑形式对于理性的重要意义在于，它对人的思维保持严密性、一贯性有着不可替代的校正作用。这是因为演绎推理能够保证推理有效的根据并不在于它的内容，而在于它的形式。演绎推理最典型、最重要的应用案例通常出现于逻辑和数学证明中。

演绎推理是由两个含有一个共同项的性质判断做前提，得出一个新的性质判断为结论的。三段论是演绎推理的一般模式，包含三个部分：大前提——已知的一般原理，小前提——所研究的特殊情况，结论——根据一般原理，对特殊情况做出判断。

例如：知识分子是应该受到尊重的，人民教师是知识分子，所以，人民教师是应该受到尊重的。其中，结论中的主项叫作小项，用"S"表示，如上例中的"人民教师"；结论中的谓项叫作大项，用"P"表示，如上例中的"应该受到尊重"；两个前提中共有的项叫作中项，用"M"表示，如上例中的"知识分子"。在三段论中，含有大项的前提叫大前提，如上例中的"知识分子是应该受到尊重的"；含有小项的前提叫小前提，如上例中的"人民教师是知识分子"。三段论推理是根据两个前提所表明的中项 M 与大项 P 和小项 S 之间的关系，通过中项 M 的媒介作用，从而推导出确定小项 S 与大项 P 之间关系的结论。

2. 假言推理

假言推理是以假言判断为前提的推理[89]。假言推理分为充分条件假言推理和必要条件假言推理两种。

（1）充分条件假言推理。

充分条件假言推理的基本原则是：小前提肯定大前提的前件，结论就肯定大前提的后件；小前提否定大前提的后件，结论就否定大前提的前件。如下面的两个例子：

①如果一个数的末位是0，那么这个数能被5整除；这个数的末位是0，所以这个数能被5整除；

②如果一个图形是正方形，那么它的四条边相等；这个图形的四条边不相等，所以它不是正方形。

上述两个例子中的大前提都是一个假言判断，所以这种推理尽管与三段论有相似的地方，但它不是三段论。

（2）必要条件假言推理。

必要条件假言推理的基本原则是：小前提肯定大前提的后件，结论就肯定大前提的前件；小前提否定大前提的前件，结论就否定大前提的后件。如下面的两个例子：

①只有肥料足，菜才长得好。这块地的菜长得好，所以，这块地肥料足。

②育种时，只有达到一定的温度，种子才能发芽。这次育种没有达到一定的温度，所以种子没有发芽。

3. 选言推理

选言推理是以选言判断为前提的推理。选言推理分为相容的选言推理和不相容的选言推理两种。

（1）相容的选言推理。

相容的选言推理的基本原则是：大前提是一个相容的选言判断，小前提否定了其中一个（或一部分）选言支，结论就要肯定剩下的一个选言支。

例如：这个三段论的错误，或者是前提不正确，或者是推理不符合规则；这个三段论的前提是正确的，所以，这个三段论的错误是推理不符合规则。

（2）不相容的选言推理。

不相容的选言推理的基本原则是：大前提是个不相容的选言判断，小前提肯定其中一个选言支，结论则否定其他选言支；小前提否定除其中一个以外的选言支，结论则肯定剩下的那个选言支。例如下面的两个例子：

①一个词，要么是褒义的，要么是贬义的，要么是中性的。"结果"是个中性词，所以，"结果"不是褒义词，也不是贬义词。

②一个三角形，要么是锐角三角形，要么是钝角三角形，要么是直角三角形。这个三角形不是锐角三角形和直角三角形，所以，它是个钝角三角形。

4. 关系推理

关系推理是前提中至少有一个是关系命题的推理。

下面简单举例说明几种常用的关系推理：

（1）对称性关系推理，如1 m=100 cm，所以100 cm=1 m；

（2）反对称性关系推理，a大于b，所以b小于a；

（3）传递性关系推理，$a>b$，$b>c$，所以$a>c$。

5. 归纳与演绎的关系

现在分析一下归纳与演绎的区别与联系。归纳和演绎这两种方法既互相区别、互相对立，又互相联系、互相补充。它们相互之间的辩证关系表现为：一方面，归纳是演绎的基础，没有归纳就没有演绎；另一方面，演绎是归纳的前导，没有演绎也就没有归纳。一切科学的真理都是归纳和演绎辩证统一的产物，离开演绎的归纳和离开归纳的演绎，都不能成为科学的真理。

从本质上来看，归纳是演绎的基础。演绎是从归纳结束的地方开始的，演绎的一般知识来源于经验归纳的结果。历史上，没有大量的机械运动的经验事实，不可能建立能量守恒定律；没有大量的生物杂交的试验事实，不可能创立遗传基因学说。相较而言，数学是一门演绎成分起重要作用的科学，表面上看似乎不需要经验和归纳。其实不然，数学必须借助归纳的思维方法才能得到建立和发展。例如，关于素数有这样一条定理：在任一素数和它的二倍之间，至少存在另一个素数。例如，在2与4之间，有素数3；在3与6之间有素数5；在5与10之间有素数7；等等[90]。显然，素数的这条定理是通过归纳推理得到的。数学的定义、原则、公理等抽象概念，都是归纳人类实践经验的产物，都可以在现实世界里找到它们的原型。可见，归纳为演绎准备了前提，演绎中包含有归纳，并且一刻也离不开归纳。

演绎是归纳的前导。但要强调的是，归纳虽然是演绎的基础，但归纳本身也离不开演绎的指导，对实际材料进行归纳的指导思想往往是演绎的成果。例如，达尔文的进化论是经过广泛的调查和细致的实验，在积累了大量经验材料的基础上，归纳总结出来的结论。但事实上，他在做出进化论的结论之前，早就接受了拉马克、赖尔等人的进化论观点，特别是遵循了赖尔的地质演化学说。根据这个学说，当然可以推出地球上生物的物种也是历史地、逐渐地改变的，并非从来如此。因此，达尔文以赖尔的理论作为自己在归纳研究时的指导，进而从大量的生物资料中，概括出生物进化的科学理论。可见，没有演绎证明了的理论，归纳就缺乏明确的目的与指导。因而可以说，归纳一刻也离不开演绎。

归纳和演绎互为条件、互相渗透，并在一定条件下互相转化。归纳出来的结论，成为演绎的前提，归纳转化为演绎；以一般原理为指导，通过对大量材料的归纳得出一般结论，演绎又转化为归纳。归纳和演绎是相互补充、交替进行的。归纳后随之进行演绎，将使归纳出的认识成果得到扩大和加深；演绎后随之进行归纳，可用对实际材料的归纳来验证和丰富演绎出的结论。人们的认识就是在这种交互作用的过程中，从个别到一般，又从一般到个别，循环往复，步步深化，以至久远。

在逻辑学发展史上，归纳和演绎曾被人们看作两种互不相容的思维形式，看不到二者之间的辩证统一,出现过片面夸大演绎作用"全演绎派"和片面夸大归纳作用的"全归纳派"。这两个派别的问题在于从一个极端走向另一个极端,都是牺牲"别人"而把"自己"捧上了天。人们在运用归纳和演绎方法时,必须把二者有机地联系在一起,同时还必须有机地将归纳和演绎的方法与分析、综合等思维方法结合起来运用,这样才能充分发挥逻辑思维的作用。

(二)类比学习

类比是人们认识世界的一种有效方法,也是引导人们开辟新境界、学习新事物、进行创造性思维的重要手段。从实质上分析,类比学习就是通过类比,即通过对相似事物进行比较所进行的一种学习。其实施步骤及方法要点如图7-4所示。

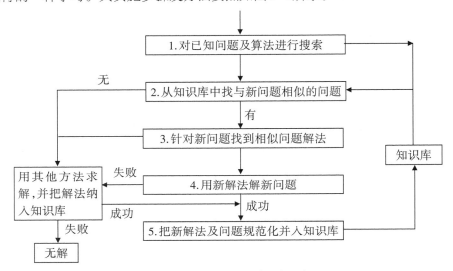

图7-4　类比的实施步骤及方法要点示意图

类比学习的基础是类比推理。类比推理是指由新情况与记忆中的已知情况在某些方面相类似,从而推断出它们在其他方面也相似。显然类比推理就是在两个相似域之间进行的。关于两个相似域的说明如下:

(1)已经认识的域。它包括过去曾经解决过且与当前问题类似的问题及相关知识,称为源域或者基(类比源),记为 S。

(2)当前尚未完全认识的域。它是遇到的新问题,称为目标域,记为 T。

类比推理的目的就是从 S 中选出与当前问题最近似的问题以及求解方法来求解当前的问题,或者建立目标域中已有命题间的联系,形成新知识。

类比学习方法通常有属性类比学习和转换类比学习两种。1986年,卡博内尔(J.G. Carbonell)提出并创建了派生类比(Derivational Analogy)学习系统,它可以解决多步任务。在传统类比方法中,人们一般不记录解法的生成过程,只记录最后生成的算法。而在派生类比系统中,人们不仅记录最后生成的算法,而且记录与解法生成过程有关的信息,这样当系统遇到困难时,可以对解法的某个生成过程进行深层分析,查明产生困难的原因,然后根据新条件来改造旧解法。所以,派生类比方法比传统类比方法具有更强的智能,这种技术也为在专家系统中进行基于事件推理(Case-Based Reasoning)提供了一个有利机制。

由于派生类比方法需要对问题的解法生成过程进行分析,因此必然会降低解题效率。同时这种分析可能涉及多个领域的知识,增加了解题的复杂性。所以还需要对这种方法进行进一步的检验、修改和完善。

当前,类比学习模拟的主要困难是基(类比源)的联想,即给定一个目标域,再从无数个错综复杂的结构中找出一个或数个候选的基。实际上,在当前的应用中,基都是由用户给出的,这就在客观上决定了机器只能重复人们已知的类比,而不能帮助人们学到什么。

五、决策树学习

决策树(Decision Tree)也称判定树,它是由对象的若干属性、属性值和有关决策组成的一棵树(树形结构系统)。其中的节点为属性(一般为语言变量),分枝为相应的属性值(一般为语言值)。从同一节点出发的各个分枝之间是逻辑"或"关系;根节点为对象的某一个属性;从根节点到每一个叶子节点的所有节点和枝条,按顺序串连成一条分枝路径,位于同一条分枝路径上的各个"属性-值"对之间是逻辑"与"关系,叶子节点为这个"与"关系的对应结果,即决策。决策树学习的基本方法和步骤如图7-5所示:

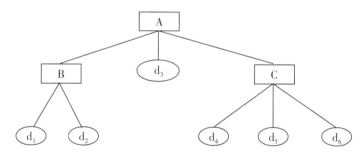

图7-5　决策树学习的基本方法和步骤

首先,选取一个属性,按这个属性的不同取值对实例集进行分类;继而以该属性作为根节点,且以这个属性的诸取值作为根节点的分枝,进行画树。然后,考查所得的每一个子类,看其中的实例的结论是否完全相同。如果完全相同,则以这个相同的结论作为相应分枝路径末端的叶子节点;否则,选取一个非父节点的属性,按这个属性的不同取值对该子集进行分类,并以该属性作为节点,再以这个属性的诸取值作为节点的分枝,继续进行画树。如此继续,直到所分的子集全部满足,实例结论完全相同,而得到所有的叶子节点为止。

如果学习的任务是对一个大的例子集做分类概念的归纳定义,而这些例子又都是用一些无结构的属性值对来表示,则可以采用决策树学习,其代表性的算法是昆兰(J.R.Quin-lan)在1986年提出的ID3。ID3算法是经典的决策树学习算法,其基本思想是以信息熵为度量,用于决策树节点的属性选择,每次优先选取信息量最多的属性,亦即能使熵值变成最小的属性,以构造一棵熵值下降最快的决策树,到叶子节点处的熵值为0。此时,每个叶子节点对应的实例集中的所有实例都属于同一类。

第三节 强化学习

一、强化学习的基本概念

强化学习(Reinforcement Learning,简称RL),又称再励学习、评价学习或增强学习,是机器学习的范式和方法论之一,用于描述和解决Agent在与环境的交互过程中通过学习策略以达成回报最大化或实现特定目标的问题。

在强化学习中,Agent采用"试错"的方式进行学习,通过与环境进行交互获得奖赏指导行为,目标是使Agent获得最大的奖赏。强化学习不同于连接主义学习中的监督学习,主要表现在强化信号上。强化学习中由环境提供的强化信号是对产生动作的好坏做出的一种评价(通常为标量信号),而不是告诉强化学习系统(Reinforcement Learning System,简称RLS)如何去产生正确的动作。由于外部环境提供的信息很少,RLS必须依靠自身的经历去进行学习。通过这种方式,RLS在行动-评价的环境中获得知识,改进行动方案以适应环境。

二、强化学习的基本方法

强化学习是从动物学习、参数扰动自适应控制等理论发展而来,其基本原理是:如果Agent的某个行为策略导致环境正的奖赏(强化信号),那么Agent以后产生这个行为策略的趋势便会加强。Agent的目标是在每个离散状态发现最优策略以使期望的折扣奖赏和最大。强化学习把学习看作一种试探评价的过程,如图7-6所示。Agent选择一个动作用于环境,环境接受该动作后状态发生变化,同时产生一个强化信号(奖或惩)反馈给Agent,Agent根据强化信号和环境当前状态再选择下一个动作,选择的原则是使受到正强化(奖)的概率增大。选择的动作不仅影响立即强化值,而且影响环境下一时刻的状态及最终的强化值。

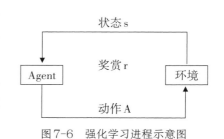

图7-6 强化学习进程示意图

强化学习系统学习的目标是动态地调整参数,以使强化信号能够达到最大。若已知r/A梯度信息,则可直接使用监督学习算法。因为强化信号 r 与 Agent 产生的动作 A 没有明确的函数形式描述,所以无法得到梯度信息 r/A。因此,在强化学习系统中,需要某种随机单元,使用这种随机单元,Agent 就能在可能动作空间中进行搜索并发现正确的动作。

强化学习的常见模型是标准的马尔可夫决策过程(Markov Decision Process,MDP)。按给定条件,强化学习可分为基于模式的强化学习(Model-based RL)和无模式的强化学习(Model-free RL),以及主动强化学习(Active RL)和被动强化学习(Passive RL)。强化学习的变体包括逆向强化学习、阶层强化学习和部分可观测系统的强化学习。求解强化学习问题所使用的算法可分为策略搜索算法和值函数(Value Function)算法两类。在强化学习中也可以使用深度学习模型,由此形成深度强化学习。

实际上,强化学习理论受到了行为主义心理学的启发,它侧重在线学习,并试图在探索-利用(Eexploration-Exploitation)之间保持平衡。与监督学习和非监督学习不同的是,强化学习不要求预先给定任何数据,而是通过接收环境对动作的奖励(反馈)来获得学习信息,并据此更新模型参数。

强化学习问题在信息论、博弈论、自动控制等领域得到人们的重视与研究,常常被用来解释有限理性条件下的平衡态、设计推荐系统和机器人交互系统。目前,一些复杂的强化学习算法在一定程度上已经具备了解决复杂问题的通用智能,例如,有些强化学习算法甚至可以在围棋和电子游戏中达到或超过人类高手的水平。

三、强化学习的发展趋势

目前,强化学习尤其是深度强化学习正在快速发展,从当前数不胜数的论文可以初步判断强化学习的发展趋势如下。

1. 强化学习算法与深度学习的结合会更加紧密

机器学习算法常被分为监督学习、非监督学习和强化学习,以前三类方法界限十分清楚,而如今三类方法联合起来使用效果会更好。所以,强化学习算法的发展趋势之一便是三类机器学习方法正在逐渐走向统一。谁结合得好,谁就会取得更大的突破。该方向的代表作有《基于深度强化学习的对话生成》等。

2. 强化学习算法与专业知识的结合会更加紧密

如果将一般的强化学习算法(如 Qlearning 算法)直接套用到专业领域中,很可能发挥不了预想的作用。要改变这种情况,就需要把专业领域中的知识加入强化学习算法中,增强其适用性、可行性。但专业领域的知识究竟要如何加? 加多少? 现在还没有统一的方法和标准,需要根据每个专业的具体情况来灵活掌握。一般说来,可以采用的方法包括重新塑造回报函数或修改网络结构。目前来看,强化学习算法与专业知识密切结合将是未来的发展趋势之一。2016年,机器学习和计算神经科学的国际顶级会议——第30届神经信息处理系统大会(NIPS 2016)在西班牙巴塞罗那举行。在这次国际学术会议上,人工智能和机器学习领域的研究者为人们呈现了这一领域的研究前沿,其中尤以获得NIPS 2016最佳论文奖的《价值迭代网络(*Value Iteration Networks*)》为人们所关注,它成为研究该趋势的代表作。

3. 强化学习算法理论分析会更强,算法会更稳定和高效

如今,强化学习算法的烈火烹油之势必定会吸引一大批理论功底深厚、基础知识渊博的牛人加盟。在这些牛人的加持下,强化学习算法的理论分析会更加精深,相关算法会更加有效。该方向的代表作有《基于深度能量的策略方法》《值函数与策略方法的等价性》等。

4. 强化学习算法与脑科学、认知神经科学、记忆的联系会更紧密

脑科学和认知神经科学一直是机器学习灵感的源泉,这个源泉往往会给机器学习算法带来颠覆性的冲击和革命性的成功。当前,人们对大脑的认识还很片面,甚至还很肤浅。随着脑科学家和认知神经科学家逐步揭开大脑的神秘面纱,机器学习领域必定会再次受益,并一定会将这种受益转化为对发展人工智能社会的贡献。

第四节　统计学习

一、统计学习的基本概念

1. 统计学习的特点

统计学习(Statistical Learning)是关于计算机基于数据构建概率统计模型并运用模型对数据进行预测与分析的一门学科[91]。统计学习也称为统计机器学习(Statistical Machine Learning)。统计学习的主要特点如下:

(1)统计学习以计算机及网络为平台,是建立在计算机及网络上的;

(2)统计学习以数据为研究对象,是数据驱动的学科;

(3)统计学习的目的是对数据进行预测与分析;

(4)统计学习以方法为中心,构建统计学习方法模型,并应用这些模型进行预测与分析;

(5)统计学习是涉及概率论、统计学、信息论、计算理论、最优化理论及计算机科学等多个领域的交叉学科,并且在发展中逐步形成了独自的理论体系与方法论。

2. 统计学习的对象

统计学习的研究对象是数据(Data)。它从数据出发,提取数据特征,抽象数据模型,发现数据知识,又带着相关结果回到对数据的分析与预测中去。作为统计学习的对象,数据是多种多样的,包括存在于计算机及网络上的各种数字、文字、图像、视频、音频数据以及它们的不同组合形式。

统计学习关于数据的基本假设是同类数据具有一定的统计规律性,这是统计学习的前提。这里的同类数据是指具有某种共同性质的数据,例如英文文章、互联网网页、数据库中的相关数据等。由于它们具有统计规律性,所以可以用概率统计方法处理它们。比如,可以用随机变量描述数据中的特征,用概率分布描述数据的统计规律。在统计学习中,以变量或变量组表示数据。数据分为由连续变量和离散变量表示的类型。需要说明的是,本章以讨论离散变量的方法为主。另外,本章只涉及利用数据构建模型及利用模型对数据进行分析与预测,对数据的观测和收集等问题不做讨论。

3. 统计学习的目的

统计学习用于对数据的预测与分析,特别是对未知新数据的预测与分析。对数据的预测可以使计算机更加智能化,或者说使计算机的某些性能得到提高;对数据的分析可以让人们获取新的知识,给人们带来新的发现[92]。

对数据的预测与分析是通过构建概率统计模型实现的。统计学习总的目标就是考虑学习什么样的模型和如何学习模型,以使模型能对数据进行准确的预测与分析,同时也要考虑如何才能提高学习效率。

4. 统计学习的方法

统计学习的方法是以数据为基础,构建概率统计模型,进而利用这些模型对数据进行预测与分析。一般说来,统计学习由监督学习(Supervised Learning)、无监督学习(Unsupervised Learning)和强化学习等组成。统计学习的方法可以概括如下:从给定的、有限的、用于学习的训练数据(Training Data)集合出发,假设数据是独立分布产生的;并且假设要学习的模型属于某个函数的集合,称为假设空间(Hypothesis Space);应用某个评价准则(Evaluation Criterion),从假设空间中选取一个最优模型,使它对已知的训练数据及未知的测试数据(Test Data)在给定的评价准则下有最优的预测;最优模型的选取由算法实现。这样,统计学习方法包括模型的假设空间、模型选择的准则以及模型学习的算法,这三者被称为统计学习方法的三要素,简称为模型(Model)、策略(Strategy)和算法(Algorithm)。

二、统计学习的基本原理

如前所述,统计学习方法是由模型、策略和算法构成的,即统计学习方法可表示为:

方法=模型 + 策略 + 算法

下面简要介绍一下监督学习中的统计学习三要素。非监督学习、强化学习也同样拥有这三要素。因此可以说构建一种统计学习方法就是具体确定统计学习的三要素。

(一)模型

统计学习的首要问题是确定学习什么样的模型。在监督学习过程中,模型就是所要学习的条件概率分布或决策函数。模型的假设空间包含所有可能的条件概率分布或决策函数。例如,假设决策函数是输入变量的线性函数,那么模型的假设空间就是所有这些线性函数构成的函数集合。假设空间用 F 表示,其中的模型一般有无穷多个。

假设空间可以定义为决策函数的集合:

$$F = \{ f|Y = f(X) \} \tag{7-1}$$

其中,X 和 Y 是定义在输入空间 X 和输出空间 Y 上的变量。这时 F 通常是由一个参数向量决定的函数族,即:

$$F = \{ f|Y = f_\theta(X), \theta \in R^n \} \tag{7-2}$$

其中,X 和 Y 是定义在输入空间 X 和输出空间 Y 上的随机变量。这时 F 通常是由一个参数向量决定的条件概率分布族,即:

$$F = \{ P|P_\theta(Y|X), \theta \in R^n \} \tag{7-3}$$

参数向量 θ 取值于 n 维欧氏空间 R^n,也称为参数空间。本章中称由决策函数表示的模型为非概率模型,由条件概率表示的模型为概率模型。为了简便起见,当论及模型时,有时只用其中一种模型。

(二)策略

有了模型的假设空间以后,统计学习接着需要考虑的重要问题就是按照什么样的准则学习或怎样选择最优的模型。因为统计学习的目标就在于从假设空间中选取最优模型。为此,首先引入损失函数(Loss Function)与风险函数(Risk Function)的概念。损失函数度量模型一次预测结果的好坏,风险函数则是度量平均意义下模型预测结果的好坏。

监督学习问题是在假设空间 F 中选取模型 f 作为决策函数,对于给定的输入 X,由 $f(X)$ 给出相应的输出 Y,这个输出的预测值 $f(X)$ 与真实值 Y 可能一致,也可能不一致,用一个损失函数或代价函数(Cost Function)来度量预测错误的程度。损失函数是 $f(X)$ 和 Y 的非负实值函数,记作 $L(Y, f(X))$。

统计学习常用的损失函数有以下几种:0-1 损失函数、平方损失函数、绝对损失函数、对数损失函数等。具体介绍如下：

①对于0-1损失函数来说，有：

$$L(Y,f(X)) = \begin{cases} 1, Y \neq f(X) \\ 0, Y = f(X) \end{cases} \tag{7-4}$$

②对于平方损失函数来说，有：

$$L(Y,f(X)) = (Y-f(X))^2 \tag{7-5}$$

③对于绝对损失函数来说，有：

$$L(Y,f(X)) = |Y-f(X)| \tag{7-6}$$

④对于对数损失函数来说，有：

$$L(Y,P(Y|X)) = -\log P(Y|X) \tag{7-7}$$

一般而言，损失函数值越小，模型就越好。由于模型的输入X、输出Y是随机变量，且它们遵循联合分布$P(X,Y)$，所以损失函数的期望值是：

$$R_{\exp}(f) = E_p\left[L(Y,f(X))\right] = \int_{x*y} L(Y,f(X))P(x,y)\mathrm{d}x\mathrm{d}y \tag{7-8}$$

上述表达式就是理论上模型$f(X)$关于联合分布$P(X,Y)$的平均意义下的损失，称其为风险函数或期望损失（Expected Loss）。

实际上，学习的目标就是选择期望损失最小的模型。可是在这个过程中还有一个问题，那就是联合分布$P(X,Y)$是未知的，导致$R_{\exp}(f)$不能直接通过计算得到。人们不禁会想，如果知道了联合分布$P(X,Y)$，那就可以从联合分布直接求出条件概率分布$P(X,Y)$，也就不需要学习了。然而，正是因为不知道联合分布，所以才需要进行学习。如此一来就出现了矛盾，一方面根据期望损失最小原则，学习模型要用到联合分布；另一方面联合分布又是未知的，所以监督学习就成为一个病态问题。怎样才能解决上述难题呢？相关做法如下：

给定一个训练数据集：

$$T = \left\{(x_1,y_1),(x_2,y_2),\cdots,(x_N,y_N)\right\} \tag{7-9}$$

模型$f(X)$关于上述训练数据集的平均损失称为经验风险（Empirical Risk）或经验损失（Empirical Loss），记作R_{emp}，有：

$$R_{\mathrm{emp}}(f) = \frac{1}{N}\sum_{i=1}^{N}L(y_i,f(x_i)) \tag{7-10}$$

期望风险$R_{\exp}(f)$是模型关于联合分布的期望损失，经验风险$R_{\mathrm{emp}}(f)$是模型关于训练数据集的平均损失。由大数定律可知，当样本容量N趋于无穷时，经验风险$R_{\mathrm{emp}}(f)$趋于期望风险$R_{\exp}(f)$。所以人们自然而然就想用经验风险估计期望风险。但是，由于训练数据集中的样本数目十分有限，甚至可能很少，所以用经验风险估计期望风险的效果常常不甚理想，还需要人们对经验风险进行一定的矫正。于是，这就关系到监督学习的两个基本策略，即经验风险最小化和结构风险最小化（Structural Risk Minimization，SPM）。

在假设空间、损失函数以及训练数据集均已确定的情况下,经验风险函数式就可以确定。经验风险最小化的策略认为,经验风险最小的模型就是最优模型。根据这一策略,按照经验风险最小化求解最优模型就是求解最优化问题:

$$\min \frac{1}{N} \sum_{i=1}^{N} L(y_i, f(x_i)) \qquad (7\text{--}11)$$

当训练数据集中的样本容量足够大时,经验风险最小化就能保证很好的学习效果,因而该方法在现实中被人们广泛采用。例如,极大似然估计就是经验风险最小化的一个实例。当模型是条件概率分布,损失函数是对数函数时,经验风险最小化就等价于极大似然估计。但是,当训练数据集的样本空间很小时,经验风险最小化学习的效果就不一定很好,可能会产生"过拟合"现象。

结构风险最小化是为了防止前述过拟合现象而提出来的策略。结构风险最小化等价于正则化(Regularization)。结构风险在经验风险上添加了表示模型复杂度的正则项(Regularizer)或者罚项(Penalty Term)。在假设空间、损失函数以及训练数据集均已确定的情况下,结构风险可定义为:

$$R_{srm}(f) = \frac{1}{N} \sum_{i=1}^{N} L(y_i, f(x_i)) + \lambda J(f) \qquad (7\text{--}12)$$

其中$J(f)$为模型的复杂度,是定义在假设空间 F 上的泛函。在数学领域,泛函通常是指一种定义域为函数,而值域为实数的"函数"。换言之,就是从函数组成的一个向量空间到实数的一个映射。模型f越复杂,复杂度$J(f)$就越大;反之,如果模型f越简单,复杂度$J(f)$也就越小。因此人们可以这样认为,复杂度表示了对复杂模型的惩罚。$\lambda \geqslant 0$,是一个系数,用来权衡经验风险和模型的复杂度。实际经验告诉人们,如果希望结构风险小,就需要经验风险与模型复杂度同时小才行。结构风险小的模型往往对训练数据和未知的测试数据都有较好的预测效果。

例如,贝叶斯估计中的最大后验概率(Maximum Posterior Probability,MPA)估计就是结构风险最小化的一个实例。当模型是条件概率分布、损失函数是对数损失函数、模型复杂度由模型的先验概率表示时,结构风险最小化等价于最大后验概率估计。

综上所述,可以明了:结构风险最小化策略认为结构风险最小化的模型就是最优模型。所以求最优模型就是求解最优化问题:

$$\min \frac{1}{N} \sum_{i=1}^{N} L(y_i, f(x_i)) + \lambda J(f) \qquad (7\text{--}13)$$

如此一来,监督学习问题就变成了经验风险或者结构风险函数的最优化问题。这时经验风险或结构风险函数就成为最优化的目标函数。

(三)算法

在人工智能领域,算法是指学习模型的具体计算方法。统计学习基于训练数据集,根据学习策略,从假设空间中选择最优模型,最后需要考虑用什么样的计算方法求解最优模型。这时,统计学习问题归结为最优化问题,统计学习的算法也就成为求解最优化问题的算法。如果最优化问题有显式的解析解,那么这个最优化问题就比较简单。但遗憾的是,通常并不存在解析解,这时就需要采用数值计算的方法进行求解。在此情况下,如何保证找到全局最优解,并使求解的过程既简捷又高效,就成为一个重要问题。统计学习可以利用已有的最优化算法,有时也需要开发独自的最优化算法。需要说明的是,统计学习方法之间的不同,主要来自其模型、策略、算法的不同。当确定了模型、策略、算法之后,统计学习的方法也就确定了。这就是将其称为统计学习方法三要素的原因所在。

三、线性函数模型学习与梯度下降法

(一)线性函数模型

对于一个给定的训练数据集来说,线性回归的目标是找到一个与这些数据最为吻合的线性函数。例如,在中学物理课中讲述的胡克定律指出:弹簧在发生弹性形变时,弹簧所受拉力 F 和弹簧的形变量 x 成正比,即 $F=kx$。假设人们拿到一个新弹簧,测得了一组包含弹簧所受拉力 F 和形变量 x 的实验数据,如图7-7所示。那么根据这些实验数据来估计弹簧弹性系数 k 的过程就是线性回归。

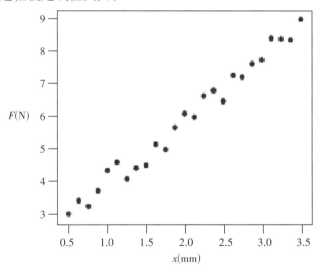

图7-7　弹簧所受拉力 F 和形变量 x 对应关系示意图

一般情况下,线性回归模型假设函数为:

$$h_{w,b}(x) = \sum_{i=1}^{n} w_i x_i + b = w^{\mathrm{T}} x + b \tag{7-14}$$

其中, $w \in \mathbf{R}^n$ 与 $b \in \mathbf{R}$ 为模型参数,也称为回归系数。为了方便,通常将 b 纳入权向量 w,作为 w_0,同时为输入向量 x 添加一个常数1作为 x_0,于是有:

$$w = \left(b, w_1, w_2, \cdots, w_n\right)^{\mathrm{T}} \tag{7-15}$$

$$x = \left(1, x_1, x_2, \cdots, x_n\right)^{\mathrm{T}} \tag{7-16}$$

此时,假设函数为:

$$h_w(x) = \sum_{i=0}^{n} w_i x_i = w^{\mathrm{T}} x \tag{7-17}$$

其中,$w \in R^{n+1}$,通过训练确定模型参数后,便可使用模型对新的输入实例进行预测。

(二)梯度下降法

机器学习中有许多问题的求解均使用了梯度下降法(Gradient Descent),这是一个简单的迭代算法。具体说来,在第 t 个时刻,做如下的操作:

$$W_{t+1} = W_t - \eta_t \nabla L(W_t) \tag{7-18}$$

其中,η_t 是第 t 时刻的步长,也称学习率(Learning Rate),代表这一步更新需要往前走的距离。实际应用中,在不同时刻调整步长的大小是十分重要的。例如,为了加快进度,一开始可以使用较大的步长。而即将结束时,为了走得更加精准,可以使用较小的步长。有时为了方便起见,也会在所有时刻均取相同的步长,用 η 表示。$\nabla L(W_t)$ 表示的是损失函数 L 的一个导数方向。

梯度下降法通常需要迭代多次,直到导数 $\nabla L(W_t)$ 的长度为 0,此时称算法收敛,或者说是跑完了预设的运行步数。收敛的含义说的是在这种情况下,即使继续运行梯度下降法也会得到 $W_{t+1} = W_t$[因为此时 $\nabla L(W_t) = 0$],即算法不会再改变 W 的值。

下面考虑一个简单的二次函数:

$$L(w) = \frac{w^2}{2} \tag{7-19}$$

导数 $\nabla L(W) = W$。假设步长 η_t 取为 0.1,初始值 $W_0 = 1$。下式显示了梯度下降法的运行结果:

$$\begin{cases} W_1 = W_0 - 0.1 W_0 = 0.9, \ L(W_1) = \dfrac{0.9^2}{2}; \\[2mm] W_2 = W_1 - 0.1 W_1 = 0.81, \ L(W_2) = \dfrac{0.9^4}{2}; \\[2mm] W_3 = W_2 - 0.1 W_2 = 0.729, \ L(W_3) = \dfrac{0.9^6}{2}; \\[2mm] \qquad\qquad\qquad \vdots \\[2mm] W_t = W_{t-1} - 0.1 W_{t-1} = 0.9^t, \ L(W_t) = \dfrac{0.9^{2t}}{2}. \end{cases} \tag{7-20}$$

可以看到,W_t 将会不断趋近于最优解 0,同时损失函数也会不断趋近于最优值 0。其实,梯度下降法是一个贪心算法,每次都会选择局部的一个导数方向,尝试采用降低函数值最快的方法来更新 W,希望最后能找到函数的最小值。但一般来说,该方法并不一定每次都能成功。

四、分类问题的线性判别函数模型学习

分类(Classification)的任务是将样本(对象)划分到合适的预定义目标类中。分类算法在企业中有着多种多样的应用场景,被广泛应用在各行各业。例如,人们可以根据动物的身体构造和生理习性等特征对动物进行分类;可以根据电子邮件的内容等信息将其分类为垃圾邮件与普通邮件;可以通过用户在电商网站中的消费历史将其分类为不同消费等级等。

决策树可以看作一系列判断结果及其判断条件的图形化展示,尤其是对人脑极难描述清楚的判断条件的展示。判断结果往往是根据一连串层级化的判断条件而得出的,这使人们往往很难单纯地采用表格、数字以正式和易于人脑理解的方式描述这些判断过程。

与表格、数字不同,树形结构能够很好地帮助人们描述、理解一系列的判断结果及其相关条件。通过追溯整棵树,人们可以立即理解整个判断过程及所有可能的结果。与通过一系列代数推理、公式描述来理解判定结果的情形相比,先观察判定结果,再回溯整棵决策树的做法显然更加容易加深人们的理解。

决策树由以下几个部分构成:

(1)节点(Node)。节点用来表示变量,其名称即为变量名称。

(2)分支(Branch)。分支用来表示变量在定义域中能够选取的范围。

(3)叶节点(Leaf Node)。叶节点用来表示分类结果(没有子节点的节点即为叶节点)。

通过上面这些定义,人们能够对数据集中的每个样本进行分类,并给出分类结果为正确的概率是多少。

决策树是最简单的分类算法之一。这种算法通过遍历全部变量及其可选的分类条件,进而生成最优分类树。

第五节　神经网络学习

一、神经网络学习的基本概念

神经网络是在脑科学的研究基础上提出的,主要目的和用途是用来模拟人类大脑神经网络的结构和行为。神经网络反映了人脑功能的基本特征,如并行信息处理、学习、联想、模式分类、记忆等。神经网络的基本结构如图7-8所示。

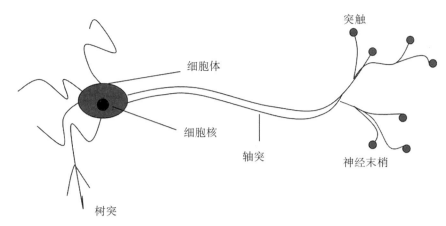

图7-8 神经网络基本结构示意图

神经网络是由大量简单的基本元件——神经元相互连接而成,是人们用来模拟人类大脑神经网络的结构和行为的,能够进行信息的并行处理和非线性转化。神经网络具有两个特点:

(1)能够轻松实现非线性映射过程;

(2)具有大规模的计算能力。

1. 神经网络预测的原理

人们能够利用神经网络进行预测主要得益于模拟了人脑中神经网络的工作原理。神经网络通过不断学习,并且将学习的结果进行储存,以供下次使用。神经网络在学习的过程中会对积累的经验进行一定的调整,从而不断地适应新的条件和新的应用。

在学习的过程中,为了让输出的结果能够最大程度地接近期望的结果,神经网络通过对输入的历史数据进行训练,不停地改变其网络连接的权值。所以,学习的过程就是连接权值不断调整的过程,学习的规则也就是连接权值调整的规则。

2. 神经网络预测的步骤

(1)根据历史数据对神经网络进行训练,包含以下内容,具体步骤如图7-9所示。

①首先,确定神经网络的层数,一般采用三层神经网络模型即可,这三层分别是输入层、隐含层、输出层。其次,确定输入层输入单元的个数,一般根据自变量的个数来确定。然后,明确预测结果,通过要得到的因变量确定输出层输出节点的个数。

②对历史数据相应的指标值进行标准化处理,作为下一步训练网络的输入变量。

③将之前处理的历史数据样本输入网络,与相应的期望值进行比较,开始神经网络运算。

④对误差进行检查与比较,如果误差在预先设定的范围以内,证明判断模型有效,就停止网络训练,储存模型。如果误差值还比较大,超出范围,证明判断模型无效,于是转向上一步重新开始。

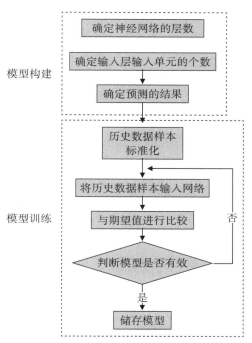

图7-9　神经网络模型的构建与训练

(2)在已经得到证明是有效的模型中输入要预测的数值,通过训练好的神经网络即可得到预测结果,并依据预测结果进行分析。

(3)收集要预测的各个指标值,并对这些指标进行标准化处理。

(4)将处理好的数据输入训练好的神经网络中,利用模拟运算得到结果。

(5)通过最后输出对预测对象进行分析。

需要说明的是,选择和确定神经网络的层数在上述工作中占有重要的地位,单层神经网络和多层神经网络的构成形式分别如图7-10和图7-11所示。

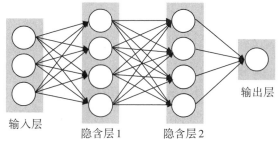

图7-10　单层神经网络　　　　　　图7-11　多层神经网络

上述图形中,有如下关系式成立:

$$z = \sum_{j=1}^{k} a_k w_k + b \qquad a = \sigma(z) \qquad (7-21)$$

其中,a_k为输入信号,w_k表示与输入对应的权重,$\sigma(z)$为激活函数,a是输出信号,$+$是求和,b为阈值。

二、神经网络学习的基本方法

学习神经网络的相关概念有助于用户理解深度学习中的网络设计原理,并帮助他们在模型训练过程中有的放矢地调整参数。由于这些神经网络的相关概念是深度学习的基础,随着深度学习的不断演化,深入理解这些常识性理论有助于用户快速理解层出不穷的深度学习网络模型。

(一)激活函数

激活函数有线性和非线性之分。使用非线性激活函数的原因是线性模型的表达能力不够,需要通过对输出结果应用激活函数而引入非线性变换。如果不用激活函数,每一层输出都是上层输入的线性函数,那么,每一层的输出都是输入的线性组合,与只有一个隐含层的使用效果是一样的。引入非线性函数作为激活函数之后,深层神经网络才有了实用意义,可以逼近任意函数。激活函数经常使用Sigmoid函数或者tanh函数(双曲正切函数),其输出有界。此外,常见的激活函数还有ReLU(Rectified Linear Units)函数、Leaky ReLU函数、Maxout函数。激活函数通常具有以下性质:

1. 非线性

在神经网络中,神经元完成线性变换后,叠加一个非线性激活函数,转换输出为非线性函数结果,这样一来神经网络就有可能学习到平滑曲线并以其来分割平面,而不是通过复杂的线性组合逼近平滑曲线以后再来分割平面。从理论上来说,当激活函数非线性时,一个两层的神经网络就可以逼近所有的函数。

2. 可微性

当使用基于梯度的优化方法时,激活函数需要满足可微性。因为在反向传播更新梯度时,需要计算损失函数对权重的偏导数。传统的激活函数Sigmoid满足处处可微的特性,而ReLU函数仅在有限的点处不可微。对于随机梯度下降(Stochastic Gradient Descent,SGD)算法,几乎不可能收敛到梯度接近零的位置,所以有限的不可微点对优化结果的影响不大。

3. 单调性

一方面,激活函数的单调性可以保证单层网络为凸函数。另一方面,激活函数的单调性说明其导数符号不变,使得梯度方向不会经常发生变化,从而让训练结果更容易收敛。

4. 相似性

这里所说的相似性是指存在$f(x) \approx x$的性质。具体而言,它是说在参数初始化值较小时,神经网络的训练速度更快。而$f(x) \approx x$使输出的幅值不会随着深度的增加而发生显著增大,从而使网络训练更稳定,同时,梯度也能够更容易地回传。这与(1)中的非线性特点产生矛盾,所以激活函数只是部分地满足这个条件,例如tanh函数只在原点附近有线性区间,而ReLU函数只在输入变量$x>0$时为线性。

5. 限定性

这里所说的限定性是指对输出值范围应当进行限定,因为这样做的话,有助于梯度的平稳下降。早期的Sigmoid函数、tanh等均具有此性质。但对输出值范围进行限定会导致梯度消失,而且强行让每一层的输出结果控制在固定范围内的话,会限制神经网络的表达能力。而输出值范围为无限的激活函数,例如ReLU函数,对应模型的训练过程更加高效,此时一般需要使用更小的学习率。

6. 简捷性

在神经网络的信号传递过程中,激活函数的计算量与网络复杂度成正比,神经元越多,计算量越大。激活函数的种类繁多,因此效果相似的激活函数,其计算越简单,训练过程越高效。因此,简捷性是十分重要的。

7. 归一化

归一化的主要思想是使样本分布自动归一化到零均值、单位方差的分布,从而稳定训练,防止过拟合。

(二)损失函数

采用损失函数评价模型对样本的拟合程度进行预测,预测结果与实际值越接近,说明模型的拟合能力越强,对应损失函数的结果就越小;反之,损失函数的结果就越大。当损失函数比较大时,对应的梯度下降会比较快。为了计算方便,可以采用欧氏距离作为损失的度量标准,通过最小化实际值与估计值之间的均方误差作为损失函数,即最小平方误差准则(MSE):

$$\min C\left[Y, G(X)\right] = \left\| G(X) - Y \right\|^2 = \sum_i \left[G(X_i) - y^i \right]^2 \tag{7-22}$$

其中,$G(X)$是模型根据输入矩阵X输出的一个预测向量,预测值$G(X)$和真值Y的欧氏距离越大,损失就越大,反之就越小,即求$\left\| G(X) - Y \right\|^2$的极小值。如果是批量数据,则将所有数据对应模型结果与其真实值之间的差的平方进行求和。合适的损失函数能够确保深度学习模型更好地收敛,常见的损失函数有Softmax、欧氏损失、Sigmoid交叉损失、Triplet Loss、Moon Loss、Contrastive Loss等。

(三)学习率

学习率控制模型每次更新参数的幅度,是比较重要的,合适的学习率可以加快模型的训练速度。过高和过低的学习率都可能给模型结果带来不良影响。随着训练迭代次数的增加,不同的学习率和模型的损失变化情况如图7-12所示。

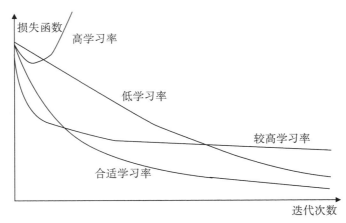

图7-12　学习率与损失函数结果的相互关系

一般而言,学习率太大会导致权重更新的幅度变大,有可能会跨过损失函数的极小值,导致参数值在极优值两边徘徊不止,即在极值点两端不断发散,或是剧烈震荡,其结果是随着迭代次数增大而损失并没有减小的趋势。另一方面,如果学习率太小,会导致参数更新速度变慢,无法快速找到好的下降方向,其结果是随着迭代次数增大而模型损失基本不变,这就意味着人们需要消耗更多的训练资源来获取参数的极优值。对于学习率的设置,正确的做法是刚开始更新时,学习率应尽可能大一些,当参数快要接近极优值时,学习率可逐渐减小。这样既可保证参数最后能够达到极优值,而且迭代的次数能够有效减少,不仅可以加快训练的速度,还可以减少资源的消耗。

为了使学习率对模型训练过程起到良好的促进作用,需要不断调整学习率,相关的调整方法有:基于经验的手动调整、固定学习率、均匀分步降低策略、指数级衰减、多项式策略、AdaGrad动态调整、AdaDelta自动调整、动量法(Momentum)动态调整、RMSProp动态调整、Adam自动调整等。各个方法均有自己的优缺点与适用范围,需要根据具体情况进行选用。

(四)过拟合

过拟合是指模型在训练集上的预测效果较好,而在测试集上的预测性能较差,即在训练过程中误差很小,而在实际应用中误差很大。造成上述差距的原因在于模型过于复杂、参数过多,记住了训练样本太多的细节特征,反而不利于模型的泛化。传统机器学习方法中有很多防止过拟合的方法,其中大部分也适用于神经网络学习。

1. 参数范数惩罚

范数正则化(也称规则化)是一种非常普遍的预防过拟合的方法。机器学习的目标是在规则化参数的同时最小化误差。其中最小化误差是为了让模型拟合训练数据,而正则化参数是防止模型过分拟合数据。正则项可以约束模型特性,将相关专家的先验知识融入模型的学习中,强行让经学习后的模型具有一些有利的特性,如稀疏、低秩、平滑等。参数稀疏之后有利于人们进行特征选择,从而减少特征数或可以使用较少的特征组合,最终减少模型过拟合的风险;并且由于减少了参数的数量,所以模型的可解释性还得以增强。

正则化包括L1范数正则化和L2范数正则化,其中L1范数正则化(L1 Regularization 或 Lasso)是机器学习中的重要手段,在支持向量机(Support Vector Machine)学习过程中,实际是一种对于成本函数(Cost Function)求解最优的过程,因此,L1范数正则化通过向成本函数中添加L1范数,使经过学习得到的结果满足稀疏化(Sparsity)要求,从而方便人们提取特征。L1范数正则化就是在损失函数后面加上L1范数,这样比较容易求到稀疏解。L2范数正则化是在损失函数后面加上L2范数平方,相比L1范数正则化来说,得到的解比较平滑(不是稀疏的),但是同样能够保证所得解中接近于0(不等0)的维度比较多,从而降低了模型的复杂度。

2. 数据增强

通过一定规则扩充数据,增加训练样本数量,并且平衡各类别中样本的比例,这将有助于减少过拟合问题。最简单的方法是对代表本质特征的样本进行复制或随机删除。而在深度学习的图像识别中,常用图像平移、缩放、翻转等方法来增加训练样本。

3. 提前终止

在模型训练过程中,如果出现模型在训练集上的准确率有所提高,而在验证集上的准确率有所下降这一现象时,说明模型已经存在过拟合问题了,这时就需要提前终止训练。

4. 集成方法

集成方法是指通过合并多个模型的结果来降低泛化误差,所以也可称为模型平均。该方法的要点是分别训练几个不同的模型,然后让所有这些模型的结果作为测试样例的输出。在集成学习方法中,通过组合多个学习器来完成学习任务,颇有"三个臭皮匠顶个诸葛亮"的意味。在集成方法中,Bagging是一种减少预测方差的方法,通过使用重复组合生成多组原始数据,从数据集生成额外的训练数据。Boosting是一种基于最后分类调整观测值权重的迭代技术。如果一条观察数据被错误地分类,它会试图增加这个观察数据的权重。总体而言,Boosting建立了强大的预测模型。

5. Dropout

Dropout是在训练过程中,随机选择其中的部分神经元,然后断开这部分神经元的连接,从而使其不再参与神经网络的训练,降低了神经元之间的耦合度。由于Dropout减少了总的神经元数量,因而可强制模型更多地学习重要的特征。从某种意义上讲,Dropout是卷积神经网络中防止过拟合、提高效果的一个大杀器。

6. 批正则化

在对神经网络进行优化求解时,通常使用梯度下降法(SGD)。批正则化(Batch Normalization)每次输入一组最小批数据到神经网络时,在某一层输入之前,对输入做归一化的处理,主要是让神经网络在归一化后能在一定程度上还原成原始输入,这样既可以将输入归一化,也可以使用原始的输入作为模型的输入,因而模型的容纳能力就会得到较大的提升。

(五)神经网络效果评价

用于分类的模型评价常以准确率(Accuracy)、精确率(Precision)、召回率(Recall)、F1分值(F1 Score)为主,辅以ROC(受试者工作特征曲线)、AUC(Roc曲线的面积),并结合实际应用场景进行结果评价。

如果将神经网络用于聚类,对数据源并没有进行标记,那么对其模型结果的评价可以按照聚类算法的标准来操作,如RMSSTD(群体内所有变量的综合标准差)、R-Square(群体间差异指标)、SPR(损失的群体内相似比例)等。

此外,随着机器学习在不同领域中得到广泛的应用,其评价方式需要与实际业务相结合,通过确定目标要求定量设计相关的评价标准。例如,在目标检测等方面,可使用平均曲线下的面积来计算平均精确度(mean Average Precision,mAP)指标来衡量识别的准确性。

三、生物神经元与人工神经元

生物神经元的基本结构如图7-13所示。如果通俗地把大脑比作一家工厂,这家工厂的工作主业是接收货物和送出货物。这个工厂每天处理接收到的货物,并决定送出去的是什么货物。这些神经元能对这些货物进行拼装、打包并储存起来;有时会将另外一些已经储存的货物打包或拆散送出。这家工厂到底是如何处理这些货物的呢? 人们可以想象这家工厂里有很多工作人员,其中有负责进货处理的,有负责出货处理的,有负责决定什么货物送出、如何送出的。事情千头万绪,不是其中任何一个人能独自完成的。这在组织形式上与一家大公司类似。工厂划分了很多部门,人们在各个部门中处理相应的货物。这家工厂非常特殊,每个在里面工作的人都可以互相组织形成一个新的部门,负责新的货物处理方式。

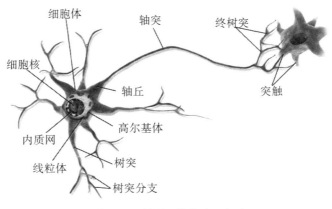

图7-13　神经元的构成示意图

　　说到生物神经元时,应当着重提及神经元的输入部分(树突)、处理部分(细胞体)和输出部分(轴突)。先来看看信号的输入部分——树突(如图7-14所示),这里用p代表树突,有多个输入信号源,就有多个树突,从p_1开始到p_n;另外,采用w_i代表树突p_i的强度权重。

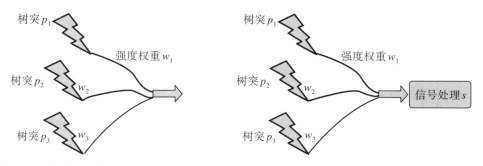

图7-14　树突示意图　　　　　　　　　图7-15　树突将信号源传往信号处理机构

　　神经元的输入部分——树突将收集到的刺激源向后传递,这里的刺激源可以是外界五感信号源,也可以是将其他神经元细胞产生的结果(Output)作为目前这个神经元的输入(Input),在此统一称作刺激源。树突传递刺激源的情况如图7-15所示。

　　需要说明的是,在信号处理机构里面处理的是所有树突的信号源及相关强度的计算。这种强度可以用以下简单公式予以表示:

$$S = p_1w_1 + p_2w_2 + \cdots + p_nw_n \qquad (7\text{-}23)$$

　　从公式(7-20)中可以看出,只须将输入的信号p_i乘以对应的强度w_i,然后依次累加即可得到S。实际上,信号处理是归纳了所有的神经元输入结果,并将其作为一个结果输出,这样就极大方便人们进行后续处理了。

　　以上就是构造人工神经元的核心思路与基本过程,这也是人们根据生物神经元的原理做的一种算法模拟,即接受刺激信号并汇总输出。原理与过程都非常简单,但使用效果如何暂时还无法得知。因为仅仅如此,上述设计的这个神经元还无法干活,还要为其增加一点东西,其情况如图7-16所示。

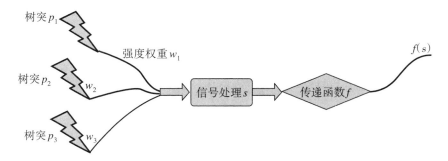

图7-16　增加传递函数后的树突信号处理机构

　　经过上述步骤,人们几乎完整地模拟了一个神经元的功能,提请注意:为什么这里说是几乎呢? 因为还存在一个非常容易遗漏的地方。神经元细胞的信号处理采用s模拟,而这种模拟只是简单地将信号做了一个加权处理,神经元本身的特性并没有模拟出来,所以还应给s加个内置的处理输入源,并用b模拟这种内部处理的强度,其情况如图7-17所示。

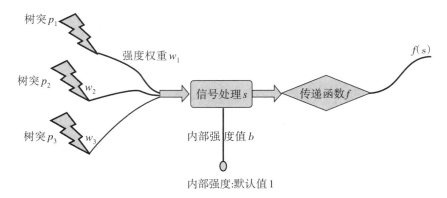

图7-17 增加内部处理强度的树突信号处理机构

由此可见,$S = p_1w_1 + p_2w_2 + \cdots + p_nw_n$ 应改作 $S = p_1w_1 + p_2w_2 + \cdots + p_nw_n + b \times 1$,然后用传递函数 $f(s)$ 将结果格式化输出。经过上述步骤,就可以成功构造一个完整的人工神经元。

四、神经网络模型与神经网络分类

传统神经网络的结构比较简单,训练时首先随机初始化输入参数,接着开启循环计算输出结果,然后与实际结果进行比较从而得到损失函数,并更新变量使损失函数的结果值趋近极小,当达到误差阈值时即可停止循环。神经网络训练的目的是学习模型,可以通过这个模型输出一个期望的目标值。其采用的学习方式是在外界输入样本的刺激下,不断改变网络的连接权值。传统神经网络可以分为以下几类:前馈神经网络、反馈神经网络和自组织神经网络。这几类网络具有不同的学习训练算法,可以归结为监督型学习算法和非监督型学习算法。

(一)前馈神经网络

前馈神经网络(Feed Forward Neural Network)是一种单向多层的网络结构,其信息是从输入层开始,逐层向一个方向传递,一直到输出层结束。"前馈"是指输入信号的传播方向指向前方,在此过程中并不调整各层的权值参数。而反向传播时,是将误差逐层向后传递,从而实现使用权值参数对特征的记忆,即可以通过反向传播(BP)算法来计算各层网络中神经元之间边的权重。BP算法具有非线性映射能力,理论上可逼近任意连续函数,从而实现对模型的学习。

1. 感知器

感知器是一种结构最简单的前馈神经网络,也称为感知器,主要用于求解分类问题。感知器是单层感知器的简称,除此之外还有多层感知器,即由多层神经元构成前馈神经网络。图7-18所示为单层感知器的结构情况。

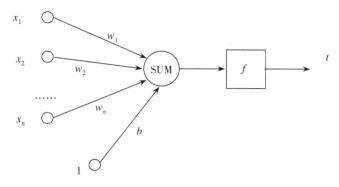

图7-18 单层感知器结构示意图

一个感知器可以接收 n 个输入 $x = (x_1, x_2, \cdots, x_n)$,对应 n 个权值 $w = (w_1, w_2, \cdots, w_n)$,此外还有一个偏置项阈值 b,神经元将所有输入参数与对应权值进行加权求和,得到的结果经过激活函数变换后输出,相应的计算公式如下:

$$y = f(x \cdot w + b) \tag{7-24}$$

感知器的激活函数多种多样,例如Sigmoid函数、tanh函数、ReLU函数等,主要作用是进行非线性映射,从而对现实环境中的非线性数据建模。除此之外,还有线性函数、斜坡函数、阶跃函数等。在选择激活函数时,一般选择那些光滑、连续和可导的函数,并将结果转换成固定的输出范围,例如 $[0, 1]$,这样,在分类时通过判断 y 值即可判定样本类别。

神经元的作用还可以理解为对输入空间进行直线划分,这在一些情况下是非常便利的。但单层感知器无法解决最简单的非线性可分问题——异或问题。由图7-19可知,感知器可以顺利求解与(AND)和或(OR)问题,但对于异或(XOR)问题,单层感知器则无法通过一条直线进行分割。

输入		输出
a	b	y
0	1	1
0	0	0
1	1	0
1	0	1

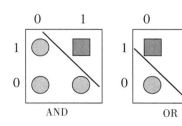
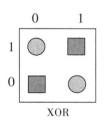

图7-19 XOR异或问题

2. 径向基函数网络

径向基函数(Radial Basis Function, RBF)网络的隐含层是由径向基函数神经元组成的。正如其名,这种神经元的变换函数为径向基函数。典型的RBF网络有输入层、RBF隐含层和线性神经元组成的输出层。与传统的BP(Back Propagation)神经网络相比,RBF网络在隐含层节点中使用了径向基函数,对输入进行了高斯变换,将在原样本空间中的非线性问题,映射到高维空间中使其变为线性问题,然后在高维空间里用线性可分算法加以解决。RBF网络采用高斯函数作为核函数,即,

$$y = \exp\left[-b(x - w)^2 \right] \tag{7-25}$$

其中,x是自变量,即上一层的输入值;b是偏置值,一般为固定常数,用于决定高斯函数的宽度;w是输入变量的权重值,决定高斯函数的中心点。输出结果不再是非0即1,而是一组很平滑的小数,在特定的权重值处具有最大的函数值,输入值权重离这个特定的值越远,输出就呈指数下降。RBF的隐含层神经元自带激活函数,可以只有一个隐含层,权重值数量更少,所以RBF网络较BP网络速度快很多。目前,RBF神经网络已经成功应用于非线性函数逼近、数据分类、模式识别、图像处理等方向。

(二)反馈神经网络

与前馈神经网络相比,反馈神经网络的内部神经元之间有反馈存在,可以用一个无向完全图表示。反馈神经网络的训练主要用于实现记忆功能,一般可通过以下操作来实现训练。

(1)存储:基本的记忆状态,通过权值矩阵存储。

(2)验证:迭代验证,直至达到稳定状态。

(3)回忆:没有(失去)记忆的点,都会收敛到稳定的状态。

(三)自组织神经网络

自组织神经网络(Self-organizing neural network)又称Kohonen网络,是芬兰的科霍宁(T. Kohonen)教授在1981年提出的一种自组织特征映射网。这种神经网络的特点是当接收到外界信号刺激时,不同区域对信号自动产生不同的响应。该神经网络是在生物神经元上首先发现的,如果神经元同步活跃时,信号会有所加强;如果神经元异步活跃时,则信号会有所减弱。

五、BP网络与神经网络学习实例

BP神经网络也称反向传播神经网络,其参数权重值由反向传播学习算法进行调整。BP神经网络模型拓扑结构包括输入层(Input layer)、隐含层(Hide Layer)和输出层(Output Layer),如图7-20所示。它利用激活函数实现从输入到输出的任意非线性映射,从而可以模拟各层神经元之间的交互活动。需要强调的是,激活函数需满足处处可导的条件。例

如,Sigmoid就是一个很好的激活函数,因为该函数连续、可微,求导合适,单调递增,输出值是$0\sim1$的连续量,这些特点使其十分适合作为神经网络的激活函数。

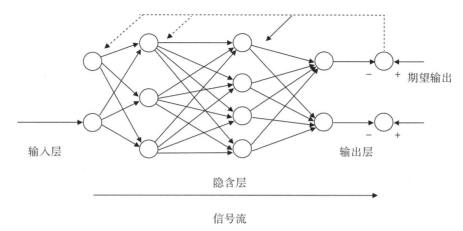

图7-20 BP神经网络模型拓扑结构

BP神经网络的一般结构形式如图7-21所示:

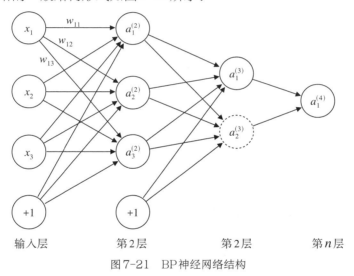

图7-21 BP神经网络结构

对应上述网络结构有如下公式成立:

$$a_1^{(2)} = f\left(w_{11}^{(1)}x_1 + w_{12}^{(1)}x_2 + w_{13}^{(1)}x_3 + b_{11}^{(1)}\right) \tag{7-26}$$

$$a_2^{(2)} = f\left(w_{21}^{(1)}x_1 + w_{22}^{(1)}x_2 + w_{23}^{(1)}x_3 + b_{12}^{(1)}\right) \tag{7-27}$$

$$a_3^{(2)} = f\left(w_{31}^{(1)}x_1 + w_{32}^{(1)}x_2 + w_{33}^{(1)}x_3 + b_{13}^{(1)}\right) \tag{7-28}$$

$$h_{w,b}(x) = a_1^{(3)} = f\left(w_{11}^{(2)}a_1 + w_{12}^{(2)}a_2 + w_{13}^{(2)}a_3 + b_{21}^{(2)}\right) \tag{7-29}$$

式中,w_{ij}是相邻两层神经元之间的权值,是在训练过程中需要学习的参数,$a_1^{(2)}$表示第2层的第1个神经元,公式(7-26)、公式(7-27)和公式(7-28)分别求出了第2层中3个神经元的输出结果,而$h_{w,b}(x)$表示第3层中第1个神经元$a_1^{(3)}$的值。图7-21中箭头所指的方向为前向传播的过程,即所有输入参数在经过加权求和之后,都将结果值依次向下一层传递,直到最后的输出层,层数越多、层中神经元越多,形成的权重值参数也就越多。

那么如何计算权重参数的值呢?在训练过程中有一个目标函数十分重要,通过优化该目标函数可以确定参数的优劣。在此情况下人们会采用成本函数作为目标函数,目标是通过调整每一个权值 w_{ij} 来使成本函数的值达到极小。BP神经网络训练过程的基本步骤可以归纳如下:

(1)初始化网络权值和神经元的阈值,一般通过随机方式进行初始化。

(2)前向传播:计算隐含层神经元和输出层神经元的输出。

(3)后向传播:根据目标函数公式修正权值 w_{ij}。

上述过程反复迭代,通过成本函数(描述数据集整体误差)对前向传播结果进行判定,并通过后向传播过程对权重参数进行修正,起到监督学习的作用,一直到满足终止条件为止。BP神经网络的核心思想是由后层误差推导前层误差。例如,用第4层的误差来估计第3层的误差,再用这个误差估计第2层的误差,如此一层一层地反传,最终获得各层的误差估计,从而得到参数的权重值。需要注意的是,由于权值参数的运算量过大,一般采用梯度下降法来实现,所谓梯度下降就是让参数向着梯度的反方向前进一段距离,这样不断重复,直到梯度接近于0时才会停止。此时,所有的参数恰好达到使成本函数取得最低值的状态。为了避免出现局部最优的窘况,可以采用随机化梯度下降方式。

第六节　深度学习

一、深度学习的基本概念

深度学习是人工智能的一个分支,其概念源于人工神经网络的研究。包含多个隐含层的多层感知器就是一种深度学习结构。深度学习通过层次结构的学习方式,来完成从提取特征到提炼更加抽象的高层特征的各项工作,进而对样本进行预测。深度学习可以很好地完成监督学习、强化学习、无监督学习等。

深度学习具有解决广泛问题的能力,因为其拥有自动学习数据中的重要特征信息的能力。此外,深度学习还具备很强的非线性建模能力。从本质上看,很多复杂问题都是高度非线性的,而深度学习实现了从输入到输出的非线性变换,这是深度学习在众多复杂问题上能够取得突破的重要原因之一。文本、图像、语音等都比较复杂,这就需要相关模型具有很强的非线性建模能力。

二、深度学习的基本内容

1. 深度学习的知识点

深度学习涉及的知识点分布范围非常广阔,有基础理论、深度学习网络结构、测试基准数据集、开发框架、优化算法方面的,也有机器学习中类似的问题——分类问题、回归问题、过拟合和欠拟合等。在此,特将深度学习的知识点汇总如下:

(1)应用问题方面:计算机视觉、语音识别、自然语言处理等。

(2)机器学习问题方面:分类、回归、特征提取等。

(3)数据集方面:ImageNet、Coco、MNIST等。

(4)工具方面:TensorFlow、CNTK、MXNet等。

(5)理论方面:优化算法、BP、BPTT(随时间演化的反向传播)、线性代数等。

(6)基础架构方面:训练平台、在线推断平台、云平台深度学习服务、GPU、FPGA等。

2. 深度学习的技术构成

深度学习的技术构成分为以下五部分:

(1)深度学习的特征表达。

深度学习之所以能够将AI工程师从繁重的特征提取中解脱出来,得益于其相关算法能够自动学习模型中的特征。常见的一些特征表达网络结构包括强化学习、CNN、Encoder、LSTM等。例如,End to End模型将原有的细化模块通过端到端的深度学习解决方案,明显减少了特征工程与数据预处理的繁重工作。

(2)深度学习的模型结构。

深度学习的模型结构十分灵便,大多数是由一些基本的网络结构组合而来的,分别是多层感知器(MLP, Multi-Layer Perceptron)、卷积神经网络(CNN, Convolutional Neural Network)以及循环神经网络(RNN, Recurrent Neural Network)。

(3)深度学习的应用范围。

深度学习的应用范围比较广泛,已经取得较好应用效果的领域包括图像识别、人脸识别、图像检测、光学字符识别、语音识别、强化学习、自然语言处理等。

(4)深度学习的模型求解。

在深度学习的模型求解中通常会用到一些常用的算法,这些算法在遇到特定问题场景后会对原有优化算法进行近似与优化,其整体架构类似于梯度下降法,但由于对步长和梯度进行了不同方式的优化,于是产生了不同的变种算法。例如,SGD、Adam、RMSprop等算法就是相关的产物。

(5)深度学习的模型泛化。

过拟合现象在深度学习训练过程中容易出现,通常可以通过Dropout、正则化、Data

Augmentation（数据增强）、批正则化等方式解决过拟合问题。

三、深度学习的基本特点

深度学习是机器学习研究中的一个新领域,其目标在于建立一种能够模拟人脑进行分析学习的神经网络,力图通过模仿人脑的机制来解释数据,例如图像、声音和文本等。人们相信,深度学习能让计算机具有与人一样的智慧。

与机器学习方法类似,深度学习可分为有监督学习与无监督学习。按不同学习框架构建的学习模型差异较大。例如,卷积神经网络是一种有监督学习下的机器学习模型,而深度置信网（Deep Belief Nets,简称DBNs）则是一种无监督学习下的机器学习模型。

既然要讨论深度学习问题,肯定会讲到"深度（Depth）"一词,其意是指层数。从一个输入中产生一个输出所涉及的计算可以通过一个流向图（Flow Graph）来表示。流向图是一种能够表示计算过程及结果流向的图。在这种图里,每一个节点均表示一个基本的计算以及一个计算的值,计算的结果被应用到这个节点的子节点上,作为其赋值。现在考虑这样一个计算集合,它定义了一个函数族,并允许在每一个节点和可能的图结构中,输入的节点可以没有父节点,输出的节点可以没有子节点。其流向图的一个特别属性是深度,是指从一个输入到一个输出的最长路径的长度。

深度学习的"深度"是指从"输入层"到"输出层"所经历层次的数目,即"隐含层"的层数越多,意味着深度也越深。越是复杂的选择问题,需要的层数越多。除了层数多以外,每层"神经元"的数目也要多。例如,AlphaGo的策略网络达到13层,每一层的神经元数量高达192个。

深度学习可以通过学习一种深层非线性网络结构来逐步逼近复杂函数,表征输入数据的分布式情况,并展现出可从少数样本集中学习数据集本质特征的强大能力。需要说明的是,多层的好处是人们可以用较少的参数来表示复杂的函数。

事物都有正反两个方面,深度学习也存在一些缺点。例如,在一些只能提供有限数据量的应用场景下,深度学习算法难以对数据的规律进行无偏差的估计。为了达到很好的精度,它需要大数据的支撑。此外,深度学习中模型的复杂化会导致算法耗费的时间急剧增加,为了保证算法的实时性,需要更高的并行编程技巧和更好的硬件支持。

四、深度学习的发展趋势

深度学习最初在互联网行业中得到了大范围的应用,其技术水平与日俱增。近年来,深度学习逐步扩展到各行各业,并大显身手。综合深度学习的成长历史与发展趋势,人们认为未来深度学习技术在医疗、制造业和安防等领域的发展前景不可限量。

(一)医疗

医疗领域可以获取的数据多种多样,对指导疾病防治具有重要意义。常见的有基因数据、影像数据、疾病诊断文本数据等,深度学习将逐步在以下几个领域进行有效延伸。

1. 基因数据

通过对基因数据的分析与处理,可以对人类的健康状态和性格特征等相关信息进行解码。传统基因测序流程十分复杂,深度学习有望在基因分析领域一试身手,缔造辉煌。

2. 影像数据

2020年,有关部门公布了一个新的医学影像技术学名词——影像数据(Image Data)。它是组成影像的数据集合。如数字X射线摄影的影像数据是像素值的集合,计算机X射线体层成像的影像数据是CT值的集合。影像数据对医生了解病患的情况十分重要。于是,许多研究机构和专业公司纷纷将深度学习技术应用于该领域。著名的人工智能计算公司——英伟达(NVIDIA)就是其中的代表性企业。英伟达凭借其雄厚的资金和领先的技术,利用其研发中心收集的100亿份医学影像进行深度学习训练开发,用于多种疾病的检测、诊断、治疗。

3. 疾病诊断文本数据

近年来,科研人员正在全力以赴将自然语言处理技术应用到文本分析和病情诊断中,达到辅助医生进行诊疗的目的。在医疗AI领域,世界各大商业或行业巨头也在逐步布局。例如,IBM Watson将以肿瘤为重心,在慢性病管理、精准医疗、体外检测等九大医疗领域应用人工智能。谷歌旗下的DeepMind将利用人工智能技术研发新型的医院支持系统,例如床位和需求管理软件、财务控制产品,以及面向初级医生的消息服务和任务管理工具。百度的人工智能研发团队推出了百度医疗大脑。在面向个人用户或消费者(To C)方面,百度医疗大脑可以模拟医生问诊流程,与用户进行多轮交流,并依据用户的症状,反复验证之后给出相应的建议;在面向企业用户(To B)方面,百度医疗大脑则为医院提供患者就诊过程中的症状描述,提醒医生注意更多的可能性,辅助基层医生完成问诊。阿里云发布了其研发新品——ET医疗大脑,可以在患者虚拟助理、医学影像、精准医疗、药效挖掘、新药研发、健康管理等领域承担医生助手的角色。

(二)制造业

其实,深度学习的多种技术都可以应用在制造业中。例如,在工程岩体的分类方面,该工作目前主要由富有经验的工程师通过仔细判断来进行,效率比较低下,并且人为因素导致不同的判断偏差。而采用图像识别技术可以进行辅助判断,无论是判断的效率,还是判断的质量都能得到明显提升。对于汽车零部件生产厂商或汽车保险行业来说,深度学习技术可以用来检查相关零件的品级情况和磨损程度,从而实现无人化检测。在众多的工业生产车间里,深度学习技术可以大幅改善工业机器人的作业性能和运行状况,提升制造流程的自动化和无人化,以及可靠性和鲁棒性。

(三)安防

当前,人们越来越重视安全。现实生活中,无处不在的摄像头和精准多能的安检仪为保障人们的安宁做出了巨大的贡献,也为深度学习技术在安防场景下的多种应用做好了铺垫。

深度学习技术可以应用在安检仪、人脸识别、身份核实、车牌检验、目标检测等多种应用场景中,并发挥出巨大作用。例如,利用深度学习技术进行图像检测和识别时,无须人为设定具体的特征,只需准备好足够多的样本图像进行训练即可,通过逐层的迭代就可以获得较好的结果。从目前的应用情况来看,只要加入新数据,并且有充足的时间和计算资源,随着深度学习网络层次的增加,识别率就会得到相应的提升,比传统方法的表现更好。

第七节 数据挖掘

一、数据挖掘的基本概念

随着信息技术的蓬勃发展,人们在享受信息时代带来的种种便利之余,又面临着一种新的挑战——信息爆炸。信息过量几乎成为人人头痛的问题。如何才能在信息的海洋里遨游时,不被信息的汹涌波涛所吞没?如何才能从海量的信息中及时披沙拣金,发现有用的知识,并提高信息的利用率呢?要想使信息真正成为社会进步的有效资源,那就只有一条路可走,即充分利用各种信息为社会发展服务,否则大量的信息就会成为包袱,甚至会成为垃圾。因此,充分利用各种信息的数据挖掘技术应运而生,并得以蓬勃发展,且日益展现出强大的生命力。

数据挖掘是从大量的、不完全的、有噪声的、模糊的、随机的数据中,提取隐含在其中且人们事先并不知道,但又是潜在有用的信息和知识的过程。它通常采用机器自动识别的方式,不需要更多的人工干预。可以说,数据挖掘就是知识发现技术在数据库领域中的完美应用,其在一个已知状态的数据集上,通过设置一定的学习算法,发掘出数据间隐含的一些内在规律,获取(发现)其中的知识。

与数据挖掘密切相关的一个概念是数据仓库(Data Warehouse)。随着企业信息化建设的不断深入,企业积累的数据越来越多,企业信息系统本身的构成也越来越复杂。例如,企业原有的系统中可能会采用面向对象的数据库,也可能会采用关系数据库。而关系数据库也可能采用的是不同厂家的产品,由此就出现了一个庞大而异构的数据资源。数据仓库就是要将这些数据资源集成起来,以满足支持企业正确决策的相关需求。

从实质上来看,数据仓库就是一个数据库,但它存储的数据与普通数据库中存储的数据不太一样,它存储的是从常规数据库抽取出来并经过加工整理的数据。例如,对于商场应用来说,原有数据库中存储的是每一笔交易的数据,而数据仓库则要根据已往的历史记录进行提炼整理,存放的可能是某种产品某年某月在某地区的特定销量等记录。数据挖掘可以在数据仓库上进行多种操作,成为基于数据仓库的分析工具。

数据挖掘技术,可以为用户的决策分析提供智能的、自动化的辅助手段,在零售业、金融保险业、医疗卫生业等多个领域都可以拥有很好的应用场景。数据挖掘所能解决的典型商业问题包括:数据库营销、客户群体划分、营销背景、交叉销售等市场分析行为,以及客户流失性分析、客户信用打分、预防欺诈等。

二、数据挖掘的对象与过程

随着数据存储(非关系型 NoSQL 数据库)、分布式数据计算(Hadoop/Spark 等)、数据可视化等技术的发展,数据挖掘在大数据相关技术的支持下,对事务的理解能力越来越强,这也是数据挖掘与时俱进的明证。但必须清醒认识到,当海量的数据堆积在一起时,势必会增加对算法的要求,所以数据挖掘一方面要尽可能获取更多、更全面、更有价值的数据,另一方面也要尽可能提高自身的有效性、稳定性、适用性,这样才能真正发挥出数据挖掘的价值。

数据挖掘在商务智能方面的应用较多,特别是在决策辅助、流程优化、精准营销等方面。广告公司可以通过用户的浏览历史、访问记录、点击记录和购买信息等数据,对广告进行更加精准的推广。利用舆情分析,特别是情感分析,可以提取公众意见来驱动市场决策。例如,在电影推广时对社交评论进行监控,寻找与目标观众产生共鸣的元素,然后调整媒体宣传策略以迎合观众口味,能吸引更多的人群。

三、数据挖掘的任务与方法

数据挖掘采用机器学习、统计学和数据库等方法在相对大量的数据中去发现规律和

知识,其技术涉及数据预处理、模型与推断、可视化等。数据挖掘通常包括以下几类常见任务:

1. 异常检测

异常检测(Anomaly Detection)是对不符合预期模式的样本、事件进行识别。异常也被称为离群值、偏差和例外等。异常检测常用于入侵检测、银行欺诈检测、疾病检测、故障检测等。

2. 关联规则学习

关联规则学习(Association Rule Learning,简称ARL)是在数据库中发现变量之间的关系(强规则)。例如,在购物篮分析中,发现规则{面包,牛奶}→{酸奶},表明如果顾客同时购买了面包和牛奶,那么他很有可能也会买酸奶,利用这些规则可以进行营销。

3. 聚类

将物理对象或抽象对象的集合,分成由类似的对象组成的多个类的过程称为聚类。由聚类所生成的簇是一组数据对象的集合,这些对象与同一个簇中的对象彼此相似,与其他簇中的对象却彼此相异。聚类分析内容非常丰富,有系统聚类法、有序样品聚类法、动态聚类法、模糊聚类法、图论聚类法、聚类预报法等。

俗话说,物以类聚,人以群分。人都喜欢跟自己脾气相投的人聚在一起,这些人或者性格比较像,或者爱好比较像,或者样子比较像,或者身高比较像,也就是他们身上有某些特征是相似的。而跟自己像的人聚在一起的过程,其实就是寻找朋友的过程。比如,A认识B,因为跟B兴趣相近,于是成了朋友;通过B又认识了C,发现爱好相同,于是也成了朋友。那么A、B、C三个人就是一个朋友群,这个朋友群的形成,是自下而上的迭代过程。在100个人当中,可能有5个朋友群,这5个朋友群的形成可能要用2个月的时间。

聚类算法跟以上的过程十分相像,它是把距离作为特征,通过自下而上的迭代方式(距离对比),快速地把一群样本分成几个类别的过程。

4. 分类

分类是根据已知样本的某些特征,判断一个新样本属于哪种类别。通过特征选择和学习,建立判别函数以对样本进行分类。

5. 回归

回归是一种统计分析方法,用于了解两个或多个变量之间的相关关系。回归的目标是找出误差最小的拟合函数作为模型,用特定的自变量来预测因变量的值。

四、数据挖掘的发展趋势

早期的数据挖掘技术一般旨在帮助企业获得竞争优势。后来,随着电子商务和电子营销成为社会零售市场的主流组成部分,企业对数据挖掘的需求与探索都在不断扩大。人们可以看到,数据挖掘正在不同的应用领域发挥越来越多、越来越重要的作用,金融分析、生物医学、反恐防暴、移动通信等领域都急需数据挖掘技术的助力。目前,由于通用数据挖掘系统在处理特定应用问题时还存在一定的局限性,因此科研人员正在努力开发更多的、可用于特殊应用任务的数据挖掘系统及其相应的方法。

1. 可扩展和交互式数据挖掘方法

与传统的数据分析方法相比,数据挖掘能够有效地管理大量数据,并且还可以实现交互式的管理。由于收集到的信息量在持续、快速地增加,所以可用于单一和集成数据挖掘服务的可扩展算法变得越发重要和必不可少。

在增加与客户互动的同时,提高"采矿过程"工作效率的一个重要途径是强化"基于约束的采矿"。这可通过启用"约束的描述"和"指导数据挖掘系统搜索感兴趣的问题"等工作模式,来支持用户增强控制效果。

数据库系统、数据仓库系统和 Web 已成为主流的数据处理系统[93]。人们必须为这样的数据处理系统提供必不可少的数据分析组件——数据挖掘,并使这些数据分析组件可以顺利地集成到数据处理环境中,实现人们赋予的目标与任务。

2. 数据挖掘语言的标准化

标准的数据挖掘语言或其他标准化工作将有力支持数据挖掘解决方案的系统开发,提高多个数据挖掘系统和服务之间的互操作性,促进市场和社会对数据挖掘系统的使用。

3. 可视化数据挖掘

可视化数据挖掘是一种从大量数据中寻找知识的有效方法。当前,可视化数据挖掘方法的系统研究和深入发展,必将有效支持数据挖掘作为新型数据分析工具并得到进一步的推广和使用。

随着数据挖掘软件程序的功能变得越来越多、容量变得越来越大、难度变得越来越高,而且这些软件往往还是不同科研团队合作开发的多个组件的集合体,因此这些软件的可靠性、稳定性和鲁棒性变得越来越脆弱,也越来越具有挑战性。面对这些挑战,相关科研人员不能退缩,只能迎难而上,因此相关研发工作的重要性也在与日俱增。

第八节 知识发现

一、知识发现的基本概念

知识发现是一个从数据中提取出有效的、新颖的、潜在有用的,并最终能被人理解的模式的非平凡过程[94]。这里所说的模式就是人们孜孜以求的知识。数据挖掘所提取的知识一般可表现为概念、规则、规律等形式。知识发现是从数据库中发现知识的整个过程,而数据挖掘则是整个过程中的一个步骤。因为数据挖掘是知识发现整个过程中最重要的步骤,所以人们通常将知识发现和数据挖掘作为同义词使用而不加区分。

二、知识发现的基本方法

知识发现的基本步骤如下:

(1)开展用户调查。该步骤主要是确定研究目标和用户需求。

(2)创建目标数据集。该步骤主要是选择数据并将其放入变量或数据样本的子集里,形成目标数据集,接着进行的数据挖掘就是在此目标数据集上进行的。

(3)实施数据净化和预处理。该步骤包括一些基本操作,如排除噪声、为模型做必要的信息收集工作、对噪声进行说明,以及确定对丢失数据的处理策略等。

(4)进行数据简化和投影。该步骤主要是找出能实现数据挖掘目标的有用的特征,采用减少维数或变化方法等方式,以有效减少变量的数目,或者寻找变量的等价表示。

(5)确定数据挖掘方法。该步骤主要是根据数据挖掘的目的确定适合使用的数据挖掘方法,如综合、分类、回归、聚类等方法。

(6)选择数据挖掘算法。该步骤主要是根据所要挖掘的模式类型来选择适当的数据挖掘算法。

(7)进行数据挖掘。该步骤主要是挖掘出用户感兴趣的模式,包括分类规则或决策树、回归、聚类等。

(8)解释所发现的模式。该步骤有可能会回到上面的(1)~(7)中的任何一步重来,并对所挖掘的模式进行可视化处理。

(9)知识整理及应用。该步骤主要是把经上述步骤挖掘出来的知识进行整理,并应用到用户的系统中。

三、知识发现的发展趋势

由于数据挖掘的应用场景和可挖掘的数据对象往往都具有相当的复杂性与差异性，所以知识发现技术面临着许多严峻挑战，如挖掘方法和用户交互问题、挖掘性能问题、挖掘数据类型多样性问题等。这些问题是知识发现技术未来发展过程中必将遇到的挑战，既回避不了，也不能回避。同时，知识发现技术未来研究的主要内容也会有所变化，将进一步集中在文本挖掘、数据挖掘（查询）语言的设计、概念知识库挖掘、基于可视化的知识发现、复杂数据类型挖掘新方法、可伸缩的数据挖掘方法等方面。

📄 本章小结

机器学习是人工智能的一个重要分支。作为人工智能的核心技术和主要手段，机器学习可以解决人工智能面临的许多问题。从实质上来看，机器学习是通过一些让计算机可以自动"学习"的算法，在数据分析中获得规律，然后利用这些规律对新样本进行预测。

机器学习还是人工智能的重要支撑技术，其中深度学习就是一个典型例子。深度学习的典型应用是选择数据训练模型，然后用模型做出预测。例如，博弈游戏系统侧重探索和优化未来的解空间（Solution Space），而深度学习则是在博弈游戏算法（例如 AlphaGo）的开发上付诸努力，已经取得了世人瞩目的成就。

下面以自动驾驶汽车的研发为例，说明机器学习和人工智能的关系。要实现自动驾驶，就需要对交通标志进行识别。首先，应用机器学习算法对交通标志进行学习，数据集中包括数百万张交通标志图片，使用卷积神经网络进行训练并生成模型。然后，自动驾驶系统使用摄像头，让模型实时识别交通标志，并不断进行验证、测试和调优，最终达到较高的识别精度。当汽车识别出交通标志时，针对不同的标志进行不同的操作。例如，遇到停车标志时，自动驾驶系统需要综合车速和车距来决定何时刹车，过早刹车或过晚刹车都会危及行车安全。除此之外，人工智能技术还需要应用控制理论来处理不同的道路状况下的刹车策略，通过综合这些机器学习模型来产生自动化的行为。

数据挖掘和机器学习的关系越来越密切。例如，通过分析企业的经营数据，发现某一类客户在消费行为上与其他用户存在明显区别，并通过可视化图表显示。这是数据挖掘和机器学习的工作，它输出的是某种信息和知识。企业决策人员可根据这些输出人为地改变经营策略，而人工智能是用机器自动决策来代替人工行为，从而实现机器智能。

数据挖掘是从大量的业务数据中挖掘隐藏的、有用的、正确的知识，促进决策的执行。数据挖掘的很多算法都来自机器学习和统计学，其中统计学关注理论研究并用于数据分析实践，形成独立的学科。机器学习中有些算法借鉴了统计学理论，并在实际应用中进行优化，实现数据挖掘目标。近年来，机器学习中的演化计算、深度学习等方法也逐渐跳出实验室，从实际的数据中学习模式，解决实际问题。数据挖掘和机器学习的交集越来越大，机器学习因而也成为数据挖掘的重要支撑技术。

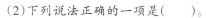 思考与练习

参考答案

1.选择题

(1)神经网络具有以下哪两个特点(　　)。(多选)

A.能够轻松实现非线性映射过程　　　　B.抽象数据模型

C.设计推荐系统和机器人交互系统　　　D.具有大规模的计算能力

(2)下列说法正确的一项是(　　)。

A.符号学习的基本流程分为比较与归纳两个过程

B.决策树是最简单的分类算法之一。这种算法通过考查部分变量及其可选的分类条件,进而生成最优分类树

C.强化学习系统学习的目标是动态地调整参数,以使强化信号能够达到最大

D.类比学习方法通常有穷举式类比学习和搜索式类比学习两种

2.填空题

(1)机器学习算法常被分为_____、_____和_____。

(2)记忆学习又称机械式学习或死记式学习,它是一种_____、_____、_____的学习策略。

(3)激活函数有_____和_____之分。

3.简答题

(1)机器学习的一般流程包括哪些步骤?

(2)演绎学习是如何工作的?

(3)神经网络是在什么基础上提出的? 其主要目的和用途是什么?

4.实践题

(1)自己组织一次调研活动,了解深度学习技术是如何改善工业机器人的作业性能和运行状况的,并写出相应的分析报告。

(2)数据挖掘在决策辅助、流程优化、精准营销等方面应用极广。自己组织一次市场调研活动,了解数据挖掘在精准营销中发挥的作用,写出相应的调研报告。

推荐阅读

[1](美)黑斯蒂,等.统计学习基础——数据挖掘、推理与预测[M].范明,等译.北京.电子工业出版社,2004.

[2](美)米歇尔.机器学习[M].曾华军,等译.北京:机械工业出版社,2003.

[3]李航.统计学习方法[M].第2版.北京:清华大学出版社, 2019.

[4]吴岸城.神经网络与深度学习[M].北京:电子工业出版社,2016.

[5](意)朱塞佩·恰布罗.MATLAB机器学习[M].张雅仁,李洋译.北京:人民邮电出版社,2020.

第八章
机器感知、模式识别与语言交流

机器感知研究如何用机器或计算机来模拟、延伸和扩展人的感知或认知能力,其研究内容包括机器视觉、机器听觉、机器触觉等,这些既是人工智能领域的重要组成部分,也是在机器感知方面高智能水平、高商业价值的计算机应用。机器感知允许计算机使用相应"感官"的输入数值以及收集信息的常规计算方式,以更高的准确性、全面性收集信息,并以对用户来说更方便、更适宜的方式加以呈现。机器感知的最终目标是使机器能够像人类一样观察和感知世界。

模式识别是指对表征事物或现象的各种形式的(例如数值的、文字的和逻辑关系的)信息进行处理和分析,以对事物或现象进行描述、辨认、分类和解释的过程,是信息科学和人工智能的重要组成部分。模式识别也是人类的一项基本智能。在日常生活中,人们经常在进行"模式识别"。20世纪40年代至50年代,计算机的出现和人工智能的兴起,使人们备受鼓舞,迫切希望能用计算机来代替或扩展人类的部分脑力劳动,以致模式识别在20世纪60年代初迅速发展成为一门新兴学科。

随着计算机和互联网的广泛应用,计算机可处理的自然语言文本数量空前增长,面对海量信息的文本挖掘、信息提取、跨语言信息处理、人机交互等应用需求急速增长,自然语言处理研究必将对现代社会的生活方式产生深远的影响,直接影响人们的"语言交流"。自然语言处理是人工智能中最为困难的问题之一,而对自然语言处理的研究——语言交流也是充满无穷魅力和艰巨挑战的。

本章将系统介绍机器感知、模式识别与语言交流的基本概念、主要内容、常用方法和关键技术,以开阔读者的视野,并增进读者对机器感知、模式识别与语言交流的总体了解。

☆ 学习目标

(1)了解机器感知、模式识别、语言交流的基本概念。

(2)理解机器感知、模式识别、语言交流的基本方法。

(3)能够应用学习到的相关概念和方法解决具体问题。

思维导图

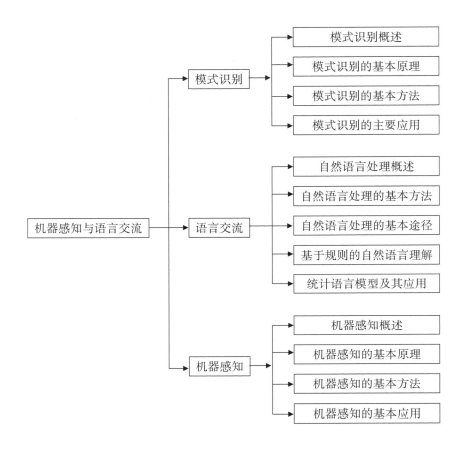

第一节　机器感知

作为代替人类进行劳动的一种有效工具,机器必须也同人类一样,具备一定的感知周围环境的能力。因为只有这样,机器才能更好地完成人们交付给它的任务。目前,机器感知周围环境的主要方式是计算机视觉。所谓计算机视觉就是人们运用计算机系统及技术来模拟人类的视觉系统,并利用传感器检测到的数据来判断周围的环境情况,以帮助机器更好地完成目标任务。本节主要讲述机器感知中计算机视觉的原理、方法及应用。

一、机器感知概述

在各种获取外部信息的感觉中，人类最主要的信息来源就是视觉。与人类情况一样，计算机视觉的地位也是举足轻重。人类视觉的本质是通过眼睛去接收环境的光学信息，进而用大脑进行处理、识别，最后获取关于外部环境的客观情况。当然，并非只有通过眼睛才能获取外部环境的重要信息，自然界中的许多动物还可以通过其他途径实现这一目的。比如，蝙蝠通过发射、接收超声波得到猎物和障碍物的位置信息；蛇类可以通过对热量的感应确定周边景物的大致类别和方位。既然如此，人们相信没有生命的机器也可以通过某种手段得到想要的信息。这里所说的手段是指各种各样的传感器，而且并不局限于类似人类视觉器官的光学传感器。

如今，放眼望去，到处都布有形形色色的摄像头，无处不在的摄像头虽然可以记录下每时每刻的图像资料，但还不能说摄像头就具有了视觉。因为摄像头并不具备处理这些图像资料的能力，它只是单纯地"视"而没有"觉"。

那么计算机视觉到底是什么？人们要用计算机视觉做什么？

简单而言，大部分动物的视觉都是依靠客观世界中各种物体的光学特性来分辨、识别物体的，但是光学特性并不是唯一的途径。例如，安检和诊断时所使用的 X 射线检测装置，可以帮助人们得到客观世界的非光学图像。电子显微镜也是如此。这些装置并不依靠可见光，而是依靠电磁波这一更加有力的途径来分辨、识别物体。实际上，这些装置或方法都有一个共同的目的，那就是认识世界、识别物体及其相互关系，这也是人们让机器拥有视觉的最高目标与最终目的。机器视觉系统所要识别的对象，一般被称为视觉世界，视觉世界是由客观存在的物体及其特有性质组成的，机器感知就是要利用这些特性来充分了解环境中的各种物体的存在情况及其相互关系。

其实，人们在日常生活中积累的一些经验，也可以帮助大家进一步理解视觉的本质。为了清晰了解人类视觉的分析过程，现以人们常见的地平线景象为例加以说明。在图8-1(a)所示场景中，场景组成元素有天空、房屋、树林、道路、田地、池塘。当人们通过眼睛去观察时，会将三维的景象转化成二维的图像。尽管景象的维度发生了转化，但是景象的色彩、纹理并没有发生大的变化，只是按照一定规律整体发生了透视变形，如图8-1(b)所示。至此，图像的接收工作完成，此后即将开始图像的处理工作。

人类的大脑接收到相关图像信息以后，会按照图像中的纹理、色彩等特征对其进行分割，使图像划分为几块不同的区域，每块区域即是一种元素，如图8-1(c)所示。人类的大脑之所以能够快速准确地将不同的元素分割开来，是因为在日常生活中大脑已经积累了足够的经验，将常见的景象元素抽象成了具备相同特征的概念组成，需要时将两者进行比对就可以快速进行元素的识别，如图8-1(d)所示。在人类向外界传达自己的视觉信息时，通常会用语言描述。这样一来，就可以更加精练地采用词语对图像的信息进行拓扑关系的梳理,如图8-1(e)所示。至此,人类的大脑就知道眼睛看到了地平线,如图8-1(f)所示。这就是人类视觉感知的过程。

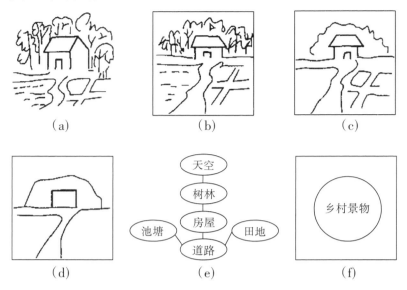

图 8-1 人类视觉分析过程

由图8-1可以看出,上面的过程将客观世界的元素逐渐凝练成了一个采用词语即可描述清楚的抽象概念,由此实现了由复杂到简单的跨越。人类形成这种感知分析模式是有着深厚的现实需求与客观原因的,其一是人类大脑的记忆空间与记忆能力有限,只有进行一定程度的凝练才能够识别更多、更加复杂的场景;其二是只有提炼出最具代表性的语言表达才能够促进人们相互之间的交流和沟通。基于同样的原因,机器感知也应该将视觉世界的元素进行提取和简化,进而将这些信息传递给同类或者人类进行利用。

按照上面的分析与解释,人类视觉的分析过程可以分为三个阶段:第一阶段是对产生的图像进行低级处理,进行各种元素特征的提取,对图像进行分类;第二阶段是识别、对照各元素的特征,与已经积累的数据进行比对,套用对应的模型进行表达;第三阶段是基于前两个阶段的处理情况建立各元素之间的关系网,生成自己的理解结果。以上三个阶段分别代表了人类视觉感知的低级、中级和高级处理过程。经过这三个阶段,客观上存在的视觉世界就转化成了人们主观上的理解结果。

计算机视觉的发展历史表明,计算机视觉诞生之初就在模仿人类的视觉分析过程。但受限于同时期科技和医学的发展水平,计算机视觉所能实现的模拟效果不尽如人意。因此计算机视觉另辟蹊径在结构上对人类视觉进行模拟,发展至今已经形成了一门具有独特理论和技术的热门学科。其实,计算机视觉赋予机器感知能力的目的同人类视觉的目的一致,都是为了准确地认识客观事物,从而让机器具备一定的判断能力,最后达到理解客观事物之间相互关系的目的。

人类视觉处理过程分为三个处理阶段,计算机视觉的处理过程可分为以下五个阶段:

1. 图像获取

机器上安装光学或者红外摄像机,以及超声波、激光雷达等装置,通过反馈回来的信息建立与三维世界对应的二维图像。与人类眼睛捕获到的二维图像不同,计算机得到的二维图像为数字图像,计算机可将获取到的二维图像存储起来,留待后续处理。

2. 特征提取

获取到二维图像之后,根据三维视觉世界中相关物体的各种特征,如颜色、亮度、形状等,进行元素的区分,将各种元素的性质记录成带符号的参数以便查阅。

3. 对比辨别

将上述第二步中提取到的信息与数据库中的信息进行比对,确定各元素的种类以及空间位置,并依据判断结果对数据库进行修正。

4. 信息理解

根据第三步的判断结果找到对应实物的模型,然后依据反馈数据得到实物的状态,例如角度、姿态等。

5. 描述和预测

根据探测到的各元素的数据,充分理解其中包含的空间信息后,推断出它们之间的相互关系,得到输出结果。更进一步的话,据此预测未来可能发生的变化。

由于人类视觉和机器感知面向的对象都是视觉世界,而且两者有着相同的目的,那么机器感知的处理过程就十分类似图8-1所示的处理过程。只是机器视觉中传感器获取的图像需要进行预处理,借以消除图像中的噪点、修复图像中的模糊和变形,使数字图像的质量得到提高,增加识别的精准度,其过程如图8-2所示。

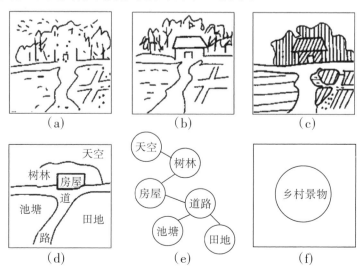

图8-2 计算机视觉分析过程

二、机器感知的基本原理

不管是人类视觉,还是机器感知,都离不开图像的获取和生成。只有充分了解了图像的性质,才能保证机器感知的顺利进行。日常生活中常见的图像既有如手机摄像头拍摄出来的光学图像,也有如X射线检测仪生成的非光学图像。但总体来看,不同的图像总还具有一些共同的性质,具体介绍如下:

(1)图像是三维空间在二维上的变化形式,可以反映一定的三维空间元素分布。

(2)图像是具有现实世界的依据的,反映了事物的客观存在和状态。

(3)图像必须是可见的,可以显示出来的。

(4)图像通过每个最小单元的明暗程度来传递信息。这个最小单元的明暗程度就是灰度。

那么为什么图像可以具备这些性质呢? 这就要从图像形成的最底层开始说起,也就是从成像原理开始介绍。对于最常见的光学图像来说,在光源强度不发生改变的情况下,所形成图像的明暗色彩跟观测物体的材质和几何结构密切相关。一般条件下,机器感知需要的图像间接或直接地来自摄像机,然后对其进行数字化后再进行处理。需要说明的是,这些图像符合透视原理。那么什么叫透视原理呢?

如图8-3所示,在三维空间中,设原点处为透镜中心,称平面(X, Y)为像平面,其垂直于z轴并且位于$z = -f$处,按照透视原理,三维空间中的一点$A(x, y, z)$在像平面上的位置是$A'(X, Y)$,其中:

$$\begin{cases} X = -x * \dfrac{f}{z} \\ Y = -y * \dfrac{f}{z} \end{cases} \qquad (8\text{-}1)$$

公式(8-1)称为透视公式。由该公式可知X、Y与A到透镜平面的垂直距离成反比,与焦距f成正比。

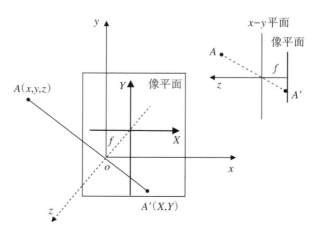

图8-3 三维成像原理

由图8-3可知,像平面上只有二维信息,而没有z方向的深度信息,这给通过图像得到三维空间中的真实信息增加了难度。如何获取z方向的深度信息现在成为机器感知中的一个重要研究方向。

除了光学图像以外,还有其他几种常用的特殊图像,如X射线图像、超声波图像、激光雷达图像、红外线图像等。其中的激光雷达图像和超声波图像可以记录深度信息,故而可以增加定位精度和分辨率。

图像的一些本质属性至关重要。图像数字化以后,成为二维的数组或矩阵,但其中的元素记录了图像在三维空间中的特性。人类之所以通过图像就可以了解真实的三维世界,是因为人类依据自己的经验对图像的色彩、形状进行了分析。图像蕴含的色彩、形状就是机器感知的基本依据,研究人员充分了解了图像中色彩、形状和客观事物之间的相互关系,就能帮助机器更好地进行感知与识别。

首先,各种物体都有自己的颜色和亮度,反映到图像里就是每个像素的RGB值和灰度值。不同物体反映到图像上的色彩和灰度都是不同的,同一个物体在不同方向上的色彩和灰度也有所不同,这样人们就可以借助灰度和色彩特性来判断物体的朝向。同时,灰度和色彩相近的像素块组成的区域,基本就可以判定为同一个物体或同一个表面。但是,光源的变化或者光线入射角度的变化,导致只用灰度和色彩分辨物体时会产生很大的误差。所以,人们在这个方面还需加快研究的步伐,争取尽快取得突破。事实上,物体轮廓边缘的色彩和灰度常常发生突变,人们可以充分利用这一性质来找到物体的边界,进而识别物体的种类。

其次,不同物体的图像具有不同的频谱特性,这一特点对机器感知十分重要。频谱特性可以通过对图像进行二维傅里叶变换得到。它反映了像元值在X、Y空间方向上的变化规律,由此可以得到一个沿u、v平面分布的二维函数。如果u方向的频谱集中在高端,就代表图像在X方向上变化较为激烈,这反映了灰度的某些变化规律。

另外,不同的物体具有不同的纹理,纹理也是机器感知的重要依据。纹理中某些图案重复出现,它称为基元,基元以及基元的组合方式是纹理的两大特征。一般而言,人造物品的基元比较容易辨认,并且组合方式的规律性强,容易区别;自然物体的基元则难以辨认,并且其组合方式规律不一,不好分辨。

将不同时间获取的相同物体的多幅图像进行深入对比,可以帮助人们了解这些图像所蕴含的物体运动特性。分析图像中随时间变化的像素点情况,由于每幅图像取样的间隔时间已知,因而可以得到物体的运动量估计。频谱变化法、差分法和光流法就是基于上述原理的常用的运动量估计方法。

三、机器感知的基本方法

人类在利用视觉分辨物体时靠的是每种物体所具有的独一无二的特征,机器感知也同样如此。只不过摄像机等传感器接收到的数据极易受到干扰,想要从中直接进行特征识别往往难以奏效。特征一般可以分为几何特征和非几何特征,几何特征就是物品的形状和轮廓,非几何特征则包括物品的颜色、纹理等。知道了物体的几何特征就可以进行初步的识别。几何特征的提取是机器感知极为重要的一步,基于物体的线性边缘和区域都可以进行几何特征的提取。

在此,首先介绍基于线性边缘的几何特征提取方法。该方法又称线性特征检测方法。图像中不同物体的分界线就是图像的线性特征。检测线性特征一般分为边缘检测和曲线连接两步,如图8-4所示。作为第一步,边缘检测采用特定的算法使位于分界线上的像素更加清晰可见;作为第二步,曲线连接则追踪这些像素点并进行连接。

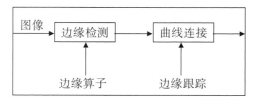

$x-1, y-1$	$x, y-1$	$x+1, y-1$
$x-1, y$	x, y	$x+1, y$
$x-1, y+1$	$x, y+1$	$x+1, y+1$

图8-4　边缘抽取的一般过程　　　　　图8-5　灰度变化函数

在机器视觉领域,有三种方法可以进行边缘检测,分别是梯度法、模板匹配法、区域拟合法。这里主要介绍前两种方法。

梯度法最核心的部分就是检测灰度突变的边缘算子,整个图像可以看作灰度的二元函数$f(x, y)$,若f发生突变,那么此处就存在最大的空间微分值,包括一阶微分和二阶微分。一阶微分操作又称梯度算法,数字化图像中某点的灰度变化表示为$\Delta x, \Delta y$,可有:

$$\begin{cases} \Delta x = f(x, y) - f(x + 1, y) \\ \Delta y = f(x, y) - f(x, y + 1) \end{cases} \tag{8-2}$$

其中,三个函数的变化规律如图8-5所示。据此,公式(8-3)也得以成立:

$$\begin{cases} \Delta x = f(x + 1, y + 1) - f(x, y) \\ \Delta y = f(x, y + 1) - f(x + 1, y) \end{cases} \tag{8-3}$$

这里采用了45°、135°互相交叉的差分来表示,称为Roberts算子,其强度和方向可以表示为:

$$\begin{cases} \sqrt{(\Delta x^2 + \Delta y^2)} \\ \arctan(\Delta y / \Delta x) \end{cases} \tag{8-4}$$

接下来是二阶的微分算子,又称拉普拉斯算子,下面是在数字图像当中的表现形式:

$$L = (f(x + 1, y) + f(x - 1, y) + f(x, y + 1) + f(x, y - 1)) - 4f(x, y) \tag{8-5}$$

该算子对边界和边角线条的端点都有着很强的检测能力，但另一方面这也会导致其将噪声处的干扰视为边缘。而且拉普拉斯算子的检测受到方向的影响，垂直、水平、倾斜得到的检测结果均不一致，因此在实际应用中的效果不如一阶微分算子。

在模板匹配法中，第一步是针对不同类型的边界设计一个$n \times n$的权值方阵。图8-6(a)所示的权值方阵适合垂直边缘。使用该方阵分别对图8-6(b)、图8-6(c)的中间点进行卷积操作，得到结果3和0，这种方阵称为方向模板。除了图示的3 × 3模板，还有5 × 5以及更大的模板，3 × 3模板可以针对不同的方向设计成8个方向，具有这样特点的Prewitt模板如图8-7所示。

$$\begin{matrix} -1 & 0 & 1 \\ -1 & 0 & 1 \\ -1 & 0 & 1 \end{matrix}$$

(a)

1	1	2
1	(x, y)	2
1	1	2

(b)

1	1	1
1	(x, y)	1
2	2	2

(c)

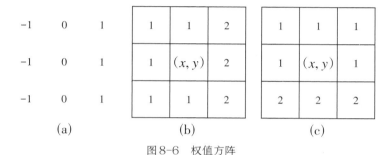

图8-6　权值方阵

图8-7　Prewitt模板

Sobel模板

$$\frac{1}{4}\begin{bmatrix} -1 & -2 & -1 \\ 0 & 0 & 0 \\ 1 & 2 & 1 \end{bmatrix}$$

Kirsch模板

$$\frac{1}{4}\begin{bmatrix} 5 & 5 & 5 \\ -3 & 0 & -3 \\ -3 & -3 & -3 \end{bmatrix}$$

图8-8　Sobel模板和Kirsch模板

模板匹配就是套用上述的模板对数字图像的每个像素点进行8个方向的卷积比较，哪个方向的卷积值最大，则哪个方向是边缘方向的概率最大。模板匹配后会得到d、m两个值，其中d为0~7之间的数字，代表图8-7所示的方向，m代表在该方向的强度。这个方法的优点是针对不同的边缘类型，用户可以设计各种不同的模板自行处理，十分灵活。相对而言，Sobel模板和Kirsch模板比较常用，它们的权值方阵如图8-8所示。

边缘检测之后还需进行曲线连接，主要是连接经前面处理后得到强化的边缘像素。边缘曲线一般是光滑连续的、同一宽度的，连接时可注意这些特点。此外，如果已知边缘的大体形状，则可以更快地进行连接。当检测到一个边缘像素后，相邻的强度最大的点就很有可能是下一个边缘像素。鉴于三维世界中环境的复杂性，得到的图像往往存在各种干扰，这时只利用灰度信息进行处置就难以满足相关的精度要求，还需要更先进的方法加以改进。

提取区域几何特征的主要方式是进行图像区域分割。图像分割的目的是从图像中按

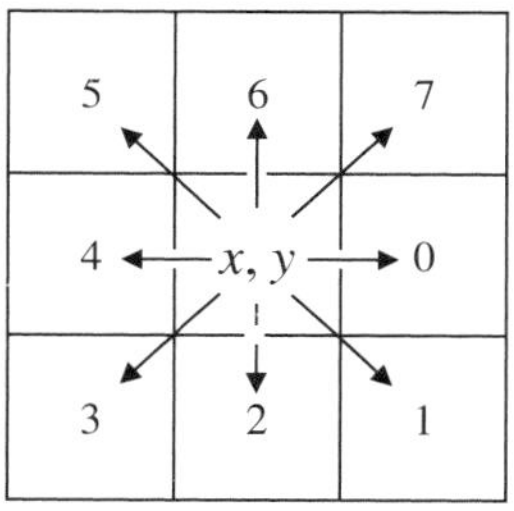

照视觉世界的物体进行划分,将同一客观物体及其表面的像素识别出来并标明边界。在光源条件相同的情况下,由于一般物体的表面材料基本相同,所以反映在图像中的数值也是相同或相近的,基于这种性质可以推断出以下一些特点:

(1)反差性。不同的区域有着不同的数值特点。

(2)连通性。同一区域内的像素点几乎没有空隙,是整块分布的。

(3)边缘完整性。相邻两个区域之间的边界是明确存在的,一个区域的边界应该是一条闭环曲线。

(4)均匀性。同一区域内的像素点之间的数值方差在一定范围内。

在此,简单介绍一下基于区域特征的直方图图像分割方法。数字化图像中每个像素的灰度信息汇总起来可以形成直方图,直方图可以直观显示每个灰度数值出现的频率。假如图像中只存在一个物体和一个背景,那么生成的直方图如图8-9所示,该直方图中含有两个峰值,一个代表物体,一个代表背景。这两个峰值中间的峰谷对应的数值T就可以作为图像区域分割的标准。某点像素的灰度值$f(x, y) > T$时,该点划归到对应的区域;反之则划归到另一个区域。据此机器就可以完成图像区域的划分。

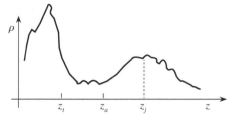

图8-9 双峰值直方图

四、机器感知的主要应用

当前,机器感知的主要应用集中在机器视觉领域。一般通过摄像机或激光雷达进行感知,然后按照上述提到的原理和方法进行分析,以实现特定的用途。

近年来,自动驾驶技术可以说是机器感知最为成功的应用范本。国际上最先开始应用机器感知的Google无人车,进行的自动驾驶实验里程已经超过300 000 km。Google无人车配备有摄像机、激光测距仪以及扫描雷达等众多的传感器,可以对周围环境进行实时感知,以实现避障、寻路等操作。但由于装备的传感器数量众多,协调起来十分复杂,加上成本高昂等因素的影响,该产品的大范围推广还需要一定时间。

自动驾驶当中除了避障、寻路以外,还需要进行周围车辆的识别工作。利用特征提取的方法对疑似车辆的物体进行信息提取,依靠这些信息生成目标的数字信息,再利用机器学习的智能算法构造分类程序分辨不同的车型。该方法需要摄像机持续地、大量地进行图像收集,再借由算法进行训练以提高识别的精度。

除了自动驾驶以外,机器视觉还应用在了人体动作的识别方面。例如,现在流行的健身软件一般都会提供AR锻炼的功能,锻炼者只需站在手机摄像头的视野内进行规定的动作,手机就可以识别并进行计数。更有甚者,它还可以帮助锻炼者实现和虚拟环境的互动,锻炼者可以根据手机屏幕显示的虚拟场景、虚拟物体的情况,一边躲避障碍,一边完成锻炼。人们还可以将识别范围缩窄,例如只对人的手势进行识别。计算机提前提取手部的几何形状特征、纹理特征和颜色特征,然后对其进行灰度处理、边缘检测,以及特征提取,从中选取效果最好的特征模型,这样摄像机实时地追踪手部,对提取到的图像经人工神经算法进行分类,再由计算机与数据库存储的信息进行匹配,最后输出相应的结果,完成手势和机器的交互。

第二节　模式识别

随着计算机科学与技术的迅猛发展,计算机逐渐具备了人类难以望其项背的数值计算、数据存储和信息处理能力,人们越来越不满足于只是单纯地使用计算机来代替人脑的部分工作,而是希望计算机能够具备观察外界环境、训练强化自身、进行学习和创造的能力,也就是人工智能。实际上,人类的幼儿刚出生时,其具备的智能十分低下,但是当其发育成熟时又具备无限的潜能,在这中间发挥巨大作用的第一步,也是最为关键的一步就是识别能力。同理,模式识别也是人工智能发展的基础,其重要性不言而喻。当前,计算机的运算速度进一步提升、存储能力进一步扩大、处置功能进一步完善,也使得模式识别这一方向的研究和应用变得更加广阔。本节将对模式识别进行简单的介绍,并阐述其原理、方法及应用。

一、模式识别概述

从字面意思来看,模式识别就是按照对象的模式或者特征进行归类。模式识别涉及的领域十分宽广,诸如数学、工程学、统计学、计算机科学等众多学科都与其密切相关。在人工智能领域,识别代表着计算机对研究对象的再一次认识,从这个意义上来讲,模式就是已经被认识、被分类的事物。对于人类来说,察觉到客观世界中的物体是一种本能的生理反应,进而演变成大脑的心理反应,通过积累的经验对客观事物进行分辨,这就是模式识别。具体而言,人们看见一个人的背影,就可以分辨出这个人是否是自己的朋友,这是视觉上的模式识别;人们听见一个人的声音,就可以知晓这个人是否是自己的熟人,这是声音上的模式识别；人们触摸到一个物体，凭借触感和形状就能大概判断出自己所接触的物体是什么，这是触觉上的模式识别。

人类的模式识别过程与许多生物机理息息相关。在模式识别过程中，大脑的学习能力起到了决定性的作用。学习使得人类的处理能力获得了极大的灵活性、适应性、拓展性、延伸性。经过积累与拓展，即使面对从未接触过的环境和任务，人们也可以从容对待、应对自如。计算机如果想要获得与人类同样的能力，自然也就需要锻炼、提高、扩展自己的学习能力，并将其在学习中积累的各种模式信息储存起来以供日后使用。

除了在提高自身的识别能力上要做好各种准备之外，计算机还要保证对模式的处理是合理与恰当的，其中最重要的一步是模式数目的确定。简单来说，模式识别就是对一个事物进行判别和分类，这个工作说起来简单，其实不然，因为该任务只有在模式完备的情况下才可以完成。例如人们要进行英文字母的模式识别，那么显而易见总共有26类模式。如果只是需要识别字符是英文还是中文，那么就只有两类模式。在许多情况下，模式的数目在识别开始时并不能准确确定，需要计算机在训练时不断进行观察，确定了具有代表性的模式后，再将其添加到数据库。此时，计算机还需要处理不同模式的确定问题，以避免出现相同的两类模式。

当人们通过算法使计算机具备了简单的学习能力，且拥有了一定体量的模式数据库之后，接下来要进行的操作就是在数据库或者模式集合中挑选出每类模式中最为典型者作为模板，并把识别对象作为计算机的输入，至此，只需把每个输入与选定的模板进行比对，然后依据特定的评判依据或最大似然依据进行划分即可。例如，输入的模式与所有模板进行匹配后，发现其与第 X 个模板拟合度最大，那么第 X 个模板所属的模式即是输入对象所属的模式。为了尽快使机器具备模板筛选能力，通常会将质量较高模板的原始数据存储起来，以供计算机使用。在模式识别领域里，上述方法称为模板匹配法。该方法结构简单，但在模板的确定环节和评判依据的选取上难度较大，因此人们也在不断地对该方法进行改进与完善。

介绍了模式识别的相关信息之后，对模式识别的特点概括如下：

（1）模式识别借鉴了人类大脑的识别过程，通过自身训练掌握到大量的模型信息之后，可以高效地完成模型分类工作。

（2）模式识别属于工程学科，它以数学为基础，在反复实验和实践中不断地改进与发展，其应用和研究互相促进。

（3）模式识别的本质是信息处理，信息处理的其他领域也与模式识别息息相关。

（4）模式识别中最有价值、最有发展前途的当属具备学习能力的程序，这种程序的编写和维护是人工智能研究中的一大难点。

（5）与人类相比，计算机的模式识别能力依旧十分孱弱。但是可以通过人机交互来解决复杂困难的问题，即在机器处理不了的时候可以借助人工的帮助。

（6）模式识别依赖于计算机技术的进步与发展，计算机技术的每一次革新都给模式识别的发展带来新的机遇。

（7）模式识别需要大量的积累,因此相关研究一般较为耗时、费力。

二、模式识别的基本原理

人们通常会问:计算机是通过什么样的过程对模式进行识别的呢？要想了解模式识别的原理和过程,就要先了解模式识别采用的是什么样的方法,因为模式识别的原理和所使用的方法密切相关。模式识别的方法确定之后,人们就可以按照方法来划分过程,不同的方法在过程的命名上可能不尽相同,但有着类似的方面。现在常用的模式识别方法有两种,一种是统计法,另一种是结构法。这两种方法的过程划分有着相似的性质。此处先介绍一般模式的识别过程。

图8-10显示了模式识别系统的基本组成,现以该系统经典的模式识别过程为例说明其基本原理与工作特性。在具体的模式识别中有三个逐渐递进且相互联系的过程,即数据采集→数据分析→模式分类。这样的过程在统计法中为测量过程或转换→预处理→分类,在结构法中为测量过程→特征选择/基元选择→分类/描绘。下面分别介绍这三个过程。

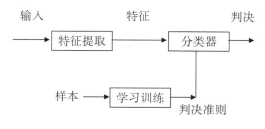

图8-10　模式识别系统

1. 数据采集（测量过程或转换）

由于在数据处理中,计算机只能识别二进制数据,因此,需要对初始的识别对象进行一定的转化。初始的识别对象包括图像、声音、字符等,它们都需转化成计算机能够识别和处理的二进制数据形式,例如可使用扫描仪将图像转化成数字化图像。由此可知,在初始识别对象的转化过程中需要数字化转化设备的支持。

2. 数据分析（预处理、特征选择/基元选择）

数据采集工作完成以后,即可进行数据分析。数据分析的目的是从数据中进行学习,根据数据蕴含的信息分析出包含在其中的类别或模式。为了便于后续的分类,还需把这些类别或模式的最显著特征标注出来。总的来说,这一步完成了特征的提取、选择和聚合。这也是整个识别过程中最复杂的一步。

3. 模式分类(分类/描绘)

模式分类的目的是依据数据分析中获得的信息,确定一种有效性和准确率俱佳的方法,将一个未知的输入数据划分到已知的模式中。其中的关键之处在于分类器的设计,分类器需要按照设定的规则进行识别。

上述三个过程并不是各自独立的,有时候甚至不是依次进行的,现对此进行说明。以人类为例,当人们想用眼睛识别一个物体时,在人们的目光转到物体上之前,人们的大脑就已经开始了识别过程。可以推断大脑中原来获得的海量数据在帮助眼睛进行搜索,也就是说数据采集和数据分析两个阶段进行了结合,两者的同时应用使得识别效率得到了提升。

至于模式识别在数学上的原理仍以模板匹配法为例进行说明。人类在第一次接触新鲜事物时会进行学习和训练,计算机也是如此。在模板匹配法中,模板作为标准并不是凭空产生的,而是在一次次的训练中逐步确定下来的。模板越多,机器要学习的内容就越多,所花费的时间也就越多,好处是机器识别分类的能力会越来越强大。下面以10个阿拉伯数字的识别为例加以介绍。进行识别之前,0~9这10个数字的模板必须要先确定出来,之后将需要识别的数字与这10个模板一一进行匹配,找到与之最相像的模板,同时保证两者的相似度在可接受的范围内,那么就可以确定该数字就是模板对应的数字。据上所述,第一步就是确定模板,图8-11(a),是数字5的标准写法,为了制作模板,首先将整个区域分成m行K列,得到$m \times K$个小方块。小方块内如果含有一定程度的笔画,就用数字1表示,反之用0表示。为了生成可供计算机处理的数据,人们规定第一行从左到右,第二行从右到左,以此类推,将每个小方块内的数字组合起来,形成一个列向量,记录在计算机的内存中,它就是后面识别时需要用到的模板。如数字5的模板用X^5予以表示。根据图8-11(a)所示情况,可有:

$$X^5 = \{0110011000100110\} \tag{8-6}$$

其他数字的模板均可以按照这种方法生成,则可得到阿拉伯数字的通用模板:

$$X^j = \{X_1^j, ..., X_n^j\} \tag{8-7}$$

其中,$j = 0, 1, \cdots, 9; n = m \times K$。

现在设定待识别的对象转化成数字信号后为$Y = \{Y_1, ..., Y_n\}$,将这个输入信号分别与10个数字模板进行比较,这里有许多不同的比较方法,最常用的方法是输入信号列向量与模板列向量进行模2加(这是一种二进制运算,等同于"异或"运算),运算符号为$\oplus$。二进制当中,相加的两个数都为1或者都为0时其和为0,即相加的两数相同时其和为0,反之两数不同时其和为1,则两个列向量中的元素相加有着如下的结果:

$$X_i^j \oplus Y_i = \begin{cases} 0 & \text{两者相同} \\ 1 & \text{两者不同} \end{cases} \tag{8-8}$$

那么,统计1的个数可知,待识别对象与模板有多少个不同的小方块,1的个数记为:

$$D^j = \sum_{i=1}^{n} X_i^j \oplus Y_i \qquad (8-9)$$

Y 同所有模板进行匹配后,得到最小 D^j,若 D^j 小于设定好的某一数值,则可以认为待识别对象就是模板对应的数字。例如图8-11(b)当中的对象写为数字信号的列向量为:

$$Y = \{0111011010100110\} \qquad (8-10)$$

与 X^5 进行比较,设定误差为3,$D^j = 2 < 3$,则可以确定图8-11(b)中的数字为5。

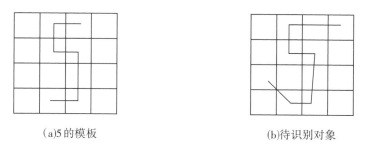

(a)5的模板   (b)待识别对象

图8-11

三、模式识别的基本方法

相比较而言,模板匹配法是最简单的一种方法,此外在数学上还有许多方法可以进行模式识别,如统计法和结构法,下面分别进行介绍。

1. 统计法

统计法又称为决策法、统计决策法。这种方法的重点在于制订决策,统计学中的决策理论是该方法的数学基础。统计法的识别系统如图8-12所示。

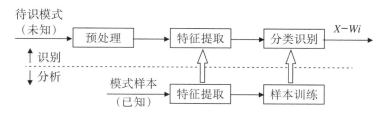

图8-12 统计法模式识别系统

由图8-12可以看出,统计法的识别系统分为两部分,一部分进行识别,一部分进行分析。其中分析部分是识别部分的准备环节,在对未知对象进行识别之前需要先对已知对象进行分析。针对模式样本的分析又分为已知模式样本的特征提取和样本训练两部分。将未知对象的模式作为待识模式输入,之后进行预处理。预处理的目的在于解决输入时由于种种原因产生的噪声、模糊等问题,之后对预处理完的模式进行特征提取,这一步首先可以对输入模式进行简化,以降低计算机的内存占用程度;其次可以提取输入模式的特征向量。假设总共有 m 种模式,N 个特征,那么模式就可以用 N 维空间中的一个向量 $X =$

$[x_1, x_2, ..., x_n]^t$表示,其中t表示转置矩阵,利用N个特征对输入模式进行判断,确定其是m种模式中的哪一种,那么最先需要确定的是提取几个特征,这个决定做好了可使N大大减小,否则会使N大大增加,导致运行时间延长,而且还会降低模式识别的准确率。例如,病人去医院看病,如果医生只是询问病人的身高、体重、年龄情况,是不太可能判断出病人患了什么病的。换言之,只有选好了特征,才容易取得事半功倍的效果。

确定好提取哪些特征以后,接下来的问题就是如何划分类别。假设输入模式为向量X,两类已知模式分别为W_1、W_2,在数学上的解法就是看X与W_1、W_2中的哪一个更相似,或者先行确定好W_1、W_2的界限,根据这个界限判断X的位置。进行该项工作需要分类器的帮助,分类器的建立过程就是输入大量的已知模式样本并进行训练,然后借助统计中的线性判别函数来完成模式分类。

总之,统计法可以帮助用户识别未知模式,然后将其划分到已知模式中,判别标准已在训练中生成,并存放在分类器里面。需要强调的是,训练过程利用了统计学中的线性判别函数,并且需要许多已知模式的样本作为支撑才能完成训练。随着已知模式样本的增多,训练的时间也会增加,导致分类器可以识别的模式也会同步增加,这样一来,识别率也会得到相应的提升。

2. 句法法

句法法又称为结构法。首先介绍一下该方法与前述统计法的区别。统计法中需要进行特征提取,但遗憾的是,有关特征提取的理论现在并不是十分成熟,而且需要识别的模式过多,特征量会随之大量增加。同时,由于统计法使用了线性判别函数作为划分依据,因而对于一些无法严格按照数值划分的模式而言,其识别效果并不好,例如文字的识别。故而对于一些识别对象,统计法难以发挥出自己的优势。为了解决这一问题,傅京荪等学者提出了一种与统计法截然不同的识别方法——句法法。该方法能将复杂的模式划分为多个子模式,再将子模式细分成多个不同的结构单元,便于后续的处理。最终划分成的最小单位称为基元。具体的划分例子如图8-13所示。

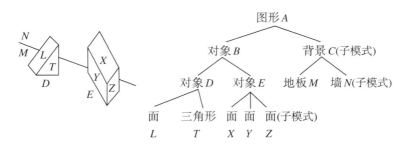

图8-13　句法法划分实例

人们之所以将这种方法称为句法法，就是因为该方法对模式进行了如同句子一样的划分。众所周知，句子由词语组成，词语由汉字组成。人们只需要认识最基本的汉字，并了解汉字的含义就可以按照一定的语法来理解句子。对于计算机来说，只要计算机能够识别基元，并了解基元的组合结构，就可以完成模式识别。句法法的识别系统如图8-14所示。

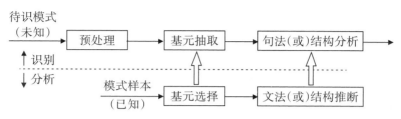

图8-14 句法法的识别系统

句法法也跟统计法一样分为识别和分析两个部分，但在句法法中，基元选择替换掉了统计法中的特征提取，由此降低了实现的难度；而句法法中的文法推断或者结构推断相当于统计法中的样本训练，句法分析或者结构分析相当于统计法中的分类识别。同样是在进行识别之前需要先进行分析，句法法以输入已知的模式样本作为素材，计算机进行基元的选择，并分析出其中包含的语法结构，其展开分析的基础是计算机科学中的形式语言和自动机理论。

由上可以看出，统计法和句法法各有特点，因此近年来人们倾向于将二者结合起来使用，这样可以更加自如地应对复杂的模式识别问题。在这两种方法的基础上，目前有越来越多、越来越好的方法涌现出来，模糊集理论就是其中的佼佼者。相信随着计算机技术的蓬勃发展，还会有更多高效、实用的方法被开发出来。

四、模式识别的主要应用

随着计算机技术的高速度发展和计算机系统的大规模应用，模式识别技术得到了人们的青睐与重视，开始在国民经济建设的许多领域大显身手。

1. 文字识别

人们经常需要对图片中的文字进行提取，所用方法称为OCR技术，它就是模式识别应用到文字识别领域中的宝贵成果。文字识别又被称作字符识别，是模式识别的主要应用途径之一。今天，文字作为人类日常生活中须臾不离、必不可少的传播媒介，无论是在手机屏幕上，还是在PDF书籍里，或是在琳琅满目的广告中，到处都充斥着文字。文字识别可以解放人力。人们只对需要识别的部分进行拍摄或者截图就能将文字提取出来，实现了文字处理的自动化。那些需要进行电子化处置的海量纸质资料，都可以借助文字识别设备而快速准确地存储到计算机当中。此外，该技术还间接助力了截图翻译、资料检索等领域的发展。目前,针对印刷体文字的识别准确度和速度都已经达到了非常实用的地步,即便是手写体的识别,现在也十分成熟。在各种手机输入法软件当中,手写输入是必备的功能,这帮助了大批不会打字操作的老年人,使他们也能融入现代化的生活。在当今这个各种信息都在进行电子化的时代里,文字识别帮助人们节省了大量的时间和辛勤的劳动,给人们的生活带来了极大的便利。

2. 语言识别

从古到今,语言都承载了人们绝大部分的日常交流信息。全世界的语言种类成千上万,目前针对主要语种和主流语言的识别技术已经十分成熟,但使用人数过少的语言,其识别技术还需要进一步提升。语言识别的难点除了语言种类以外,还有口音、音色等多种问题。虽然每个人的发音都是独一无二的,可是语言存在着共性,正是依靠这些共性以及对这些共性的深入研究,计算机逐渐能够理解人类的语言。想必很多人都经历过这样的状况,在使用电脑或手机时,难免会有双手被占用而无法进行操作的时候,换作以前这还真是个问题。然而现在,基本的智能设备都配备了语音助手,电脑或者手机都可以识别特定的唤醒语句。智能设备在接收到使用者的唤醒语句后,就会及时开启麦克风对使用者的声音进行监测识别,并完成使用者指定的操作,比如打开应用、查看天气、播报时间等。更加令人欣喜的是,它还可以实现与使用者的互动,智能设备与使用者可以像两个关系亲密的朋友一样进行聊天对话。当然,目前计算机的智能水平还是有限的,并不能完美地联系语境,实现高水平的情感交流。对于一些手部残疾的人堪称福音的是,语音输入也逐渐流行起来,在使用键盘输入文字不便时,只需动动嘴巴,就可以将语音转化为文字,这在许多情况下都是极为重要的。

3. 智能解锁

在智能手机开始流行后,人们为手机加锁与解锁变得频繁起来,也促使着解锁方式的逐渐进步,从最开始的密码解锁,到指纹解锁,再到人脸识别解锁,其中充满着模式识别的功劳。就拿指纹识别来说,每个人的指纹不尽相同,指纹的特征也是数量庞大。要想实现指纹识别,首先就要提前录入指纹作为模板,并对模板进行全面的分析,当指纹传感器检测到手指之后,先将其进行数字化处置,然后进行预处理以去除噪声和干扰,再对指纹进行特征提取,此后将提取到的纹路与存储的模板对比,符合者则进行解锁。尽管指纹拥有无数多种模式,但是每部手机的使用者有限,因此智能手机只需判断新输入的指纹是否属于提前录入的这个已知模式即可。人脸识别的过程与指纹识别类似,只是将指纹的纹路信息替换成了人脸的深度信息。

除了上述典型应用以外,模式识别还有其他应用领域,例如卫星图像识别、产品质量检测等。人们有理由相信,模式识别的存在和发展一定会让大家的生活变得更加美好、更加便利。

第三节　语言交流

自然语言是指人类在生产、生活过程中自然形成的语言。自然语言与使用者的传统文化、生活习俗有着密不可分的关系。人类社会诞生之初，口头语言就瓜熟蒂落、水到渠成。随着人类交际形式的发展，几千年前，人类社会又发展出了书面语言，极大拓宽了人类的交流渠道。根据考古发现，中国最早有记载的书面语言为甲骨文，又称"契文""甲骨卜辞""殷墟文字"或"龟甲兽骨文"。它是中国的一种古老文字，是人们能见到的最早的成熟汉字，主要指中国商朝晚期王室用于占卜记事而在龟甲或兽骨上契刻的文字。由于世界文明是在不同的历史时期、不同的自然环境下发展起来的，所产生的文化十分丰富多样，因此自然语言在文化的影响下也变得种类繁多。目前世界上主流的自然语言有汉语、英语、法语、德语、西班牙语、俄语、意大利语、日语等。概括地看，自然语言最外围是语音系统，最核心则是词汇和语法。文化影响了自然语言的生成和发展，自然语言形成后又反过来影响了语言使用者的思维和交流，因此自然语言的重要程度非同一般、不言而喻。

一、自然语言处理概述

早在计算机刚刚开始应用的时候，一批具有远见卓识的科学家们就提出运用计算机进行自然语言处理的设想。伴随着21世纪的到来，信息时代彻底爆发，智能时代拉开帷幕，海量的数据和信息需要借助计算机进行处理，其中自然语言的占比不容小觑。发展至今，计算机的自然语言处理经历了三个重要的阶段，下面依次进行介绍。

自然语言处理（Natural Language Processing，简称NLP）其目的是完成人类语言和计算机的交互[95]。处理自然语言的关键是要让计算机能够"理解"自然语言，所以自然语言处理又叫作自然语言理解（Natural Language Understanding，简称NLU）。一方面它是语言信息处理的一个重要分支，另一方面它又是人工智能的一个核心课题。自然语言处理问题可以分为两个部分，第一部分是实现计算机对自然语言的理解，第二部分是实现计算机使用自然语言输出。前者是让计算机可以明白发言者的需求并做出响应，后者是让计算机以人类的语言方式表达自己的计算结果。完美地实现自然语言处理，就可以让人与计算机的交流如同人与人的交流一样简单而高效。在该领域内，人们常以是否能够通过图灵测试来作为评判计算机语言处理效果是否完美的标准。但话虽如此，真要计算机完美实现自然语言处理的难度相当巨大，因为即使是人类在使用自然语言时也难免会出现歧义或者多义,更何况方言、情感掺杂其中,更是增加了其复杂性与艰巨性。此外当逻辑性较为复杂时,也会加大计算机理解的难度。上述特点,使得自然语言处理效果成为衡量人工智能发展程度的重要标志之一。

1. 发展初期

自然语言处理与计算机技术结合的初衷是进行机器翻译,由此自然语言处理技术进入了萌芽期。起初,科学家们只是尝试将两种不同的语言进行词语之间的互译,因为没有考虑语法的差异情况和语义的通顺与否,因此通过这种方式翻译出来的结果漏洞百出、贻笑大方。进入20世纪五六十年代,随着自然语言处理技术的发展,逐渐形成了两种流派,分别为结构派和随机派。这两种流派在思路和侧重点上存在明显区别。

符号派的研究者往往对自然语言进行全方位、无死角的分析,极力将自然语言转化为符号以方便计算机进行处理,这样既可以保证输出结果的准确率,而且可读性很高。随机派的研究者多半来自统计学界,他们善于利用已有的数据,通过搜索整合语言翻译的海量数据,对翻译结果进行推测。随机派以数学中经典的贝叶斯方法作为基础,实现了语言翻译效率的大幅提高,而且随机派的方法更加易于推广,因此得到了大范围的应用。

在这一阶段里,美国学者英格维提出了计算机进行翻译工作的三部曲:第一步是将源语言的结构代码化,形成结构标志;第二步是实现源语言和目标语言结构标志的转化;第三步是分析转化完成后的目标语言,然后进行输出。

2. 发展中期

在发展初期取得的研究成果基础上,计算机翻译形成了一套完整的流程:源语言句法、词法的分析;源语言与目标语言词汇、结构的转化;目标语言句法、词法的生成。在这个流程的指导下,一部分语言的互译收到了令人振奋的效果。但是语义的重要性慢慢凸显了出来,因为在一门自然语言中,往往会出现令人奇怪的现象,那就是很多词语表达的是相同的意思,而同一个词语表达的却是不同的意思。所以如果只是注重词语和语法,机器翻译的结果往往就会出现歧义。面对这些难题,有的学者提出计算机在进行语言互译时,需要将语义的完整合理作为原则,在这一原则的指导下,机器翻译的效果得到进一步提升。此后,在结构和语义的基础上,又引进了逻辑方法。

除了机器翻译的蓬勃发展,自然语言处理还致力于实现人机对话,即人类通过语言对计算机发出指令,计算机做出实时响应。为了实现这一艰巨目标,许多学者辛勤研究,努力耕耘,逐渐取得了一定的回报。但由于受到技术局限的影响,当时的自然语言数据库不足以支撑自然语言处理的进一步发展,即使许多国家投入了大量的资金,也并没有取得突破性的成果,进而导致机器翻译进入了短暂的低谷期。

3. 发展繁盛期

进入20世纪90年代，自然语言处理摆脱了前期遇到的困境，标志性的事件就是1993年在日本举办的第四届机器翻译高层会议。自此之后，自然语言处理具备了两个新的特点：大规模和实用化。大规模指的是计算机的自然语言处理不再只针对小篇幅的文本，而是向着处理大规模文本的目标迈进。这使得计算机对于自然语言数据库的要求更加严苛，以增加计算机对自然语言的理解程度。实用化是指计算机对自然语言进行处理后不经过人工干预得到的结果，可以达到直接使用的程度，即实现了实用化。实际上，实用化就意味着自然语言处理已经能够实现信息检索和提取的自动化。

如今，自然语言处理的研究主要围绕四个方向展开，即数据处理方向、语言学方向、语言工程方向、人工智能和认知科学方向。在当今互联网高度发达的大数据时代里，数据处理方向尤其热门，吸引了无数的追随者。

二、自然语言处理的基本方法

迄今为止，结构派和随机派还是自然语言处理领域中的两大主要流派。例如，中文的语言处理按照层次分为字、词语、段落、篇章几个部分，但是不论是对哪个层次进行分析，都有着基于规则的结构派分析和基于数据的随机派分析两种路径。前者是人工将语言的规则以计算机可以理解的方式进行转化，计算机则按照这些规则进行理解；后者是计算机自己对庞大的语言数据库进行分析，实现对自然语言的理解。目前，由于数据采集技术的升级，各种数据库的资源都十分丰富，因而随机派的方法较为主流和实用。但也正是因为基于数据的方法对数据库依赖较大，因此绝大部分自然语言处理所收获的成果与进步，在很大程度上都仰仗于语言数据库的扩大。有了质量和数量都十分出色的语言数据库支撑，才使得计算机对自然语言的理解越来越接近于人类。

从获取真实语言数据到计算机完成对数据的理解一般需要历经五个步骤。第一步，通过"爬虫软件"对公共论坛、社交平台等网站进行语料提取，这些语料的真实性较高，可以提高计算机理解的精度，即获取语料。第二步，对获取的语料实施预处理，预处理的步骤有语料清理、词性标注、词汇划分、去停用词等。第三步，对预处理后的文本进行向量化（又称特征化）处置，通过程序将计算机无法直接理解的文本信息转化为向量模式，计算机通过对这些向量进行相似性分析，就可以得到各个部分之间的逻辑关系。第四步，建立模型进行训练，所建立的模型含有监督模型、半监督模型和无监督模型等，按照不同的实际需求选择相应的种类。但需要注意的是，模型在进行训练时会出现过拟合或欠拟合的情况。解决过拟合问题需要增大对数据的训练次数，可以通过增加正则化项实现这个目的。解决欠拟合问题正好与之相反，需要进行减小正则化项的操作，同时增加对其他特征项的数据处理。第五步,需要对建立好的模型进行检验,常用的检验指标包括正确率、召回率、F 值等。其中正确率可以评估检索系统查找时的准确程度,召回率可以评估检测系统查找时的覆盖程度,F 值则可以综合前面两者的效果以反映模型整体的质量,F 值越高,模型拟合的效果就越好。

训练好的模型主要用于三个方面,分别是词法分析、句法分析和语义分析。尽管人类在对语言进行理解时,往往是这三个方面同时进行,但计算机只能分步进行,无法并行处理。词法分析会把一句话划分为一个个词语,对其进行词性标注;句法分析建立在词法分析的基础上,目的是完成对句子结构的分析;语义分析则是综合前面两者的结果,在整体上理解文本的意思。下面将介绍完成前两个阶段任务时所使用的方法。

1. 词法分析

词法分析的第一步是进行分词,第二步是进行词性标注。由于词性分析是句法分析和语义分析的基础,因此词性分析的准确率必须达到一定的水平,否则对后续工作十分不利。分词这个操作对于英文来说比较简单,因为英文在进行书写时不同的单词会用空格隔开。但对于中文而言,不仅没有空格隔开词语而且中文语法当中也没有明显的区分方式。经过相关学者的不断努力,已有多种中文分词方法问世。分词中的主要难点在于:一是对新词汇的处理,二是对词汇歧义的处理。为了解决这两个难点问题,人们提出了基于词典的分词方法和基于语料库的分词方法两种途径。

基于词典的分词方法是事先建立好相关的数据库,在这样的数据库中存储着可能出现的词汇或构词规则,这些词汇和构词规则称为词典。在对文本进行分词时,即可在词典进行查找,模仿人类查询词典的方式以实现分词。词典包含查找目录和词典正文,这样可以大大缩短查询的时间。除此之外,还可以使用更加有效的算法以缩短查询时间。例如最大匹配法、最少切分法和最短路径匹配法。下面主要介绍最大匹配法。

最大匹配法又称最大匹配算法,它既可以正向使用,也可以逆向使用。正向使用时起点为文本的第一个字,在词典当中搜寻与文本相匹配的最长的词汇,然后将这个词区分出来,然后对剩下的部分重复这个步骤,直到整个句子都分词完毕。例如"明天我们去北京"这句话,对其应用正向最大匹配法,取最长词汇为五个字,拆分过程如图8-15所示。

明天我们去 明天我们 明天我 明天	S="明天/"
我们去北京 我们去北 我们去 我们	S="明天/我们/"
去北京 去北 去	S="明天/我们/去/"
北京	S="明天/我们/去/北京/"

图8-15 正向最大匹配法分词举例

逆向最大匹配法的起点放在文本的最后一个字上,其余步骤与正向最大匹配法相同,继续以"明天我们去北京"举例,如图8-16所示。

我们去北京　们去北京　去北京　北京	S="北京/"
明天我们去　天我们去　我们去　去	S="去/北京/"
明天我们　天我们　我们	S="我们/去/北京/"
明天	S="明天/我们/去/北京/"

图8-16　逆向最大匹配法分词举例

根据有关统计,正向最大匹配法的错误率一般在0.6%左右,而逆向最大匹配法的错误率一般在0.4%左右。假如对准确率的要求较高,那么可以将正向最大匹配法和逆向最大匹配法结合起来使用,正向最大匹配法和逆向最大匹配法的结果不同则意味分词还有待商榷。

基于语料库的分词方法也需要拥有类似词典的数据库,这个数据库中存储的是大量的真实文本,例如微博的博文、报纸的文本,或者论文数据库等。对真实文本数据库进行分析处理,得到词汇搭配的概率信息,然后根据这些信息对句子进行分词。语料库的样本都是真实可靠的,因此具备词典无法企及的丰富性和完整性,可以和基于词典的分词方法互为补充。

分词完成以后,还需要对划分出来的词语进行词性标注,以帮助计算机更好地理解。词汇的词性往往可以影响词语在句子中的成分,因此词性标注也是十分必要的一个步骤。词性标注也有两种途径,一种是基于语言规则,另一种是基于概率进行预测。不同的是,词性往往需要联系上下文才能够确定,这就需要进行句法分析甚至语义分析,因此一些学者会在句法分析当中进行词性标注。

2. 句法分析

句法即构造语句的方法。计算机通过对句法进行分析就可以得到语句构造的潜在规则,进而帮助计算机完成对语义的理解。句法分析的方法主要有转移网络法、依存语法、短语结构法,下面主要介绍短语结构法。

短语结构法的主要对象为短语,将句子以短语为单位进行分析。短语结构法把语言规则分为四种形式,分别用字母T、NT、S、P表示,T代表终结符号,NT代表非终结符号,S代表输入的文本(语句),P代表重写规则,而且默认T和NT即可以代表所有的表示符号。现在用一个例句进行说明,例句为"小明喜欢书法",则有S="小明喜欢书法",NT={S,NP,VP,N,V},T={小明,喜欢,书法},P中的重写规则:S→NP,VP;NP→N;VP→V(NP);n→小明|书法;V→喜欢。这样句子的基本语法就被表达出来了,通过这个方法一是可以判断输入的语句是否有语法错误,二是可以依据此构建语法树进行下一步的分析。

首先进行语法分析:S→NP VP(重写S)→n VP(重写NP)→小明 VP(重写n)→小明 v NP(重写VP)→小明 喜欢 NP(重写v)→小明 喜欢 n(重写NP)→小明 喜欢 书法(重写n)。分析后得到句子结构为(NP1(小明)VP1(喜欢 NP2(书法))),将该结构用语法树的形式表示,其结果如图8-17所示。

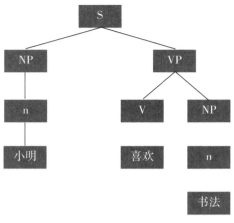

图8-17 语法树

短语结构法可以由上到下进行分析,也可以由下到上进行分析。由上到下进行分析时以S作为起点,即以语句作为起点,然后不断进行重写规则的使用,以完成句法分析。为了方便在出现错误时寻找原因,一般会在使用重写规则时添加注释,语句中含有的词语作为终结符,对终结符完成重写后,再将语句中对应的词语删除,重复上述步骤,直至完成句法分析。由下到上的分析方法与上述过程类似,只不过起点放在语句中的词语上,其次是重写规则的反向使用。

三、统计语言模型

统计语言模型中最常用的为N元模型,这种模型可以用于语言识别、词性标注以及消除歧义等。现在首先简述N元模型,然后介绍它的应用。在文本中,词语按顺序排列,将这些按顺序排列的词语用变量W表示,设文本中有n个词语,则有$W = w_1 w_2 \cdots w_n$,统计语言模型就是依据统计规律预测W在文本当中出现的概率$P(W)$,根据概率公式展开,可得:

$$P(W) = P(w_1)P(w_2|w_1)P(w_3|w_1 w_2) \cdots P(w_n|w_1 w_2 \cdots w_{n-1}) \qquad (8\text{-}11)$$

从公式(8-11)可以看出,想要知道第n个词语出现的概率w_n,就需要知道前面所有词语出现的概率,这会使得预测变得十分困难。为了简化起见,假定第n个词语出现的概率w_n只和前面的$n-1$个词语有关,而不需要考虑选取前面所有的词汇。经过这一简化,可使预测工作在保证准确的前提下,还可以保证速度。这就是N元模型名字的由来。用公式表达N元模型,可有:

$$P(W) = P(w_1)P(w_2|w_1)P(w_3|w_1 w_2) \cdots P(w_i|w_i \cdots w_{i-N+1} \cdots w_{i-1}) \cdots$$

$$\approx \prod_{i=1}^{n} P(w_i|w_{i-N+1} \ldots w_{i-1}) \qquad (8\text{-}12)$$

在一般的应用中,取$N = 2$或$N = 3$,称为二元模型和三元模型。三元模型即假定文本中的任意词语出现的概率w_i只和该词语前面的两个词语有关,有公式:

$$P(W) \approx \prod_{i=1}^{n} P\left(w_i | w_{i-2} w_{i-1}\right) \tag{8-13}$$

公式(8-12)中需要用到的概率参数可从大规模的语言数据库里获得。N元模型可以用生活中简单的案例来增强理解。例如对一个地区气温的预测,语言数据库里存储着一个地区过往的所有气温信息,三元模型则相当于用一个地区过往两天的气温去预测该地区以后的气温。

四、自然语言处理的应用

自然语言处理涉及众多学科,其应用十分丰富,主要有信息抽取、自动文摘、文本分类、机器翻译、社会计算、情感分析等。其中,信息抽取和自动文摘都需要在超级数据库中进行快速精准的查找,依据相关性呈现给用户;文本分类是依据设定好的规则对文本按照类型、题材的不同实现划分识别;情感分析可以判断文本的感情极性进而概括文本、表征文本;机器翻译可以通过计算机、手机等设备实现两种语言的翻译沟通;社会计算背靠互联网和大数据完成对社会热点问题的描述,方便相关学者研究。接下来对上述部分应用进行详细介绍。

1. 信息抽取

信息抽取(Information Extraction,简称IE)是把文本里包含的信息进行结构化处理,变成表格一样的组织形式。抽取系统的输入信息是原始文本,输出的是固定格式的信息点。信息点从各种各样的文档中被抽取出来,然后以统一的形式集成在一起。这就是信息抽取的主要任务。信息以统一的形式集成在一起,其好处是方便检查和比较[96]。信息抽取技术并不试图全面理解整篇文档,只是对文档中包含相关信息的部分进行分析。至于哪些信息是相关的,那将由系统设计时定下的领域范围而定。信息抽取包含三个主要阶段,第一个阶段是对文本中的非结构化信息进行自动化处理,第二个阶段是按照要求进行针对抽取,第三个阶段是将抽取出来的信息进行结构化表达。信息抽取的核心是实体关系的判定,基础是实体的识别。

非结构化文本信息又称自由文本。在互联网普及之后,对非结构化信息的处理就成为重中之重。基于规则和基于统计的信息抽取各有利弊。比较而言,基于规则的信息抽取其局限性在于需要耗费的人工较多,例如需要人为地制定规则,所以效率较低。因此,基于统计的信息抽取方法成为主流。随着计算机技术的不断发展,机器学习的算法可以将以上两者结合起来,实现优势互补,这让信息抽取有了进一步的发展。在此情况下,基于深度学习的信息抽取成为研究的重点。Cui 等人提出了一种基于编译码框架的神经 Open IE 方法,该方法将 Open IE 转换为一个序列到序列生成的问题,其中输入序列是句子,输出序列是一种带有特殊占位符的元组。研究表明,神经 Open IE 系统的性能显著优于多数基线,它在精度和召回率方面也明显优于其他方法。

2. 自动文摘

自动文摘是指计算机对文本信息自动进行阅读,然后依据文本的内容生成简短摘要的一项技术[97]。自动文摘可以实现信息的压缩,而且还能保证压缩过程不遗漏重要信息。根据摘要生成方式的不同,可将自动文摘技术分为抽取式自动文摘技术和生成式自动文摘技术。抽取式自动文摘技术会选择文本中的关键词或关键段落生成摘要;而生成式自动文摘技术就更为先进,它会在理解文本的基础上提取文本的要点生成摘要。

自动文摘分为三个主要步骤,第一步是通读文本,剔除其中多余的信息;第二步是对文本内容进行选取和泛化;第三步是生成文摘。生成的摘要需要具备压缩性、完整性和可读性才能满足自动文摘的基本要求。自动文摘的实现方法可以分为基于规则的方法、基于图模型的方法、基于理解的方法和基于结构的方法。在基于规则的自动文摘方法中,比较经典的是Lead方法,其规则简单,使用方便,效果良好,适合针对新闻报道生成摘要。基于图模型的自动文摘方法可以十分精准地表示关键词之间的关系,因而得到许多用户的青睐。

3. 机器翻译

机器翻译是运用计算机来实现不同语言之间的自动翻译。在机器翻译领域,被翻译的语言称为源语言,翻译结果的语言称为目标语言。机器翻译就是从源语言到目标语言的转换过程[98]。从形式上看,机器翻译是一个符号序列的变换过程。机器翻译方法可以分成基于规则的翻译方法和基于语料库的翻译方法。

基于规则的机器翻译方法使用的主要资源是词典与知识库(存放规则与常识性知识),又可分成基于转换的和基于中间语言的两种方法。基于转换的方法通常由分析、转换、生成三个步骤构成。这里所说的分析是指对源语言句子的分析,包括词法分析、句法分析、语义分析、语境分析等,重点在句子的结构分析上。经过分析之后生成源语言的句法结构树(往往附有一定的语义信息)。所说的转换则是要依据翻译规则,将源语言的句法结构树转换成等价的目标语言的句法结构树。所说的生成是运用词典和常识性知识来完成目标语言的生成。在实际翻译中,往往是一个由词到短语再到句子的分层次转换的过程。基于中间语言的方法则是先将源语言句子转换成一种与具体语种无关的通用语言或中间语言,然后再将这种语言的句子转换成目标语言的句子。整个翻译过程包含两个独立转换的环节。该方法适用于一对多的翻译场合,基于规则翻译就属于这种方法。

基于语料库的机器翻译方法使用的主要资源是经过标注的语料库,语料库是按照一定原则组织在一起的大规模真实自然语言数据的集合。该方法又可分成基于实例的翻译方法和基于统计的翻译方法。基于实例的翻译方法需要对已有的语料进行词法、句法甚至语义分析,建立存放翻译实例的实例库。系统在执行翻译的过程中,将翻译句子与实例库中的翻译实例进行相似性对比与分析,其中最相似句子的译文便为翻译句子的译文。

基于统计的翻译方法是以大规模双语对齐语料库为基础,对源语言和目标语言词汇的对应关系进行统计,通过词汇同现的可能性来计算两种语言之间词汇映射的概率,据此产生目标语言的译文。它是用机器学习的方法来解决机器翻译中的问题。

4. 社会计算

社会计算又称计算社会学,是指在互联网、大数据的环境下,人们以现代信息技术为手段,以社会科学理论为指导,帮助人们分析社会关系,挖掘社会知识,协助社会沟通,研究社会规律,破解社会难题的一门学科。社会计算是社会行为与计算系统交互融合的产物,是计算机科学、社会科学、管理科学等多学科交叉融合而成的研究领域。它用社会的方法计算社会,既是基于社会的计算,也是面向社会的计算。社会媒体是社会计算的主要工具和手段,它是一种在线交互媒体,有着广泛的用户参与性,允许用户在线交流、协作、发布、分享、传递信息,组成虚拟的网络社区等。自然语言技术的发展使得针对社会媒体的自动分析成为可能,也为社会计算这一新兴领域提供了有力的工具。

📄 本章小结

作为代替人类进行劳动的一种有效工具,机器必须也同人类一样,具备一定的感知周围环境的能力。因为只有这样,机器才能更好地完成人们交付给它的任务。从根本上来说,机器感知研究如何用机器或计算机来模拟、延伸和扩展人的感知或认知能力,其研究内容包括机器视觉、机器听觉、机器触觉等,这些既是人工智能领域的重要组成部分,也是在机器感知方面高智能水平和高商业价值的计算机应用。机器感知允许计算机使用相应"感官"的输入数值以及收集信息的常规计算方式,以更高的准确性、全面性收集信息,并以对用户来说更方便、更适宜的方式加以呈现。机器感知的最终目标是使机器能够像人类一样观察和感知世界。

模式识别是指对表征事物或现象的各种形式的(例如数值的、文字的和逻辑关系的)信息进行处理和分析,以对事物或现象进行描述、辨认、分类和解释的过程,是信息科学和人工智能的重要组成部分。模式识别也是人类的一项基本智能。在日常生活中,人们经常在进行"模式识别"。计算机的出现和人工智能的兴起,使模式识别从理论到技术,再到应用,都得到极大的改善和进步,在人们的生产和生活中发挥出越来越重要的作用。

随着计算机和互联网的广泛应用,计算机可处理的自然语言文本数量空前增长,面向海量信息的文本挖掘、信息提取、跨语言信息处理、人机交互等应用需求急速增长,自然语言处理研究必将对现代社会的生活方式产生深远的影响,直接影响人们的"语言交流"。自然语言处理是人工智能中最为困难的问题之一,而对自然语言处理的研究——语言交流也是充满无穷魅力和艰巨挑战的。

本章从机器感知、模式识别、语言交流三个方面入手进行了系统介绍。讲述了机器感知的概念,说明了机器是如何进行感知的,阐述了机器感知的原理和方法,然后简述了机器感知在国民经济建设各个领域中的应用。在对模式识别进行了初步介绍后,又简要叙述了模式识别的一般步骤和实现模式识别的基本方法,帮助学习者了解模式识别的主要应用。最后,概要介绍了自然语言处理的基本概念、主要方法、关键步骤,对自然语言处理的三个发展阶段进行了细致分析与详尽说明,还介绍了自然语言处理技术在现代社会发展中的应用场景。

思考与练习

1.选择题

(1)计算机视觉的处理过程可分为哪几个阶段(　　　　)?(多选)

A.图像获取　　　　　　　　B.特征提取

C.对比辨别　　　　　　　　D.信息理解

E.描述和预测

(2)现在常用的模式识别方法有两种,一种是(　　　　),另一种是(　　　　)。

A.解析法　　　　　　　　B.统计法

C.图解法　　　　　　　　D.结构法

(3)中国最早有记载的书面语言为甲骨文,又称(　　　　)。(多选)

A.契丹文　　　　　　　　B.龟甲兽骨文

C.甲骨卜辞　　　　　　　D.殷墟文字　　　　　　　　E.契文

2.填空题

(1)在机器视觉领域,有三种方法可以进行边缘检测,分别是＿＿＿＿＿＿、＿＿＿＿＿和＿＿＿＿＿。

(2)模式识别借鉴了人类大脑的＿＿＿＿＿,通过自身训练掌握到大量的＿＿＿＿＿之后,可以高效地完成＿＿＿＿＿工作。

(3)自然语言处理的研究主要围绕四个方向展开,即＿＿＿＿、＿＿＿＿、＿＿＿＿和＿＿＿＿。

3.简答题

(1)人类在利用视觉分辨物体时依靠的是什么?

(2)在模式识别过程中,大脑的学习能力起到了什么样的作用?

(3)自然语言处理领域中的两大主要流派分别是什么? 它们主要的原理和方法是什么?

4.实践题

(1)自己独立完成一篇学术研究报告,叙述机器感知的历史沿革与发展趋势。

(2)自己组织一次市场调研活动,了解并说明自然语言处理领域研究成果的应用与推广情况。

推荐阅读

[1](美)弗兰克·德尔阿特,(美)迈克尔·克斯.机器人感知:因子图在SLAM中的应用[M].刘富强,董靖译.北京:电子工业出版社,2018.

[2]周志华.机器学习[M].北京:清华大学出版社,2016.

[3]赵京胜,宋梦雪,高祥.自然语言处理发展及应用综述[J].信息技术与信息化,2019(07).

第九章
智能计算机与智能化网络

随着人工智能的发展，计算机系统及其网络也越来越智能化。智能化的计算机系统与网络，才能跟上时代的步伐，为人们的各种智能应用提供更好的支持。本章主要介绍智能计算机与智能化网络的基本知识。

☆ 学习目标

(1)了解智能计算机系统的组成与功能；

(2)了解智能芯片技术的发展与应用，清醒认识发展我国芯片技术的重要性与迫切性；

(3)了解智能网的基础知识，熟悉智能Web的发展情况；

(4)了解智能搜索引擎的发展，了解推荐系统的概念和常见的推荐算法。

☯ 思维导图

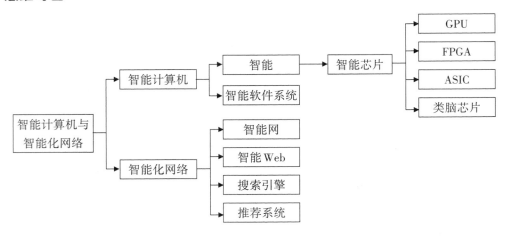

第一节　智能计算机

一、智能计算机概述

追溯历史，可以知晓计算机的发展经历了四代，在无数科学家、工程师的努力之下，计算机的功能越来越强，应用也越来越广。从20世纪70年代开始研制的具有超大规模集成电路的第四代计算机，其功能变得更为强大，性能也变得更为稳定，广泛应用于各行各业。迄今为止，几十年的时间过去了，人们还处于使用第四代计算机的过程中，足以证明其作用与价值。令人感到惊奇和诧异的是，第四代计算机虽然具有超级强大的计算能力，但与人类大脑的思维方式和水平程度相比，还是显得"愚蠢"和"笨拙"，不具有灵活性和变通性。

人们迫切希望能够拥有一款能模拟人类大脑思维的计算机，也就是第五代计算机，又称为人工智能计算机。这种智能计算机在设计过程中就突出了人工智能方法和技术的作用,在系统设计中重视建造知识库系统和推理机的作用,使计算机能够根据存储的知识自动进行推理、判断和学习。智能计算机的研究始于20世纪80年代的美国、日本等发达国家。随着研究的深入,智能计算机的概念也随之不断动态发展,成为推动计算机技术不断进步的强劲动力。

1. 智能计算机的概念

那么,什么是智能计算机呢? 到目前为止,业界对此还没有一个统一的定义。同时,随着对智能计算机研究的不断深入与日益拓展,其概念也在动态变化,不断增加新的内容。今天,业界普遍认为:智能计算机是现代计算技术、通信技术、人工智能和仿生学有机结合的产物。以下是几种关于智能计算机的常见定义:

(1)智能计算机是能存储大量信息和知识,会推理(包括演绎与归纳),具有学习功能,能以自然语言、文字、声音、图形、图像和人交流信息和知识的非冯·诺依曼结构的通用高速并行处理计算机。它是现代计算技术、通信技术、人工智能和仿生学的有机结合,是知识处理时使用的一种工具。

(2)智能计算机是指能够模拟、延伸、扩展人类智能的一种新型计算机。它与目前人们使用的冯·诺依曼型计算机无论在体系结构,还是在工作方式及功能上都有很大不同。

(3)智能计算机特指20世纪80年代以来美国、日本等发达国家研制的第五代计算机。它突出了人工智能方法和技术的作用,在系统设计中考虑了建造知识库管理系统和推理机,使得机器本身能根据存储的知识进行推理和判断。

(4)为了实现人类智能在计算机上的模拟、延伸、扩展,必须对其体系结构、工作方式、处理能力、接口方式等进行彻底的变革,这样造出来的计算机才能称为智能计算机。这是利用人工智能研究来研发智能计算机的远期目标。

2. 智能计算机的组成

众所周知,计算机系统主要是由硬件系统与软件系统组成。与此相同,智能计算机系统也可以分为智能硬件系统和智能软件系统。

(1)智能硬件系统。

智能硬件系统是指直接支持智能系统开发和运行的智能硬件设备。换言之,智能硬件系统本身具有智能的特点,同时对智能应用的开发具有更强的支持度和更好的适应性。迄今为止,世界各地的研究人员为此做了大量的努力,并取得了丰富的成果。

LISP机是首先进入市场并得到了广泛应用的智能计算机,是一种直接以LISP语言的系统函数为机器指令的通用计算机,是20世纪70年代初由美国麻省理工学院(MIT)人工智能实验室首先研究成功的,该实验室是MIT建立的13个跨系研究实验室之一。LISP机的应用领域包括知识工程、物景分析、自然语言理解、言语理解和人机工程等。

后来，人们又推出了适用于机器学习的人工智能专用芯片，如 GPU、FPGA、ASIC（Application-Specific Integrated Circuit）和神经拟态芯片等，同时还在开发、研制神经网络计算机和其他新型智能计算机。

（2）智能软件系统。

智能软件系统是能够产生人类智能行为的计算机软件系统。按照通常的分类方法，可以分为智能操作系统、人工智能程序设计语言系统、智能软件工程支撑环境、智能人机接口软件、专家系统以及智能应用软件。

3. 智能计算机的功能

智能计算机具有解题和推理功能、知识库管理功能和智能人机接口功能。

（1）解题和推理功能。

解题和推理功能是指智能计算机能根据已有的事实、知识进行逻辑推理，从而解决输入计算机里的各种问题。

例如：基于以下事实与知识：

A1：李先生40岁——事实

A2：35岁到50岁属于中年——知识

A3：中年人是谨慎的——知识

A4：李先生从未出过交通事故——事实

问题：

Q：李先生是一个谨慎的人吗？

如果人类来看待并回答这个问题，其实就会从A4——"李先生从未出过交通事故"这个事实中给出肯定的答案。

但令人遗憾的是，计算机无法直接从A4——"李先生从未出过交通事故"这个事实得出"李先生是一个谨慎的人"这一结论，因为二者没有任何关联。但计算机可以从A1、A2和A3中间接地推导结论。即先从A1、A2推出"李先生属于中年人"，再结合A3——"中年人是谨慎的"，得出"李先生是谨慎的人"这个结论。虽然"条条大路通罗马"，计算机最终也得出了正确的结论，但它走的这条路有点"绕"。

如果增加以下知识：

A5：未出交通事故的人一般是谨慎的——知识

那么，计算机就可以从A4和A5用三段论直接推出"李先生是谨慎的人"这一结论，这个推理过程更为简捷高效。

从上可以看出，在一个具体系统中，可以从多个途径来解决问题、得到推论。这需要有一个推理算法选择和优化的过程，才能使推理的时间最短。

如果计算机还学习了"思维联想"，那么它将变得更为智能。

知识拓展[1]

OCR技术

小明是一名高三学生,面临巨大的高考压力。平时在家写作业时,遇到不会的题,他不知道该找谁求教。同学们都忙于自己的学业,又不好经常打扰老师们。怎么办呢?

有同学给他推荐了一款App——作业帮。

当遇到不会做作业题时,可使用"作业帮",不用手动输入题目名称及内容,直接拍照上传搜索同类型题即可,既不会耽误时间,又能及时厘清当天所学知识点。有时课堂上老师解题的思路没听明白,回家自己拍照上传,研究一下"作业帮"平台上别人的解题思路就豁然开朗了。

其实"作业帮"主要应用了OCR技术,实现了对文本资料的图像文件进行精准识别;利用大数据和深度学习技术,可以搜索出大量同类型的题目进行综合练习,从而提高了学习的效率。

(2)知识库管理功能。

知识库又称为智能数据库或人工智能数据库,其中一个分支就是知识工程领域。人们将人工智能和数据库进行有机结合,促成了知识库系统的产生和发展[99]。知识库是基于知识的系统(或专家系统),具有较好的智能性。

智能计算机的知识库及其管理功能是知识处理的关键。为此必须解决知识的采集、获取、表示、组织、存储、更新、学习和衍生等一系列技术问题。管理知识库中知识的程序称为知识库管理系统,可简称为KBMS。从20世纪80年代开始,世界上许多著名厂商开始开发知识库管理系统,使该系统的发展水平发生了跃变。

知识库管理系统一般由知识库、搜索模块、查询模块和检查模块等四部分组成,如图9-1所示。

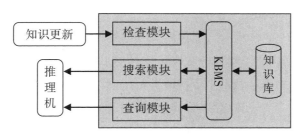

图9-1　知识库管理系统的组成

其中:

知识库使用关系型数据库来存放知识,包括事实与规则。

搜索模块实现知识库和推理机之间的知识搜索和传递。

查询模块实现推理机对知识库的知识查询。

检查模块在知识库中的知识发生变动时,对这些知识进行一致性、完整性检查。

(3)智能接口功能。

智能人机接口一般又简称智能接口,是利用仿生技术制造的能够直接识别或产生声音、图像、立体模型和文字等的人机接口设备。它使智能计算机能够直接通过自然语言、文字或图像等方式来与人类互相通信。这样一来,即便是一个没有任何计算机知识的人,甚至小孩,也能直接使用和控制计算机,使人与计算机之间的交互能够像人与人之间的交流一样自然与方便。

智能接口具有用户友好、智能性强、适应性优、能快速实现人机对话等特点。

智能计算机解题过程与人类解题过程十分类似。首先它从智能接口通过自然语言或文字、图像等方式得到一个问题,比如前面案例中的问题"李先生是谨慎的人吗"。接着从已有的知识和事实中通过解题和推理功能选择一种最佳解题算法,然后进行解题和推理[100]。在这中间,它还要不断地与知识库管理功能交互。经过一系列的查询、比较判断和推理后得出问题的答案或结论——"李先生是谨慎的人"。最后它再通过智能接口把答案或结论以人类所能接受的方式反馈给提问的人。

因此,智能计算机将可能解决单靠人脑所不能解决的复杂问题。高速的运算能力、海量的存储能力,以及强大的深度学习能力,使它可以胜过任何在单个知识领域表现最强的人。比如在1997年,深蓝战胜国际象棋世界冠军卡斯帕罗夫;又比如在2016年,AlphaGO击败围棋世界冠军李世石,两则案例都充分说明了这一点。当然,现在的智能计算机其创造性肯定不如人类,但它"思考"问题的速度和"考虑"问题的周到程度都早已超过了人类。

★知识拓展²

两次人机大战

智能计算机在应用上具有标志性意义和跨时代影响,并引起全球轰动的例子分别是深蓝和AlphaGO参与的"人机大战"。

深蓝是IBM公司研制的一台并行计算机。1996年2月10日,它首次挑战国际象棋世界冠军卡斯帕罗夫,结果铩羽而归。经过一年的卧薪尝胆,1997年5月11日,它再次与卡斯帕罗夫较量,在最后一盘比赛中,深蓝战胜了卡斯帕罗夫,成为了首个在传统棋艺比赛中战胜人类世界冠军的计算机。1997年时的深蓝,其计算能力为每秒113.8亿次浮点运算,可搜寻及估计随后的12步棋,而一名人类国际象棋高手最多可以估计随后的10步棋,还不能像电脑一样考虑所有的情况,所以两者的差距是显而易见的。但深蓝的下棋技术是被人教出来的。IBM的程序员们从著名的国际象棋大师乔尔·本杰明、米格尔·伊列斯卡斯、约翰·奥多罗维奇和尼克·德菲米亚等那里获得信息,向深蓝输入了近100年来所有国际象棋大师几十万局棋的开局和残局下法,提炼出特定的规则,再通过编程灌输给它。于是,深蓝下棋时的核心算法采用了"暴力穷举"方式,这样就会生成所有可能的走法,不断对局面进行评估,找出最佳走法,实现战胜人类顶级棋手的目标。

二、人工智能芯片

1. 人工智能芯片的概念

在智能硬件系统中,最为重要的是人工智能芯片,又称 AI 芯片。

在广义上,人工智能芯片是指能够运行人工智能算法的芯片。但在通常意义上,人工智能芯片是指针对人工智能算法做了特殊加速设计的芯片。在现阶段,人工智能算法一般以深度学习算法为主,也可以包括其他机器学习算法。

深度学习是指基于深度神经网络的学习研究。图 9-2 所示为两种神经网络,从中可以看出,每增加一个隐含层,其计算强度则呈指数级增加。当然,深度学习的好处也是不言而喻的,通过深度学习过程中获得的信息对诸如文字、图像和声音等数据的正确解释可以提供很大的帮助。它的最终目标是让机器能够像人一样具有分析学习能力,能够识别文字、图像和声音等数据。深度学习是一个复杂的机器学习算法,在语音和图像识别方面取得的效果远远超过了先前的相关技术。

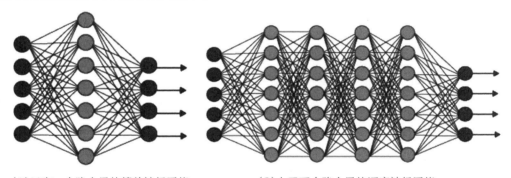

(1)只有一个隐含层的简单神经网络　　(2)大于两个隐含层的深度神经网络

图 9-2　简单神经网络和深度神经网络

深度学习在搜索技术、数据挖掘、机器学习、机器翻译、自然语言处理、多媒体学习、语音、推荐和个性化技术,以及其他相关领域都取得了很多成果。深度学习使机器能够模仿视听和思考等人类的活动,解决了很多复杂的模式识别难题,使得人工智能相关技术取得了极大进步。

2. 人工智能芯片的分类

人工智能芯片按技术架构可以分为 GPU、FPGA、ASIC 和神经拟态芯片等[101]。

(1)GPU。

在传统的冯·诺依曼结构中,CPU 每执行一条指令都需要从存储器中读取数据,根据指令对数据进行相应的操作。从这个特点可以看出,CPU 的主要任务并不只是数据运算,还需要执行存储读取、指令分析、分支、跳转等操作。深度学习算法通常需要进行海量的数据处理,用 CPU 执行算法时,CPU 将花费大量的时间用于数据/指令的读取分析,而 CPU

的频率、内存的带宽等条件又不可能无限制地提高,从而限制了处理器的性能。

GPU(Graphics Processing Unit,缩写为GPU),又称图形处理器或显示芯片,是一种专门在个人电脑、工作站、游戏机和一些移动设备(如平板电脑、智能手机等)上做图像和图形相关运算工作的微处理器。

相对而言,GPU的控制比较简单,其大部分的晶体管可以组成各类专用电路、多条流水线,使得GPU的计算速度远高于CPU。GPU强大的浮点运算能力,可以缓解深度学习算法的训练难题,释放人工智能的潜能。GPU在设计上专门进行了对3D模型建构、图像处理与渲染的优化,可以使图像处理更及时。但目前GPU还无法单独工作,必须由CPU进行控制调用才能工作,而且功耗较高。

目前GPU芯片主要以英伟达公司生产的NVIDIA和AMD公司生产的ATI系列芯片为代表。其中ATI芯片主要针对纹路和线条进行优化,而NVDIA芯片主要针对游戏画面和画质进行优化。

(2)半定制化FPGA。

FPGA(Field Programmable Gate Array,缩写为FPGA),又称"现场可编程门阵列",是一种半定制的数字集成电路。FPGA可以通过软件手段对内部连接结构、逻辑单元等进行灵活改变,还可以自由添加各种逻辑模块,以此满足不同客户、行业的使用需要,因此被称为"万能芯片"。与GPU不同,FPGA同时拥有硬件流水线并行和数据并行的处理能力,适用于以硬件流水线方式处理一条数据,且整数运算性能更高,常用于深度学习算法中的推断阶段。FPGA相对于GPU来说有两个优点,一是FPGA没有因内存和控制所带来的存储和读取操作,其速度更快;二是FPGA没有读取指令操作,其功耗更低。FPGA芯片在物联网、自动驾驶、5G通信、航天航空等应用场景中获得广泛使用。

(3)全定制化ASIC。

ASIC(Application-Specific Integrated Circuit)又称专用集成电路,是一种专用定制化芯片,即为实现特定要求而定制的芯片。定制特性有助于提高ASIC的性能/功耗比,缺点是电路设计需要定制,相对开发周期长,功能难以扩展。但在功耗、可靠性、集成度等方面都有优势,尤其在要求高性能、低功耗的移动应用端上得到充分体现。

谷歌的TPU、寒武纪的GPU,以及地平线的BPU,都属于ASIC芯片。谷歌的TPU比CPU和GPU的方案快30~80倍。与CPU和GPU相比,TPU将控制电路进行了简化,减少了芯片的面积,降低了功耗。

(4)神经拟态芯片 。

神经拟态芯片又称类脑芯片,是一种模拟生物神经元的芯片。该芯片没有采用经典的冯·诺依曼架构,而是基于神经形态架构进行设计。2014年,IBM公司推出了TrueNorth芯片,IBM的研究人员将存储单元作为突触、计算单元作为神经元、传输单元作为轴突,搭建了神经芯片的原型,尽管其运行频率只有几kHz,但该芯片所模拟大脑尖峰神经网络所需的计算资源只是传统处理器的0.0001%,因而成为类脑芯片的典型代表。

2015年11月,清华大学类脑计算中心成功研制出了中国首款超大规模的类脑芯片——天机,而第二代天机芯片在性能/功耗比上要优于TrueNorth芯片。

2019年,英特尔公司推出的类脑芯片——Pohoiki Beach(见图9-3)拥有800万个人工神经元。据英特尔介绍,Pohoiki Beach在AI任务中的处理速度是传统CPU的1000倍,能耗效率则是10000倍。在处理某些类型的优化问题上,其速度和能效要比普通CPU强出三个数量级以上。

当前,类脑芯片的设计目的不再仅仅局限于加速深度学习算法,而是在芯片基本结构甚至器件层面上改变设计思路,希望能够开发出新的类脑计算机体系结构。

图9-3 类脑芯片系统(Pohoiki Beach)

3. 人工智能芯片的发展历程

从图灵的论文《计算机器与智能》和图灵测试的问世,到最初级的神经元模拟单元——感知器,再到现在多达上百层的深度神经网络,人类对人工智能的探索从来就没有停止过。

20世纪80年代,多层神经网络和反向传播算法的出现给人工智能行业燃起了新的希望之光[102]。反向传播算法的主要创新在于能将信息输出和目标输出之间的误差通过多层网络往前一级迭代反馈,将最终的输出收敛到某一个目标范围之内。1989年,贝尔实验室成功利用反向传播算法在多层神经网络上开发了一个手写邮编识别器。1998年,该实验室发表的手写识别神经网络和反向传播算法优化相关论文则开启了卷积神经网络时代的大幕。

迄今为止,作为人工智能核心的底层硬件——人工智能芯片,已经历了四次大变化,其发展历程如图9-4所示。

(1)2007年以前,人工智能芯片产业一直没有形成气候,没有发展成为成熟的产业。这是因为通用的CPU芯片就可以满足人们的日常应用和数据处理需要。

(2)随着高清视频、VR、AR游戏等行业的迅猛发展,GPU产品取得快速的突破。GPU的并行计算特性恰好适应人工智能算法及大数据并行计算的需求。比如,GPU比之前传统的CPU在深度学习算法的运算上可以将效率提高几十倍。人们开始尝试使用GPU进行人工智能计算。

（3）2010年以后，云计算开始广泛应用。研究人员可以通过云计算借助大量的CPU和GPU进行混合运算，进一步推进了各种人工智能芯片的深入研究，市场上出现了种类繁多的人工智能芯片。

（4）2015年以后，人工智能对于计算能力的要求快速提升，GPU性能/功耗比不高的特点使其在许多工作场合受到限制，业界开始研发针对人工智能的专用芯片，以期通过更好的硬件和芯片架构，在计算效率、能耗比等方面得到改善与提升。

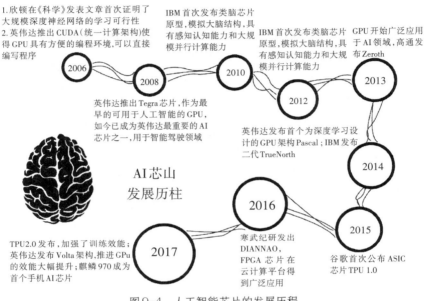

图9-4　人工智能芯片的发展历程

4．人工智能芯片的应用

随着人工智能芯片的持续发展和不断改进，其应用领域不断向多维方向发展。

（1）智能手机。

2017年9月，华为在德国柏林消费电子展上发布了其自主研发的麒麟970芯片，该芯片搭载了寒武纪的NPU，成为"全球首款智能手机移动端AI芯片"。华为Mate10系列新品配备了麒麟970芯片，利用系统中的"AI场景识别"概念，可以根据当前的场景及物体自动设置最佳拍摄参数，让小白轻松变身摄影大师，为用户提供完美体验。后来，华为还研发了麒麟990、麒麟9000等具有全球领先水平的芯片产品。

2017年9月中旬，苹果公司发布以iPhone X为代表的手机产品及它们内置的A11 Bionic芯片。A11 Bionic中自主研发的双核架构Neural Engine(神经网络处理引擎)每秒处理相应神经网络计算的次数可达6000亿次，主要处理机器学习任务，能够识别人物、地点和物体，可以完成人脸识别锁屏、人脸关键点追踪等功能，是一款真正的人工智能芯片。

与此同时，谷歌、高通以及联发科等全球手机芯片提供商纷纷推出了自己的手机AI芯片，"众人拾柴火焰高"，推动了全球手机芯片业的快速发展。

（2）高级辅助驾驶系统。

高级辅助驾驶系统（Advanced Driving Assistance System，简称ADAS））是最吸引大众眼球的人工智能应用范例之一。它综合运用激光雷达、毫米波雷达、摄像头等传感器，在汽车行驶过程中采集周围的环境信息，收集数据，进行静态、动态物体的辨识、侦测与追踪，并结合导航地图数据，进行系统的运算与分析，从而预先让驾驶者察觉到可能发生的危险，有效增加汽车驾驶的舒适性和安全性。ADAS的中枢大脑是ADAS芯片，其主要生产厂商包括被英特尔收购的Mobileye、2017年被高通收购的NXP（恩智浦半导体公司），以及汽车电子行业的领军企业英飞凌。随着英伟达推出自家基于GPU的ADAS解决方案Drive PX2，英伟达也成功加入该战团之中。

相对于传统的车辆控制方法，ADAS的智能控制方法主要体现在对控制对象模型的运用和综合信息学习的运用上，其中包括神经网络控制和深度学习方法等，得益于AI芯片的飞速发展，上述这些算法已逐步在现代车辆控制中得到应用。

（3）计算机视觉设备。

计算机视觉（Computer Vision，简称CV）是人们利用计算机及相关设备对生物视觉进行的一种模拟。它运用摄影机和计算机代替人眼对目标进行识别、跟踪和测量，并进一步进行图形处理，使之成为适合人眼观察或传送给仪器检测的图像。在处置过程中，人们需要使用计算机视觉技术的一些设备，如智能摄像头、无人机、行车记录仪、人脸识别仪，以及智能手写板等设备。由于一些应用场景是在离线状态下进行的，所以对这些设备往往还有可在断网情况下使用的要求。因为如果这些设备仅仅只能在联网下工作，那么相应的应用范围就会大大缩水。目前看来，计算机视觉技术将会成为人工智能应用的沃土之一，计算机视觉芯片也将拥有广阔、灿烂的市场前景。

需要提及的是，计算机视觉领域中居于全球领先地位的芯片供应商Movidius，目前已被英特尔公司收购，我国大疆、海康威视和大华股份的智能监控摄像头均使用了Movidius供应的Myriad系列芯片，虽然对提高智能监控摄像头的产品质量有所帮助，但在一定程度上是有风险的，容易在关键时刻"受制于人"。

目前，我国从事计算机视觉技术研发和应用的公司以初创公司为主，如商汤科技、阿里系旷视、腾讯优图，以及云从、依图等公司。随着其自身研发能力的逐步提升和相关成果的不断积累，不久的将来，在上述这些公司中，极有可能出现几家在计算机视觉技术领域"大展宏图"的佼佼者，其中的部分公司将会自然而然地转入CV芯片的研发中，正如当年Movidius走过的从计算机视觉技术到芯片研发道路的经历一样。

（4）虚拟现实设备。

虚拟现实技术（Virtual Reality，简称VR）是指一种可以创建和体验虚拟世界的计算机仿真技术。它生成一种模拟环境，使用户沉浸到该环境中，使用户感受到相应的体验。由于这些模拟环境不是人们直接看到的，而是通过计算机技术模拟出来的，故称之为虚拟现实。目前，VR得到了越来越多人的认可，由于用户可以在虚拟现实世界中体验到真实的感受，让人产生身临其境的感觉,因而颇受大众欢迎。VR可使人们体验一切感知功能,比如听觉、视觉、触觉、味觉、嗅觉等。VR还具有超强的仿真系统,真正实现了人机交互,使人在操作虚拟现实设备过程中,可以随意操作并得到环境真实的反馈。由于VR具有存在性、多感知性、交互性等优异特征,使它受到了市场的追捧和人们的喜爱。

VR所用芯片的代表为HPU芯片,该芯片是微软公司为自身出产的虚拟现实设备Hololens研发定制的。这颗由台积电代工的芯片能同时处理来自5个摄像头、1个深度传感器以及运动传感器的数据,并具备计算机视觉的矩阵运算和CNN运算的加速功能。这使得VR设备可重建高质量的人像3D影像,并实时传送到任何地方。

(5)语音交互设备。

在日常沟通中,人们的沟通大约有75%是通过语音来完成的。相比而言,语音通道具有许多优越性。首先,听觉信号的检测速度快于视觉信号的检测速度;其次,人对声音随时间的变化极其敏感;再次,同时提供听觉信息和视觉信息可为人们提供更强烈的真实感和存在感。因此,听觉通道是人与计算机等信息设备进行交互的最为重要的信息通道。

语音交互技术是研究人们如何通过自然语言或机器合成语言同计算机进行交互的一门技术。它是一门多学科交叉而成的边缘学科,需要语言学、心理学、工程学、计算机科学等学科专业知识的加持,还要对人们在语音通道下的交互机理、行为方式等进行研究。语音交互设备就是用于语音交互的专用设备。

智能语音交互是基于语音输入的新一代交互模式,通过说话就可以得到反馈结果。典型的应用场景是语音助手。自从苹果公司iPhone 4S推出Siri后,智能语音交互应用得到飞速发展。中文典型的智能语音交互应用如虫洞语音助手、讯飞语点已得到越来越多的用户认可。在语音交互设备芯片方面,国内有启英泰伦以及云知声等公司,其提供的芯片方案均内置了为语音识别而优化的深度神经网络加速方案,可以实现设备的语音离线识别。

目前,语音交互技术已经突破了单点能力,从远场识别到语音分析和语义理解都有了重大突破,呈现出一种整体的交互方案。

语音交互技术的应用正在悄悄改变人们的家居生活习惯,如居于客厅核心位置的智能电视机就是有力的证据,现在越来越多的消费者习惯坐在沙发上使用语音换台,电视遥控器早就被他们扔得不知去向。语音交互作为智能家居生活的重要组成部分,将具有广阔的发展前景。

(6)机器人设备。

随着机器人技术和人工智能技术的不断发展,机器人也越来越智能化,是人工智能在国民经济建设领域最重要的应用。2017年10月,沙特阿拉伯授予香港汉森机器人公司生产的机器人——索菲亚以正式公民身份。索菲亚其实是一款类人机器人,其控制系统芯片中内置的计算机算法能够让她识别对方的面部,并与人进行眼神接触和交流,并能做出超过62种的面部表情。

目前,许多家居机器人和商用服务机器人都采用专用软件+芯片的人工智能解决方案,地平线机器人公司就提供此类综合解决方案,甚至还能提供ADAS、智能家居等其他嵌入式人工智能解决方案。

随着人工智能芯片研发工作不断取得新的进展,人工智能应用的场合与案例将会不断丰富,从而为人们提供一个更加缤纷多彩的生态。时至今日,各个人工智能技术服务商在深耕各自领域的同时,正在逐渐演进到软件+芯片解决方案,从而形成了更为丰富、更加高能的芯片产品解决方案市场。

三、智能软件

智能软件(Intelligence Software)是指能产生人类智能行为的计算机软件。智能软件既可在传统的冯·诺依曼结构的计算机系统上运行,也可在非冯·诺依曼结构的计算机系统上运行。

按功能划分,现有的智能软件可以分为6种类型,具体如下:

1. 智能操作系统

智能操作系统不仅具有通用操作系统所具备的所有功能,还包括语音识别、机器视觉、执行器系统和认知行为系统[103]。它负责管理上述计算机资源,向用户提供友好接口,并有效地控制基于知识处理和并行处理的程序的运行。因此,它是实现上述计算机诸多用途的关键技术之一。

人们通过集成操作系统和人工智能与认知科学对智能操作系统进行研究。其主要研究内容包括:操作系统结构、智能化资源调度、智能化人机接口、支持分布并行处理机制、支持知识处理机制和支持多介质处理机制。

2. 智能程序设计语言

为了开展人工智能和认知科学的研究,需要有一种程序设计语言,它允许在存储器中储存并处理一些复杂的、无规则的、经常变化的和无法预测的结构,这种语言后来被称为智能程序设计语言。

智能程序设计语言及其相应的编译程序(解释程序)所组成的智能程序设计语言系统,将能够有效地支持智能软件的编写与开发。传统程序设计语言有固定的算法,有明确的计算步骤和精确的求解结果。而智能程序设计语言支持符号处理,采用启发式搜索,包括不确定的计算步骤和不确定的求解知识。目前,市场上流行的实用型智能程序设计语言有函数式语言,如LISP;逻辑式语言,如PROLOG;以及知识工程语言,如OPS5。

3. 智能软件工程支撑环境

智能软件工程支撑环境又称基于知识的软件工程辅助系统,利用与软件工程领域密切相关的大量专门知识,对一些困难、复杂的软件开发与维护活动提供具有软件工程专家水平的意见和建议。智能软件工程支撑环境具有一些特殊的功能,这些功能包括:支持软件系统的整个生命周期,支持软件产品生产的各项活动,作为软件工程的代理,作为公共的环境知识库和信息库设施,以及从不同项目中总结和学习其经验教训,并将这些经验教训应用于其后的各项软件生产活动。

4.智能人机接口软件

智能人机接口软件是指那些能使计算机向用户提供更友善的、自适应性好的人机交往软件。在智能接口硬件的支持下,智能人机接口软件具有一些特殊功能,这些功能包括:可以采用自然语言进行人机直接对话;允许采用声、文、图形及图像等多种介质进行人机交往;可以自适应不同的用户类型、自适应用户的不同需求,以及自适应不同的计算机系统支持活动。

5.智能专家系统

专家系统是指在有限但困难的现实世界领域里帮助人类专家进行问题求解的计算机软件,其中具有智能的专家系统称为智能专家系统。它可以在基于计算的任务(如数值计算或信息检索等)方面向人们提供帮助,也可在要求推理的任务方面向人们提供帮助。当然,这种领域必须是人类专家才能尽展其长、解决问题的领域;其推理模式是在人类专家的推理之后模型化的;不仅有处理领域的表示,而且也保持自身的表示、内部结构和功能的表示。由于采用的是有限的自然语言交往的接口,所以人类专家可以直接使用。需要强调的是,智能专家系统具有学习功能。

6.智能应用软件

智能应用软件是指人们将人工智能技术或知识工程技术运用于某个领域而专门开发的应用软件。显然,随着人工智能或知识工程的不断发展,这类软件的数量也在不断增加。已有许多智能应用软件付诸实用,其中有的已成为商品软件,这也成为人工智能不断进展的主要标志之一。

四、智能计算机的发展趋势

从智能计算机的发展历程来看,虽然取得了不少成果,可谓进步明显,但距离模拟人脑的智能要求还相差较远。一方面,智能计算机的发展离不开对人脑智能本质的清楚认识,而这需要脑科学研究取得突破性的进展;另一方面,智能计算机的发展也离不开计算机技术的强力支持,而这又需要计算机科学与技术取得新的里程碑式的发展。

事实上,受现有计算机计算速度、存储容量的限制和分布存储、并行计算需求的重重压力,科研人员们正在不断尝试,试图突破冯·诺依曼式计算机的结构框架,研制出新一代的计算机。目前,研究人员基于不同的计算原理,提出了许多新型计算机的创新构想。其中的激光计算机、生物计算机、分子计算机、量子计算机等构想,已经取得了一定的进展,正在实用化的道路上艰难挺进。

1. 激光计算机

激光计算机是利用激光作为载体进行信息处理的计算机,又叫光脑,其运算速度将比普通的电子计算机至少快1000倍。它依靠激光束进入由反射镜和透镜组成的阵列中来对信息进行处理。与电子计算机一样,激光计算机也是靠一系列逻辑操作来处理和解决问题。在一般条件下,光束具有互不干扰的特性,从而使得激光计算机能够在极小的空间内开辟很多平行的信息通道,密度大得惊人。一块截面等于5分硬币大小的棱镜,其通过能力超过全球现有全部电缆的许多倍,这就为激光计算机高速处理数据和信息创造了条件。

2. 生物计算机

生物计算机是指采用生物电子元件构建的计算机。它利用蛋白质的开关特性,采用蛋白质分子作为元件从而制成生物芯片。其性能是由生物电子元件之间电流启闭的开关速度来决定的。采用蛋白质制成的计算机芯片,其一个存储点只有一个分子大小,所以生物计算机的存储容量可以达到普通电子计算机的10亿倍。由蛋白质构成的集成电路,其大小只相当于硅片集成电路的十万分之一,而且运行速度更快,只有10^{-11}秒,大大超过了人脑的思维速度。

3. 分子计算机

分子计算机的构想正在酝酿之中。1999年7月16日,美国惠普公司和加州大学共同宣布,他们已成功研制出分子计算机中的关键器件——逻辑门电路,其线宽只有几个原子直径之和。分子计算机的运算速度是电子计算机的1000亿倍,美好的远景正在激励研究人员奋力拼搏,期待最终能够用分子计算机取代采用硅芯片的电子计算机。

4. 量子计算机

量子力学的理论和实验证明,个体光子通常并不相互作用,但是当它们与光学谐振腔内的原子聚在一起时,它们相互之间就会产生强烈影响。光子的这种特性可以用来发展量子力学效应的信息处理器件——光学量子逻辑门,进而制造出量子计算机。量子计算机利用原子的多重自旋进行数据计算和信息处理。量子计算机可以在量子位上计算,也可以在0和1之间计算。从理论上讲,量子计算机的性能将超过任何电子计算机。

人们有理由相信,上述新型计算机将会为智能计算机提供更广阔的选择空间和更强大的技术支持。

第二节　智能化网络

随着现代社会对信息需求的不断增长，人们对通信网络的功能和性能要求越来越高。传统的通信网络每提供一种新业务、增加一种新服务，网络上的所有交换机就要增加一些软硬件，导致了通信网络成本高、耗时长、可靠性差，还不利于维护。这样的传统通信网络无法满足人们日益提升的需求。在技术驱动和市场牵引的双重作用下，通信网络逐步引进了一些新的管理理念和技术手段。而引入人工智能相关理念和手段的网络就是智能化网络。它包括网络构建、网络管理与控制、网络信息处理及网络人机接口等方面。

本节主要从智能网、智能Web、智能搜索与推荐系统等四个方面简要介绍智能化网络的基本知识与典型应用。

一、智能网

1. 智能网的概念

20世纪80年代初，AT&T公司采用集中数据库方式提供800号（被叫付费）业务和电话记账卡业务，这是智能网（Intelligent Network，简称IN）的雏形[104]。1984年，美国首先提出了智能网的概念，但在其定义中并未提及人们通常理解的"智能"的含义，它仅仅被描述为一种以提高通信网开发业务能力为目的的"业务网"。但智能网的初露端倪足以受到世界上各国电信部门的关注。1988年，国际电信联盟（ITU）将其列为研究课题。

1992年，国际电信联盟正式将智能网定义为"在现有交换与传输的基础网络结构上，为快速、方便、经济地提供电信新业务（或称增值业务）而设置的一种附加网络结构"。它是在原有通信网络的基础上为用户提供新业务而设置的附加网络结构，它的最大特点是将网络的交换功能与控制功能分开。

由于在原有通信网络中采用智能网技术可向用户提供业务特性强、功能全面、灵活多变的移动新业务，具有很大的市场需求，因此，智能网已逐步成为现代通信中提供新业务的首选解决方案。智能网为所有通信网络提供满足用户需要的新业务包括PSTN、ISDN（综合业务数字网）、PLMN（公共陆地移动网络）、Internet等，智能化是通信网络的发展方向。

2. 智能网的结构

智能网是叠加在公共交换电信网（Public Switched Telecommunications Network，简称PSTN）基础上的非独立存在的网。智能网和交换网依靠公共信道信令系统密切联系。智能网以计算机和数据库为核心,其核心组成如图9-5所示,由业务交换点(Service Switch Point,简称SSP)、业务控制点(Service Control Point,简称SCP)、业务数据点(Service Data Point,简称SDP)、业务创建环境(Service Create Environment,简称SCE)、智能外设(Intelligent Peripheral,简称IP)、业务管理点(Service Management Point,简称SMP)和业务管理接入点(Service Management Access Point,简称SMAP)等单元组成,其中业务交换点和业务控制点是两个关键部件。

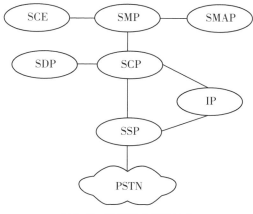

图9-5　智能网的系统结构

(1)业务交换点(SSP)完成交换逻辑,是一个本地交换机,它是用户进入智能网的接入点。其功能是接收用户呼叫,向SCP传送该请求,并根据SCP发来的信息建立和保持呼叫接续。

(2)业务控制点(SCP)完成业务逻辑,一般由大、中型计算机和大型数据库组成,是智能网的中心。它不仅支持各种新业务的实现,同时还能简化业务管理,保证网络资源的有效使用。其主要功能是接收SSP送来的查询信息,向信息库查询,并向相应的SSP发送呼叫处理指令。

(3)业务数据点(SDP)具有业务数据功能,可以直接由业务控制点或业务管理点接入,或经过信令网接入,有的系统将SDP内置在SCP中。

(4)通过业务创建环境(SCE),用户可以自己设计和生成一个业务,并对它进行模拟和验证。业务创建环境将生成的业务以业务描述文件形式交给业务管理系统(SMS),并由SMS负责业务的展开和提供。

(5)智能外设(IP)是协助完成智能业务的特殊资源,通常具有各种语音功能,如语声合成、播放录音通知、进行语音识别等。IP可以是一个独立的物理设备,也可以是SSP的一部分。它接受SCP的控制,执行SCP业务逻辑所指定的操作。

(6)业务管理点(SMP)是智能网中实施业务管理的物理实体,负责网络管理、业务管理和系统管理。

(7)业务管理接入点(SMAP)是智能网中为业务管理操作员提供接入SMP的能力,并通过SMP来修改、增删业务用户的数据及业务性能。

3. 智能网的特点

智能网具有以下两个特点：

(1)功能分离,集中控制。

智能网将业务控制功能与交换功能分离,即原来的交换中心只完成基本的接续功能,而把原来分散在基础通信网中的交换机功能从交换机中分离出来,集中到新设的功能部件业务控制点(SCP)上,实现集中业务控制。

(2)模块编程,组合配置。

智能网先把各种具体的业务逻辑划分成一个个基本的功能模块,如运算、筛选、计费、翻译等,并将这些基本功能模块做成一个个独立的软件基本功能单元。然后将这些基本功能单元通过组合、配置来实现各种特定的业务逻辑。

4. 智能网的发展趋势

众所周知,智能网是在公共交换电信网(PSTN)的基础上发展起来的。经过几十年的发展,目前实现了电信网、电视网、计算机网三网融合。在安装电信宽带时,电信服务商为用户提供了高清电视服务、互联网服务和电话通信服务。今天,智能网的概念已经深入整个信息网络了。

随着5G技术的进一步发展,可以通过网络实现万物互联,智能家居、智能交通、智慧教育等得以应用和呈现。但从其应用的现状看,还存在着智能化水平不高的问题。

未来智能网将在自动规划与配置、专家系统、知识库、优化搜索、语音识别、语音合成、图像识别和机器翻译等智能技术上得到广泛的应用。

二、智能Web

1. 万维网的发展

1991 年,万维网技术作为互联网发展的标志性技术首先由欧洲粒子物理实验室(CERN)的蒂姆·伯纳斯·李(Tim Berners-Lee)提出。经过30多年的发展和演进,Web已经成为人们获取信息的最主要渠道,人们在Web上浏览国内外新闻、关注时事热点、进行网上交易、搜索查询资料等。在Web上,互联的文档编织成了一张巨大的网络,人们遨游其中,享受着其带来的巨大便利。

WWW(World Wide Web)又称万维网,是一种基于超文本和HTTP的、全球性的、动态交互的、跨平台的分布式图形信息系统。它是建立在Internet上的一种网络服务,为浏览者在Internet上查找和浏览信息提供了图形化的、易于访问的直观界面,其中的文档及超级链接将Internet上的信息节点组织成一个互为关联的网状结构。

依据万维网的历史进程,人们把万维网的发展分为三个阶段,即 Web 1.0 时代、Web

2.0时代和Web 3.0时代。

在Web 1.0时代,万维网上的内容由网站提供,用户只能被动地浏览文本、图片及视频内容,无法参与创作活动。

在Web 2.0时代,万维网出现了博客、视频平台、论坛社区等网站模式,用户可以在平台上自主创作上传内容,分享并接受他人观点。

在Web 3.0时代,用户的数据隐私将通过加密算法和分布式存储等手段得到保护;网站的内容和应用将由用户创造和主导,实现用户共建、共治。同时,用户将分享平台(协议)的价值。Web 3.0区别于Web 2.0的最重要的一点也是最被人们看好的一点就是语义网络,甚至被人们认为会持续研究至下一个网络时代,直至出现类似人类思维方式的思辨网络,那将是智能Web的代表。

表9-1 万维网发展的三个阶段

阶段	特点	内容创造	内容控制	身份掌握	收益分配
Web 1.0	中心化,用户仅仅是接收方,不参与内容的创作与分享	平台	平台	平台	平台
Web 2.0	中心化,用户既接受内容,又参与内容的创作	用户	平台	平台	平台
Web 3.0	去中心化,无需中心平台,用户既接受内容、创作内容,还能获得创作带来的价值	用户	用户	用户	用户

2. 语义 Web 的概念

实际上,Web是面向人的网络,Web更多的是组织、呈现、共享信息的媒介,Web本身并不能理解数据表达的含义,很多烦琐的过程都需要用户参与。以搜索引擎为例,目前的搜索引擎主要依靠关键字匹配。在通过这种匹配方式搜索出来的内容中往往夹杂着大量不相关的内容。同时检索结果又对词汇高度敏感,运用不同的关键字会检索得到不同的搜索结果,哪怕两个关键词是同义词或近义词。更为可怕的是,检索结果分布在不同网页,需要用户花费大量的时间去浏览和选取信息,这些都增加了用户获取信息的成本。

为了解决传统Web存在的问题,Web之父蒂姆·伯纳斯·李于1998年提出了语义Web的概念,至此掀开了语义Web研究的热潮。那么什么是语义Web呢?

语义Web是指通过给万维网上的文档(如HTML文档、XML文档)添加能够被计算机理解的语义"元数据"(Meta data),从而使整个互联网成为一个通用的信息交换媒介。换言之,语义Web是传统文档Web的扩展和升级,是一种智能型Web。它是一种能够根据语义进行判断的智能网络,可以实现人与计算机之间的无障碍沟通。它好比一个巨型的大脑,智能化程度极高,协调能力极强。在语义Web上连接的每一台计算机不但能够理解词语和概念,而且还能够理解它们之间的逻辑关系,可以从事人能从事的工作。它将使人类从搜索相关网页的繁重劳动中解放出来。语义Web中的计算机能利用自己的智能软件,在万维网上的海量资源中找到用户所需要的信息,从而将一个个现存的信息孤岛发展成一个巨大的数据库。

3. 语义 Web 的体系结构

根据蒂姆·伯纳斯·李的研究,语义 Web 的体系结构共有 7 层,如图 9-6 所示:

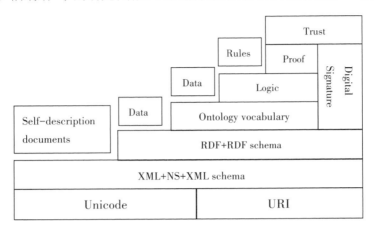

图9-6　语义 Web 的结构体系

第一层是基础层,它包含了 Unicode 和 URI(Uniform Resource Identifier)[105]。Unicode 是一个字符集,这个字符集中所有的字符都用两个字节表示,可以表示 65536 个字符,基本上包括了世界上所有语言的字符。数据格式采用 Unicode 的好处就是它支持世界上所有主要语言的混合,并且可以同时进行检索。URI 是统一资源定位符,是用于唯一标识网络上的一个概念或资源。在语义 Web 体系结构中,该层是整个语义 Web 的基础,其中 Unicode 负责处理资源的编码,URI 则负责资源的标识。

第二层是句法层,它包括了 XML、NS 和 XML schema。XML 是一个精简的 SGML,综合了 SGML 的丰富功能与 HTML 的易用性,允许用户在文档中加入任意的结构,而无须说明这些结构的含意。NS(Name Space)是命名空间,由 URI 索引确定,目的是避免在不同的应用中使用同样的字符来描述不同的事物。XML Schema 是 DTD(Document Data Type)的替代品,它本身采用 XML 语法,但比 DTD 更加灵活,可以提供更多的数据类型,能够更好地为有效的 XML 文档服务并提供数据校验机制。正是 XML 在结构上的灵活性,由 URI 索引的 NS 带来的数据可确定性,以及 XML Schema 所提供的多种数据类型及检验机制,使句法层成为语义 Web 体系结构的重要组成部分。该层负责从语法上表示数据的内容和结构,通过使用标准的语言将网络信息的表现形式、数据结构和内容分离开来。

第三层是数据层,包括 RDF 和 RDF schema。RDF 是一种描述 WWW 上的信息资源的专用语言,其目标是建立一种供多种元数据标准共存的框架。该框架能充分利用各种元数据的优势,进行基于 Web 的数据交换和再利用。RDF 解决的是如何采用 XML 标准语法无二义性地描述资源对象的问题,使得所描述的资源的元数据信息成为机器可以理解的信息。如果把XML看作一种标准化的元数据语法规范的话,那么RDF就可以看作为一种标准化的元数据语义描述规范。RDF schema使用一种机器可以理解的体系来定义描述资源的词汇,其目的是提供词汇嵌入的机制或框架,在该框架下多种词汇可以集成在一起来实现对Web资源的描述。

第四层是语义层,Ontology Vocabulary是本体词汇。该层是在RDF(S)基础上定义的概念及其关系的抽象描述,用于描述应用领域的知识,描述各类资源及资源之间的关系,实现对词汇表的扩展。在这一层里,用户不仅可以定义概念,而且可以定义概念之间的丰富关系。

第五至七层分别是逻辑层(Logic)、验证层(Proof)和信任层(Trust)。逻辑层负责提供公理和推理规则,而逻辑层一旦建立,便可以通过逻辑推理对资源、资源之间的关系以及推理结果进行验证,证明其有效性。通过验证层交换以及数字签名,建立一定的信任关系,从而证明语义Web输出的可靠性以及其是否符合用户的要求。

4. 语义Web的关键技术

语义Web的实现有赖于三大关键技术,即XML语言、RDF框架和OWL语言,介绍如下:

(1)XML语言。

可扩展标记语言(Extensible Markup Language,简称XML)是一种标记性语言,用于传输和存储数据。XML不仅能够描述文档的每一成分,也能够描述文档成分之间的结构信息。与HTML不同,XML没有固定的标签集,由用户自定义适用于特定应用的标签,这大大提高了XML的可扩展性。XML通过标签和标签的嵌套结构为用户提供了一种良好的组织数据方式,因为其强大的可扩展性和可解读性,XML逐渐成为数据存储和传输的第一选择,也因此成为语义Web的支撑。

(2)RDF框架

1999年,为了解决XML不具有语义描述能力的问题,W3C(Word Wide Web Consortium)提出了RDF(Resource Description Framework,即资源描述框架)。RDF是一种描述资源信息的框架,所谓资源可以是任何东西,包括文档、人、物理对象和抽象概念。RDF由三部分组成:RDF Data Model、RDF Schema和RDF Syntax。

RDF Data Model允许用户采用陈述方式对资源进行描述。一个RDF陈述可以描述主语、宾语两个资源之间的关系,从而形成了RDF三元组结构。

RDF Data Model向用户提供了一种描述资源的方式,但RDF Data Model没有对用于资源描述的词汇做出任何定义,也就是依旧没有提供资源的语义信息。为此RDF Data Model常和一组词汇表结合使用。RDF Schema允许用户定义RDF Data的语义特征,并提供RDF Data Model需要的词汇表。

RDF Syntax则是用来描述RDF陈述的不同的序列化方法,不同的RDF Syntax描述的

RDF 陈述在逻辑上可以完全等价。

（3）OWL语言。

RDF 和 RDF Schema 能够描述一定的语义信息，但其表达能力依旧有限。为了更好地描述语义 Web 上的信息，需要更加强大的本体语言。本体语言主要用于对本体进行显示的形式化描述。目前存在多种本体语言，W3C 推荐的是一种建立在 RDF 与 RDF Schema 基础之上的 Web 专用的本体语言——OWL（Web Ontology Language）。OWL 是为那些需要处理信息内容的应用程序设计的，而不仅仅只是向用户呈现信息。通过提供额外的词汇和形式化的语义，OWL 提供了比 XML、RDF 和 RDF Schema 更好的功能，那就是机器对 Web 内容的可解释性。

5. 语义 Web 的应用

从语义 Web 的概念提出以来，语义 Web 的发展主要经历了两个阶段，具体说明如下：

第一阶段是从 2001 年到 2006 年。在这个阶段里，研究人员进行了从弱语义到强语义的许多尝试，为此专门制定了多种技术标准，如 RDF、OWL。虽然在逻辑上接近了强语义，在工程上实现的可能性却不大。

第二阶段是从 2006 年至今。在这个阶段里，研究人员开始关注语义 Web 的本质——数据互联，主要成果有大规模知识库和知识图谱。

在开放的互联数据项目中，Freebase、Wikidata、DBpedia 和 YAGO 是最为知名的 4 个大规模知识库，其中 DBpedia 处于最核心地位。该项目由德国莱比锡大学和曼海姆大学的科研人员共同发起。DBpedia 从维基百科中抽取结构化信息，并将其以关联数据的形式发布在万维网上，允许用户通过语义查询维基百科资源的属性和关系。统计数据表明，截至 2017 年 7 月，DBpedia 的数据库包含了 458 万个实体。

知识图谱是语义 Web 技术发展的一次扬弃与升华，2012 年由 Google 率先提出，用以提高搜索引擎的能力。较为出名的知识图谱产品有 Google 的 Knowledge Vault，苹果的 Wolfram Alpha，微软的 Satori。国内当前所发布的知识图谱产品包含了百度知心、搜狗知立方以及清华大学开发的 XLore、上海交大开发的 Zhishi.me 等。

三、智能搜索

1. 搜索引擎概述

搜索引擎（Search Engine）就是根据用户需求与一定算法，运用特定策略从互联网检索出指定信息反馈给用户的一门检索技术。搜索引擎依托于多种技术，如网络爬虫技术、检索排序技术、网页处理技术、大数据处理技术、自然语言处理技术等，为需要进行信息检索的用户提供快速、高相关性的信息服务。搜索引擎技术的核心模块一般包括爬虫、索引、检索和排序等，同时可添加其他一系列辅助模块，以便为用户创造更好的网络使用环境。

搜索引擎是伴随互联网的出现而产生和发展的。现在，互联网已经成为人们学习、工作和生活中不可缺少的平台，而每个人上网几乎都会使用搜索引擎。搜索引擎的重要性不言而喻，因此有必要对其发展历程进行简要介绍。经过分析与整理，可知搜索引擎大致经历了四代的发展，具体情况如下：

（1）第一代搜索引擎。

1994年，第一代真正基于互联网的搜索引擎Lycos诞生了[106]。这一代搜索引擎以人工分类目录为主，特点是将各种目录经过人工分类存放在网站里，用户通过多种方式寻找网站，现在也还有这种方式存在。代表厂商是Yahoo。

（2）第二代搜索引擎。

随着网络应用技术的不断发展，用户开始希望对内容进行有序查找，出现了利用关键字来查询的第二代搜索引擎，最具代表性、最为成功的是Google。第二代搜索引擎建立在网页链接分析技术的基础上，使用关键字对网页进行搜索，能够覆盖互联网的大量网页内容。依托该技术，第二代搜索引擎可以在分析网页的重要性以后，将重要的结果呈现给用户。

（3）第三代搜索引擎。

随着网络信息的迅速膨胀，用户希望能够快速并且准确地查找到自己所要的信息，因此催生了第三代搜索引擎的问世。相比前两代搜索引擎，第三代搜索引擎更加注重个性化、专业化、智能化地使用自动聚类、分类等人工智能技术。第三代搜索引擎采用区域智能识别及内容分析技术，利用人工介入，实现了技术和人工的完美结合，由此增强了搜索引擎的查询能力。第三代搜索引擎的杰出代表是Google，它以宽广的信息覆盖率和优秀的搜索性能为提升搜索引擎的技术水平做出了贡献。

（4）第四代搜索引擎。

随着信息多元化的快速发展，信息来源错综复杂。在目前的硬件条件下，通用搜索引擎要想仅凭自身之力就能得到互联网上比较全面的信息已经不太可能。这时，用户就需要数据全面、更新及时、分类细致的面向主题的搜索引擎。这种搜索引擎采用特征提取和文本智能化等策略，相比前三代搜索引擎更准确、更高效，被称为第四代搜索引擎。

2．智能搜索引擎

犹如瀚海行船，必须找准方向一样，在浩瀚的信息海洋中，人们只有依靠搜索引擎才能辨明方向，才能迅速找到所需信息，也因此产生了越来越多的搜索引擎。各种搜索引擎的功能侧重点并不一样，有的是综合搜索，有的是商业搜索，有的是软件搜索，有的是知识搜索。其实，单一的搜索引擎不能完全提供人们需要的信息，因此需要一种软件或网站把各种搜索引擎无缝地融合在一起,于是智能搜索引擎随之应运而生。

智能搜索引擎是结合了人工智能技术的新一代搜索引擎,除了能提供传统的快速检索、相关度排序等功能以外,还能提供用户角色登记、用户兴趣自动识别、内容的语义理解、智能信息化过滤和推送等功能。

在智能搜索引擎设计方面,研究人员追求的目标是:根据用户的请求,从可以获得的网络资源中检索出对用户最有价值的信息。

智能搜索引擎具有信息服务的智能化、人性化特征,允许用户采用自然语言进行信息的检索,为用户提供更方便、更确切的搜索服务。搜索引擎的国内代表有:百度、搜狗、搜搜等;国外代表有Wolfram Alpha、Ask jeeves、Powerset、Google等。

用户只要一次性输入关键词就可以通过点击鼠标迅速切换到不同的分类或者引擎,这样就极大地减少了手工输入网址打开搜索引擎、选择分类,再输入关键词搜索的时间。各智能全搜索界面大同小异,一般上面一行是搜索分类,中间是关键词输入框,下面一行是搜索引擎。

智能全搜索能实现一站式搜索网页、音乐、游戏、图片、电影、购物等互联网上所能查询到的所有主流资源。

3. 常用的智能搜索

(1)基于智能代理的搜索。

智能代理使用自动获得的领域模型、用户模型知识进行信息搜集、索引、过滤,并自动地将用户感兴趣的、对用户有用的信息提交给用户。智能代理具有不断学习、适应信息和用户兴趣动态变化的能力,从而为用户提供个性化的服务。智能代理可以在用户端进行,也可以在服务器端运行。

(2)语义搜索。

万维网之父蒂姆·伯纳斯·李(Tim Berners-Lee)认为,语义搜索的本质是通过数学来摆脱当今搜索中使用的猜测和近似,并为词语的含义以及它们如何关联到用户在搜索引擎输入框中所找的东西引进一种清晰的理解方式。

2012年,Google在其搜索引擎中引入了知识图谱技术,将传统的基于关键词和网页超链的搜索模型升级为基于语义的搜索模型,从而进一步提高了其搜索质量和智能水平。微软的"必应"、百度的"知心"、搜狗的"知立方"等基于知识图谱的新一代搜索引擎也随之出现。基于知识图谱的搜索引擎从语义层面理解用户的意图,不仅能够给用户提供更准确的期望信息,而且还可以提供相关信息。

(3)搜索结果评估与排序。

随着网上信息量的急剧增加,人们发现,不论输入什么关键词都会瞬间出现大量的相关信息,让人应接不暇。那么,怎样在这些海量信息中迅速找到自己真正需要的信息呢?

对搜索结果进行评估和排序,是所有搜索系统需要考虑的最为重要、最为基本的问题之一,也是目前主流搜索引擎的核心技术,比如谷歌公司的PageRank(网页排名)技术,就是根据页面的重要性对搜索结果进行排序的。

(4)多媒体搜索。

目前,搜索引擎的查询还是基于文字的,即使是图片和视频搜索也是基于文本方式。未来的多媒体搜索技术则会弥补查询功能上的这一缺失。多媒体形式除了文字,还包括图片、音频、视频。多媒体搜索比纯文本搜索要复杂许多,一般的多媒体搜索均包含4个主要步骤,即多媒体特征提取、多媒体数据流分割、多媒体数据分类和多媒体数据搜索引擎。

四、推荐系统

1. 推荐系统概述

随着网上信息和网络功能的激增,仅靠搜索引擎的信息查询方式渐渐难以适应和满足人们的需求。大约于1995年始,一种被称为推荐系统(Recommender System)的智能网络信息服务系统应运而生了。推荐系统利用电子商务网站向用户提供商品信息和建议,帮助用户决定应该购买什么产品,模拟销售人员帮助用户完成购买过程[107]。个性化推荐是根据用户的兴趣特点和购买行为,向用户推荐用户感兴趣的信息和商品。与搜索引擎相比,推荐系统是一种更为主动的智能信息服务系统。

2. 推荐系统的结构

推荐系统之所以如此神奇,其奥秘在于它能从用户的上网历史资料中挖掘、发现用户的需求、兴趣和偏好,甚至能揣摩用户当前的意图,而且它也从对用户偏好的分析中获取有用信息,以至于对推荐对象的相关特征、关系和关联了然于胸。

推荐系统的基本结构和工作原理如图9-7所示。推荐系统一般由用户资料、物品资料、分析建模、用户模型、物品模型、推荐算法等模块组成,其逻辑关系如图9-7箭头指向所示。

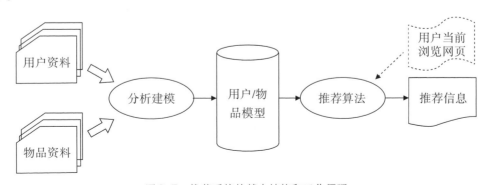

图9-7　推荐系统的基本结构和工作原理

其中,用户资料包括显式的注册、表格、问卷等,还包括隐式的上网记录、浏览记录、行为日志等。

物品资料包括出现在互联网上的各种各样的商品、资讯、服务等。

分析建模就是利用数据挖掘、知识发现和机器学习等技术从用户资料和物品资料中发现相应的特征和类型,建立用户和物品的基本模型。

有了用户模型和物品模型,系统便可根据当前的用户浏览页面,采用某种算法适时主动地给用户推送其可能感兴趣的推荐对象。目前常见的京东购物、抖音小视频也都采取了相应的推荐技术。

从某种意义上来讲,推荐系统是用户与物品之间的桥梁。一方面它收集、了解用户的特征和关系,特别是兴趣和偏好;另一方面还要了解有关推荐对象的特征和关系,使推荐对象更为精准地服务用户。

3. 常见的推荐算法

推荐算法就是具体的推荐策略和方法。推荐算法把用户模型中用户的兴趣、偏好、相似性等信息和知识与物品模型中的特征、分类、关联等信息和知识进行匹配,并进行相应的推理、计算和筛选,找到用户可能感兴趣的物品,然后推荐给用户。

(1)基于内容的推荐。

基于内容的推荐(Content-based Recommendation)是信息过滤技术的延续与发展,根据用户和项目的属性特征以及用户的历史行为,获知用户的兴趣和偏好,为用户推荐与其兴趣和偏好相匹配的项目,而不需要考虑用户对项目的评价意见。

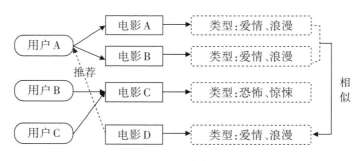

图9-8 基于内容的推荐

如图9-8所示,用户A喜欢看电影A、电影B,这两类电影都是爱情、浪漫型的;用户B和C喜欢看电影C,而电影C是恐怖、惊悚型的。现在有一部电影D,是爱情、浪漫型的,该推荐给哪些用户看呢? 通过内容的对比,可以发现电影D和电影A、电影B在内容上有相似性,于是将电影D推荐给用户A观看。这种只考虑内容关联性而不考虑用户评价意见的推荐形式,就是基于内容的推荐。

(2)协同过滤推荐。

协同过滤推荐(Collaborative Filtering Recommendation)技术是推荐系统中应用最早和最为成功的技术之一[108]。基于协同过滤的推荐算法又分为基于用户的协同过滤算法和基于项的协同过滤算法。

其中,基于用户的协同过滤算法主要考虑用户与用户之间的相似度,在用户群中找到与指定用户具有相似兴趣和偏好的相似用户,将相似用户喜欢的物品或者服务推荐给指定用户。简单说,就是"物以类聚,人以群分",其立足点就是假设喜欢相同物品的用户更有可能具有相同的兴趣。

如图9-9a所示,用户A喜欢物品1、物品3;用户B喜欢物品1、物品2;用户C喜欢物品1、物品3、物品4。由于用户A和用户C共同喜欢的物品最多。所以认为用户A和用户C是兴趣相似的用户。又由于用户C喜欢物品4,于是可以判断用户A也应该喜欢物品4。所以基于用户的协同过滤算法,会把物品4推荐给用户A,而没有推荐给用户B。

基于项的协同过滤推荐算法是从项(物品或者服务)的角度出发,重点考虑项与项之间的相似度。这一类方法认为用户更倾向于喜欢曾经购买、收藏、点击、浏览过的物品、内容或者服务,将与用户历史上交互过的物品、内容或者服务相似的项推荐给用户。同样的,该类方法通过分析指定用户的历史交互记录,挖掘用户对项的历史偏好,找到与其相似的项推荐给用户。

如图9-9b所示,基于项的推荐算法,观测物品1,发现有用户A、用户B、用户C共三个人喜欢;物品2和物品4只有一个人喜欢;物品3有用户A和用户C两个人喜欢。由于喜欢物品1和物品3的人最多,所以系统认为,物品1和物品3具有相似性,因此将物品3推荐给购买了物品1的用户B。

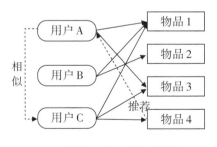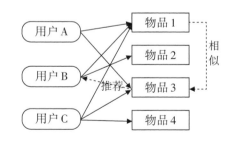

a. 基于用户的协同过滤算法　　　　　　　b. 基于项的协同过滤算法

图9-9　协同过滤推荐系统

(3)基于关联规则的推荐。

基于关联规则的推荐(Association Rule-based Recommendation)是以关联规则为基础,把已购商品作为规则头,把规则体作为推荐对象,然后展开相应的推荐。下面辅以著名的尿布和啤酒的故事为例说明该推荐的原理。

20世纪90年代超市管理人员在分析销售数据时,竟然发现了一个令人十分困惑的商业现象:"啤酒"与"尿布"这两件商品放在一起后,其销售额会大幅上升[109]。究其原因,这是因为在有婴儿的美国家庭中,通常都是由母亲在家中照看婴儿,去超市购买尿布一般由年轻的父亲负责。年轻的父亲在超市为孩子购买尿布的同时,往往会顺便为自己购买一些啤酒。

1993年,美国学者阿格拉沃尔(Agrawal)从数学及计算机算法角度出发,提出了商品关联规则算法,并得到广泛应用。

(4)基于效用的推荐。

基于效用的推荐(Utility-based Recommendation)是建立在对用户使用项目的效用情况上进行的,其核心问题是怎样为每一个用户去创建一个效用函数。因此,用户资料模型在很大程度上是由系统所采用的效用函数决定的。基于效用的推荐的好处是它能把非产品的属性,如供应商的可靠性(Vendor Reliability)和产品的可得性(Product Availability)等考虑到效用计算中。

(5)基于知识的推荐。

在某种程度上,人们将基于知识的推荐(Knowledge-based Recommendation)看成一种推理(Inference)技术,因为它不是基于用户需要和偏好而推荐的。基于知识的推荐方法因其所用的功能知识不同而有明显区别。效用知识(Functional Knowledge)是关于一个项目如何满足某一用户特定需求的知识,因此它能解释需要和推荐之间的关系,所以用户资料可以是任何能支持推理的知识结构,可以是用户已经规范化的查询模式,也可以是一个更为详细的用户需要的表示方式。

(6)组合推荐。

由于上述论及的各种推荐方法都有其优缺点,所以在实际应用中,人们常常采用组合推荐(Hybrid Recommendation)。统计数据表明,被研究和应用最多的是基于内容的推荐和协同过滤推荐两种方式的组合。最简单的做法就是分别用基于内容的推荐方法和基于协同过滤推荐的方法去产生一个推荐预测结果,然后再用某方法组合其结果。尽管从理论上讲,有很多种推荐组合方法可以采用,但在某一具体问题中并不见得都会有效。组合推荐方法的一个重要原则就是通过组合后要能避免或弥补参与组合推荐的各个技术自身的弱点。

📄 本章小结

随着人工智能的迅猛发展,计算机系统及其网络随之发生巨大的变化,使得计算机系统和网络也越来越智能化。智能化的计算机系统和网络,才能跟上时代的步伐,为现代社会的各种智能应用提供更有力的支持和更周到的服务。

智能计算机系统由硬件系统和软件系统组成,硬件系统中最核心、最关键的部分是智能芯片。智能芯片有显示芯片GPU、半定制化芯片FPGA、全定制化芯片ASIC以及神经拟态芯片,它们各自的功能不同、用途不同,在智能计算机和智能化网络中发挥着重要作用。因此,芯片技术的发展水平成为一个国家信息技术实力的重要标志。

智能化网络的首要问题是在现有网络基础上建设智能网,它是网络信息的基础设施。智能化的网络延展出许多新的应用,智能Web可以使网页内部通过语义产生紧密的逻辑联系,搜索引擎更加智能化,推荐系统更加个性化。

思考与练习

1.单项选择题

(1)以下哪个描述突出了Web3.0的特点(　　　)?

A.内容由网站提供,无法参与创作

B.用户可以在平台上自主创作内容,但无法分享平台价值。

C.网站的内容和应用将由用户创造和主导,实现用户共建、共治,并分享平台的价值

D.Web3.0不具有智能性

(2)张三喜欢看电影《紧急迫降》和《中国机长》;李四喜欢看电影《紧急迫降》《中国机长》和《长空之王》。系统把《长空之王》推荐给张三,这种推荐是基于(　　　)。

A.内容推荐　　　　　　　　　B.协同过滤推荐

C.关联规则推荐　　　　　　　D.效用的推荐

(3)市场上流行的实用智能程序设计语言很多,其中Ops5属于(　　　)。

A.函数式语言　　　　　　　　B.逻辑式语言

C.知识工程语言　　　　　　　D.以上都不是

(4)小张在京东购买了图书《平凡的世界(第一部)》,系统发现京东图书中还有《平凡的世界(第二部)》到《平凡的世界(第三部)》,于是系统将这些图书推荐给小张,这种推荐属于(　　　)。

A.内容推荐　　　　　　　　　B.协同过滤推荐

C.关联规则推荐　　　　　　　D.效用推荐

2.填空题

(1)智能计算机系统可以分为智能硬件系统和_____。

(2)智能计算机至少有解题和推理功能、_____和智能人机接口功能等三个功能。

(3)神经拟态芯片又称类脑芯片,IBM TrueNorth芯片以存储单元作为突触、_____作为神经元、传输单元作为轴突搭建了神经芯片的原型。

(4)传统程序设计有固定的算法,有明确的计算步骤和精确的求解结果,而智能程序设计语言支持符号处理,采用_____,包括不确定的计算步骤和不确定的求解知识。

(5)2012年,Google在其搜索引擎中引入了_____,将传统的基于关键词和网页超链的搜索模型升级为基于语义的搜索模型,从而进一步提高了其搜索质量和智能水平。

(6)推荐系统一般由用户资料、物品资料、分析建模、用户模型、物品模型、_____等模块组成。

3.判断题

(1)能够根据语义进行判断的智能网络可以实现人与电脑之间的无障碍沟通。(　　　)

(2)语义Web的体系结构为7层。(　　　)

(3)XML是一种标记语言,用于传输和存储数据,是语义Web的支撑。(　　　)

(4)第一代搜索引擎利用关键字对内容进行查询。(　　　)

4.简答题

(1)请简单描述人工智能芯片的应用情况。

(2)试述推荐系统的结构组成。

推荐阅读

[1]王万良.人工智能导论[M].第5版.北京:高等教育出版社,2020.

[2]蔡自兴,蒙祖强.人工智能基础[M].第3版.北京:高等教育出版社,2016.

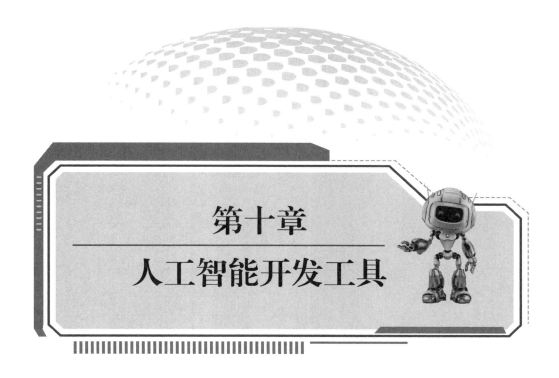

第十章
人工智能开发工具

　　人工智能语言是一类适应于人工智能和知识工程领域的、具有符号处理和逻辑推理能力的计算机程序设计语言。人们能够用它来编写程序，以求解诸如非数值计算、知识处理、推理、规划、决策等具有智能的各种复杂问题。一般而言，人工智能语言应当具备如下的特点：

　　(1)具有符号处理能力(非数值处理能力)；

　　(2)适合于结构化程序设计，容易编程；

　　(3)具有递归功能和回溯功能；

　　(4)具有人机交互能力；

　　(5)适合于推理；

　　(6)既有把过程与说明式数据结构混合起来的能力，又有辨别数据、确定控制的模式匹配机制。

　　传统方法通常把问题的全部知识以各种模型表达在固定程序中，问题的求解过程完全是在程序制导下按照预先安排好的步骤一步一步(逐条)执行的。但对于人工智能技术要解决的问题来说，往往无法把全部知识都体现在一个固定的程序中。通常需要建立一个知识库(包含事实和推理规则)，程序根据环境和所给的输入信息以及所要解决的问题来决定自己的行动，所以它是一种在环境模式制导下的推理过程。比较而言，这种方法有极大的灵活性和对话能力，并且还有自我解释能力和学习能力。故而这种方法对解决一些条件和目标不太明确或不太完备(不能很好地形式化)的非结构化问题比传统方法要好。实际上，它通常采用启发式、试探法策略来解决问题。

☆ **学习目标**

(1)了解人工智能程序语言的主要种类和基本特征。

(2)了解经典语言PROLOG的基本组成,掌握事实、规则、目标三种语句的书写方法。

(3)掌握经典语言PROLOG程序的工作原理,能够完成指定任务的代码撰写。

(4)理解Python在计算机语言中的地位,了解各类深度学习框架与平台的优缺点,能根据任务需求自主选择合适的框架和平台。

🌀 **思维导图**

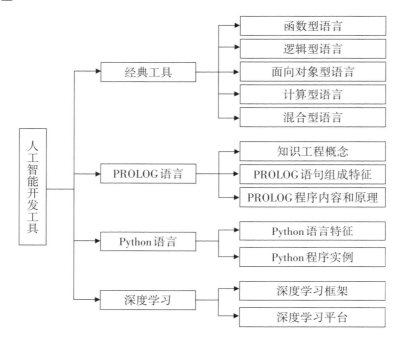

第一节　人工智能开发工具概述

一、开发工具一:函数型语言

20世纪50年代中期,在语言学、心理学和数学等学科领域,人们开始对人工智能产生浓厚的兴趣[110]。语言学家们关心自然语言的处理机制和基本流程;心理学家们关心人类的信息存入和取出机理,以及大脑的其他一些基本智能活动过程;数学家们则关心某些智能过程的机器化处置方式,例如定理证明。上述科学家们对相关问题的研究都得到了基本一样的结论:必须实现某种方法,使计算机能够依托该方法来处理链表中的符号数据。

当时,大多数计算机处理的都是数组中的数值数据,人们迫切需要对这样的状况进行改变。第一个函数式程序设计语言的发明为提供表处理这一语言特性创造了条件,而人工智能领域最初的一些应用则十分需要这种语言特性。在相关的程序设计语言中最为出名的是LISP语言。1959年,MIT的著名学者麦卡锡领导的人工智能小组创立了LISP语言,LISP语言有多种版本,包括Mac LISP、beta LISP及Lnter LISP等[111]。1983年,在这些版本的基础上,经过人们的改进,出现了一种新型的LISP语言——Common LISP,并且Gold Hilt Computer公司在IBM-PC及其兼容机上实现了Common LISP,它和Common LISP的核心部分兼容,称为Golden Common LISP,简称GCLISP。

LISP语言是一种符号处理语言,也可以说是一种表处理语言。为什么LISP语言特别适合于人工智能呢? 因为人工智能就是设法用计算机来模拟人的思维过程,而人的思维过程往往可以用语言来描述,而语言可以用符号来表示,因此LISP这种符号处理语言就特别适合于人工智能。具体而言,LISP语言具有如下特点:

(1)函数性。LISP语言是一种函数型语言,其一切功能均由函数予以实现。因此,执行LISP程序主要就是执行一个函数,这个函数再调用其他函数。用LISP语言进行程序设计就是定义函数。用LISP语言编程只需要确定函数之间的调用,把函数执行的细节交给LISP系统来解决。因此,LISP语言是更加面向用户的语言。传统的程序设计语言是适应冯·诺依曼型计算机系统结构而发展起来的,LISP在冯·诺依曼型计算机上运行的效率要低一些。计算机系统结构的发展,使得函数型语言有了广阔的前途。为了适应当时微型机发展水平和程序员使用传统语言编程的习惯,LISP语言增加了许多非函数型的语言成分,例如,PROG、Go等函数,所以,LISP已不是纯函数型语言,它既具有函数语言的功能,又具有传统语言的功能。

(2)递归性。递归函数是指在函数的定义中调用了这个函数本身。所有的可计算函数都可以用递归函数的形式来定义。由于LISP的主要数据结构是表,而且表是用递归方法定义的,即表中的一个元素也可以定义为一个表,因此,程序员用LISP提供的自定义函数来定义用户自己的函数时,可以用递归函数的形式来定义自己的函数。自定义的递归函数能够很方便地对递归定义的表进行操作。由于递归定义的方法使程序简明和优美,所以程序员应充分利用递归程序设计方法。

(3)数据与程序的一致性。LISP的一段程序是用户的一个自定义函数,这个函数可被其他函数调用,或者说,一段程序可被其他程序调用。函数执行后的输出数据称为这个函数的返回值。一个函数被其他函数调用,就是调用了这个函数的返回值。在LISP中,函数与这个函数的返回值是一致的。这一特点使得LISP的编程就是定义一个宏函数,也使得LISP语言的扩充变得比较容易。人们可以根据应用领域的需要,使用LISP提供的基本函数扩充若干面向专门应用领域的宏函数。

(4)自动进行存储分配。当采用LISP语言进行编程时,程序员完全可以不考虑存储分配问题。程序中定义的函数、数据和表等都能在程序运行时,由LISP自动提供。对不再需要的数据,LISP会自动释放其占用的存储区。

(5)语法简单。LISP的语法极其简单,对于变量和数据,不需要人们进行事先定义和说明类型。LISP语言的基本语法就是函数定义和函数调用。因此,采用LISP语言编制的程序便于修改、调试和纠错,可以边实验边设计,通过不断修改和增加用户自定义函数来构成更为复杂的系统。

LISP语言不仅在专家系统和CAD领域有着广泛的应用,在符号代数、定理证明、机器人规划等领域也有着广泛的应用。需要指出的是,影响LISP语言获得更为广泛的使用的主要原因在于:一是LISP属于非可视化语言,使用起来有所不便;二是LISP在通用计算机上的运行效率较低;三是LISP的数值计算能力较差;四是人们对函数型语言的编程风格还不太习惯。

二、开发工具二:逻辑型语言

在人工智能研究初期,人们凝心聚力,集思广益,试图研制一个通用的"智能"计算机系统。为此,人们迈出的第一步就是探索可用形式逻辑(具体而言是用谓词演算)进行自动定理证明的方法。由于绝大部分的理论(推理)知识都可用逻辑予以刻画,因此,至少从原理上来说,如果计算机能用逻辑进行符号推理,它就具有了一定程度的智能性。逻辑程序设计的奠基者科瓦尔斯基(Kowalski)经过研究发现,可把逻辑子句看作一种程序设计语言的语句,而把用这些子句进行定理证明的过程当作执行这些语句的方式。故而逻辑本身可以直接作为一种程序语言,而归结算法实质上是对这种语言的解释。由此,逻辑程序设计作为逻辑子句与归结算法的结合诞生了。在诸多逻辑型语言中最为出名的是PROLOG语言,PROLOG这一名称来源于"程序设计逻辑(programming logic)"。20世纪70年代初,艾克斯·马赛大学人工智能小组和爱丁堡大学人工智能系的成员共同详述了PROLOG语言的基本设计模式。PROLOG语言的主体是一种表示谓词演算命题的方法和同样限定形式下的归结算法。1972年,世界上第一个PROLOG语言解释器由马赛大学开发成功。1975年,鲁塞尔(Roussel)则进一步说明了所实现的语言版本。

实际上,逻辑程序设计语言是一种说明型语言,其核心思想是通过逻辑描述来进行程序设计。在传统的软件工程中,当程序员们为设计机器解决问题的操作序列而编制一个程序时,他们首先需要设计出一个"如何解决问题"的具体算法,并考虑"如何"将该算法映射到计算机的数据/指令结构上去。总之,传统语言的程序设计工作始终围绕"如何操纵计算机解决问题"来进行。与之相反,逻辑程序设计的中心任务是对问题与用于解决问题的逻辑(知识)的描述。程序员只需要告诉计算机做什么,或者说,告诉计算机已知的条件和限制是什么、要求解的问题是什么,而关于具体的求解策略和求解过程全都隐含在"智能问题求解器"中。与传统语言的程序设计相比,逻辑程序设计有以下重要特点:

(1)逻辑与控制分类。逻辑型算法的逻辑成分描述了算法的含义,同时算法的解题范围和正确性也隐含其中。逻辑型算法的控制成分反映了算法的机器特性(操作步骤),算法的执行效率主要由它决定。Kowalski 将算法定义为:算法=逻辑+控制。算法的逻辑描述了问题和用于解决问题的知识,即"做什么";而算法的控制则规定了用这些知识解决问题的策略,即"怎么做"。传统语言的程序设计既要考虑"做什么",又要安排计算机"怎么做"。显然,不仅编程繁杂、工作艰巨,而且所编程序难以理解,也不方便修改和移植。与之不同,逻辑程序设计只描述算法的逻辑——断言、规则和查询。而用这些逻辑进行问题求解的策略和操作完全隐藏在推理系统之中。

(2)非确定性。如果该语言的每个程序在运行的任意时刻 t 都存在一个确定的目标函数 F,使得输出 $F(t)$ 为确定且唯一的操作(语句),那么显然传统程序语言的计算是确定的,其每一个操作步骤都由算法所规定。而面向人工智能的程序语言的计算一般都是非确定的,主要原因在于人工智能的"计算"本质是推理,大都为对知识库空间的搜索,其搜索路径是无法通过算法来明确规定的。也就是说,不存在明确的目标(搜索)函数 F 从多条可能路径中确定出唯一的成功路径。

(3)输入与输出的可逆性。传统语言和函数语言程序的输入和输出参量都是固定的,计算是一个由输入到输出的函数。但在逻辑程序中,对参量的输入和输出特性并没有做出十分明确的区分,比如,参量在一些情况下可以作为输入,而在另一些情况下又可以作为输出。逻辑程序输入与输出的可逆性带来的优点是编程快捷,且所编程序功能强悍、体系简洁、精练实用。此外,这种可逆性也使得逻辑程序语言特别适宜作为数据知识库的查询语言。

(4)部分计值功能。由于逻辑程序语言的计值通过合一和替换等操作完成,因此绝不会产生"参量未定义"的出错信息,这个性质为部分计值提供了支持。如果某个值或部分值尚未确定下来,则可用变量临时顶替,这种情况在表处理中颇为常见。部分计值的另一个重要特点体现了逻辑程序流的并行性。

三、开发工具三:面向对象语言

从本质上分析,面向对象的语言借鉴了20世纪50年代问世的人工智能语言 LISP,引入了动态绑定的概念和交互式开发环境的思想。例如,起始于20世纪60年代的离散事件模拟语言 SIMULA67,引入了类思维的要领并加以继承,并终于在20世纪70年代形成了 Smalltalk 语言。Smalltalk 语言大大提升了图形用户界面和面向对象程序设计这两个不同方面的计算效果,长期以来在软件系统中处于主导地位的视窗系统就是从 Smalltalk 用户界面方法中发展而来的。

当今最重要的软件设计方法和程序设计语言均是面向对象的,而面向对象语言(Object-Oriented Language)的一些思想是在 Smalltalk 中逐步发展成熟起来的[112]。毫无疑问,Smalltalk 语言对计算机世界的影响极其深远并经久不衰。事实上,面向对象语言是一类以对象作为基本程序结构单位的程序设计语言,其描述的设计是以对象为核心的,而对象是程序运行时的基本成分。面向对象语言必须支持三个关键的语言特性：抽象数据类型、继承性，以及从方法调用到对应方法的动态绑定。

（1）抽象数据类型。在面向对象语言中，对象的概念四处渗透、无所不在。几乎所有的东西，从简单的整数常量到复杂的文件处理系统，都可以是对象，是被同等对待的。在面向对象语言中，研究人员将所有的对象设计成代码，并将该数据类型称为类。在软件开发领域里提高生产率的最好途径是增加该代码对于对象的复用，这对于很多的软件开发者来说是司空见惯、习以为常的。但是，所有数据类型的定义都是独立的，并都处于同一个层次。因此，为使该对象便于在其他程序中使用，需要将对象的公有接口与私有接口区分开，在公有接口中提供各类参数供高层功能应用，在私有接口中设计一些底层支持函数，为公有接口中的函数提供服务。从这种意义上来说，人们设计的这个对象就是一个抽象数据类型。一个数据类型仅暴露其公有接口，而将其私有接口隐藏起来，人们就称这个数据类型是抽象的。

（2）继承性。继承性是指支持代码重复使用的性能。一个类可以是独立的，也可以由一个处于继承关系层次的类组成。继承是一种非常方便高效的机制，通过创建子类，继承层次由一些具有父子关系，或对父类进行特化与扩展所得的结果组成。不同的面向对象语言支持不同类型的继承，但是所有面向对象语言至少都支持单重继承，在这种继承方式下，任何一个子类都只能有一个父类。多重继承的目的是允许一个新类可以继承两个或多个类，但是使用多重继承容易导致程序组织趋于复杂化。

（3）从方法调用到对应方法的动态绑定。面向对象语言的第三个特征是从方法调用到对应方法的动态绑定，在这种绑定过程中提供了一种多态性，所以有时也称之为动态分派，其重要程度排在抽象数据类型和继承性之后。人们可以考虑下面的情况：设有一个基类A，它定义了一个方法draw，可以用其绘制与基类相关的图。第二个类B定义为A的子类。这个新类的对象也需要一个方法draw，它类似于A提供的方法draw。因为子类对象与基类对象略有不同，所以提供的方法draw也有一点不同。于是，子类覆盖了继承来的方法draw（无法直接使用）。如果A和B的客户程序有一个引用A类对象的变量，这个引用也可以指向B的对象，该引用就会成为一个多态的引用。如果两个类中定义的方法通过多态的引用来调用，运行时系统就必须在程序执行时决定应当调用哪个方法。多态性是任何静态类型化的面向对象语言中的一个自然部分。在某种意义上，多态性使静态类型化的语言变得有点动态类型化，因为从方法调用到对应方法的一些绑定是动态的。多态性变量的类型其实是动态的，动态绑定的一个目的是允许软件系统在开发和维护过程中变得更加容易扩展。

四、开发工具四：计算型语言

自从20世纪60年代以来，除了上面提到的几种语言以外，在数值、代数、图形和其他方面还一直有个别其他类型开发工具语言存在,例如计算型语言。相较而言,计算型语言的基本概念是用一个连贯的、统一的方法创造一个能适用于科技计算各个方面的软件系统。实现这一点的关键之处是人们发明了一种新的计算机符号语言。这种语言能仅仅用很少量的基本元素制造出广泛的物体,从而满足科技计算的广泛性,这在人类历史上还是第一次。

采用计算型语言的最主要群体是科技工作者和其他专业人士。数学中的许多计算是非常烦琐的,特别是函数的作图既费时,又费力,而且所画的图形还很不规范,所以现在流行用计算型语言的符号和代码进行系统学习。与前述几种语言相比,计算型语言具有如下典型特征:

(1)内置符号和数值计算命令。计算型语言主要以数值和符号计算为主,几乎覆盖所有的数学领域,如微积分、线性代数、矩阵计算、线性规划、组合数学、矢量分析、积分和离散变换、概率论和数理统计、微分和解析几何、张量分析、数论、复分析和实分析、级数和积分变换、特殊函数、抽象代数、泛函分析、方程求解、数值优化、编码和密码理论、金融数学等。

(2)丰富的工程计算代码。计算型语言以求解实际问题为基础,含有丰富的工程计算代码,包括:设计工程优化、统计过程控制、灵敏度分析、动力系统设计、小波分析、信号处理、控制器设计、参数分析和建模、各种工程图形等。

(3)强大的符号计算和高性能数值计算引擎。为了提升计算机在数值技术中的性能,计算型语言适用于世界上最强大的微分方程求解器(ODEs、PDEs和高指数DAEs)。

(4)编程语言简捷易用。计算型语言采用简单的编程语言和控制语句,可极大提升数值计算问题的求解能力,让用户能够开发出更复杂的模型或算法,并能够根据求解需求自动进行算法选择。

(5)与多学科复杂系统建模和仿真平台紧密集成。计算型语言可以包含程序代码和其他格式化的文本(比如公式、图像、GUI组件、表格、声音等),并且还支持标准文字的处理功能。

五、开发工具五:混合型语言

长期以来,世界各地的程序员一直在与代码的复杂性进行搏斗。程序员只有对工作的代码了如指掌,才能有的放矢地进行编程开发。过度复杂的代码成了很多软件项目踯躅不前的重要原因。然而不幸的是,一些重要的软件其结构体系通常十分复杂,这就促使人们思考:既然相关软件的复杂性难以避免,那么是否可以通过加强管理来予以改善呢?混合型语言的可贵之处在于它能让开发者可以随意使用最适合手头问题的编程范式。如果当前的任务更适合用命令式的设计模式加以实现,那么没有什么规定来禁止程序员写命令式的代码。如果函数式编程和不可变性更符合实际需要,那么程序员也可以尽管使用。更为重要的是,即便面对有着多种不同需求的问题,程序员甚至可以在一个解决方案的不同部分采用不同的编程方法。

混合型语言是一种允许不同编程语言共享相同代码,并将其他编程语言中的多种技巧融合为一的语言。该类型的编程语言尝试跨越多种不同类型的语言,给开发者提供面向对象编程、函数式编程、富有表达力的语法、静态强类型和丰富的泛型等特性,而且全部架设于原有的虚拟机之上。因此,开发者在使用混合型语言时,可以继续使用其原本熟悉的某种编程特性。但要真正发挥混合型语言的强大能力,开发者则还需要将那些有时会相互抵触的概念和特性结合起来,建立一种平衡的和谐,这样才能使上述各种特性相得益彰。需要说明的是,混合型语言必须支持三个关键的语言特性:较好的兼容性、代码简洁明了以及较强的可扩展性。

(1)较好的兼容性。混合型语言不需要程序员重新学习开发语言。它可以让程序员保全现存的代码并添加新的东西。因为它被设计成可以和原始任意一种编程语言同时实施的无缝互操作。对应程序会被编译成多种需要的编程语言,其运行时的性能通常与指定编程语言不分上下。

(2)代码简洁明了。采用混合型语言进行设计时,不仅会将多种编程语言进行简单的混合和运行,而且还会对其他编程方式中存在的多余部分进行简化。通过对编程方式的优化处理,可以将原始编程语言的代码进行缩减,提升代码的可读性和便于后续的修正工作。

(3)较强的可扩展性。混合型语言会受到从语法细节到控件的抽象构造等许多因素的影响。因此,典型的混合型语言把面向对象语言、函数式编程语言等融合为一体,可以有效地继承其他语言中不同的概念。同时,混合型语言会添加自己独有的类型参数和新的控制结果以增强自身的扩展性能。

第二节　知识工程经典语言PROLOG

一、何谓知识工程

选择正确的工具对于构建智能系统来说无疑是最基础、最主要、最关键的部分。经过对前述章节的学习,相信广大读者已经对人工智能的基本知识和基本规则有所认识与了解。利用这些知识和规则虽然可以帮助读者很好地处理很多问题,但针对一些特定问题而言,读者们还是会觉得知识与能力有所不足,还需要选择更合适的工具加以辅助。在此,将讨论为给定的任务选择合适工具的基本原则,帮助读者考虑构建智能系统的主要步骤并讨论如何将数据转化为知识。

从本质上来看,知识工程尽管其名中带有工程两字,但它更像一门艺术,并且人们开发智能系统的实际过程也不可能像上述步骤那样清晰和严整。虽然开发智能系统的每个阶段都是按顺序显示的,但在开发的实际过程中有些阶段通常是重叠的。由于知识工程的建设过程本身会高度重叠与高速迭代,因此任何时候人们都可能参与到任何开发活动中去。

一般而言,智能系统的构建过程从理解问题域开始。人们首先要正确评估问题,确定可用的数据及解决问题到底需要什么信息。一旦正确理解了问题,就可以选择合适的工具并利用这个工具开发相关系统了。构建基于知识的智能系统的过程包含6个基本步骤,具体如下:(1)问题评估;(2)数据和知识获取;(3)原型系统开发;(4)完整系统开发;(5)系统评价和修订;(6)系统集成和维护。

(1)问题评估。

在本阶段中,首先要确定问题的特征,确定项目参与人员,详细说明项目的目标并确定构建系统所需要的资源。为了深入刻画问题,人们需要正确确定问题类型、输入和输出变量及其交互,以及解决方案的形式和内容。

(2)数据和知识获取。

在本阶段中,通过收集、分析数据和知识,获取对问题域的进一步了解,并使系统设计的关键概念更加清晰与明确。智能系统的数据常常可以通过不同的途径收集,因此数据类型也会有所不同。需要谨记的是,用以构建智能系统的特定工具需要特定类型的数据,在数据获取过程中主要考虑的点包括:数据的兼容性、数据的不一致性和数据的缺失等。在这一阶段中所获取的数据和知识可以帮助系统开发者在最抽象的、概念化的层次来描述解决问题的策略,并选择一个工具来构建原型系统。

(3)原型系统开发。

在本阶段中,主要工作是创造一个原始智能系统,更精确地来说是指构建一个小型智能系统。在选择好工具、转换好数据、获取好适合该工具的数据以后,开发者就可以设计并构建系统的原型版本。一旦构建好原型系统,开发者就应通过各项数据测试系统的性能,主要包括:对问题的理解程度、问题的解决策略、构建系统工具选择、展示已获得数据技术和知识是正确的,并确保完成测试的数据量足够使用。

(4)完整系统开发。

开发者对测试过的原型系统的相关功能感到满意之后,可以确定开发一个完整系统所需要的实际内容。首先要为该完整系统制订一个详细、周密的研发计划、日程安排和资金预算,并明确定义系统性能的标准。在这个阶段中,主要工作通常与向系统添加数据和知识相关。例如,开发者若想构建一个诊断系统,就需要提供处理某种情况的更多的规则;若想构建一个预测系统,就需要收集额外的历史数据使后期预测更加准确。

(5)系统评价和修订。

与传统的计算机程序不同,智能系统主要用来解决那些没有明确定义"正确"和"错误"解决方案的问题。因此,评价智能系统实际上就是确保该系统执行了让用户满意的预定任务。一个正式的系统评价往往是完成用户选择的测试用例,它会将系统的性能与原型系统开发最后阶段所达成一致的性能标准进行比较。在评价阶段中,人们往往会发现系统的局限和缺点,因此需要重复在开发阶段中的一些相关工作,以使系统得到修订。

(6)系统集成和维护。

这是智能系统开发的最后一个阶段。该阶段的主要工作是将系统集成到将要实际运行的环境中,并建立一个有效的维护程序。这里所说"集成"的意思是将新的智能系统与组织内部已有的系统进行连接,并安排技术转换。系统开发者必须保证用户知道如何来使用和维护该系统。实际上,智能系统是基于知识的系统,而知识是随着时间在不停演化的,因此必须保证系统能够进行修改,达到与时俱进。

二、PROLOG语句概述

1. PROLOG语言的起源

前已述及,PROLOG语言的基本设计方案是由艾克斯·马赛大学的阿兰·科尔默劳尔(Alain Colmerauer)和菲利普·鲁塞尔(Phillippe Roussel)在爱丁堡大学罗伯特·科尔瓦斯基(Robert Kowalski)的帮助下提出的[113]。Colmerauer和Roussel对自然语言的处理感兴趣,而Kowalski对定理的自动证明感兴趣,于是双方一拍即合,展开密切的合作。在那个阶段里,对这种语言开发和使用的研究在这两所大学独立开展,其结果就是产生了两个语法不同的PROLOG方言。

令人遗憾和感慨的是,在艾克斯·马赛大学和爱丁堡大学之外的地方,有关PROLOG的发展和逻辑程序设计的其他研究工作只得到十分有限的关注,这表明当时其他的学者对此项研究还缺乏足够的重视。这种状况直到1981年日本政府宣布启动一个大型研究项目才有所改变。该项目称为第五代计算机系统(FGCS),其主要目标是开发智能计算机。该项目选择了PROLOG作为工作基础。随着FGCS的宣布,美国和欧洲一些国家的政府部门和研究人员对人工智能和逻辑程序设计产生了突然而强烈的兴趣,纷纷加入相关研究行列中。虽然经过10年的持续努力,但FGCS项目还是无声无息地中止了,只留下"一地鸡毛"。因为除了吊起人们对逻辑程序设计和PROLOG潜力的巨大期望以外,人们并没有从FGCS项目中发现多少重要的东西。此时,虽然PROLOG仍然拥有它自己的应用领域和支持者,但是研究人员对PROLOG的兴趣和使用频次下降了许多。

2. PROLOG 语言的结构

PROLOG 是 Programming Logic 的缩写,意思就是使用逻辑的语言编写程序。PROLOG 并不是一门十分高深的语言,比起其他的一些程序语言,例如 C、Basic 等语言,PROLOG 更加容易理解,所以大家公认 PROLOG 是当代最有影响的人工智能语言之一。该语言由于非常适合表达人的思维和推理规则,在自然语言理解、机器定理证明、专家系统等方面得到了广泛的应用,已经成为人工智能应用领域的强健有力的开发语言。尽管 PROLOG 发展至今已有多个版本,但它们的核心部分都是一样的。PROLOG 的基本语句仅有三种,即事实、规则和目标三种类型的语句,且都用谓词表示,因而其程序逻辑性很强,文法简洁,清晰易懂。另一方面,PROLOG 又是一种陈述性语言,一旦给它提交了必要的事实和规则之后,PROLOG 就可以使用内部的演绎推理机制自动求解程序给定的目标,而不需要在程序中列出详细的求解步骤。下面简要介绍一下 PROLOG 的基本语句:

(1)事实。事实用来说明一个问题中已知的对象和它们之间的关系。在 PROLOG 程序中,事实由谓词名及用括号括起来的一个或几个对象组成。谓词和对象可由用户自己定义。

(2)规则。规则由几个互相有着依赖性的简单句(谓词)组成,用来描述事实之间的相互依赖关系。从形式上看,规则由左边表示结论的后件谓词和右边表示条件的前提谓词组成。

(3)目标。把事实和规则写进 PROLOG 程序中后,就可以向 PROLOG 询问有关问题的答案。所询问问题的答案就是程序运行的目标。目标的结构与事实或规则相同,可以是一个简单的谓词,也可以是多个谓词的组合。目标分内、外两种,内部目标写在程序中,外部目标在程序运行时由用户通过手工键入。

3. PROLOG 语言的版本

PROLOG 语言最早是由艾克斯·马赛大学的 Alain Colmerauer 和他的研究小组于 1972 年研制成功的。早期的 PROLOG 版本都是解释型的,其用户和影响还十分有限。1986 年,美国 Borland 公司推出了编译型版本的 PROLOG,即 Turbo PROLOG。自此以后,PROLOG 便很快在 PC 机上流行起来。后来又经历了 PDC PROLOG、Visual PROLOG 等不同版本的发展历程。20 世纪 80 年代初,人们开始研制并行的逻辑语言,其中比较著名的有 PARLOG 和 Concurrent PROLOG 等。

(1)Turbo PROLOG。它是由美国 PROLOG 开发中心(PROLOG Development Center,简称 PDC)于 1986 年开发成功的,并由 Borland 公司对外发行,其 1.0、2.0 和 2.1 版本取名为 Turbo PROLOG,主要在 IBM-PC 系列计算机和 MS-DOS 环境下运行。

(2)PDC PROLOG。1990 年之后,PDC 又推出了新的版本,更名为 PDC PROLOG 3.0 和 3.2,把运行环境扩展到 OS/2 操作系统,并向全世界发行。其主要特点是:①速度快,编译和运行速度都很快,产生的代码也非常紧凑;②用户界面友好,提供了图形化的集成开发环境;③提供了强有力的外部数据库系统;④提供了一个用 PDC PROLOG 编写的 PROLOG 解释起源代码,用户可以用它来研究 PROLOG 的内部机制,并创建自己的专用编程语言、推理机、专家系统外壳或程序接口;⑤提供了与其他语言(如 C、Pascal、Fortran 等)的接口。PROLOG 和其他语言可以相互调用对方的子程序;⑥具有强大的图形功能,支持 Turbo C、Turbo Pascal 同样的功能。

(3)Visual PROLOG。它基于 PROLOG 语言的可视化集成开发环境,是 PDC 推出的一种基于 Windows 环境的智能化编程工具[114]。目前,Visual PROLOG 在美国、西欧、日本、加拿大和澳大利亚等国家和地区十分流行,是国际上研究和开发各种智能化应用的主流工具之一。比较而言,Visual PROLOG 具有模式匹配、递归、回溯、对象机制、事实数据库和谓词库等强大功能。它包含构建大型应用程序所需的一切特性:图形开发环境、编译器、连接器和调试器;支持模块化和面向对象程序设计;支持系统级编程、文件操作、字符串处理、位级运算、算术与逻辑运算,以及与其他编程语言的接口。Visual PROLOG 包含一个全部使用 Visual PROLOG 语言写成的有效的开发环境,包含对话框、菜单、工具栏等编辑功能。另外它与 SQL 数据库系统、C++开发系统,以及 Visual Basic、Delphi 或 Visual Age 等编程语言一样,也可以用来轻松地开发各种应用。

4. PROLOG 语言的特征

PROLOG 语言不同于 Pascal、Fortran 之类的过程性语言,这些过程性语言要求程序指明每一过程的步骤和对数据执行的操作。从本质上看,PROLOG 语言是一种描述性(陈述性)语言,体现了程序员为求解一个问题所需的逻辑说明。用它书写的程序描述了什么条件下将会产生什么结果。与过程性语言相比,采用这种描述性语言编程看起来好像没有一定的次序,但往往在解决某一类问题时,其编程所需要的代码会比过程式语言少得多。PROLOG 语言十分接近自然语言,易于使用者学习和使用,用它编程简洁明了,易写易读。PROLOG 语言的推理性质和特点非常适合用于开发关系数据库、专家系统,自然语言理解,抽象问题求解等领域。PROLOG 语言具有以下特征:

(1)没有特定的运行顺序,其运行顺序是由计算机决定的,而不是由编写程序的控制人员决定的;

(2)PROLOG 语言中没有 if、when、case、for 这样的控制流程语句;

(3)PROLOG 语言实际上是一个智能数据库,程序和数据高度统一;

(4)PROLOG 语言具有强大的递归功能,程序编译及运行速度快,内存需求小;

(5)PROLOG 语言可以将多个程序模块联结起来,并能够和其他语言进行交互。

三、PROLOG 语句的基本内容

与人类的语言中存在方言一样,PROLOG 中也有一些不同的方言,这些方言的语法形式各有特点、存在差别。比如爱丁堡大学开发的一种PROLOG方言就有其特色,人们普遍将这种语言的形式称为爱丁堡语法,几乎所有流行的计算机平台都可以运行这种PROLOG方言。不过话说回来,在本章这部分内容里还是将主要介绍主流PROLOG语句的基本内容,其中包括项、事实语句、规则语句、目标语句等基本概念。由于这部分内容是学习PROLOG语言的基础和核心,所以学习者应当认真体会、仔细揣摩,争取融会贯通,掌握其精髓。

1. 项

与其他语言的程序一样,PROLOG程序由成组的语句构成。在PROLOG中虽然只有少数几类语句,但其语句可以很复杂。所有的PROLOG语句和PROLOG数据都是由项所构成的。这里所说的项是常量、变量和结构。

(1)常量是一个原子或一个整数,原子是PROLOG的符号值。需要特别说明的是,原子是以小写字母开头的以字母、数字和下划线组成的串,或者是由单引号为界的任意可打印的ASCII字符组成的串。

(2)变量是以大写字母或下划线开头的以字母、数字和下划线组成的串。变量不是由声明绑定到类型上的,为变量绑定一个值就绑定了类型,称为实例化。实例化只出现在归结过程中。没有赋值的变量称为未实例化的变量。实例化只持续到它满足完整的目标为止,这个目标涉及命题的证明或反证。从语义和使用方法来看,PROLOG变量只是命令式语言中变量的远亲。在PROLOG语言中有一种特殊的变量表示法,它是以符号"_"表示的,叫无名变量。它与一般变量用法相同,不同的是它的值并不需要知道,这在某些程序设计场合是有用处的,例如:"likes(diana,_)."的含义是指"黛安娜什么都喜欢"。

(3)最后一类项称为结构。结构表示谓词演算的原子命题,其一般形式是相同的:函数算符(参数表)。函数算符是任意的原子,用于标识结构。参数表可以是任意原子、变量或其他结构的表。结构是PROLOG中说明事实的方式。结构也可以被看作对象,可以用一些相关的原子来声明事实。从这个意义上来说,结构就是关系,结构声明了项之间的关系。当结构的上下文表明它是一个查询(问题)时,结构也是一个谓词。

2. 事实语句

对PROLOG语句的介绍可从用于构成假设(假定信息库)的语句开始,根据这些语句可以推理出新的信息。PROLOG有两种基本的语句形式,与谓词演算的无首Horn子句和有首Horn子句对应。在PROLOG中,无首的Horn子句最简单的形式是一个结构,解释为无条件的断言,即事实。从逻辑上来说,事实只不过是假定为真的命题。下述例子显示了在PROLOG程序中能包含的几类事实。请注意,每条PROLOG语句应以点号结尾。

1	female(shelley).
2	male(bill).
3	female(mary).
4	male(jake).
5	father(bill,jake).
6	father(bill,shelley).
7	mother(mary,jake).
8	mother(mary,shelley).

这些简单结构声明了关于 jake、shelley、bill 和 mary 的某些事实。例如,第一个结构声明 shelley 是女性(female)。最后四个结构将两个参数用函数算符原子命名的关系联结了起来。例如第五个命题可以解释为 bill 是 jake 的父亲(father)。请注意,这些 PROLOG 命题与谓词演算的命题一样,没有固有的语义,它们表示程序员想让它们表示的任何含义。例如,命题为"father(bill,jake).",可以表示 bill 和 jake 有相同的父亲,或者 jake 是 bill 的父亲。不过,最直接的含义就是后者。

前已说明,PROLOG 是一种描述性语言,问题求解是以逻辑推理方式在程序中体现出来的,PROLOG 程序逻辑是由谓词逻辑派生出来的,谓词逻辑解决的是命题和对象之间的相互关系。谓词(Predicate)是基本组成元素,可以是一段程序、一个数据类型或者是一种关系。它由谓词名和参数组成。例如:likes(philip,apples)表示一个事实,但是为了便于实际的理解,人们可以用一些含义更为贴切的词来表达事实。例如:is_a_prince(Charles)表示"查尔斯是王子"这一事实。

在采用谓词描述事实时,应当注意的事项有:①谓词和对象必须以小写字母开头,可为任意多个字母、数字和下划线"_"的组合。例如:do_vaule_sum,Compaq_386。②采用英文句号"."表示事实的结束。例如:is_a_animal(cow).表示"母牛是动物"这一事实的结束。

3. 规则语句

规则语句是构成数据库的 PROLOG 语句的另一种基本形式,与有首(无体、有体)的 Horn 子句对应。这种形式与数学中已知的定理有关,如果满足给定的条件集合,就可以得出结论。语句的右边是前提,即 if 部分;左边是结论,即 then 部分。如果 PROLOG 语句的前提为真,那么语句的结论必然也为真。由于是 Horn 子句,所以 PROLOG 语句的结论是单个项,而前提可以是单个项或者是合取。合取包含多个项,由逻辑 AND 运算分隔。在 PROLOG 中,ASTD 运算是隐含的。合取中说明原子命题的结构用逗号分隔,因此可以认为逗号就是 AND 运算符。

在 PROLOG 语句中,有首 Horn 子句的一般形式为:"结论:——前提表达式。"可以读作:如果前提表达式为真,或者通过变量的某种实例化使它为真,就可以得出结论。就像谓词演算中的子句形式命题一样,PROLOG 语句可以使用变量来使它们的含义一般化。

子句形式中的变量提供了一种隐含的全称量词。

需要强调的是,在 PROLOG 语句中,句子称为规则,制定一条规则的目的主要是用其来检验一个新的结论。例如:

likes(diana, X) if likes(philip, X)

married(john, mary) if wife(john, mary) and husband(mary, john).

在这两个例子中,"if"表示前提条件的约束,第二个句子有两个前提条件,用 and 连接。在 PROLOG 的实际使用中,由于编译环境的不同,前提条件的表达可以简化,例如:在 Turbo PROLOG 中,可以采用":-"来代替"if",也可以采用","来代替"and",因此上面的第二个句子可以简化为:

married(john, mary):- wife(john, mary), husband(mary, john).

注意符号":-"左边通常称为规则的左部或者头部,跟在":-"后面的条件则通常称为规则的右部。

4. 目标语句

前面介绍了用于逻辑命题的 PROLOG 语句,它可以描述已知事实和说明事实之间的逻辑关系。这些语句是定理证明模型的基础。定理可用一种命题的形式表示,人们希望系统证明或反证这些命题。在 PROLOG 中,这些命题称为目标或查询。PROLOG 目标语句的语法形式与无首的 Horn 子句相同。例如"man(friend).",对此系统会给出 yes 或 no 的响应。答案 yes 表示系统已经证明在给定的事实数据库和关系下,该目标为真。答案 no 表示该目标确定为假或系统无法证明它。

合取命题和有变量的命题也是合法的目标。当有变量时,系统不仅要断言目标的正确性,而且要确定使目标为真的变量的实例化。例如,可以问"father(X,mike).",系统会通过合一来尝试找到使目标为真的 X 的实例化。

由于目标语句和一些非目标语句具有相同的形式(无首的 Horn 子句),PROLOG 必须拥有某种方法来区分两者。对于交互式 PROLOG 来说,可采用不同的交互式提示来进行区分,一种用于输入事实语句和规则语句,另一种用于输入目标。而用户可以在任何时候改变交互式提示模式。

四、PROLOG 程序概述

1. PROLOG 程序基本组成

PROLOG 程序一般由一组事实、规则和问题组成。问题是程序执行的起点,称为程序的目标。为了清晰分析 PROLOG 程序的基本原理,可参见以下的一个典型 PROLOG 程序:

1	likes(bell,sports).
2	likes(mary,music).
3	likes(mary,sports).
4	likes(jane,smith).
5	friend(john,X):-likes(X,reading),likes(X,music).
6	friend(john,X):-likes(X,sports),likes(X,music).
7	?-friend(john,Y).

这个程序中有四个事实(1~4)、两条规则(5~6)和一个问题(7)。其中事实、规则和问题都分行书写;规则和事实可连续排列在一起,其顺序可随意安排。但同一谓词名的事实或规则必须集中排列在一起;问题不能与规则及事实排在一起,它作为程序的目标要么单独列出,要么在程序运行时临时给出。这个程序的事实描述了一些对象(包括人和事物)之间的关系;而规则描述了John交朋友的条件,即如果一个人喜欢读书并且喜欢音乐(或者喜欢运动和喜欢音乐),那么这个人就是John的朋友(当然,这个规则也可看作John朋友的定义);程序中的问题是"约翰的朋友是谁?"

PROLOG程序中的目标还可以变化,也可以含有多个语句(上例中只有一个)。如果有多个语句,则这些语句称为子目标。但对于不同的问题而言,程序运行的结果一般是不一样的。例如对上面的程序,其问题也可以是:

?-likes(mary,X).	?-likes(bell,sports),
?-likes(mary,music).	likes(mary,music),
?-friend(X,Y).	friend(john,X).

从PROLOG语句来看,其文法结构相当简单。但由于PROLOG语句是Horn子句,而Horn子句的描述能力是很强的,所以说PROLOG的描述能力也是很强的。例如,当它的事实和规则描述的是某一学科的公理,那么问题就是待证的命题;当事实和规则描述的是某些数据和关系,那么问题就是数据查询语句;当事实和规则描述的是某领域的知识,那么问题就是利用这些知识求解的问题;当事实和规则描述的是某初始状态和状态变化规律,那么问题就是目标状态。所以,PROLOG语言实际是一种应用相当广泛的智能程序设计语言。从上面最后一个目标可以清晰看出,同过程性语言相比,对于一个PROLOG程序,其问题就相当于主程序,其规则就相当于子程序,而其事实就相当于数据。

2. PROLOG程序的基本结构

在不同版本的PROLOG语言中,各自的具体描述会存在细微的差异,但整体结构不会存在较大的不同。现以典型的编译语言Turbo PROLOG进行说明。该语言除了具有基本PROLOG的逻辑程序特点以外,还具有速度快,功能强,拥有图形界面、窗口功能和集成化开发环境,可与其他语言互用,能实现动态数据库和大型外部数据库功能,可直接访问机器系统硬软件等一系列特点。

一个完整的 Turbo PROLOG 程序一般包括常量段、领域段、数据库段、谓词段、目标段和子句段6个部分。各段以其相应的关键字 constants、domains、database、predicates、goal 和 clauses 开头加以标识。另外,在程序的首部还可以设置指示编译程序执行特定任务的编译指令;在程序的任何位置都可以设置注解。总之,一个完整的 TurboPROLOG(2.0版)程序的结构如下:

1	/*<注 释>*/
2	<编译指令>
3	constants
4	<常量说明>
5	domains
6	<领域说明>
7	database
8	<数据库说明>
9	predicates
10	<谓词说明>
11	goal
12	<目标语句>
13	clauses
14	<子句集>

在实际代码的编写中,一个程序不一定要包括上述所有段,但一个程序至少要有一个谓词段、子句段和目标段。在大多数情形中,还需要一个领域段,以说明表、复合结构及用户自定义的域名。如若省略目标段,则可在程序运行时临时给出,但这仅当在开发环境中运行程序时方可给出。若要生成一个独立的可执行文件,则在程序中必须包含目标段。另外,一个程序也只能有一个目标段。

在模块化程序设计中,可以在关键字 domains,predicates 及 database 前加上 global,以表明相应的说明是全局的,以便作用于几个程序模块。下面对程序结构中的几个关键的段进行说明:

(1)领域段。该段说明程序谓词中所有参量项所属的领域。领域的说明可能会出现多层说明,直至说明到 Turbo PROLOG 的标准领域为止(如上例所示)。Turbo PROLOG 的标准领域即标准数据类型,包括整数、实数、字符、串和符号等。

(2)谓词段。该段说明程序中用到的谓词的名和参量项的名(但通常 Turbo PROLOG 的内部谓词无须说明)。

(3)子句段。该段是 Turbo PROLOG 程序的核心,程序中的所有事实和规则就放在这里,系统在试图满足程序的目标时就对它们进行操作。

(4)目标段。该段是放置程序目标的地方。目标段可以只有一个目标谓词,例如上面的例子中就只有一个目标谓词;也可以含有多个目标谓词(复合目标)。

为了实现上一小节（PROLOG 程序基本组成的实例），需要将其作为可运行的 Turbo PROLOG 程序，则具体改写结果为：

1	DOMAINS
2	name=symbol
3	PREDICATES
4	likes(name,name)
5	friend(name,name)
6	GOAL
7	friend(john,Y),write("Y=",Y).
8	CLAUSES
9	likes(bell,sports).
10	likes(mary,music).
11	likes(mary,sports).
12	likes(jane,smith).
13	friend(john,X):−likes(X,reading),likes(X,music).
14	friend(john,X):−likes(X,sports),likes(X,music).

五、PROLOG 程序的运行机理

为了能够有效地使用 PROLOG，需要程序员掌握 PROLOG 语言的运行机理，并确切地知道系统对程序做了什么。

目标语句需要通过对事实语句和规则语句进行查询才能实现。当目标是一个复合命题时，每一个事实（结构）称为子目标。为了证明目标为真，在推理过程中必须找到一条推理规则的链和/或数据库中的事实，将目标与数据库中的一个或多个事实连接起来。例如，如果 Q 是目标，那么或者在数据库中找到 Q 这一事实，或者在推理过程找到事实 P_1 和一系列命题 $P_2,P_3,\cdots\cdots,P_n$，使得由事实 P_1 推导 P_2，P_2 推导 P_3，$\cdots\cdots$，P_n 推导 Q。当然，由于右边为复合命题的规则和带变量的规则，这一过程经常会十分复杂。找到这些 P（如果存在的话）的过程，基本就是项和项之间比较或匹配的过程。

由于证明子目标的过程是通过命题匹配过程来实现的，所以有时称为匹配。在某些情况下，证明一个子目标称为满足此子目标。例如：考虑以下查询内容：

man(bob).

这一目标语句是最简单的一类，相对容易确定它是真还是假。将这一目标的模式与数据库中的事实与规则进行比较，如果数据库包含事实：

man(bob).

则证明就十分容易。但是如果数据库包含以下事实和推理规则：

father(bob).

man(x) :- father(X).

此时,就需要PROLOG找到这两条语句,并使用它们来推理出目标为真。在此需要采用合一方式来临时将X实例化为bob。现在,考虑以下目标:

man(x).

这时必须将目标与数据库中的命题相匹配。PROLOG找到的第一个具有目标形式的命题,带有任意一个对象作为它的参数,会使X以这个对象的值实现实例化,然后将X作为结果显示出来。如果没有具有目标形式的命题,系统就会说no,表示目标不能满足。

现有两种相反的方式可以尝试将给定目标与数据库中的事实进行匹配。系统可以从数据库的事实和规则开始,尝试找到通向目标的一系列匹配,这一方式称为自底向上归结,或称为前向链接。另一种方式是从目标开始,尝试找到一系列匹配的命题,通向数据库中原始事实的某个集合,这种方式称为自顶向下归结,或称为后向链接。一般来说,当候选答案的数量较小时,后向链接十分有效;当可能正确的答案数目巨大时,前向链接的方式更好,因为这时如果采用后向链接则需要非常大量的匹配来得到答案。PROLOG通常使用后向链接来进行归结,大概是因为其设计者认为,后向链接比前向链接适合更多类别的问题。

以下例子显示了前向链接与后向链接之间的区别,考虑查询:

man(bob).

假设数据库包含

father(bob).

man(X) :- father(X).

前向链接会查找到第一个命题,然后通过X实例化为bob,将第一个命题与第二个命题的右边匹配,再将第二个命题的左边与目标匹配,从而推理出目标命题。后向链接会首先通过X实例化为bob,将目标与第二个命题的左边匹配,在最后一步将第一个命题的右边(现在是father(bob))与第一个命题匹配。

当目标有一个以上结构时,又会出现一个设计问题,如后面的例子所示。这个问题可以深度优先的方式或者以宽度优先的方式来进行证明过程的搜索。深度优先的搜索在处理其他子目标前,先为第一个子目标找到完整的命题序列——证明。宽度优先的搜索则并行地处理给定目标的所有子目标。PROLOG的设计者选择了深度优先的方法,主要是因为使用较少的计算机资源就可以实现。宽度优先方法是一个并行的搜索,需要占用大量的内存。

PROLOG语言归结机制的最后一个必须介绍的特性是回溯。当处理带有多个子目标的目标命题,且系统无法证明一个子目标为真时,系统会放弃无法证明的子目标。如果有之前的子目标,系统会重新考虑并尝试找到另一个证明方法。这种在目标中回退并重新考虑先前已经证明的子目标的机制称为回溯。系统在之前对子目标的搜索停止之处重新搜索,来找到新的证明方法。子目标的多个证明方法来自变量的不同实例化。回溯需要大量的时间和空间,因为可能需要找到每一个子目标的所有可能证明。由于没有办法将这些子目标的证明组织起来,从而不能用最少的时间找到能够导致最终完整证明的那一个,因而使问题更加严重。

为了巩固读者对回溯概念的理解,现在考虑以下例子。假设数据库中已有事实和规则集,PROLOG给出了以下复合目标:

$$\boxed{\text{male}(X), \text{parent}(X, \text{shelley}).}$$

这一目标询问是否有X的实例化,使X既是男性(male),又是shelley的父母(parent)。第一步,在数据库中找到以male作为函数算符的事实,然后将X实例化为所找到事实的参数,例如mike。然后,尝试证明parent(mike,shelley)为真。如果不能证明,就回溯到第一个子目标male(X),尝试用X的其他实例化来满足它。归结过程在找到shelley的父母(parent)前,必须找到数据库中每一位男性(male),一定要找到所有男性(male)才能证明目标无法满足。请注意,如果两个子目标的顺序相反,示例目标可能处理得会更高效一些。于是,只有当找到shelley的父母(parent)时,归结过程才会试着将这个人与子目标匹配。如果shelley的父母(parent)人数比数据库中的男性(male)人数少,效率就会更高一些,这看起来也是一个合理的假设。在PROLOG中,数据库的搜索总是以从第一个命题到最后一个命题的顺序依次进行的。

第三节　机器学习流行语言Python

一、Python语言概述

1. 编程语言是什么

程序指的是一系列指令,人们用它们来告诉计算机做什么,因而关键问题就变成人们需要用计算机可以理解的语言来编制程序以有效地提供这些指令。虽然借助Siri(Apple)、Google Now(Android)、Cortana(Microsoft)等技术,人们甚至可以使用汉语直接告诉计算机做什么,比如"Siri,打开酷狗音乐",但使用过这些系统的用户都知道,它们尚未完全成熟,再加上人类语言本身就充满了模糊性和不精确性,使得设计一个完全能够理解人类语言的计算机程序,仍然是一个充满困难且有待解决的问题。

为了有效避开所有影响给计算机传递指令的因素,计算机科学家设计了一些符号,这些符号各有其含义,且之间无二义性,通常称它们为编程语言。编程语言中的每个结构,都有固定的使用格式(称为语法)以及精确的含义(称为语义)。换句话说,编程语言指定了成套的规则,用来编写计算机可以理解的指令。习惯上,人们将这一条条指令称为计算机代码,而用编程语言来编写算法的过程称为编码。

本节将要讲述的Python就是一种编程语言。除此之外,还有其他一些编程语言,例如C、C++、Java、Ruby等。迄今为止,世界各地的计算机科学家们已经开发出了成百上千种编程语言,且随着时间的演变,这些编程语言又产生出了多个不同的版本。但无论是哪种编程语言,也无论有多少个不同的版本,尽管它们在细节上可能有所不同,但毫无疑问,它们都有着固定的、无二义性的语法和语义。

以上提到的编程语言,都是高级计算机语言,设计它们的目的是方便程序员理解和使用。但严格说来,计算机硬件只能理解一种非常低级的编程语言——机器语言。

因此,人们需要设计一种方法,能将高级语言翻译成计算机可以执行的机器语言。在此,有两种方法可以实现,分别是使用编译器和解释器。人们将那些通过编译器而将自身等效转换成机器语言的高级语言称为编译型语言;将那些通过解释器而将自身等效转换成机器语言的高级语言称为解释型语言,Python就是解释型语言中的一种。

2. 编译型语言和解释型语言

人们编写的源代码是人类语言,人们自己能够轻松理解,但是对于计算机硬件(CPU)来说,这些源代码就是神秘的"天书",根本无法执行,计算机只能识别某些特定的二进制指令,所以在程序真正运行之前必须将源代码转换成二进制指令。在计算机发展的初期,一般计算机的指令长度为16位,即以16个二进制数(0或1)组成一条指令,16个0和1可以组成各种排列组合。例如,用"1011011010111001"让计算机进行一次加法运算。人们要使计算机知道和执行自己的意图,就要编写若干条由0和1组成的指令。这种计算机能直接接收和识别的二进制代码称为机器指令。机器指令的集合就是该计算机使用的机器语言,在语言规则中指定各种指令的表现形式及作用。

显然,机器语言与人们习惯使用的语言差别太大,难学、难写、难记、难检查、难修改、难推广是其显著特点。因此初期只有极少数的计算机专业人员会编写计算机程序。为了克服机器语言的上述缺点,人们经过多年的努力钻研,终于才由低级到高级逐步创造出符号语言、汇编语言和高级语言。

然而,究竟在什么时候需要将高级语言转换成机器语言呢? 不同的编程语言有不同的规定:

(1)有的编程语言要求必须提前将所有源代码一次性转换成二进制指令,也就是生成一个可执行程序(Windows下的exe),比如C语言、C++、Golang、Pascal(Delphi)、汇编语言等,这样的编程语言称为编译型语言,使用的转换工具称为编译器。

(2)有的编程语言可以一边执行一边转换,需要哪些源代码就转换哪些源代码,不会生成可执行程序,比如Python、JavaScript、PHP、Shell、MATLAB等,这样的编程语言称为解释型语言,使用的转换工具称为解释器。

简单来说,编译器就是一个"翻译工具",类似于将中文翻译成英文、将英文翻译成俄文。但是,翻译源代码是一个复杂的过程,大致包括词法分析、语法分析、语义分析、性能优化、生成可执行文件等五个步骤,涉及复杂的算法和硬件架构。解释器的主体功能与此类似。图10-1表明了编译型语言和解释型语言的执行流程。那么,编译型语言和解释型语言各有什么特点呢? 它们之间又有一些什么区别? 下面将予以简要介绍:

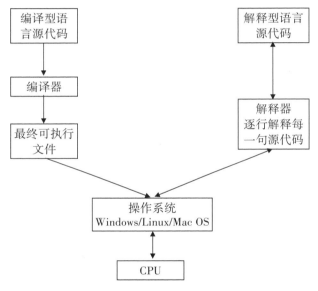

图10-1　编译型语言和解释型语言的执行流程

(1)编译型语言。

对于编译型语言而言,开发完成以后需要将所有源代码都转换成可执行程序,可执行程序里面包含的就是机器码。只要拥有了可执行程序,就不再需要源代码和编译器了,系统可以随时运行。所以说编译型语言可以脱离开发环境运行。但编译型语言一般是不能跨平台的,也就是不能在不同的操作系统之间随意切换。编译型语言不能跨平台的特点主要表现在以下两个方面:

①可执行程序不能跨平台。这是因为不同的操作系统对可执行文件的内部结构有着截然不同的要求,彼此之间不能兼容。比如,不能将Windows下的可执行程序拿到Linux下使用,也不能将Linux下的可执行程序拿到Mac OS下使用(虽然它们都是类Unix系统)。另外,相同操作系统的不同版本之间也不一定兼容,比如,不能将x64程序(Windows 64位程序)拿到x86平台(Windows 32位平台)下运行。但与高位系统不能在低位系统上

运行相反,低位系统往往能在高位系统上运行,因为高位系统通常会作兼容性考虑。这就好比 Windows 64 位对 32 位程序做了很好的兼容性处理,因而可以运行 32 位程序。

②源代码不能跨平台。不同平台支持的函数、类型、变量等都可能不同,基于某个平台编写的源代码一般不能拿到另一个平台下编译。以 C 语言为例来加以说明:

【实例1】在 C 语言中要想让程序暂停可以使用"睡眠"函数,在 Windows 平台下该函数是 Sleep(),在 Linux 平台下该函数是 sleep(),首字母大小写不同。其次,Sleep() 的参数是毫秒,sleep() 的参数是秒,单位也不一样。

以上两个原因导致使用暂停功能的 C 语言程序不能跨平台使用,除非在代码层面做出兼容性处理,而这会非常麻烦。

【实例2】虽然不同平台的 C 语言都支持 long 类型,但是不同平台的 long 的长度不相同。例如,Windows 64 位平台下的 long 占用 4 个字节,而 Linux 64 位平台下的 long 占用 8 个字节。在 Linux 64 位平台下编写代码时,将 0x2f1e4ad23 赋值给 long 类型的变量是完全没有问题的,但是这样的赋值在 Windows 64 位平台下就会导致数值溢出,让程序产生错误的运行结果。

(2)解释型语言。

对于解释型语言来说,每次执行程序都需要一边转换一边执行,用到哪些源代码就将其转换成机器码[115]。因为每次执行程序都需要重新转换源代码,所以解释型语言的执行效率"先天不足",要低于编译型语言,甚至两者之间存在着数量级的差距。计算机的一些底层功能或关键算法,一般都使用 C/C++ 实现,只有在应用层面(比如网站开发、批处理、小工具等)才会使用解释型语言。

在运行解释型语言时,始终都需要源代码和解释器,所以它无法脱离开发环境。当人们说"下载一个程序(软件)"时,不同类型的语言会有不同的含义。比如,对于编译型语言,人们下载的是可执行文件,源代码被作者保留,所以编译型语言的程序一般是闭源的。对于解释型语言,人们下载的是所有的源代码,因为作者不给源代码就没法运行,所以解释型语言的程序一般是开源的。与编译型语言相比,解释型语言几乎都能跨平台运行。为什么解释型语言就能跨平台运行呢?

这一切都要归功于解释器!这里所说的跨平台,是指源代码跨平台,而不是解释器跨平台。解释器用来将源代码转换成机器码,它就是一个可执行程序,是绝对不能跨平台的。官方需要针对不同的平台开发不同的解释器,这些解释器必须要能够遵守同样的语法,识别同样的函数,完成同样的功能,只有这样,同样的代码在不同平台的执行结果才是相同的。解释型语言之所以能够跨平台,是因为有了解释器这个中间层。在不同的平台下,解释器会将相同的源代码转换成不同的机器码,解释器帮助人们屏蔽了不同平台之间的差异。可将编译型语言和解释型语言的差异情况总结为表 10-1。

表10-1　计算机语言特征

类型	原理	优点	缺点
编译型语言	通过专门的编译器,将所有源代码一次性转换成特定平台,如 Windows、Linux 等执行的机器码(以可执行文件的形式存在)	编译一次后,脱离了编译器也可以运行,并且运行效率高	可移植性差,不够灵活
解释性语言	由专门的解释器,根据需要将部分源代码临时转换成特定平台的机器码	跨平台性好,通过不同的解释器,将相同的源代码解释成不同平台下的机器码	一边执行一边转换,效率很低

　　Python 属于典型的解释型语言,所以运行 Python 程序时需要解释器的支持,只要在不同的平台安装不同的解释器,用户代码就可以随时运行,不用担心任何兼容性问题,真正实现"一次编写,到处运行"。Python 几乎支持所有常见的平台,比如 Linux、Windows、Mac OS、Android、FreeBSD、Solaris、PocketPC 等,用户所写的 Python 代码无须修改就能在这些平台上正确运行。也就是说,Python 的可移植性很强。

3. Python 是什么

　　20世纪90年代初,荷兰学者吉多·范罗苏姆设计了 Python,并将其作为 ABC 语言的替代品。吉多·范罗苏姆是荷兰数学和计算机科学研究学会的一位研究人员,对解释型语言 ABC 有着丰富的设计经验,而 ABC 语言也同样是在 CWI(Centrum voor Wiskunde en Informatica,国家数学和计算机科学研究院)开发的。经过多年研究工作的磨炼,吉多·范罗苏姆志向高远,他不满足于当时主流程序语言有限的开发能力,在已经使用并参与开发了像 ABC 这样的高级语言后,再退回到 C 语言显然不是他的愿景,他所期望的工具有一些是用于完成日常系统管理任务的,而且他还希望能够访问 Amoeba 分布式操作系统的调用功能。尽管吉多·范罗苏姆也曾想过为 Amoeba 开发专用语言,但是创造一种通用的程序设计语言显然更加明智,于是在 1989 年末,Python 的种子被播下了。1991 年初,Python 发布了第一个公开发行版。Python 是一门优雅而健壮的编程语言,它继承了传统编译语言的强大性和通用性,同时借鉴了简单脚本和解释语言的易用性。Python 提供了高效的高级数据结构,还能简单有效地面向对象编程。Python 的语法和动态类型,以及解释型语言的本质,使其成为多数平台上撰写脚本和快速开发应用的编程语言,随着版本的不断更新和语言新功能的不断添加,Python 逐渐被用于独立的、大型的项目开发。

　　从表面来看,Python 仿佛是吉多·范罗苏姆在"不经意间"开发出来的,但其实它丝毫不比其他编程语言要差。事实也确是如此,自 1991 年 Python 第一个公开发行版问世以后:2004 年起 Python 的使用率呈线性增长,受到编程者的热烈欢迎和普遍喜爱;2010 年,Python 荣膺 TIOBE 2010 年度语言桂冠;2017 年,*IEEE Spectrum* 发布的 2017 年度编程语言排行榜中,Python 位居第一。直至 2019 年 12 月,根据 TIOBE 排行榜的显示,Python 高居第 3 位,且有继续提升的态势(如表 10-2 所示)。2021 年 10 月,语言流行指数的编译器 TIOBE 将 Python 加冕为最受欢迎的编程语言,20 年来首次将其置于 Java、C 和 JavaScript 之上。

表10-2 TIOBE 2019 年 12 月份编程语言排行榜(前20名)

排名	编程语言	市场份额(%)	变化(%)
1	Java	17.253	+1.32
2	C	16.086	+1.8
3	Python	10.308	+1.93
4	C++	6.196	−1.37
5	C#	4.801	+1.35
6	Visual Basic. NET	4.743	−2.38
7	JavaScript	2.09	−0.97
8	PHP	2.048	−0.39
9	SQL	1.843	−0.34
10	Swift	1.49	+0.27
11	Ruby	1.314	+0.21
12	Delphi/Object Pascal	1.28	−0.12
13	Objective−C	1.204	−0.27
14	Assembly language	1.067	−0.3
15	Go	0.995	−0.19
16	R	0.995	−0.12
17	MATLAB	0..986	−0.3
18	D	0.93	+0.42
19	Visual Basic	0.929	−0.05
20	Perl	0.899	−0.11

二、Python语言的特点与优势

Python 是一种面向对象的、解释型的、通用的、开源的脚本编程语言,它之所以大受欢迎并广为流行主要有三点原因:

(1)Python 简单易用,学习成本低,看起来非常优雅干净;

(2)Python标准库和第三库众多,功能强大,既可以开发小工具,也可以开发企业级应用项目；

（3）Python眼光超前，站在了人工智能和大数据的风口上。

现以典型例子来说明Python的简单性。比如要实现某个功能，C语言可能需要100行代码，而Python可能只需要几行代码就能达到同样目的，因为C语言什么都要从头开始，而Python已经内置了很多常见功能，人们只需要导入包，然后调用一个函数即可。

1. Python 的优点

（1）语法简单。与传统的C/C++、Java、C#等语言相比，Python对代码格式的要求没有那么严格，这种宽松要求使得用户在编写代码时感觉比较舒服，不用在细枝末节上花费太多精力。现举两个典型例子加以佐证：Python不要求在每个语句的最后写上分号，当然写上也没错；定义变量时不需要指明类型，甚至可以给同一个变量赋值不同类型的数据。从实际上来看，Python是一种代表极简主义的编程语言，阅读一段排版优美的Python代码，就像是在阅读一个英文段落，非常贴近人类语言。所以人们常说，Python是一种具有伪代码特质的编程语言。需要说明的是，伪代码（Pseudo Code）是一种算法描述语言，它介于自然语言和编程语言之间，使用伪代码的目的是使被描述的算法可以容易地以任何一种编程语言（Pascal、C、Java, etc）予以实现。因此，伪代码必须结构清晰、代码简单、可读性好，并且类似自然语言。人们在开发Python程序时，可以专注于解决问题本身，而不用顾虑语法的细枝末节。在简单的环境中做一件纯粹的事情，对很多人来说简直是一种享受。

（2）代码开源。代码开源是指Python向社会公众开放其源代码，即所有用户都可以看到Python的源代码。Python的开源体现在以下两个方面：

①程序员使用Python编写的代码是开源的。比如人们开发了一个BBS系统，放在互联网上让用户下载，那么用户下载到的就是该系统的所有源代码，并且可以随意修改。这也是解释型语言本身具有的特性，想要运行程序就必须有源代码。

②Python解释器和模块是开源的。官方将Python解释器和模块的代码开源，希望所有Python用户都能参与进来，一起改进Python的性能，弥补Python的漏洞。代码被研究得越多、越透彻，就越健壮。

（3）免费使用。开源并不等于免费，开源软件和免费软件是两个概念，只不过大多数的开源软件也是免费软件。Python就是这样一种语言，它既开源又免费。用户使用Python进行开发或者发布自己的程序，不需要支付任何费用，也不用担心版权问题，即使作为商业用途，Python也是免费的。这就使得它广受好评。

（4）模块众多。Python的模块众多，基本实现了所有的常见的功能，从简单的字符串处理，到复杂的3D图形绘制，借助Python模块都可以轻松完成。Python社区发展良好，除了Python官方提供的核心模块以外，很多第三方机构也会参与进来共同开发模块，其中就有Google、Facebook、Microsoft等软件巨头。即使是一些小众的功能，Python往往也有对应的开源模块，甚至有可能不止一个模块。

（5）可扩展性强。Python的可扩展性体现在它的模块上，Python具有脚本语言中最丰富和最强大的类库，这些类库覆盖了文件I/O、GUI、网络编程、数据库访问、文本操作等绝大部分应用场景。这些类库的底层代码不一定都是Python，还有很多C/C++的身影。当人们需要一段关键代码运行的速度更快时，就可以使用C/C++语言实现，然后在Python中调用它们。Python能把其他语言"粘"在一起，所以也被称为"胶水语言"。Python依靠其良好的扩展性，在一定程度上弥补了其运行效率慢的缺点。

（6）可移植性好。由于Python的开源本质，它已经被广泛移植在了许多平台上（经过改动使它能够工作在不同平台上）。一般情况下，用户的所有Python程序无须修改就可以在很多平台上稳定运行。这些平台包括著名的Linux、Windows、FreeBSD、Macintosh、Solaris、OS/2、Amiga、AROS、AS/400、BeOS、OS/390、z/OS、Palm OS、QNX、VMS、Psion、Acom RISC OS、VxWorks、PlayStation、Sharp Zaurus、Windows CE，甚至还有PocketPC、Symbian，以及Google基于Linux开发的Android平台。

Python解释器易于扩展，可以使用C或C++（或者其他可以通过C调用的语言）扩展新的功能和数据类型。Python也可用于可定制化软件中的扩展程序语言。Python丰富的标准库为用户提供了适用于各个主要系统平台的源代码或机器码。

2. Python 的缺点

任何事情都有正反两面，除了上面提到的各种优点以外，Python也是有缺点的，具体分析如下：

（1）运行速度缓慢。运行速度慢是解释型语言的通病，Python也不例外。Python速度慢不仅仅是因为其一边运行一边"翻译"源代码，还因为Python是高级语言，屏蔽了很多底层细节。这个代价也是很大的，Python要多做很多工作，其中有些工作非常消耗资源，比如管理内存。与其他语言相比，Python的运行速度几乎是最慢的，不但远远慢于C/C++，还要慢于Java。但话要说回来，速度慢的缺点往往也不一定会带来什么大不了的问题。首先是现在计算机的硬件速度越来越快，只要多花钱就可以堆出高性能的硬件，硬件性能的提升就可以弥补软件性能的不足。其次是有些应用场景不需要那么快的速度，可以容忍速度慢一点。比如网站，用户打开一个网页的大部分时间是在等待网络请求，而不是等待服务器执行网页程序。服务器花1 ms执行程序，和花20 ms执行程序，对用户来说是毫无感觉的，因为网络连接时间往往需要花500 ms甚至2000 ms的时间。相比之下，前者所费时间几乎微不足道了。

（2）代码加密困难。不像编译型语言的源代码会被编译成可执行程序，Python是直接运行源代码，因此对源代码加密比较困难。

（3）普及程度较低。与其他语言相比，Python在国内市场较小（国内以Python来做主要开发语言的，目前只有一些Web2.0公司）。但随着时间推移，很多国内软件公司，尤其是游戏公司，也开始大规模使用Python。另外，普及程度低下的原因还有Python的中文资料比较匮乏(好的Python中文资料屈指可数,当然目前在逐渐变多)。

(4)缺乏统一架构标准。构架选择太多(没有像C#这样的官方.net构架,也没有像Ruby那样,由于历史较短,构架开发相对集中)。不过这也从另一个侧面说明,Python确实比较优秀,所以吸引的人才多,项目也多。

三、Python程序的应用举例

在此,以人们在工作和科研中可能会遇到的问题为例,讲解如何使用Python来编写程序,以便让计算机完成指定的任务。

题目1:有四个数字1、2、3、4,问能组成多少个互不相同且无重复数字的三位数? 各是多少?

程序分析:可填在百位、十位、个位上的数字都是1、2、3、4。在组成所有的排列以后,再去掉不满足条件的排列。

程序源代码:

```
for i in range(1,5):
    for j in range(1,5):
        for k in range(1,5):
            if( i ! = k ) and ( i ! = j ) and ( j ! = k ):
                print (i,j,k)
```

题目2:某企业发放奖金是根据利润提成。利润(I)低于或等于10万元时,奖金可提10%;利润高于10万元,低于20万元时,低于10万元的部分按10%提成,高于10万元的部分,可提成7.5%;在20万元到40万元之间时,高于20万元的部分,可提成5%;在40万元到60万元之间时,高于40万元的部分,可提成3%;在60万元到100万元之间时,高于60万元的部分,可提成1.5%,高于100万元时,超过100万元的部分按1%提成,从键盘输入当月利润I,求应发放奖金总数。

程序分析:请利用数轴来分界和定位。

程序源代码:

```
i = int(input('净利润:'))
arr = [1000000,600000,400000,200000,100000,0]
rat = [0.01,0.015,0.03,0.05,0.075,0.1]
r = 0
for idx in range(0,6):
    if i>arr[idx]:
        r+=(i-arr[idx])*rat[idx]
```

```
        print((i−arr[idx])*rat[idx])
        i=arr[idx]
print(r)
```

题目3：一个整数，它加上100后是一个完全平方数，再加上168后又是一个完全平方数，请问该数是多少？

程序分析：

假设该数为 x。求解过程可按如下步骤展开：

(1) $x + 100 = n^2$, $x + 100 + 168 = m^2$

(2) 计算等式: $m^2 − n^2 = (m + n)(m − n) = 168$

(3) 设置: $m + n = i, m − n = j, i * j = 168, i$ 和 j 至少一个是偶数

(4) 可得: $m = (i + j) / 2, n = (i − j) / 2, i$ 和 j 要么都是偶数，要么都是奇数。

(5) 从 3 和 4 推导可知道, i 与 j 均是大于等于 2 的偶数。

(6) 由于 $i * j = 168, j >= 2$, 则 $1 < i < 168 / 2 + 1$。

(7) 接下来将 i 的所有数字循环计算即可。

程序源代码：

```
for i in range(1,85):
    if 168 % i == 0:
        j = 168 / i;
        if i > j and (i + j) % 2 == 0 and (i − j) % 2 == 0:
            m = (i + j) / 2
            n = (i − j) / 2
            x = n * n − 100
            print(x)
```

第四节　深度学习框架与平台

一、深度学习框架的基本内容

1. 什么是深度学习框架

在深度学习初始阶段，每个深度学习研究者都需要书写大量的重复代码。为了提高

工作效率,研究者们就将这些代码写成了一个框架,并将其放到网上,以便让所有研究者一起使用。于是,网上就逐渐出现了众多不同的框架。随着时间的推移,最为好用的几个框架因受人们的追捧而流行了起来。现在通过一个例子来加深理解这个概念。

图10-2所示图像中有各种类别的动物,如猫、骆驼、鹿、大象等。现在的任务是将这些图像分类到相应的类(或类别)中。Google搜索告诉人们,卷积神经网络(CNN)对于此类图像分类任务非常有效。所以当人们需要去实现这个模型时,如果要从头开始编写CNN,那么获得该工作模型将是几天以后(甚至是几周以后)的事情了,套用一句俗话"黄花菜都要凉了"。在这种情况下,深度学习框架可以让人真正改变这种尴尬的局面。无须写上百行代码,仅仅需要使用一个适合的框架,就可帮助人们快速建立这样的模型。以下是良好深度学习框架的一些主要特征:针对性能进行了优化;易于理解和编码;良好的社区支持;采用并行化进程以减少计算时间;自动计算渐变。

图10-2　各类动物图像

目前,世界上较为流行的深度学习框架有TensorFlow、Keras、Caffe、Theano、MXNet、Torch、PyTorch和PaddlePaddle。2018年,GitHub统计,在众多的深度学习框架中,TensorFlow最火,Keras次之,Pytorch再次之。从严格意义上来说,Keras不是一个深度学习框架,是一个用Python写的API接口,它的下面还是以TensorFlow等框架作为后端来支撑的。Keras的接口比较简单,所以实现想法的时候会比较容易,因此受到用户欢迎,变得较为火热起来。表10-3显示了各种深度学习框架的基本情况。

表10-3 各种深度学习框架的基础特征

框架名称	发布者	支持语言	支持系统
Caffe	UC Berkeley	Python/C++/MATLAB	Linux/Mac OS/Windows
TensorFlow	Google	Python/C++/Java/Go	Linux/Mac OS/Windows/Android/IOS
PyTorch	Facebook	C/C++/Lua/Python	Linux/Mac OS/Windows/Android/IOS
CNTK	Microsoft	Python/C++/C#/BrainScript	Linux/Windows
MXNet	DMLC	Python/C++/MATLAB/Julia/Go/R/Scala	Linux/Mac OS/Windows/Android/IOS
Theano	蒙特利尔大学	Python	Linux/Mac OS/Windows
Neon	Intel	Python	Linux
Deep Learning Toolbox	MATLAB	MATLAB	Linux/Mac OS/Windows

2. 多种主流深度学习框架

（1）TensorFlow。

2015年,Google宣布推出全新的机器学习开源工具——TensorFlow。该软件最初是由Google Brain团队基于Google开发的深度学习基础架构DistBelief建立起来的。2019年3月,Google又发布了最新的TensorFlow 2.0版本。实际上,TensorFlow是一款使用C++语言开发的开源数学计算软件,使用数据流图(Data Flow Graph)的形式进行计算。图中的节点代表数学运算,而图中的线条表示多维数据数组(tensor)之间的交互关系。TensorFlow因灵活的架构而可以部署在一个或多个CPU、GPU的台式机与服务器中,或者使用单一的API而应用在移动设备里[116]。

TensorFlow是一个采用计算图的形式表述数值计算的编程框架。张量(Tensor):计算图的基本数据结构,可以理解为多维数据[117]。流(Flow):架构上流动的数据就是张量,张量之间通过计算互相转化的过程就称为"流"。

TensorFlow是目前世界上使用人数最多、社区最为庞大的一个框架,因为它系Google公司出品,有着雄厚的力量支持,所以维护与更新比较频繁,并且有着与Python和C++的接口,教程也非常完善,同时很多论文复现的第一个版本都是基于TensorFlow写的,所以是默认的深度学习界框架"龙头老大"。

TensorFlow的优点在于:自带TensorBoard可视化工具,能够让用户实时监控和观察训练过程;拥有大量的开发者;有着详细的说明文档,可供查询的资料很多;支持多GPU、分布式训练,跨平台运行能力强;具备不局限于深度学习的多种用途,还拥有支持强化学习和其他算法的工具。

TensorFlow的缺点在于:频繁变动的接口。由于TensorFlow的接口一直处于快速迭代之中,并且没有很好地考虑向后的兼容性,这就导致现在许多开源代码已经无法在新版的TensorFlow上运行,同时也间接导致了许多基于TensorFlow的第三方框架出现Bug;接口设计过于晦涩难懂,在设计TensorFlow时,创造了图、会话、命名空间、PlaceHolder等诸多抽象概念,对初学者来说较难上手;运行速度明显比其他框架要慢。

(2)Keras。

Keras于2015年3月首次发布,享有"为人类而不是机器设计的API"之美誉,得到了Google的支持。相比于其他深度学习框架,Keras更像是一个深度学习接口,构建于第三方框架之上,是一个高层神经网络API,使用Python编写,并将TensorFlow、Theano及CNTK作为后端。Keras为支持快速实验而生,能够快速实现开发者的想法,是目前最容易上手的深度学习框架。

Keras的优点在于:具有更简洁、更适用的API,能够极大减少一般应用情况下用户的工作量;拥有丰富的教程和可重复使用的代码;更多的部署选项(直接并且通过TensorFlow后端),更简单的模型导出;支持多GPU训练。

Keras的缺点在于:过度封装导致其丧失灵活性,也导致用户在新增操作和获取底层数据信息时过于烦琐和困难,还使得Keras的程序运行变得十分缓慢,在绝大多数情况下,Keras是所有框架中运行最慢的;许多Bug都隐藏于封装之中,无法调试细节;初学者容易依赖于Keras的易使用性而忽略底层原理。

相比而言,用户在学习Keras时会十分轻松,但是很快就会遇到瓶颈,因为它缺乏变通性,不够灵活。在使用Keras的大多数时间里,用户主要是在调用接口。另外,Keras的过度封装使其并不适合新手学习,因为它无法帮助新手理解深度学习的真正内涵。

(3)PyTorch。

PyTorch于2016年10月发布,是一款专注于直接处理数组表达式的低级API。其前身是Torch(一个基于Lua语言的深度学习库)。Facebook人工智能研究院对PyTorch提供了强力支持。PyTorch支持动态计算图,为更具数学倾向的用户提供了更低层次的方法和更多的灵活性,许多新近发表的论文都采用PyTorch作为其研究内容的实现工具,这就促使PyTorch成为学术研究的首选解决方案。

PyTorch的优点在于:简洁易用,更具象和更直观的设计,建模过程简单透明,所思即所得,代码易于理解;可以为使用者提供更多关于深度学习实现的细节,如反向传播和其他训练过程;活跃的社区,提供完整的文档和指南,作者亲自维护的论坛可供用户交流和求教问题(当然与TensorFlow相比,PyTorch的社区还较小);代码简洁、优雅,具有更好的调试功能,默认的运行模式更像传统的编程,用户可以使用常见的调试工具,如pdb、ipdb或PyCharm调试器。

PyTorch的缺点在于:无可视化接口和工具;导出模型不可移植,工业部署不成熟;代码冗余量较大。

(4)Caffe/Caffe 2.0。

2013年底,Caffe由加州大学伯克利分校开发成功,其全称是Convolutional Architecture for Fast Feature Embedding。它是一个清晰、高效的深度学习框架,核心语言是C++。它支持命令行、Python和MATLAB接口。Caffe的一个重要特色是可以在不编写代码的情况下训练和部署模型。

Caffe的优点在于:核心程序用C++编写,因此效率更高,适合工业界的开发任务;网络结构都是以配置文件形式定义,不需要采用代码设计网络;在其Model Zoo里,拥有大量已经训练好的经典模型(AlexNet、VGG、Inception)。

Caffe的缺点在于:缺少灵活性和扩展性。Caffe是一种基于层的网络结构,如果要实现一个新的层,用户必须要利用C++实现它的前向和后向传播代码。如果需要新层运行在GPU上,则同时还需要用户自己实现CUDA代码。这种限制使得不熟悉C++和CUDA的用户扩展Caffe变得十分困难。依赖众多环境,难以配置,GitHub上基于Caffe的新的项目越来越少,已经很少用于学术界。缺乏对循环神经网络和语言建模的支持,不适合文本、声音或时间序列数据等其他类型的深度学习应用。

除了上述主流的四种深度学习框架,其他一些深度学习框架的优缺点对比见表10-4。如果读者最终想找一份深度学习的工作,最好学习一下TensorFlow;如果读者是一名深度学习的初学者,想要快速入门,建议从Keras开始;如果读者是一名科研工作者,试图了解模型真正在做什么,就可以考虑选择PyTorch;如果读者是一名C++的熟练使用者,并对CUDA计算游刃有余,就可以考虑选择Caffe。

表10-4 其他四种深度学习框架对比

框架名称	简介	优点	缺点
Theano	2008年诞生于LISA实验室,其设计具有较浓厚的学术气息。作为第一个Python深度学习框架,Theano很好地完成了自己的使命,为之后深度学习框架的开发奠定了基本设计方向:以计算图为框架的核心,采用GPU加速计算	(1)Python+NumPy的组合 (2)使用计算图 (3)学习门槛低	(1)比Torch臃肿 (2)不支持分布式运行 (3)大模型的编译要耗时很久,调试困难 (4)目前已停止开发
MXNet	MXNet是一个深度学习库,支持各种常见的语言,其借鉴了Caffe的思想,但实现起来更简洁。2016年,MXNet被AWS(亚马逊云科技)正式选择为其云计算的官方深度学习平台	(1)支持灵活的动态图和高效的静态图,性能优异 (2)扩展性好,分布式性能强大,可移植性强 (3)支持多种语言和平台	(1)入门门槛高 (2)文档不完善,更新慢 (3)代码有一些小Bug
Paddle	2018年诞生于百度,它集深度学习核心训练和推理框架、基础模型库、端到端开发套件、丰富的工具组件于一体	(1)底层用C++编写,运行速度快 (2)底层硬件同时支持CPU和GPU (3)支持Docker部署和原生包部署	(1)教材少 (2)学习难度大、曲线陡峭
CNTK	2016年诞生于微软,根据开发者描述,CNTK的性能比主流工具都要强。CNTK表现比较均衡,没有明显的短板	(1)性能出众 (2)在语音领域效果突出	(1)社区活跃度不高 (2)文档比较难懂 (3)目前不支持ARM架构,限制了其在移动设备上的发挥

综上所述可知,深度学习框架众多,并无最好与最坏之分。最重要的还是要深刻理解神经网络的基本概念,根据自己想要实现网络的类型,基于自己擅长的编程语言,考虑项目本身的特点和目标,选择最适合读者自己的深度学习框架。

二、深度学习平台的基本应用

1. CUDA

通用计算机模型(Compute Unified Device Architecture,CUDA)是NVIDIA发明的一种并行计算平台和编程模型。它利用图形处理器(GPU)的处理能力,可大幅提升计算性能。它包含了CUDA指令集架构(ISA)以及GPU内部的并行计算引擎[118]。开发人员可以使用C语言来为CUDA™架构编写程序,所编写出的程序可以在支持CUDA™的处理器上以超高性能运行。CUDA 3.0已经开始支持C++和Fortran。

现代的显示芯片已经具有高度的可程序化能力,由于显示芯片通常具有相当高的内存带宽,以及大量的执行单元,因此吸引人们产生利用显示芯片来进行一些计算工作的想法,即GPGPU。CUDA即是NVIDIA的GPGPU模型。

(1)CUDA的运行原理。

在CUDA架构下,一个程序可分为两个部分,即host端和device端。host端是指在CPU上执行的部分,而device端则是在显示芯片上执行的部分。device端的程序又称为"kernel"。通常host端程序会将数据准备好之后,复制到显卡的内存中,再由显示芯片执行device端程序,完成以后再由host端程序将结果从显卡的内存中取回。由于CPU存取显内存时显卡只能透过PCI Express接口,因此速度较慢(PCI Express x16的理论带宽是双向各4GB/s),因此不能进行太多这类动作,以免降低效率。

在CUDA架构下,显示芯片执行时的最小单位是thread。数个thread可以组成一个block。一个block中的thread能存取同一块共享的内存,而且可以快速进行同步的动作。每一个block所能包含的thread数目是有限的。不过,当执行相同程序的block时,可以组成grid。不同block中的thread无法存取同一个共享的内存,因此无法直接互通或进行同步。因此,不同block中的thread能合作的程度是比较低的。但是,利用这个模式可以让程序不用担心显示芯片实际上能同时执行的thread数目限制。例如,一个具有少量执行单元的显示芯片,可能会把各个block中的thread按顺序执行,而非同时执行。不同的grid可以执行不同的程序(kernel)。实际上,每个thread都有自己的一份register和local memory的空间。同一个block中的每个thread有共享的一份share memory。此外,所有的thread(包括不同block的thread)都共享一份global memory、constant memory、texture memory。不同的grid则有各自的global memory、constant memory、texture memory。

鉴于显示芯片能够进行大量并行计算的特性,它处理一些问题的方式和一般CPU是不同的。主要特点包括:

①内存存取latency的问题。CPU通常使用cache来减少存取主内存的次数,以避免内存latency影响到执行效率。显示芯片则多半没有cache(或很小),而利用并行化执行的方式来隐藏内存的latency(当第一个thread需要等待内存读取结果时,则开始执行第二个thread,依此类推)。

②分支指令的问题。CPU通常利用分支预测等方式来减少分支指令造成的pipeline bubble。显示芯片则多半使用类似处理内存latency的方式。不过,通常显示芯片处理分支的效率会较差一些。

因此,最适合利用CUDA处理的问题是可以大量并行化的问题,这样才能有效隐藏内存的latency,并有效利用显示芯片上的大量执行单元。使用CUDA时,同时有上千个thread在执行是很正常的。因此,对于不能大量并行化的问题,使用CUDA就没有办法获得最高的效率了。

（2）CUDA的优缺点。

与使用CPU相比，使用显示芯片来进行运算工作主要有以下几个好处：

①显示芯片通常具有更大的内存带宽。例如，NVIDIA出产的GeForce 8800GTX具有超过50 GB/s的内存带宽，而目前高阶CPU的内存带宽则在10 GB/s左右。

②显示芯片具有更多的执行单元。例如，同样是NVIDIA出产的GeForce 8800GTX具有128个"stream processors"，频率为1.35 GHz。虽然CPU的频率通常较高，但是其执行单元的数目则要少得多。

③与高阶CPU相比，显示芯片的价格较为低廉。例如，目前一张GeForce 8800GT包括512 MB内存的价格仅和一颗2.4 GHz四核心CPU的价格相若。

当然，使用显示芯片也有它的一些缺点：

①虽然显示芯片的运算单元数量很多，但对于那些不能高度并行化的工作，所能带来的帮助就不大。

②显示芯片目前只支持32 bits浮点数，且多半不能完全支持IEEE 754规格，有些运算的精确度可能较低。目前许多显示芯片并没有分开的整数运算单元，因此整数运算的效率较差。

③显示芯片通常不具有分支预测等复杂的流程控制单元，因此对于具有高度分支的程序其效率会比较差。

④目前，GPGPU的程序模型仍然不够成熟，也还没有公认的统一标准。例如，NVIDIA和AMD/ATI就有各自不同的程序模型。

整体来说，显示芯片的性质类似stream processor，适合一次性进行大量相同的工作。CPU则比较有弹性，能同时进行变化较多的工作。

（3）CUDA的应用范围。

迄今为止，基于CUDA的GPU销量已高达数百万之多，开发商、科学家和研究人员正在各个领域中广泛运用着CUDA，其中包括图像与视频处理、计算生物学和化学、流体力学模拟、CT图像再现、地震分析以及光线追踪等。计算行业正在从只使用CPU的"中央处理"功能向CPU与GPU并用的"协同处理"功能方向发展。VIDIA™发明CUDA的目标是在应用程序中充分利用CPU和GPU各自的优点。该架构已应用于GeForce™（精视™）、ION™（翼扬™）、Quadro以及Tesla GPU（图形处理器）上，对应用程序开发人员来说，这是一个巨大的、正在飞速发展的市场。

在消费级市场上，几乎每一款重要的消费级视频在其应用程序中，都已经使用CUDA来进行加速或很快将会利用CUDA来进行加速，其中不乏著名的Elemental Technologies公司、MotionDSP公司以及LoiLo公司的大牌产品。

在科技界,CUDA一直受到研究人员的热捧。例如,CUDA现在已能够对AMBER进行加速。AMBER是一款分子动力学模拟程序,全世界在学术界与制药企业中有超过60 000名研究人员使用该程序来加速新药的探索研发工作。

在金融市场,CUDA也大有作为。Numerix和CompatibL针对一款全新的对手风险应用程序发布了CUDA的技术支持方案,并在处理速度方面取得了大幅提升。由于有了良好的业绩作为保障,Numerix已为近400家金融机构所广泛使用。

事实表明,CUDA的广泛应用造就了GPU计算专用Tesla GPU的崛起。全球财富五百强企业已经安装了700多个GPU集群,这些企业涉及各个领域。例如在能源领域里,斯伦贝谢与雪佛龙以及银行业的法国巴黎银行都是其忠实的用户。

随着微软Windows 7与苹果Snow Leopard操作系统的相继问世,GPU计算必将成为主流。在这些全新的操作系统中,GPU将不仅仅是一种图形处理器,还将成为所有应用程序均可使用的一种通用并行处理器。

2. ROCm

Radeon开放计算(Radeon Open Computing platform,简称ROCm)是AMD的一个软件平台,是特地用来加速GPU计算的。ROCm的目标是建立可替代CUDA的生态,并在源码级别上对CUDA程序予以支持。ROCm之于AMD GPU,基本上相当于CUDA之于NVIDIA GPU。除ROCm以外,还有一系列ROCx的衍生版本,如ROCr——ROC Runtime、ROCk——ROC kernel driver和ROCt——ROC Thunk等。图10-3显示了深度学习运行结构的示意图。

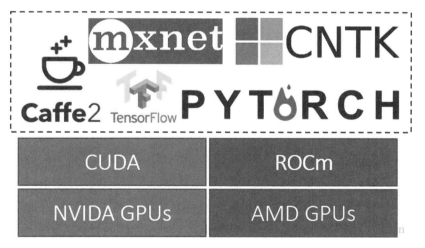

图10-3　深度学习运行过程示意图

AMD ROCm是第一个用于HPC/超大规模GPU计算的开源软件开发平台。AMD ROCm将UNIX的选择、极简主义和模块化软件开发理念带入GPU计算。由于ROCm生态系统由一系列开放技术组成,如框架(TensorFlow/PyTorch)、库(MIOpen/Blas/RCCL)、编程模型(HIP)、互连(OCD)和上游 Linux®内核支持,该平台不断针对性能和可扩展性进行了优化。工具、指导和见解在 ROCm GitHub 社区和论坛中可以供用户免费共享。

AMD ROCm 是专为扩展而设计的。它支持通过 RDMA 进出服务器节点通信的多 GPU计算。当驱动程序直接包含 RDMA 对等同步支持时,AMD ROCm 还简化了堆栈。AMDROCr 系统运行时与语言无关,并大量使用异构系统架构(HAS)来运行 API。这种方法为执行 HIP 和 OpenMP 等编程语言提供了丰富的选择和坚实的基础。CUDA 和 ROCm 的具体区别见表 10-5。

表 10-5　深度学习平台主要模块对比

CUDA	ROCm	备注
CUDA API	HIP	C++扩展语法
NVCC	HCC	
CUDA 函数库	ROC 库、HC 库	
Thrust	Parallel STL	HCC 原生支持
Profiler	ROCm Profiler	
CUDA-GDB	ROCm-GDB	
nvidia-smi	rocm-smi	
DirectGPU RDMA	ROCn RDMA	peer2peer
TensorRT	Tensile	张量计算库
CUDA-Docker	ROCm-Docker	

在表 10-5 中,异构计算可移植接口(Heterogeous-compute Interface for Portability,简称HIP)是 CUDA API 的"山寨克隆版"。除了一些不常用的功能(e.g. managed memory)以外,几乎全盘拷贝了 CUDA API,是 CUDA 的一个子集。异构计算编译器(Heterogeneous Compute Compiler,简称HCC)是基于 CLANG/LVVM 的一种开源编译器,也是 ROCm 中 NVCC 的对应工具。相比于 NVCC,HCC 提供了更多的功能。HCC 的单一编译环境统一支持 ISOC++11/14、C14、OpenMP 4.0,并且前向性支持 C++17"Parallel STL",且兼容 C++ AMP(微软推出的并行计算 API 标准),而且是同时适用于 CPU、GPU。

总而言之,服务器级的显卡价格昂贵,适合生产。消费级的显卡价格便宜,适合研究。

📄 本章小结

本章主要介绍了人工智能的开发工具,包括各种类型的计算机语言、PROLOG语言、Python语言以及深度学习框架与平台。通过本章的学习,读者应重点掌握以下内容:

(1)LISP语言是一种符号处理语言,特别适合于人工智能领域,因此读者应当了解LISP语言的特点,并知晓其应用特性。

(2)逻辑程序设计的重点包括:逻辑与控制分类;非确定性;输入与输出的可逆性;部分计值功能。

(3)面向对象语言必须支持三个关键的语言特性:抽象数据类型、继承性,以及从方法调用到对应方法的动态绑定。

(4)知识工程包括6个基本步骤:问题评估、数据和知识获取、原型系统开发、完整系统开发、系统评价和修订,以及系统集成和维护。

(5)Python是一个结合了解释性、编译性、互动性和面向对象特性的高层次脚本语言。

(6)各种开源深度学习框架特性互异,各有千秋,其中包括TensorFlow、Caffe、Keras、CNTK、Torch7、MXNet、Leaf、Theano、DeepLearning4、Lasagne、Neon等,读者应当了解其基本特性、适用范围与应用特点。

👆 思考与练习

参考答案

1.选择题

(1)逻辑型语言的特点不包括下列哪一项(　　　)?

A.简单性　　　　　　　　　　B.逻辑与控制分类

C.非确定性　　　　　　　　　D.部分计值功能

(2)下列说法正确的一项是(　　　)。

A.逻辑程序设计语言是一种说明型语言,其核心思想是通过语言描述来进行程序设计。

B.面向对象的语言必须支持三个关键的语言特性:抽象数据类型、继承性,以及方法调用到对应方法的动态绑定。

C.混合型语言必须支持三个关键的语言特性:兼容性较强、代码明了简洁,以及较弱的可扩展性。

D.PROLOG的项是常量、变量或结构。

2.填空题

（1）PROLOG程序一般由_____、_____和_____组成。

（2）Python的优点包括_____、_____、_____、_____、_____和_____等。

（3）深度学习平台主要包括_____和_____。

3.简答题

（1）什么是编译型语言？什么是解释型语言？

（2）主流的深度学习框架有哪些？它们的特点是什么？

4.实践题

（1）某个公司采用公用电话传递数据，数据是四位的整数，在传递过程中是加密的。加密规则如下：每位数字都加上5，然后用和除以10的余数代替该数字，再将第一位和第四位交换，第二位和第三位交换。（采用Python编程予以实现）

（2）海滩上有一堆桃子，五只猴子来分。第一只猴子把这堆桃子平均分为五份，多出了一个，这只猴子把多出的一个扔入海中，拿走了一份。第二只猴子把剩下的桃子又平均分成五份，又多出了一个，它同样把多出的一个扔入海中，拿走了一份。第三、第四、第五只猴子都是按这样做的。请问海滩上原来最少有多少个桃子？（采用Python编程予以实现）

📖 推荐阅读

[1]（美）明斯基.情感机器[M].王文革,程玉婷,李小刚译.杭州:浙江人民出版社.2016.

[2]（美）盖瑞·马库斯,（美）欧内斯特·戴维斯.如何创造可信的AI[M].尤志勇译.杭州:浙江教育出版社,2020.

[3]廖星宇.深度学习入门之PyTorch[M].北京:电子工业出版社,2017.

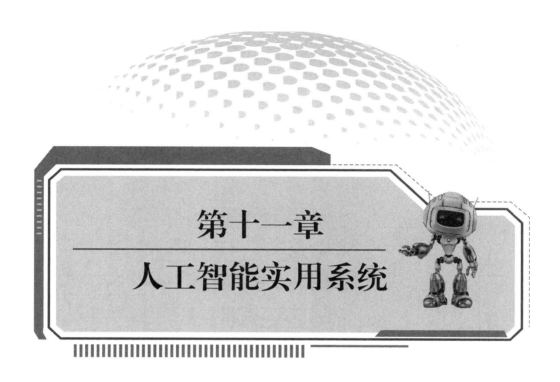

第十一章

人工智能实用系统

　　人工智能实用系统是人工智能系统中的一个分支，而且是极其重要的一个分支。因为人工智能的许多令人称道的优点正是通过人工智能实用系统的出色表现反映出来的。人工智能实用系统的理论前身和应用雏形是20世纪60年代末由斯坦福大学提出的机器人系统，该系统具有通用系统所应具备的各项功能，并且还包括语音识别、机器视觉、执行器系统和认知行为系统。经过几十年来持续不断地发展与完善，人工智能系统已经广泛应用于家庭、教育、军事、宇航和工业等领域，对改变人们的生活发挥出越来越重大的作用。为了让读者能够对人工智能实用系统有清晰的认识，本章首先对人工智能实用系统的发展历史和基本概念进行介绍，然后对当前主流的智能系统的研究内容和实际的应用领域进行具体描述，以开阔读者的视野，加深对人工智能系统在实际应用中的总体了解。

☆ 学习目标

（1）了解什么是人工智能实用系统和该系统的基本组成。

（2）了解什么是专家系统和该系统的发展历史。

（3）能够根据专家系统的基本工作步骤进行对应专家领域的设计。

（4）了解什么是单 Agent 系统、多 Agent 系统，以及该系统的发展历史。

（5）掌握单 Agent 系统和对应 Agent 系统的设计步骤。

（6）能够根据 Agent 系统的基本步骤设计一个实用的系统。

（7）了解智能机器人的基本组成和智能机器人的发展历史。

◯ 思维导图

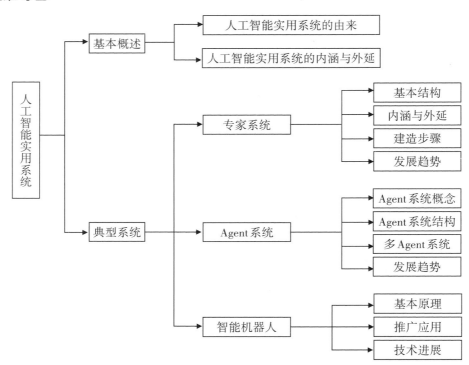

第一节　人工智能实用系统概述

一、人工智能实用系统的由来

进入 20 世纪以后，伴随着科学技术的进步，一些科技发达的国家开始尝试研制实用型的人工智能系统，但受限于当时的科技水平与建设条件，直到 20 世纪中叶，研究人员才真有可能模仿人类大脑的复杂思维过程。第二次世界大战期间,美国政府向多个人工智能研究项目投入扶助资金,旨在将人类的经验和技能引入人工神经网络,提高触觉神经接口的复杂程度,并在人类大脑中上传和下载信息。第二次世界大战结束以后,一些人工智能技术开始进入公共领域,比如一些机器人公司将人工智能技术加入各自的产品中以供消费者直接使用。最初,这些人工智能系统被用来提高劳动生产率,并通过记录程序员的工作路径来创建自我纠正的操作系统。甚至有些科技公司直接复制动物的神经网络,为工程师生成超精确的生态系统行为模型。

20世纪60年代初期,第一个商用人工智能系统开始进入大众市场,该系统最初是为城市规划者提供自适应托管程序。在与 MarsCorp 和 Alphabet 达成许可协议之后,人工智能操作系统(Artificial Intelligence Operating System,简称 AIOS)开始在所有行业中使用,以提高社会生产力。新的 AIOS 投入使用之后,由于其神经网络驱动算法能够自我纠正并最终增强大多数业务基础设施的功能,因而得到人们的热烈欢迎。虽然 AIOS 本身也需要更新,但它们维护和创建的程序可以由 AIOS 自己不断调整和更新,这给使用者们带来了很大的便利。

20世纪60年代末期,加州理工学院教授 HiramItskov 创造了第一个具有神经网络的人工智能机器人,这台机器人构成了所有后续 Itskov 型机器人的技术基础;而 Itskov 型机器人是一些可以准确模拟人类情感和个性的通用机器人。这些机器人进入服务行业,在各种各样的服务中,它们的表现甚至超越了它们的人类师傅,它们能够根据不同客户的需要来调整自己的个性与服务。

20世纪70年代,人工智能的研究在世界许多国家遍地开花,相继展开,研究成果也开始大量涌现。例如,1970年,国际性的人工智能杂志(Artificial Intelligence)创刊并发行,对推动人工智能的发展、促进研究者们的交流起到了重要作用。1972年,斯坦福大学的肖特利夫等人研制用于诊断和治疗感染性疾病的专家系统 MYCIN。尽管这一时期人工智能的发展势头很猛,但由于在机器翻译、问题求解、机器学习等领域出现了一些问题,人工智能受到了责难。在困难和挫折面前,人工智能研究的学者们没有退缩,他们继续进行深入的研究。经过认真的反思,再加上细致总结以前的经验及教训,人工智能的研究又继续扬帆远航。1977年,费根鲍姆提出了知识工程的概念,引发了以知识工程和认知科学为主的研究。以知识为中心开展人工智能研究的观点被大多数人所接受。这时,专家系统开始广泛应用,专家系统的开发工具也不断出现,人工智能产业日渐兴起。人工智能的研究又迎来了以知识为中心的蓬勃发展新时期。

20世纪80年代,由于知识工程概念的提出和专家系统的初步成功,人工智能以推理技术、知识获取、自然语言理解和机器视觉的研究为主,开始了不确定推理、非单调推理、定性推理方法的研究。知识获取的研究已成为业界热门课题。在整个20世纪80年代里,专家系统和知识工程在全世界得到了迅速发展,有些人工智能的产品已经成为热销商品。

20世纪90年代以来,专家系统、机器翻译、机器视觉、问题求解等方面的研究成果已获实际应用,同时,机器学习和人工神经网络的研究深入开展,形成了高潮。例如当前比较热门的信息过滤、信息分类、数据挖掘等都属于机器学习的知识获取范畴。另外,不同学派间的争论也非常激烈,这些都进一步促进了人工智能的发展。

人工智能实用系统具有学习、推理等认知能力,这使得它能广泛应用于种类繁多的家用机器人,并极大提升家用机器人的使用特性。如清洁机器人、割草机器人、智能家电(熨衣机器人、智能冰箱、数字化衣柜)、智能住宅、厨房机器人、康复和医疗机器人等在人工智能实用系统的加持下,工作品质得到极大改善。人工智能实用系统还具有支持微型MCU和众多传感器的特性,使它能应用于教育机器人领域。尤其令人称道的是,人工智能实用系统的实时性特点还使它能广泛应用于军事、宇航和工业领域,如战场机器人、空中机器人、水下机器人、空间机器人、农林机器人、建筑机器人、搜救机器人、采矿机器人、危险作业机器人、工业机器人、智能车辆以及无人机等人工智能实用系统,给这些机器人增添了"克敌制胜""攻坚克难"的本领。

二、人工智能实用系统的内涵与外延

1. 人工智能实用系统的内涵

人工智能实用系统的目标是将系统工程和人工智能相互结合共同构建出适合实际应用的人工智能系统。因此,通过讨论"系统"和"智能"两个词汇的基本概念,可以深入理解人工智能实用系统的基本内涵。

(1)系统的概念。

"系统(System)"一词来源于拉丁文的"systema"和希腊文的"synistanai",在英文韦氏字典和牛津字典中的解释是:"系统是处于一定关系中工作在一起的一组事物"或是"思想理论、原理等的有序集合"。《现代汉语词典》(商务印书馆,1998年修订本)中对系统的解释是:"系统是同类事物按一定的关系组成的整体。"这些都是语言学的解释,关于系统的科学解释是20世纪30年代以后,特别是二次大战以后,随着"自动控制"学说形成和发展而不断完善的。系统论的创始人贝塔朗菲对系统给的定义是,"处于一定相互联系中与环境发生关系的各组成部分的整体"。"工程控制论"的创始人钱学森教授对系统有过一个简明的概括,"系统是指依一定秩序相互联系着的一组事物"。

在现代,许多自动控制科学家在其系统论和控制论的著作中,对系统给定了大体相似的定义。汇总他们的意见,可以得到如下关于系统的定义:系统是由相互联系、相互作用的具有不同特征的若干部分(要素、子系统)组成的具有一定结构、确定功能、相对稳定和可以辨识的动态整体。

根据系统的定义,人们可以推导出一个完整的系统具有如下的特征:

①整体性。

整体性是系统最基本的特性。所谓系统,就是整体。整体既可以是物质的,也可以是精神的,还可以是信息的(物质、精神二者兼有)。德国哲学家黑格尔关于系统的整体性有许多精辟的见解,如:整体大于部分之和;整体决定部分的质;离开整体去考虑部分,则不可能认识部分;整体中的部分是动态相关和依存的。

②关联性。

互相联系、互相作用才能形成动态稳定的整体,稳定联系形成系统的结构,本质联系形成系统的规律。

③结构性。

结构性可以反映出系统中的必然联系,它是指系统内部各组成要素或子系统之间在空间或时间方面有机联系或相互作用的方式、顺序。有了结构,系统才能工作、运行和发展,从这一意义上说,结构是系统整体架构的基石。

④目的性。

从实质上分析,目的性就是系统的功能性、方向性。凡是系统均有一定的功能,人们希望在一定的环境中,系统的功能能够达到最佳,这就是系统的优化,人们还希望系统能向着一定的目标发展。比利时物理学家、诺贝尔奖获得者普里高津从热力学第二定律出发,提出开放系统的"耗散结构"理论,回答了开放系统如何从无序走向有序的问题。

⑤动态性。

运动是事物的基本特征,物质和运动相互联系,密不可分。只有运动,系统的各个部分才会发生相互关系。系统本身始终处于运动、变化的过程中;只有通过运动才能辨识系统和调控系统。系统的稳定是动态平衡状态的稳定。

⑥调控性。

人们往往通过调控使系统达到稳定、有序工作,如果系统本身具有调控功能,就可以称其具有自组织性和自适应性。自然界中的系统大都具有自调控性,这就是达尔文的"适者生存、优胜劣汰"进化论的思想基础。人造的各种技术系统,其核心问题就是如何调控系统使系统达到最佳的性能。

人们认识系统的最基本思想方法有两类:一是采用分析和演绎的方法,把系统中的各种要素、结构、联系、作用、行为、性能等细分开来,逐一研究,通过类比寻找规律,再根据规律演绎其变化和运动;二是采用综合和归纳的方法,把系统中的各种要素、结构、联系、作用、行为、性能等综合起来,从总体上研究,采取精简化、抽象化、浓缩化、符号化和类比的手段与途径,归纳出一般规律。

研究系统时,人们通常会将这两类方法结合起来使用。事实上,演绎法与归纳法二者的结合是近代自然科学使用的一般方法。杨振宁博士认为,中国过去重归纳而轻演绎,这是导致中国近代科学不发达的一个重要原因。中国传统文化的中心是"理"。什么是"理"呢?这就是以思考来归纳"天人之一切"。中国传统的归纳思想比比皆是,如"无极而太极""万物皆归属阴阳""中医八纲:阴阳、表里、寒热、虚实"等等,但是只有归纳而无推演,就不能有近代科学,更不能有近代的系统科学。近代微积分、近代力学、近代控制论都是归纳和演绎二者相结合的产物。

系统的各种要素、结构、联系、作用、行为、性能以及整体都有一定的表现形式,用数学符号和数学方法来描述这些形式就是建立系统的数学模型。比较而言,系统的数学模型具有形式简单、便于计算、便于分析、易于改进、通用性好等优点,现在已成为分析、研究和设计系统的基本工具。

(2)智能的概念。

智能是什么? 智能的本质又是什么? 这些问题一直吸引许多哲学家、脑科学家努力探索和反复研究,但至今仍然没有完全了解。智能的发生与物质的本质、宇宙的起源、生命的本质一起被列为自然界四大奥秘。近年来,随着脑科学、神经心理学等研究的进展,人们对人脑的结构和功能有了一定的认识,但对整个神经系统的内部结构和作用机制还了解不足,特别是对脑的功能原理还没有认识清楚,有待进一步地探索。因此,很难给出智能的确切定义。

目前,根据对人脑已有的认识,结合智能的外在表现,从不同的角度、不同的侧面,用不同的方法对智能进行研究,人们提出了几种不同的观点。其中影响较大、传播较广的观点有思维理论、知识阈值理论和进化理论等。

①思维理论。

研究人员认为智能的核心是思维,人的一切智能都来自大脑的思维活动,人类的一切知识都是人类思维的产物,因而通过对思维规律与方法的研究可望揭示智能的本质。

②知识阈值理论。

研究人员认为智能行为取决于知识的数量及其一般化的程度,一个系统之所以有智能是因为它具有可运用的知识。因此,知识阈值理论把智能定义为:智能就是在巨大的搜索空间中迅速找到一个最佳解的能力。这一理论在人工智能的发展史上有着重要的影响,知识工程和专家系统等都是在这一理论的影响下发展起来的。

③进化理论

研究人员认为人的本质能力是在动态环境中的行走能力、对外界事物的感知能力、维持生命和繁衍生息的能力。正是这些能力为智能的发展提供了基础,因此智能是某种复杂系统所浮现的性质,是由许多部件交互作用产生的,智能仅仅由系统总的行为以及行为与环境的联系所决定,它可以在没有明显的可操作的内部表达的情况下产生,也可以在没有明显的推理系统出现的情况下产生。该理论的核心是用控制取代表示,从而取消概念、模型及显式表示的知识,否定抽象对于智能及智能模拟的必要性,强调分层结构对于智能进化的可能性与必要性。这是由美国麻省理工学院(MIT)的布鲁克(R.A.Book)教授提出来的。

1991 年,布鲁克提出了"没有表达的智能";1992 年,布鲁克又提出了"没有推理的智能",这些是他根据对人造机器动物的研究与实践提出的与众不同的观点。目前这些观点尚未形成完整的理论体系,有待于进一步地研究与完善,但由于它与人们的传统看法完全不同,因而引起了人工智能界的注意。

综合上述各种观点,可以认为:智能是知识与智力的总和。其中,知识是一切智能行为的基础,而智力是获取知识并应用知识求解问题的能力。

根据智能的定义,人们可以推导出"智能"一词具有如下的特征:

①具有感知能力。

感知能力是指通过视觉、听觉、触觉、嗅觉等感觉器官感知外部世界的能力。感知是人类获取外部信息的基本途径与有效方法,人类的大部分知识都是通过感知获取有关信息,然后经过大脑加工获得的。如果没有感知,人们就不可能获得知识,也不可能引发各种智能活动。因此,感知是产生智能活动的前提。根据有关研究,视觉与听觉在人类感知中占有主导地位,80%以上的外界信息是通过视觉得到的,10%是通过听觉得到的。因此,在人工智能的机器感知研究方面,主要研究机器视觉及机器听觉。

②具有记忆与思维能力。

记忆与思维是人脑最重要的功能,是人类具有智能的根本原因。记忆用于存储由感知器官感知到的外部信息以及由思维所产生的知识;思维用于对记忆的信息进行处理,即利用已有的知识对信息进行分析、计算、比较、判断、推理、联想及决策等。思维是一个动态过程,是获取知识以及运用知识求解问题的根本途径。

③具有学习能力。

学习是人的本能。人人都在通过与环境的相互作用,不断地学习,从而积累知识,适应环境的变化。学习既可能是自觉的、有意识的,也可能是不自觉的、无意识的:既可以是有教师指导的,也可以是通过自己实践进行的。

④具有行为能力。

人们通常用语言或者某个表情、眼神及形体动作来对外界的刺激做出反应,传达某个信息,这些称为行为能力或表达能力。如果把人们的感知能力看作信息的输入,则行为能力就可以看作信息的输出,它们都受到神经系统的控制。

(3)人工智能实用系统。

人工智能实用系统是指具有人类智能或能够模拟人类智能的系统,这样的系统可以通过自组织、自适应的方式来驱动智能机器感知环境以实现其任务目标。

人工智能系统可以分成以下几种类型:①人类本身的系统,特别是人脑系统;②人类以其智能直接参与活动的系统,如金融系统、保险系统、体育系统等经济系统与社会系统;③人与机器共同工作的人机系统[119];④模拟或部分模拟人类智能的机器系统,如智能计算机系统、智能机器人系统、智能制造系统、智能控制系统等。前两类智能系统是"人本系统",也就是关于人类本身的系统,后两类智能系统则是"人为系统",是人类通过改造自然为人类谋取利益而创造的系统。"人本系统"是生命科学、认知科学及社会科学研究的对象,而"人为系统"则是工程科学研究的对象。

人工智能系统则是指工程科学研究中的"人为系统",该系统能够创造出能在最佳状态下工作的、代替或部分代替人类体力劳动和脑力劳动的机器人。关于"人为系统"研究的核心问题是如何对该系统进行设计和调控,以使其达到最佳工作状态。从工程观点出发,将智能系统定义为通过关于生成表示、推理过程和学习策略以自动(自主)解决人类此前解决过的问题的学科。

2. 人工智能实用系统的外延

人工智能系统是认知科学的工程产物,而认知科学是一门哲学、语言学和心理学相结合的科学。同时,人工智能系统又是一门通过计算实现智能行为的科学。人工智能系统可经由知识库建立,而知识库又是由推理机制操作的。这就意味着,研究如何从符号表示的知识来获取信息的途径,即通过知识表示与推理,对研究人工智能系统是至关重要的。从客观上来讲,对知识系统的定义涉及两个问题:①专注于任何反映智能系统主题的知识表示与推理;②假设系统只包含表示知识和应用推理技术的机理,建立基于计算系统的模型。在建立知识库以后,人工智能系统通过推理机进行知识库的计算,任何计算都需要某个实体(如概念或数量)和操作过程(运算步骤)。计算、操作和学习是智能系统的组成要素。而要进行操作,就需要适当的表示。与此相关的问题有:①知识或智能是如何表示的? ②知识或智能是如何操作(运算)的? ③知识或智能是如何学习(获取)的? 这些都是人们需要深入研究和持久探索的问题。

人工智能实用系统属于人工智能的一个分支,其突出特色是实用性,该系统能够满足人们的一些实际需求。许多学者将人工智能技术和实际应用系统结合起来,从而通过不同的应用领域将人工智能的应用具体化,进而产生巨大的作用。下面按作用原理将人工智能实用系统具体分为如下几种系统:

(1)专家系统。

专家系统(Expert System,简称 ES)是人工智能实用系统研究最活跃和最广泛的领域之一。1965 年,第一个专家系统 DENDRAL 在美国斯坦福大学问世,经过 20 年的持续研究和不断开发,到 20 世纪 80 年代中期,各种专家系统已经遍布各个专业领域,取得了极大的成功。现在,专家系统几乎无处不在,并在各种应用开发中得到进一步的发展。

专家系统是一种基于知识的计算机技术系统,一般由知识库、推理机、控制规则集和算法等组成。它从各种不同领域的人类专家那里获取相应知识,并将这些知识用于解决相应领域中只有专家才能解决的困难问题。同时,它也可以将同一领域的多个人类专家提供的知识进行有效推理和正确判断,并根据人类专家求解问题的思路进行问题求解。从本质上看,专家系统是将人工智能和计算机系统有机结合而建立起来的新型人工智能系统。专家系统所研究的问题一般具有不确定性,是以模仿人类智能为基础的。目前,专家系统已广泛用于故障诊断、工业设计和过程控制,产生出巨大的经济效应和社会效益。

（2）Agent 系统。

当前，Agent 技术是人工智能研究领域的热点课题之一，多 Agent 系统正日益崛起为分布式环境下软件智能化的重要技术，成为人工智能领域众多研究人员关注的焦点，同时还引起了数据通信、人机界面设计、机器人、并行工程等领域广大研究人员的浓厚兴趣。实际上，Agent 理论与技术研究最早发源于分布式人工智能，并可追溯到 1977 年 Hewitt 提出的开发 Actor 模型。但从 20 世纪 80 年代末开始，Agent 理论和技术的研究从 DAI 领域中拓展开来，并与许多其他领域相互借鉴和彼此融合，在许多不同于最初 DAI 应用的领域中得到了更为广泛的应用。

人们发现，单个 Agent 求解问题的能力比较有限，而多 Agent 系统协作求解问题的能力则大大超过单个 Agent。这是多 Agent 系统产生的最直接原因和最强大的推力。除此之外，引起人们对多 Agent 系统研究感兴趣的其他原因还有：可与已有系统或软件进行互操作；可帮助求解那些数据、能力和控制具有分布特性的问题；可以提高系统的效率和鲁棒性等。近年来，多 Agent 系统理论、多 Agent 计算组织及其建模方法、多 Agent 协商和多 Agent 规划成为学术界研究的热点课题，而相关的多 Agent 系统在 Internet 上的应用、移动 Agent 系统、Agent 社会以及电子商务等则成为 Agent 应用研究的新宠。尤其是移动 Agent 系统，它可以自主地在网络上从一台主机移动到另一台主机并连续运行，使网络环境下（特别是 Internet 环境下）的应用程序具有了很多潜在的优势。目前市面上已有不少成功的移动 Agent 系统，Telescript 就是其中比较著名的代表，它由 GeneralMagic 公司开发，主要用在 AT&T 的 PersonalLink 网络中，是第一个商业性的移动 Agent 系统。

（3）智能机器人。

根据专家的构想，智能机器人能够认识工作环境、工作对象及其状态，并能够适应工作环境的变化，能够根据人们给予的指令和自身认识外界的结果，独立地、可靠地决定工作方法，利用自身的操作机构和移动机构完成目标任务。智能机器人即是所谓的"第三代机器人"，与工业机器人是两种可以同时并存的自动机械，但它的研究目标在于从工程上模拟人（或其他生物体）的复杂动作及其相应的智能行为，并获得综合性能优异的机器实现。因此，智能机器人是工业机器人从无智能发展到有智能、从低智能发展到高智能的产物。它更接近于人们早先对于"机器人"的理想要求。

时至今日，人们认为智能机器人应该具备四种机能：一是运动机能，即施加于外部环境的相当于人的手、脚的动作机能；二是感知机能，即获取外部环境信息以便进行自我行动监视的机能；三是思维机能，即类似于人求解问题的认识、推理、判断机能；四是人机通信机能，即理解指示命令、输出内部状态，与人进行信息交换的机能。由此可见，智能机器人的"智能"特征就在于它具有与外部世界（工作对象、外部环境和人）相协调的工作机能。从控制方式看，智能机器人不同于工业机器人的"示教-再现"工作方式，以及操纵机器人的"操控"模式，而是一种"认知-适应"的新型运作方式。

第二节　专家系统

一、何谓专家系统

到目前为止,尽管人们还没有形成一个有关专家系统的严格的、公认的形式化定义,但人们仍然普遍认为,专家系统是一种具有大量专门知识与特定经验的智能程序系统,它能运用某个领域内一个或多个专家多年积累的丰富经验与专门知识,模拟领域内专家求解问题时的思维过程,以解决该领域中的各种复杂问题。根据上述认识,专家系统应当具有以下三个方面的含义:

(1)它是一种具有智能的程序系统。与普通的程序系统不同,专家系统是一种能够运用专家知识和经验进行推理的启发式程序系统。

(2)它必须含有大量专家水平的领域知识,并能在运行过程中不断地对这些知识进行更新和补充。

(3)它能够应用人工智能技术模拟人类专家求解问题的推理过程,解决那些本来应该由对应领域专家才能解决的复杂问题。

二、专家系统的基本结构

在深入理解专家系统时,首先要考虑的是专家系统的结构问题,即应当根据用户提出的要求和性能,深入考虑所要建造的系统应由几个部分构成,各部分之间的关系如何,如何对它们进行组织连接等。不同类型的专家系统,其功能和结构也都不尽相同。选择恰当的结构体系,对专家系统的有效性与适应性有着极大的影响。系统开发人员可以根据用户的要求以及自己具备的软硬件环境决定选择什么样的系统结构。随着专家系统相关技术的不断发展,专家系统的结构趋于多样化。但是,从根本上来看,专家系统的基本结构依旧是以MYCIN系统为代表扩充的产生式系统结构。在此讨论的是专家系统的最基本结构。

一个最基本的专家系统应由六个部分组成,包括综合数据库及其管理系统、知识库及其管理系统、知识获取机构、推理机、解释器和人机接口等,它们之间的结构组织关系如图11-1所示。

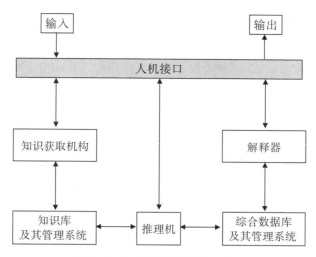

图 11-1　专家系统结构组织示意图

（1）综合数据库及其管理系统。

综合数据库简称数据库,用来存储有关领域问题的初始事实、问题描述以及系统推理过程中得到的各种中间状态或结果等,系统的目标结果也存于其中。数据库相当于专家系统的工作存储器,其规模和结构可根据系统目的的不同而不同。在系统推理过程中,数据库的内容是动态变化的。在求解问题开始时,它存放的是用户提供的初始事实和对问题的基本描述;在推理过程中,它又把推理过程所得到的中间结果存入其中;推理机将数据库中的数据作为匹配条件去知识库中选择合适的知识(规则)进行推理,再把推理的结果存入数据库中。这样循环往复,继续推理,直至得到目标结果为止。例如,在医疗专家系统中,数据库存放的是当前患者的情况,如姓名、年龄、基本症状等,以及推理过程中得到的一些中间结果,如引起症状的一些病因等。综合数据库是推理过程不可缺少的一个重要工作区域,其中的数据不但是推理机进行推理的依据,而且也是解释器为用户提供推理结果解释的依据。所以,它是专家系统不可缺少的重要组成部分。对数据库的管理由其管理系统来完成,它负责对数据库中的数据进行增加、删除、改动以及维护等工作,以保证数据表示方法与知识表示方法的一致性。

（2）知识库及其管理系统。

知识库是专家系统的知识存储器,用来存放待求解问题的相关领域内的原理性知识或一些相关的事实以及专家的经验性知识。原理性或事实性知识是广泛公认的知识,即书本知识和社会常识,而专家的经验知识则是长期专业实践的结晶。建立知识库的关键是要解决知识获取和知识表示两个问题。知识获取是专家系统开发中的一个重要任务,它要求知识库开发者非常认真、细致地对专家的经验和知识进行深入分析,研究适宜的提取方法。知识表示则要解决如何用计算机能够理解的形式来表达、编码和存储知识的相关问题。目前,专家系统中的知识提取是由知识获取机构在人工辅助之下来完成的,当把所获取的知识放于知识库中以后,推理机在求解问题时就可以到知识库中搜索所需的知识。所以,知识库与推理机、知识库与知识获取机构都有着密切的联系。知识库管理系统实现对知识库中知识的合理组织和有效管理,并能根据推理过程的需求去搜索、运用知识和对知识库中的知识做出正确的解释;它还负责对知识库进行维护,以保证知识库的一致性、完备性、相容性等。

(3)知识获取机构。

知识获取机构是专家系统中的一个重要部分,由一组程序组成,负责系统相关知识的获取。从本质上来看,知识获取机构的基本任务是从知识工程师那里获得知识或从训练数据中自动获取知识,并把得到的知识送入知识库中,并确保知识的一致性及完整性。在不同的专家系统中,知识获取机构的主体功能和实现方法也有所不同。有些专家系统的知识获取机构自动化功能较弱,需要通过知识工程师向该领域专家获取知识,再通过相应的知识编辑软件把获得的知识送到知识库中;有些专家系统自身就具有部分学习功能,可由系统直接与领域专家对话获取知识以辅助知识工程师进行知识库的建设,也可为修改知识库中的原有知识和扩充新知识提供相应手段;有些专家系统具有较强的机器自动学习功能,系统可通过一些训练数据或在实际运行过程中,经由各种机器学习方法,如关联分析、数据挖掘等,获得新的知识。无论采取哪种方式,知识获取都是目前专家系统研发中的一个重要问题。

(4)推理机。

推理机是专家系统在解决问题时的思维推理核心,是一组程序,可以模拟领域专家的思维过程,从而确保整个专家系统能够以逻辑方式进行问题求解。它能够依据综合数据库中的当前数据或事实,按照一定的策略从知识库中选择所需的相关知识,并依据该知识对当前的问题进行求解。它还能判断输入综合数据库的事实和数据是否合理,并为用户提供推理结果。在设计推理机时,必须要使程序求解问题的推理过程符合领域专家解决问题时的思维过程。所采用的推理方式可以是正向推理、反向推理或双向混合推理,推理过程可以是确定性推理或不确定性推理,这些均可根据具体情况确定。

(5)解释器。

解释器是与人机接口相连的部件,负责对专家系统的行为进行解释,并通过人机接口界面提供给用户。实际上,它也是一组程序,其主要功能是对系统的推理过程进行跟踪和记录,回答用户的提问,使用户能够了解推理的过程及所运用的知识和数据,并负责解释系统本身的推理结果。其采用的形式往往包括系统提示、人机对话等。例如,回答用户提出的"为什么",为用户说明"结论是如何得出的"等。解释器也是专家系统不可缺少的组成部分,可以使用户了解系统的推理情况,也可以帮助系统建造者发现系统存在的问题,从而帮助建造者进一步对系统进行完善。在设计解释器时,一般要考虑在系统运行过程中,用户可能会提出哪些问题,如何对这些问题进行回答,以便在程序中加以实现。解释器与人机界面的连接与交互方法也是设计解释器时必须要考虑的重要内容。

(6)人机接口。

人机接口是专家系统的另一个关键组成部分,是专家系统与外界进行通信与交互的桥梁,由一组程序与相应的硬件组成。领域专家或知识工程师通过人机接口可以实现知识的输入与更改,并可实现知识库的日常维护;用户可以通过人机接口输入要求解的问题描述、已知事实以及所关心的问题;系统则可通过人机接口输出推理结果、回答用户提出的问题或者向用户索要进一步求解问题所需的数据。在设计人机接口时,不同的专家系统可能会因为硬件和软件环境的差异而有所不同,但有一点是必须要注意的,即所设计的人机接口应尽可能地人性化,使其能尽可能地具有处理自然语言和多媒体信息的能力,因为专家系统的大多数最终用户和领域专家都不是计算机专业出身的,对一些专业性较深的问题缺乏足够的认识和了解,因此必须要照顾到这些具体情况,为这些人提供方便。

三、专家系统的内涵与外延

(1)专家系统的内涵。

前已述及,专家系统是一类计算机程序,当它运行时,能够像人类专家那样解决有关领域的专门问题。同时,正如人类专家依靠知识来解决专业问题一样,专家系统也依靠知识来解决有关领域的专门问题。当然,这些知识是经过形式化和结构化处理之后事先存储在计算机的知识库中的。从程序设计和运行的角度来看,专家系统和常规计算机程序相比还存在以下区别:

①常规程序实际上是对数据结构及作用于数据结构的确定型算法的表述;专家系统则主要运用启发式知识或经验,力求在问题域内找到令人满意的解答。简单说来,前者基于确定性算法,而后者基于启发式知识(常用的表达方式是规则)。

②常规程序通过查找或计算来求得解答,基本上是面向数值计算和数据处理的;专家系统则通过推导或推理来获得结论,或证明假设为真或假,专家系统本质上是面向符号处理的。

③常规程序作用于数据库或文件,其中仅包含明确的事实(实体和关系等);专家系统则作用于知识库,其中除事实之外,还包含根据人类专家的知识和经验总结出来的规则、解决问题的方案、附加过程等内容。

④常规程序主要是在问题的原数据这一层次上进行处理;专家系统则主要是在问题的语义或领域知识层次上进行处理。

⑤常规程序对数据的检索是基于模式的布尔匹配;专家系统则是基于规则和阈值概率的匹配。

⑥常规程序必须自始至终运行一遍,才能获得预期的结果。程序运行的中途,人们既不能干预,也无法干预,不能要求程序本身来说明它是怎样工作的。专家系统则不同,它总是交互作用式地工作,人们可以在专家系统工作的任何阶段,要求改变求解问题的进程或要求系统给出某种解释。

⑦常规程序是一种"封闭式"系统,缺乏修改或扩充的灵活性;专家系统则是一种"开

放式"系统,易于修改和扩充。

⑧常规程序可以由程序员来进行维护;专家系统则必须由知识工程师或专家本人来予以维护。

（2）专家系统的外延

在实际应用过程中,由于专家系统涉及的专业领域门类繁多,很难按照单纯的事务范畴或处理结果对专家系统进行具体的描述。因此,至今也还没有形成一个大家公认的关于专家系统的定义。但是,不同的实际任务有着不同的设计需求,因此人们应当依据不同类型的任务来选择不同的专家系统。为满足不同的设计需求,在构建专家系统时必须采取相应的实施方法和不同的实现技术,故而应当对各类专家系统进行具体的分类研究。

如果按专家系统的应用对象的不同种属来分类,可能将得不到明确的结论。这是因为在人类社会中,本来就存在各行各业的专家,因而在原则上可以有遍及各行各业的不同的专家系统,这样就可能导致专家系统庞杂紊乱。为了对不同类型的专家系统的基本特点有所了解,不妨从专家工作的性质和解决问题采用的方法这两方面来加以区分。

从专家工作的性质来分类,专家系统可以分为以下几种类型:

①诊断型专家系统。

这是当前开发应用得最多的一类专家系统。凡属医疗诊断、机器故障诊断、产品质量鉴定等性质的专家系统,皆可归属于诊断型专家系统。

②设计型专家系统。

这也是当前应用较多,而且经济效益比较明显的一类专家系统。例如工程设计、花布图案设计、服装设计、建筑设计、园林设计、机械设计等。

③规划型专家系统。

这一类型的专家系统主要适用于总体规划、全局调度、运筹优化一类性质的工作。例如,生产调度、原材料供应、规划设计、机器人动作控制等。

④测试/解释型专家系统。

对数据进行分析和解释的专家系统属于这一类型。这里所说的实验数据泛指通过各种技术手段从客观对象观测到的数据。例如,对产品技术指标的测定,对风洞试验数据、医疗仪器测试数据的分析等。

⑤预测型专家系统。

这是根据过去和现在的经验和数据,运用相应的知识来预见/预测未来的动向或趋势的一类专家系统。例如,天气预报、地震预报、市场预测、大面积农作物收成预测等。

⑥控制型专家系统。

主要是对各类系统的控制,小至某一生产过程,大至社会、经济系统,都有相应的管理专家在起作用。

⑦教学型专家系统。

主要是辅助各级教师、练教员等教学型专家的系统。例如,各种智能辅助教学系统、智能模拟训练系统等,都可以归入这一类型。

⑧监控型专家系统。

主要是指对各种生产过程或社会活动、经济活动进行监督控制和异常处理等的专家系统。

⑨维修/排错型专家系统。

工厂设备的维修工程师的职责是对企业运行设备进行日常维护、例行检修,以及发现故障时予以排除等,辅助维修工程师的系统就属于这类专家系统。此外,电话、电缆故障检测和故障排除专家系统也可归属于这种专家系统。

从专家解决问题采取的基本方法来分类,专家系统可以分为以下两种类型:

①诊断/分析型。

这是根据对症状、表征、已知前提条件等的分析,有逻辑地导出结论的一类专家系统。例如,前面提到的MYCIN,DENDRAL等专家系统就属于这种类型。

②构造/综合型。

这是按照需求和给定条件,综合出能够满足需求的构造/配置方案的一类专家系统。例如可以根据用户订单,得出VAX–Ⅱ系列最佳系统配置的专家系统XCON就是这类专家系统的一个典型例子。

四、专家系统的建造

众所周知,专家系统是一种基于知识的问题求解系统,其设计与建造方法至今尚未形成规范。1977年,费根鲍姆提出了"知识工程"的概念,期望专家系统的设计与建设过程能够实现工程化、规范化。随后有人提出了基于知识系统开发的知识工程生命周期的概念。知识工程生命周期与软件工程生命周期相比,既有相似之处,也有不同之处。专家系统是一种基于知识的、面向领域的、具有专家级问题求解能力的复杂软件系统,不同系统的开发过程又有着各自不同的特殊性和侧重点。因此,不同的专家系统开发人员对知识工程生命周期的划分也有不同的观点。

有人将知识工程生命周期划分为:系统分析、需求说明、技术选定、数据设计、进程设计与物理设计6个阶段;也有人将知识工程生命周期划分为问题确定、概念化、形式化、实现和测试5个阶段。这些划分方法虽然在基于知识的系统——专家系统的建设规范化方面发挥了一定的作用,但无法解决专家系统建造过程中,知识获取及知识的形式化方面存在的瓶颈问题。原型法是解决专家系统建造中知识获取瓶颈问题的一种较好方法,其基本思想是:首先建立一个能够反映用户主要需求和专家求解问题基本方法的系统原型,然后让用户和专家看一看未来系统在功能和求解能力上的概貌,以便让用户和专家对系统的功能和知识库提出修改要求。然后将原型反复修改,最终建立符合用户要求、具有专家级求解能力的新系统。基于原型法的专家系统的开发过程一般由"应用领域选择与可行性分析、需求分析、原型设计与开发、原型评价、最终系统设计、最终系统实现、系统测试与评价、系统维护与完善"等8个阶段构成,具体情况如图11-2所示:

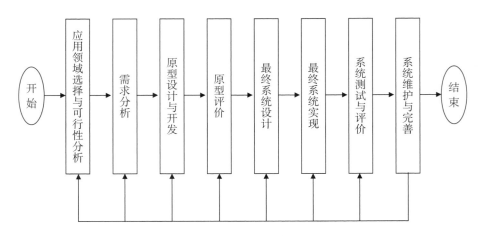

图11-2　专家系统的基本建造步骤

(1)应用领域选择与可行性分析。

选择合适的应用领域问题是能否建造专家系统的首要条件。这一阶段的主要工作包括以下几个方面:

①问题调研。

通过广泛地调查研究和征求意见,列出一切有应用专家系统需求的应用领域和问题,并根据需求的迫切性、市场的广阔性等对所选择的问题进行筛选,把那些具有市场前景的、迫切需要的项目选择出来。

②可行性分析。

对经上述环节选择出的项目进行详细的可行性分析,其中包括对问题实用性、技术可行性(专家及其经验的可获得性)、操作可行性(确定问题的难度和专家系统的规模)、经济可行性(专家系统的费用/效益比)的分析。

③确定最终入选的问题。

经过详细的问题调研和可行性分析之后,遴选出来的应用问题既适合采用专家系统来解决,同时也适合用户继续探索和不断深化。另外,开发这样的专家系统具有较好的费用/效益比。通过和用户或主管部门充分协商,从这些候选的应用问题领域中,最终确定一个应用领域进行专家系统开发。

(2)需求分析。

需求分析就是系统建造人员对用户的需求进行详尽的调查和仔细的分析,这是建立专家系统必不可少的一步。因为需求分析的好坏直接影响着系统开发的成败,因此,知识工程师在进行构思和设计专家系统之前,必须做好用户需求分析。

需求分析的主要任务包括:充分地与用户和领域专家进行讨论;写出需求分析报告;选择有代表性的用户和专家对需求报告进行评审;写出专家系统的需求规格说明书与开

发计划。需求规格说明书是这一步的重要结果,也是下一步工作开始的依据,其内容包括:目标与任务描述、数据与知识描述、功能描述、性能描述、质量保证、时间与进度要求等。在目标与任务描述中,应简单叙述在应用领域选择与可行性分析阶段确定的关于专家系统的目标即要解决的问题;在数据与知识描述中,应概要说明专家系统所涉及的数据、知识以及它们的获取方法、表示方法,还可以采用数据流图的方法表示出系统的逻辑模型;功能描述是对专家系统功能要求的说明,用形式化或非形式化的方法表示;性能描述是对专家系统性能要求的说明,包括系统的处理速度、实时性要求、安全限制、问题解答的表示形式等;质量保证则是阐述在系统交付使用前需要进行的功能测试和性能测试,并且规定系统源程序和开发文档应该遵守的各种标准;时间与进度要求是对系统开发的一种管理,它直接关系到系统开发的计划、人员的组织与安排等。

(3)原型设计与开发。

在开发大型软件时,原型化开发方法是一种较好的方法,因为它可以提高开发速度,缩短开发周期,并且开发出的软件也易于被用户接受。原型化开发方法的基本思想是在开发最终系统之前,先应用面向对象技术或其他程序设计技术搭建出一个简单的示范系统,由用户或领域专家对其进行试用,并提出修改意见,以便系统开发人员充分了解用户的需求。在多次反复修改并使原型系统达到用户要求之后,开发人员再根据原型系统开发的经验,开发正式的系统。按照这样的做法,可以使开发人员充分理解用户的需求,减少不必要的返工,提高软件的开发效率。一般而言,专家系统都属于大型的软件系统,因而采用原型法建造专家系统实属明智之举。在建造系统原型时,要注意这样一些问题:①只追求系统主要功能的实现,暂不考虑系统的处理效率和次要功能;②知识库中的知识数量不能太多,但解决该类型问题所需的知识类型应该周到齐全;③对于系统的实现方法与知识库的构建方法、推理方法等都应有多种备选方案,以供专家、系统开发者和用户比较,以便在开发最终系统时选用最好的方法。

需要说明的是,构造专家系统原型的主要步骤包括:初步知识获取、基本问题求解方法的确定、推理方式的确定、知识表示方法的确定、工具选择、原型系统开发。

(4)原型评价。

在原型系统开发成功之后,要对用户、知识工程师和领域专家进行原型系统的运行与演示,由用户、领域专家、知识工程师和系统编程人员共同对系统进行评价,对系统的主要功能、知识推理功能等需求规格说明书中的主要指标进行测试,并根据测试结果,对系统的功能、知识库、推理机等主要部分的不足进行反馈,以便进行修改。

(5)最终系统设计。

人们在用原型法开发原型系统时,一般都是采用某种开发工具或效率不高的开发语言来实现的,这就会导致原型系统在某些方面存在不足。因而除了一些简单的原型系统以外,大多数开发出来的原型系统都会被废弃不用,开发原型系统只是帮助开发人员定义系统需求的一种手段。在利用原型法完成了系统需求的确切定义之后,就进入最终系统的设计阶段。这一阶段的主要目标是:加深对系统的进一步理解;制定好开发规划;确定实施策略;对所有为系统开发提出过建议的人阐明对问题的理解程度,以得到他们的支持和帮助;为项目管理提供直观的检测点,使用户参与系统的开发;合理组织人员,协调项目的进展。该阶段的主要任务包括:问题的详细定义;确定项目规划;对系统各个方面进行设计,如基本知识描述、系统体系结构、工具选择、知识表示方式、推理方式、对话模型等;制定测试规划;制定产品规划;提出实施规划等。该阶段的最终结果是系统设计说明书。

(6)最终系统实现。

本阶段依据最终系统设计说明书对专家系统进行编程实现。因此,应该首先选择适当的语言环境和软件开发工具。最终系统实现阶段所要完成的主要工作包括:原型系统修改、系统实现;系统集成与验证。

(7)系统测试与评价。

当最终系统完成以后,人们需要了解它是否达到设计要求,还需要对其进行必要的测试与评估,并根据测试与评估结果对系统进行必要的修改,以达到需求分析书中所确立的性能与功能指标。

(8)系统维护与完善。

这是专家系统开发过程的最后一个阶段,也是系统交付使用后的一个经常性事项,其作用十分重要。在这一阶段中,系统人员要倾听用户的反映,对系统中的一些不足进行不断的完善。维护阶段的主要工作是:不断增加系统功能,尤其是扩充知识库,增加新的知识,使其更加完备;不断扩大系统应用领域,增强系统的问题求解能力;不断修改系统,使其能够适应外部环境的变化。

五、专家系统的发展

长期以来,人工智能领域的科学家们就希望能够开发出一种在某种意义上具有思考功能的计算机程序。专家系统正是为准确定义这些程序的本质所做的探索成果。专家系统的出现为人工智能的研究带来了勃勃生机和种种可能,使之进入了一个新的发展时期。

(1)早期专家系统的产生与发展。

专家系统的发展历史可以追溯到20世纪60年代中期。1964年,诺贝尔奖获得者、著名化学家勒德贝格(J.Lederberg)研究了一种可以根据输入的质谱仪数据列出所有可能的分子结构的算法。1965年,勒德贝格和费根鲍姆(E.Feigenbaum)等人一起,试图引入启发式知识(规则),以便能在更短的时间内获得同样的研究结果。1968年,费根鲍姆与勒德贝格成功研发了世界上的第一个专家系统DENDRAL,该系统的出现标志着人工智能的一个新领域——专家系统的正式诞生。从此,各种不同类型的专家系统相继在世界各地建立。

20世纪60年代末,美国麻省理工学院开始研究用于解决复杂微积分运算和数学推导的专家系统MACSYMA。经过十余年的努力(1968—1985年),专家系统MACSYMA终于研制成功,该系统包含了30多万行的LISP语句。在同一时代,美国卡内基-梅隆大学也开发了一个用于语音识别的专家系统HEARSAY,并在1975年研发成功HEARSAY-Ⅱ,该系统能分析一定数量的口语文法并能理解大约1000个单词。在20世纪70年代初期,美国匹兹堡大学的鲍波尔(H.E.Pople)和相关医院的内科医生们合作,研制成功了内科病诊断咨询系统INTERNIST,并在以后对其不断完善,使之发展成专家系统CADUCEUS。

20世纪70年代中期,专家系统的观点逐渐被人们所接受,许多卓有成效的专家系统相继研发成功,其中较具代表性的有MYCIN、PROSPECTOR、CASNET等。1976年,MYCIN由美国斯坦福大学的E.H.Sjortliffe开发成功,其主要目的是为细菌感染疾病患者提供抗菌剂治疗建议。从患者那里获取临床抽样以后,MYCIN就能快速得出最初的培养物报告,而采用人工方式做同样的工作,则需要花费24~48小时甚至更长的时间。MYCIN还首次使用了知识库的概念,并在不确定性的表示和处理中采用了可信度的方法,而这些做法是目前专家系统中常常使用的,这充分说明MYCIN在当年的眼光和做法有多么"超前"。1976年,美国斯坦福大学的R.O.Duda等人研制了一个探矿专家系统——PROSPECTOR,该系统把矿床模型按计算机能解释的形式进行编码,随后利用这些模型进行推理,达到勘探评价、区域资源估值、钻井井位选择的目的。1982年,美国利用该系统对华盛顿州的某一山区地带的地质资料进行分析,发现了一个钼矿床,使之成为第一个取得明显经济效益的专家系统,也是目前世界上公认的著名专家系统之一。除了MYCIN和PROSPECTOR外,还有一些比较著名的专家系统,如用于青光眼病诊断和治疗的CASNET系统等。

进入20世纪80年代以后,专家系统的研发开始走向商品化。专家系统的研发面向一些实际应用,目标是要能产生经济效益。例如,由数字设备公司(DEC)和卡内基-梅隆大学合作研发的专家系统XCON是一个为VAX计算机系统制定硬件配置方案的商用系统,该系统创造了巨大的经济效益。20世纪80年代初,美国贝尔实验室开发了一个用于设备错误诊断的专家系统——ACE,AT&T公司一直采用ACE来定位和识别电话网络中存在的各种故障点。20世纪80年代中期,美国通用电气公司开发了一个错误诊断专家系统——DELTA,通用电气公司将其投入商业应用,以帮助维修人员发现柴油发电机中的故障。人们通过使用专家系统对信用卡进行认证,使著名的AmericanExpress信用卡避免了巨大的损失。

我国在专家系统方面的研究工作起步于20世纪80年代,虽然起步较晚,但发展速度不慢,也取得了一些较好的成绩,开发成功了许多具有实用价值的应用型专家系统。例如,南京大学开发的新结构找水专家系统、吉林大学开发的勘探专家系统和油气资源评价专家系统、西安交通大学和中国科学院西北水土保持研究所联合开发的旱地小麦综合管理专家系统、北京中医药大学开发的关幼波肝病诊断专家系统都取得了显著的经济效益和巨大的社会效益,对专家系统的理论研究和推广应用起到了积极作用。

随着人工智能研究的不断深入,专家系统的研发技术取得了长足的进步,其他类型的专家系统相继出现,如设计型、规划型、控制型、监视型专家系统不断面世。专家系统的研发技术和体系结构也发生了巨大的变化,由最初的单一知识库和单一推理机发展为多知识库和多推理机,由集中式专家系统发展为分布式专家系统。近年来,随着神经网络研究的再度兴起,人们开始研究神经网络型专家系统、将符号处理与神经网络结合的专家系统。由于知识获取是建造专家系统的关键一步,人们在这一方面的研究显著加强。随着机器学习研究的进展,知识获取的方法已经从手工获取方式发展成了半自动获取方式,知识获取的速度和质量都有了明显的提高。在知识表示方面,已由原来的基于谓词逻辑的精确表示方法发展成多种不确定性的知识表示方法。专家系统中的推理机制也由开始的确定性推理或较简单的不确定性推理发展为面向应用领域的多种复杂的不确定性推理。另外,非单调推理、模糊推理等推理方法也都开始应用于专家系统。在研究专家系统开发技术的同时,人们还开展了专家系统开发工具的研究,先后有多种不同功能、不同用途的专家系统开发工具问世,这些开发工具为提高专家系统的研发质量、缩短研发周期、提高系统的用户友好性等方面起到了重要的作用。

(2)新一代专家系统的发展趋势。

经过多年的发展,专家系统的建造技术和应用水平发生了很大的变化,取得了很大的成就,但随着其应用领域的不断扩大和计算机技术的不断提升,人们对专家系统的要求越来越高,而且专家系统在解决实际问题中的许多薄弱环节也逐渐暴露出来。例如,在体系结构上,目前大部分的专家系统还是单一的或独立的专家系统,所能解决问题的范围较窄;在知识获取方面,目前的专家系统还缺乏知识获取的能力;在问题求解方面,目前的专家系统过于强调利用领域专家的经验性知识求解问题,忽视了深层知识在问题求解中的作用;在知识表示方法上,目前的专家系统缺少多种表示模式的集成,所能表示的知识面较窄;在推理方面,目前的专家系统不支持多种推理策略,缺少时态推理和非单调推理等人类思维中最常用的推理策略。所有这些缺点都决定了必须对专家系统技术做进一步的研究与改善,以建造功能更加强大、应用更加广泛且不同于目前专家系统的新一代专家系统。

对于什么是新一代专家系统这一问题,业界至今还没有一个公认、明确的定义,甚至不同人士对这一提法也有不同的观点。在这里暂不考虑新一代专家系统的定义问题,而主要讨论一下它应具备的一些特征。一般说来,新一代专家系统应具有以下特征:

(1)并行分布式处理。新一代专家系统的一个特征是能在多处理器的硬件环境中,采用各种并行算法实现并行推理与计算。系统中多处理器的并行工作可以是同步的,也可以是异步的,系统能把待求解的问题分解到各个处理器上,实现分布式处理。

(2)多专家系统协同工作。多专家系统协同工作是指多个子专家系统协同合作求解问题,其着眼点是通过各子系统的合作扩大整体专家系统的解题能力。这种多子系统的协同合作可以在同一个处理机上实现,而不要求具备多个处理机的硬件环境。

(3)高级系统设计语言和知识表述语言。如果工程师能够用一种高级系统设计语言对系统的功能、性能和接口进行描述,并用知识表述语言对领域知识进行描述,那么,专家系统的生成系统就会自动或半自动地生成一个符合要求的专家系统。这属于自动程序设计问题。

（4）具有自学习功能。新一代专家系统应在知识获取方面有所突破，系统的自学习功能使其具有了自动或半自动获取知识的能力。

（5）引入新的推理机制。新一代专家系统应在现有专家系统的推理策略基础上，引入新的推理策略，如非单调推理、模糊推理、类比推理等，以更符合人类思维的模式。

（6）具有纠错和自完善能力。新一代专家系统应具有自我完善的能力，在系统的运行过程中，系统能够不断地发现自身的错误，并自我修正，实现自我完善。

（7）先进的智能人机接口。新一代专家系统应具有智能的人机接口，能够利用自然语言进行输入输出。这当然要求人工智能要在语音识别与合成、自然语言理解等方面的研究上有所突破、有所前进。

在目前的条件下，要想实现具有上述这些特征的专家系统还是非常困难的，甚至是不可能的，这样的系统可能要在一个很长的时期内才能做到。但不必失望或沮丧，因为上述目标早晚都将成为现实，让大家拭目以待吧！

第三节　Agent 系统

一、何谓 Agent 系统

1. Agent 概念

Agent 的通常含义包括：代理（人）、代办、媒介、服务等，在计算机领域，Agent 作为"代理"获得了广泛使用。相比而言，在人工智能领域，人们现在所说的 Agent 则具有更加特定的含义。简单地讲，这里的 Agent 指的是一种实体，而且是一种具有智能的实体。这种实体可以是智能软件、智能设备、智能机器人或智能计算机系统等，甚至也可以是人。国内人工智能文献中对 Agent 的翻译或称呼有智能体、主体、智能 Agent 等，现在则逐渐趋向于不翻译成中文而是直接使用 Agent。1986 年，美国 MIT 的学者明斯基在其撰写的《思维的社会》一书中提出了 Agent 的相关概念。明斯基认为社会中的某些个体经过协商之后可求得问题的解，这些个体就是 Agent。他还认为 Agent 应具有社会交互性和智能性。从此，这种含义扩展了的 Agent 便被人们引入人工智能领域，并迅速成为业界的研究热点。

Agent 的抽象模型是一种具有传感器和执行器，且处于某一环境中的实体，其间的关系如图 11-3 所示。由图可知，Agent 通过传感器感知环境，并通过执行器作用于环境；它能运用自己所拥有的知识进行问题求解;它还能与其他 Agent 进行信息交流并协同工作。

图 11-3　Agent 与环境的交互作用

　　实际上,一个人也可以看成一个 Agent,这个人的眼睛、耳朵、鼻子如同传感器,而手、脚和嘴如同执行器。一个机器人同样也可以看成一个 Agent,机器人通过摄像头、红外传感器等传感设备感知外界环境,各种各样的驱动件、传动件、操作件作为执行器作用于外界环境。

　　因此,Agent 应具有如下基本特性:

　　①自主性。

　　自主性又可称为自治性,是指 Agent 能够在没有人或别的 Agent 的干预下,主动地、自发地控制自身的行为和内部状态,并且还有自己的目标或意图。

　　②反应性。

　　反应性是指 Agent 能够感知环境,并通过行为改变环境。

　　③适应性。

　　适应性是指 Agent 能根据目标、环境等的要求和制约做出行动计划,并根据环境的变化,修改自己的目标和计划。

　　④社会性。

　　社会性是指一个 Agent 一般不能在环境中单独存在,而要与其他 Agent 在同一环境中协同工作。而协作就要协商,要协商就要进行信息交流,信息交流的方式是相互通信。

　　⑤进化性。

　　进化性是指 Agent 应该能够在交互过程中逐步适应环境,自主学习、自主进化;能够随着环境的变化不断扩充自身的知识和能力,提高整个系统的智能性和可靠性。

　　⑥结构分布性。

　　结构分布性是指在逻辑上或物理上分布和异构的实体(如数据库、知识库、控制器、感知器和执行器等),在多 Agent 系统中具有分布式结构,有利于技术集成、资源共享、性能优化和系统整合。

　　⑦运行持续性。

　　运行持续性是指当 Agent 的程序启动之后,可以在长时间内维持运行状态,即使运算停止下来,Agent 也不会立即结束运行。

　　从面向对象的观点来看,Agent 也就是一种高级对象,或者说是具有智能的对象。

2. Agent 的类型

Agent 是一个开放的智能系统,与环境进行交互以完成期望的目标。由于 Agent 感知数据的方式可能不同,不同模块得到的感知结果也可能有所不同。所以,其首要任务是对多个感知器获取的环境信息进行融合和处理,得到比单一信息源更精确、更完整的信息,接着再利用系统状态、任务和时序等信息形成具体规划,并把内部工作状态和执行的重要结果送至数据库。

人工智能的任务是设计 Agent 程序,实现从感知序列到动作映射。程序的核心功能是决策生成机构或问题求解机构,它负责接收信息并指挥相应的功能操作模块工作。

一般而言,Agent 需要包含各种感知器、各种执行器以及实现从感知序列到动作映射的控制系统。如果 Agent 所能感知的环境状态集合用 $S = (s_1, s_2, \cdots, s_n)$ 来表示,所能完成的可能动作集合用 $A = (a_1, a_2, \cdots, a_n)$ 来表示,则 Agent 函数 $f: S* \rightarrow A$ 表示从环境状态序列到动作映射。

简单的 Agent 可能只是一台小型计算机,复杂的 Agent 可能包括用于特定任务的特殊硬件设备,如图像采集设备或声音识别设备等。当然,Agent 还可能是一个软件平台。Agent 的内部模块集合是如何组织起来的? 它们的相互作用关系如何? Agent 感知到的信息如何影响它的行为和内部状态? 如何将这些模块用软件或硬件的方式形成一个有机整体? 这些问题就是 Agent 结构的研究内容。

Agent 的结构规定了它如何根据所获得的数据和它的运行策略来决定和修改 Agent 的输出,结构是否合理决定了 Agent 的优劣。借助 Agent 的结构,可以更快、更好地开发 Agent 应用程序。从 Agent 理论模型角度来看,Agent 可分为反应型、思考型(或认知型)和两者的复合型。从特性来看,Agent 又可分为以下几种:

①反应式 Agent。

这种类型的 Agent 能够对环境主动进行监视并能做出必要的反应。反应式 Agent 最典型的应用是机器人,特别是 Rodney Brooks(罗德尼·布鲁克斯)类型的机器昆虫。

②BDI 式 Agent。

BDI 式 Agent 是将信念(Belief,即知识)、愿望(Desire,即任务)和意图(Intention,即为实现愿望而想做的事情)糅合在一起的 Agent,也被称为理性 Agent。这是目前关于 Agent 的研究中最典型的智能型 Agent,或自治 Agent。BDI 式 Agent 的典型应用是在 Internet 上为主人收集信息的软件 Agent。比较高级的智能机器人也是 BDI 式 Agent。

③社会式 Agent。

这是处在由多个 Agent 构成的一个 Agent 社会中的 Agent。对于各个 Agent 来说,有时利益互相趋同(共同完成一项任务),有时利益互相矛盾(彼此争夺一项任务)。因此,这类 Agent 的功能与关系就既包括协作,也包括竞争。办公自动化 Agent 是协作的典型例子,而多个运输(或电信)公司 Agent 争夺任务承包权则是竞争的典型例子。

④演化式Agent。

这是具有学习和提高自我能力的Agent。单个Agent可以在同环境的交互中总结经验教训,提高自己的能力。但更多的学习则是在多Agent系统,即社会Agent之间进行的。模拟生物社会(如蜜蜂和蚂蚁)的多Agent系统是演化式Agent的典型例子。

⑤人格化Agent。

这是一类不但有思想,而且有情感的Agent。目前,人们对这类Agent的研究还较少,但其发展前景非常可观。故事理解研究中的故事人物Agent则是典型的人格化Agent。

另外,从承担的工作和任务性质来看,Agent又可分为信息型Agent、合作型Agent、接口型Agent、移动型Agent等。尤其应当说明的是,以纯软件实现的Agent被称为软件Agent(Software Agent,简称SA)。软件Agent是当前Agent技术和应用研究的主要内容。

二、Agent系统的基本结构

工作时,Agent结构接受传感器的输入,然后运行Agent程序,并把程序运行的结果传送到执行器进行动作。

Agent系统的结构直接影响到系统的性能。这种Agent程序需要在某种称为结构的计算机设备上运行。Agent结构可能还包括隔离纯硬件和Agent程序的软件平台。

Agent、体系结构和程序之间具有如下关系:Agent=体系结构+程序。

在计算机系统中,Agent含有独立的外部设备、输入/输出驱动装备、各种功能操作处理程序、数据结构和相应的输出。程序的核心部分是决策生成器或问题求解器,它接收全局状态、任务和时序等信息,指挥相应的功能操作程序模块工作,并把内部工作状态和所要执行的重要结果送至全局数据库。Agent的全局数据库设有存放Agent状态、参数和重要结果的数据库,供总体协调和使用。Agent的运行是一个或多个进程,并接受总体调度。各个Agent在多个计算机上并行运行,其运行环境由体系结构支持。体系结构还提供共享资源、Agent间的通信工具和Agent间的总体协调,以使各个Agent能够在同一目标下并行、协调地工作。

Agent的结构表示了Agent内部各模块集合的组成情况和相互关系。模块集合及其相互作用规定了Agent如何根据所获得的数据和它的运作策略来决定和修改Agent的输出。

Agent结构需要解决以下问题:

①Agent由哪些模块组成;

②这些模块之间如何交互信息;

③Agent感知到的信息如何影响它的行为和内部状态;

④如何将这些模块用软件或硬件的方式组合起来形成一个有机的整体。

单个Agent的结构按属性可以分为:反应式体系结构(Reactive Architecture)、慎思式体系结构(Deliberative Architecture)和复合式体系结构(Complex Architecture)等,下面予以具体介绍。

1. 反应式体系结构的 Agent

反应式体系结构的 Agent 是一种具备对当时处境进行实时反应能力的 Agent。图 11-4 所示为反应式体系结构的 Agent 的结构示意图。

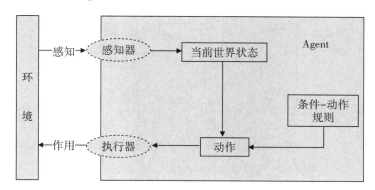

图 11-4 反应式体系结构的 Agent 的结构示意图

由图 11-4 可知，Agent 的 If-then 规则使 Agent 将感知和动作连接起来。反应式体系结构的 Agent 的内部预置了相关的知识，包含了行为集和约束关系。在外界刺激符合一定的条件之后，直接调用预置的知识，产生相应的输出。每个 Agent 既是客户，又是服务器，可以根据程序提出请求或做出回答。其行为以感知的外界信息为激发条件，中间不需要逻辑表示和推理。该 Agent 不制订将来的行为计划，由设计者根据工作要求给出 Agent 执行的动作。

典型的反应式体系结构有罗德尼·布鲁克斯提出的包容式结构、帕蒂·梅斯（Pattie Maes）提出的行为网络以及 Steels 提出的 Mars explorer 系统。这里主要介绍包容式结构的工作机制。

布鲁克斯认为，智能行为不需要采用符号人工智能所倡导的显式知识表示，也不需要显式的抽象和推理，可以像人类那样进化，是某些复杂系统自然产生的属性。这就与自然界中的某些生物类似，虽然自然界中的某些生物（如昆虫）没有全局信息，甚至不存储信息，但是它们能够表现出一定的智能行为。

基于行为的机器人学（Behavior Based Robotics，BBR）正是基于这种现象，工程师们可以为机器人设计一组独立的简单行为模型，通过机器人的个体交互表现出智能行为。

反应式体系结构的 Agent 能及时、快速地响应外来信息和环境的变化，但其智能程度较低，也缺乏足够的灵活性，因此它只是适用于相对简单的任务及环境。

2. 慎思式体系结构的 Agent

慎思式体系结构的 Agent 是一种基于知识的系统，拥有对环境的描述够少和对多种智能行为的逻辑推理能力。

慎思式体系结构的 Agent 的结构如图 11-5 所示。由该图可知，Agent 首先接收外部环境信息，然后依据内部状态进行信息融合，以产生修改当前状态的描述。此后，在知识库的支持下制订规划，再在目标指引下形成动作序列，对环境进行作用。

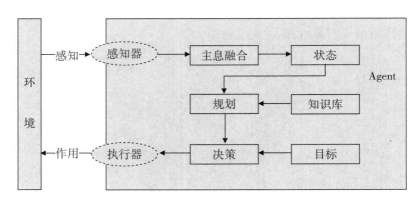

图 11-5　慎思式体系结构的 Agent 的结构示意图

在业界内部，影响较大的慎思式体系结构的 Agent 有 Rao 和 Georgeff 的 BDI 模型，它定义了慎思式体系结构的 Agent 的基本结构。需要说明的是，慎思式体系结构的 Agent 的哲学基础是布拉特曼（M.E.Bratman）的理性平衡观点，即只有保持信念、愿望和意图的理性平衡才能有效地解决问题。理性平衡的目的在于使 Agent 的行为符合环境的特性。信念代表 Agent 对世界的看法，愿望是 Agent 的目标，意图则指定 Agent 根据自己的信念和愿望选择一个或多个动作。布拉特曼认为在开放的世界中，理性的 Agent 行为不能直接由信念与愿望以及由两者组成的规划驱动，在愿望与规划之间应有一个基于信念的意图存在。

慎思式体系结构的 Agent 具有较高的智能，但无法对环境的变化做出快速响应，而且执行效率相对较低。慎思式体系结构的 Agent 产生局限性的原因如下：

①慎思式体系结构的 Agent 的环境模型一般是预知的，因而该类 Agent 对变化的动态环境存在一定的认知局限性，不适用于未知环境。

②由于缺乏必要的知识资源，在执行慎思式体系结构的 Agent 时，需要向模型提供有关环境的新信息，但该操作往往难以实现。

3. 复合式体系结构的 Agent

复合式体系结构的 Agent 综合了前述两种体系结构的 Agent 的优点，具有良好的灵活性和快速的响应性。它是在一个 Agent 内组合了多种相对独立和并行执行功能的智能形态，其结构包括感知、动作、反应、建模、规划、通信和决策等模块，其结构如图 11-6 所示。

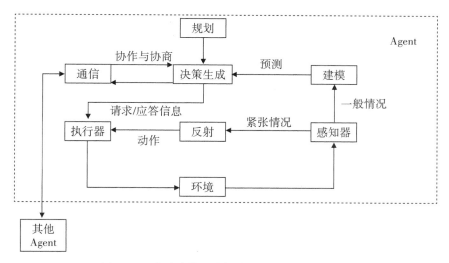

图11-6 复合式体系结构的Agent的结构示意图

由图11-6可知,该Agent通过感知模块来感知外部环境信息,再送到不同的处理模块进行处置。若感知紧急和简单情况时,信息就被送入反射模块,反射模块做出决定,并把动作命令送到执行器,产生相应的动作。

在业界,比较著名的复合式体系结构的Agent有Gergeff和Lansky开发的PRS(Procedural Reasoning System)、Fergusonn开发的Touring Machine,以及由Fischer开发的InteR-RaP。其中,InteRRaP采用分层控制的方法(行为层、本地规划层和协作规划层),将反应、慎思和协作能力结合起来,大大提高了Agent的能力。

其他的体系结构还有移动Agent结构、基于目标的Agent结构、基于效用的Agent结构等。由于Agent的应用领域非常广泛,其结构也各不相同,并且会有显著变化,目前还没有统一的分类模式,在此只讨论了几种比较常见的体系结构,更多详细内容读者可查阅相关资料。

三、Agent系统的应用实例——Web Agent

Web Agent是人们在智能Agent的概念基础上,结合信息检索、搜索引擎、机器学习、数据挖掘、信息统计等多个领域知识而开发的一种用于Web导航的工具。随着网络化的飞速发展,Web Agent必将成为具有广阔应用前景的一种小型Agent系统。事实上,目前已经有许多Web Agent实验系统存在,有些已经出现在人们日常访问的网站中。其中,比较著名的有Web Watcher、Personal Web Watcher、Syskill&Webert、Web Mate、Letizia等。

Web Watcher是由CMU的Tom Mitchell等人开发的服务端Web Agent系统,它建立了一种用户模型,可为所有登录服务器的用户服务。这种模型是根据当前大多数用户的普遍访问模式而训练生成的,有别于许多运行于客户端的为单一客户服务的Web Agent。当用户上网时,Web Watcher会记录下用户从登录开始一直到退出系统或服务器时所浏览过的页面和点击过的超链接,以及它们的时间戳。在退出系统或服务器之前,Web Watcher会询问用户是否达到了目标,即要求用户对此次浏览给出一个二值的评价,即成功或否。这种要求对同一时刻连接服务器的成千上万的用户都是一样的。Web Watcher正是通过对这种大量的训练事例的分析,得出了当前大多数用户普遍的浏览方式。

随着Internet以及Internet计算技术的持续发展,原本相互孤立的资源互联共享成为可能。但应当看到的是,尽管目前对Web服务的集成研究已经取得了很大的进展,但仍然存在着很多问题亟待解决。比如,传统的Web服务集成流程是静态的,且传统的Web服务集成流程系统难以适应动态变化。针对类似问题,一种基于Agent技术的Web服务集成原型系统应运而生,使得Web服务集成系统的执行方式由原来的集中式转为分布式,从而可以圆满解决相关问题。

1. Web 服务技术

Web服务是一个描述了一组可以在网络上通过标准化的XML消息来实现通信的软件接口。它是一种自包含、自描述、模块化的应用程序,可以被发布和被定位,并通过Web调用,是一种组件服务。换言之,Web服务就是一个应用程序,能够用编程的方法通过Web来调用这个应用程序。

Web服务体系结构是一种面向服务的构架(Services Oriented Architecture,简称SOA),是基于三个角色(服务提供者、服务请求者、服务中介)和三个操作(发布、发现、绑定)构建的。Web服务在发布服务时采用通用的描述、查找和集成服务协议(UDDI);在查找服务时采用UDDI和Web服务描述语言(WSDL);在绑定服务时采用简单对象访问协议(SOAP)。

2. 基于 Agent 的 Web 服务集成系统的设计与实现

基于Agent的Web服务集成系统原型具有以下几个主要功能:可以设计、编辑Web服务组合流程,可以执行Web服务组合流程,可以实现Web服务组合流程执行时的监控。

该系统在执行过程中需在前台程序输入Web服务组合流程,后台程序(协同Agent)负责分解该流程,然后将分解的流程脚本发送给相关的Web服务的代理(服务Agent),由这些服务Agent调用各Web服务并协同完成整个流程,最后将流程执行的最终结果返回给协同Agent。相关情况如图11-7所示。

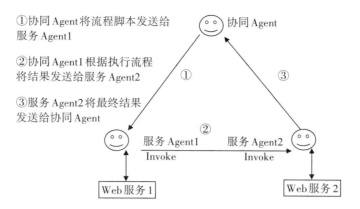

①协同 Agent 将流程脚本发送给
服务 Agent1

②协同 Agent1 根据执行流程
将结果发送给服务 Agent2

③服务 Agent2 将最终结果
发送给协同 Agent

图 11-7 基于 Agent 的 Web 服务调用

人们可以采用一种抽象三层体系架构来定义基于 Agent 的 Web 服务集成框架。图 11-8 描述了业务处理流程、Agent 和 Web 服务之间的关系。

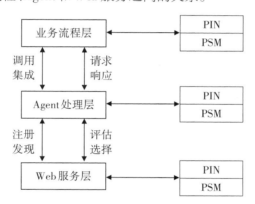

图 11-8 基于 Agent 的 Web 服务集成系统的三层体系架构

在图 11-8 中,最上层是业务流程层,主要负责业务流程的制定,确定业务流程为完成目标所必须包含的各个功能组件及工作顺序。中间层是 Agent 处理层,人们可将软件 Agent 系统作为软件中间件,主要负责两个方面的工作:一是智能评估、选择和定制与业务处理流程功能需求相匹配的 Web 服务,包括监测和错误、异常处理等功能;二是负责流程中各个 Web 服务之间的通信工作。最底层是 Web 服务层,它由遍布在网络中的各个 Web 服务组成,为集成业务流程提供各种功能的 Web 服务。

3. 实例分析

在此,采用一个供应链中常见的订单处理流程来说明上述体系结构的实现过程:当企业接到一个客户订单以后,首先需要对库存量进行查询,当知悉库存量不能满足该订单的需求量时,则通知客户不能满足需求,结束该次订单处理过程;当知悉库存量满足需求量时,则发送账单给客户,当客户支付完账单之后,则发送发货命令,该次订单处理过程结束。根据上述流程图的功能需求,可以得到订单处理过程的平台模型,用 UML 活动图表示出来则如图 11-9 所示。

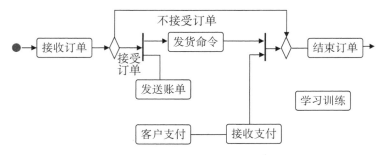

图11-9　订单处理过程UML活动图

四、多Agent系统

1. 多Agent系统的概念和特征

多Agent系统是一个松散耦合的Agent网络,这些Agent通过交互、协作进行问题求解(所解问题一般是单个Agent的能力或知识所不能解决的)。其中的每一个Agent都是自主的,它们可以由不同的设计方法和语言开发而成,因而可能是完全异质的。多Agent系统具有如下特征:

①每个Agent拥有解决问题的不完全的信息或能力;

②没有系统全局控制能力;

③数据是分散的;

④计算是异步的。

多Agent系统的理论研究是以单Agent理论研究为基础的。所以,除单Agent理论研究所涉及的内容外,多Agent系统的理论研究还包括一些和多Agent系统有关的基本规范,主要有以下几点:

①多Agent系统的体系结构;

②多Agent系统中Agent心智状态包括与交互有关的心智状态的选择与描述;

③多Agent系统的特性以及这些特性之间的关系;

④在形式上应如何描述这些特性及其关系;

⑤如何描述多Agent系统中Agent之间的交互和推理。

2. 多Agent系统的体系结构

①网络结构。

网络结构的Agent的特点是彼此之间都是直接通信的。对于这种结构的Agent系统,通信和状态知识都是固定的,每个Agent必须知道消息应该在什么时候发送到什么地方,系统中有哪些Agent是可以合作的,都具备什么样的能力。但是,将通信和控制功能都嵌入每个Agent的内部,这就要求系统中的每个Agent都拥有其他Agent的大量相关信息和知识,而在开放的分布式系统中这点往往是做不到的。另外,当系统中的Agent数目越来越多时,这种一对一的直接交互将导致通信效率降低。

②联盟结构。

该结构不同于Agent网络结构,其工作方式是:若干相距较近的Agent通过一个叫作协助者的Agent来进行交互,而相距较远的Agent之间的交互和消息发送则是由各局部Agent群体的协助者Agent来完成的。这些协助者Agent可以实现各种各样的消息发送协议。当一个Agent需要某种服务时,它就向它所在的局部Agent群体的协助者Agent发出一个请求,该协助者Agent将以广播方式发送该请求,或者将该请求与其他Agent所声明的能力进行匹配,一旦匹配成功,则将该请求发送给匹配成功的Agent。同样地,当一个Agent产生了一个对其他Agent可能有用的信息时,它就会通知它所在的局部Agent群体的协助者Agent,该协助者Agent通过匹配,将此信息发送给对它感兴趣的Agent,这种结构中的Agent不需要知道其他Agent的详细信息,因此较Agent网络结构有更大的灵活性。

③黑板结构。

它和联盟结构有相似之处,但不同之处在于黑板结构中的局部Agent把信息存放在可存取的"黑板"上,实现局部数据共享。在一个局部Agent群体中,控制外壳Agent(类似于联盟结构中的协助者)负责信息交互,而网络控制者Agent则负责局部Agent群体之间的远程信息交互。黑板结构的不足之处在于:局部数据共享要求一定范围的Agent群体中的Agent拥有统一的数据结构或知识表示,这就限制了系统中Agent设计和建造的灵活性。因此,开放的分布式系统不宜采用黑板结构。

有些文献从运行控制的角度讨论多Agent系统的体系结构,可分为集中式结构、分布式结构和层次式结构,下面予以简单介绍。

①集中式结构的Agent。

集中式结构的Agent将Agent分成多个组,每组内的Agent采取集中式管理方式,即每组Agent有一个中心Agent,它实时掌握其他Agent的信息并做出规划,控制和协调组内多Agent之间的协作。集中式结构的Agent的具体状况如图11-10所示。

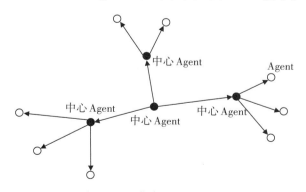

图11-10 集中式结构示意图

集中式结构能保持信息的一致性,中心Agent可以利用全局信息得出近似最优策略,易于管理、控制和调度。该结构的缺点在于对通信和计算资源的要求较高,随着各Agent

复杂程度和系统规模的增加,系统层次较多,数据传输过程中出错的概率增加,而且一旦中心 Agent 崩溃,将导致其控制范围内的所有 Agent 失效。因此,它比较适用于环境已知且确定的环境,通常系统规模较小。

②分布式结构的 Agent。

在分布式结构中,各 Agent 无主次之分,所有个体的地位都是平等的,其状况如图11-11 所示。Agent 的行为取决于自身状况、当前拥有的信息和外界环境,此结构中可以存在多个中介服务机构,为 Agent 成员寻求协作伙伴时提供服务。采用分布式结构的系统具有较大的灵活性、稳定性,但是由于每个 Agent 根据局部的信息做出决策和采取行动,难以统一 Agent 的行为,适用于动态复杂环境和开放式系统。

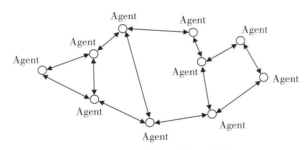

图11-11　分布式结构示意图

③层次式结构的 Agent。

为了发挥集中式结构的 Agent 和分布式结构的 Agent 的优点并克服其不足,可将 Agent 群体分为多个层次,其中每个层次均有多个采用集中式或分布式控制的 Agent。相邻层之间的 Agent 可以直接通信,每一层的决策权和控制权集中在其上层的 Agent 那里,上层的 Agent 参与控制和协调下层 Agent 的行为、共享资源的分配及管理。

分层式结构具有局部集中和全局分散的特点,适应分布式多 Agent 系统复杂、开放的特性,具有很好的鲁棒性、适应性、高效性,因此,该结构为目前多 Agent 系统所普遍采用。

3. 多 Agent 系统通信

通信是多 Agent 协同工作的基础,个体之间的信息交换和协调合作都是通过 Agent 之间的通信来完成的。一般而言,Agent 通信可以分为两类:一类是分享一个共同内部表示语言的 Agent,它们无需外部语言就能通信;另一类是无需做出内部语言假设的 Agent,它们以共享英语子集作为通信语言。

①使用 Tell 和 Ask 通信。

Agent 分享相同的内部表示语言,并通过 Tell 和 Ask 直接访问相互的知识库。例如,Agent A 可以使用 Tell(KBB, "P")把消息 P 发送给 Agent B,使用 Tell(KBA, "P")把 P 添加到自己的知识库。类似地,Agent A 使用 Ask(KBB, "Q")询问 Agent B 是否知道 Q。我们称这样的通信为灵感通信(Telepathic Communication)。如图11-12所示,两个共享内部语言的

Agent mitatio使用Tell和Ask界面并借助知识库相互直接通信,其中每个Agent除了具有感知和行为端口之外,还有一个到知识库的输入和输出端口。

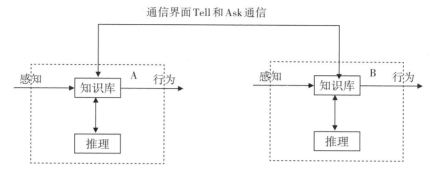

图11-12 Tell和Ask通信示意图

②使用形式语言通信。

大多数Agent的通信是通过语言而不是通过直接访问知识库实现的。有的Agent可以执行表示语言的行为,其他Agent可以感知这些语言。外部通信语言可以与内部表示语言有所不同,并且每个Agent都可以有不同的内部语言。只要每个Agent能够可靠地从外部语言映射到内部表示语言,Agent就无需统一内部符号。形式语言通信情况如图11-13所示。

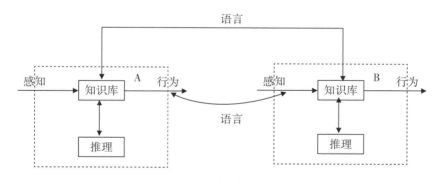

图11-13形式语言通信示意图

Agent之间的通信方式可以分为黑板系统和消息/对话系统两种方式,现予以简单介绍:

①黑板系统。

黑板系统主要支持分布式问题的求解。在多Agent系统中,黑板提供公共工作区,参与求解的Agent可"看"到黑板上的问题、数据、求解记录,并将自己对问题的求解结果"写"到黑板上,供其他Agent进行参考、求解。在这一模型中,Agent之间不能进行直接的通信,所有信息的交换都是通过黑板这一共享媒介完成的,每个Agent独立完成各自求解的问题。

黑板系统可用于任务共享和结果共享系统。如果参与到黑板中的Agent很多,那么黑板中的数据量就会剧增。各个 Agent 在访问黑板时,需要从大量信息中搜索并提取自己感兴趣的那些信息。为进行优化处理,黑板应为各 Agent 提供不同的区域。简单说来,黑板系统模型有三个主要组成部分:一是知识源,即 Agent,它们是作为求解问题的独立单元,具有不同的专门知识,可以独立完成特定的任务;二是黑板,即公共工作区,为知识源提供信息和数据,同时,也可供知识源进行修改;三是监控机制,根据黑板当前的问题求解状态,以及各知识源的不同求解能力,对其进行监控,使之能实时发现黑板的变化,并及时进行问题求解。

②消息/对话系统。

消息/对话系统是实现灵活和复杂的协调策略的基础。各 Agent 使用规定的协议相互交换信息,用于建立通信和协调机制。为了支持协作策略,通信协议必须明确规定通信过程、消息格式和选择通信的语言。另外,Agent 之间的通信是知识级的通信,参与通信的 Agent 必须知道通信语言的含义。

五、Agent技术的发展趋势

经过多年的积淀与发展,Agent 技术早已从最初的分布式人工智能(DAI)中极大地拓展开来,并与许多其他领域的先进理念与技术相互借鉴和整合,呈现出良好的发展态势。作为一门设计和开发软件系统的新方法,它已经得到了学术界和企业界的广泛关注。因此,目前人们对 Agent 的研究大致可分为智能 Agent、多 Agent 系统和面向 Agent 的程序设计。这 3 个方面相互支撑、相互关联,且相互促进。

1. 智能 Agent

鉴于设计原理及系统结构的特点,即使在同一系统中,Agent 技术也处于不同的层次和结构中,这就使得在任何一个系统里构建多个 Agent 系统都会让相关研究工作量明显增加,且其中的大部分工作实际作用并不大,往往是在做无用功而已。这充分表明传统的 Agent 的表现不尽如人意,需要加以改进。其实,人们只需根据实际需要开发相关的 Agent,就会起到事半功倍的效果。基于这样的考虑,Wooldridge 和 Jenning 对 Agent 技术进行了新的定义与设计,他们提出的"弱定义"和"强定义"最为经典,也被大多数人所接受。Agent 除了必须拥有的最基本特性以外,还可以拥有其他特性,如移动性、自适应性、通信能力、理性、持续性、时间连续性、自启动、自利等。

Agent 原本就有"智能"之意,在经过 Wooldridge 和 Jenning 等人的重新设计以后,其智能性和独立性增效显著。它不再受外部环境干扰,可以根据外部行为和自己的内部状态,以完成任务为导向,高效、敏捷地自我决定完成一些事情。同时由于它的可移动性,Agent 完全可以将封装的数据从一台主机移至另一台主机。与传统的概念相比,智能 Agent 概念具备更多的知识性、主动性和协作性,具有更强的问题求解能力和自治能力。

2. 多 Agent 系统

由于网络与互联网技术的发展,单个 Agent 早已不能满足人们的需要。在此情况下,多 Agent 系统产生了。顾名思义,多 Agent 系统是由多个 Agent 组成的,主要应用于分布式自主系统中,其每个成员互成个体,行为完全独立,计算过程异步、并发、并行。Agent 的互操作性和 Agent 间的协商、协作等问题成为人们研究的重点。

从运行控制的角度来看,多 Agent 系统的体系结构可分为集中式、分布式和混合式。集中式结构的多 Agent 系统是将 Agent 成员集中起来管理,通过系统分配的控制 Agent 来对组内成员的任务进行分配和管理,达到协调和控制的目的。分布式结构的多 Agent 系统比集中式结构的多 Agent 系统更加灵活、更为稳定,它不会因为组内成员中出现问题而导致全线崩溃。但是由于其成员各自独立,并无主次之分,因此 Agent 的数目往往很多,直接导致系统维护成本的增加。混合式结构的多 Agent 系统是一种结合了上述两种多 Agent 系统优点的改良性结构。它不仅解决了同类型间 Agent 之间的资源分配问题,还协调了不同类型 Agent 之间的冲突。目前,混合式结构的多 Agent 系统是应用最多的,且效果是最好的。

多 Agent 技术是当前分布式人工智能及计算机科学领域的研究热点,在计算机网络、多机器人系统、交通控制系统、软件工程领域、计算机仿真及军事应用等方面,多 Agent 技术都在发挥着重要作用。

3. 面向 Agent 的程序设计

随着"互联网+"概念的提出,越来越多的密集型软件被人们部署进了开放的网络环境里面,使系统与环境之间发生了深刻的变化,这就对程序设计技术提出了严峻的挑战。因此,设计一种能够适应这种变化情况的新的软件理论、模型就成为摆在设计人员面前的亟待解决的问题。许多学者将 Agent 的概念、理念和技术引入软件工程领域,并与软件工程的思想、原理和原则相结合,产生了面向 Agent 软件工程(AOSE)这一新颖的研究方向。

面向 Agent 软件工程是理论+实践的综合体。一方面,它将 Agent 作为基本的概念模型和计算抽象,将由此产生的一系列思想应用于软件开发中;另一方面,在软件开发设计的过程中,借助 Agent 间的相互作用,通过高层交互,实现系统的整体设计目标,从而可以更好地提高软件系统的灵活性,减少维护成本。因此可以说面向 Agent 软件工程是软件工程领域的一次重大进步。

目前,面向 Agent 的程序设计正处于发展阶段,但它已经受到各方面的高度关注,如电子商务、分布信息检索、场景监视、工作流管理系统、并行处理等。随着该项技术与计算机其他技术越来越紧密地合作,其发展空间必将更大,应用领域也必将更广。

第四节　智能机器人

一、智能机器人的基本原理

（一）智能机器人的概念

对于机器人而言，其定义五花八门，莫衷一是。但国际上比较趋同的定义是这样的，即机器人是一种可以通过编程来完成各种任务的机器，通过改变程序，就可以实现完成不同任务的功能。

自从20世纪中叶人们发明了第一款工业机器人以后，在无数科学家和工程师的不断努力之下，机器人技术取得了长足的进步。在半个多世纪的时间里，机器人的发展主要经历了三个阶段：

（1）第一代机器人——示教再现型机器人。它可以根据人们事先编写好的程序工作，而且只能按照固定的模式重复工作。

（2）第二代机器人——感觉型机器人。第二代机器人具有了一定的自适应能力，可以根据不同的需要按照不同的程序完成不同的工作。

（3）第三代机器人——智能型机器人。它是在科技不断发展的环境下应运而生的。智能机器人具有人的智慧，有一定的分析和判断能力，可以根据周围环境和自身的状态采取相应的策略来完成任务，具有很强的学习能力和自适应能力。随着计算机技术、机器人技术及人工智能的发展，智能机器人已经成为机器人技术研究的主要方向。

智能型机器人就是在传统的机械型机器人的基础上，再加上一个和人一样具有智慧的"大脑"，这个"大脑"通常指的是智能机器人内部的一个中央处理器。虽然智能机器人可以进行自我控制，但它并不具备人体内部的结构，只是具备各种传感器，包括视觉传感器、听觉传感器、触觉传感器等。智能机器人能够理解人类的语言，还可以用人类语言与人类进行对话。

（二）智能机器人的分类

就智能机器人而言，人们可以从不同的角度对其进行分类。例如，按照用途可以将其分为家庭机器人、医疗机器人、军用机器人等；按照作业空间可以将其分为水下机器人、管道机器人、空中机器人等；按照移动方式可以将其分为爬行机器人、步行机器人、履带式机器人、轮式机器人等。

下面将对一些典型的机器人进行介绍：

1. 传感型机器人

传感型机器人本身不带有智能单元，只有感应机构和执行机构。在实际操作过程中，传感型机器人可以通过视觉、听觉、触觉等传感器组成的传感系统处理信息,其控制是由外部的计算机实现的,计算机上具有完善的智能处理单元,可以根据机器人获得的信息对机器人进行合理的控制。

2. 交互型机器人

交互型机器人可以通过计算机系统与人类进行对话,具有一定的语言交流能力,由操作员来实现对机器人的控制和操作。虽然交互型机器人具备了一定的处理问题和决策问题的能力,但是它们仍然存在一定的局限性。

3. 自主型机器人

自主型机器人可以不受人的干预,自主应对各种复杂的环境,自动完成任务。这种类型的机器人拥有感知、处理、决策、执行等应用模块,可以模仿人的思考方式和行为方式,独立、自主地处理各种问题,自主完成各种复杂活动。它可以对周围的物体进行实时识别和准确测量,当环境发生变化时,它可以改变自身的参数进行调整,从而完成既定的任务。它不仅可以和人进行沟通交流,还可以与计算机及其他机器人进行信息交换。对自主型机器人的研发,要求在人工智能和制造业等领域具有比较高的水平,相对而言,门槛较高。相信在未来,全自主型机器人将越来越多地应用到人们的生活中,改善和提高人们的生活品质。

(三)机器人的组成部分

现以万物之灵的人类作为参考,来深入了解机器人的基本组成。从最基本的层面来看,人体包括五个主要组成部分:

①身体结构;

②肌肉系统,用来移动身体结构;

③感官系统,用来接收有关身体和周围环境的信息;

④能量源,用来给肌肉系统和感官系统提供能量;

⑤大脑系统,用来处理感官信息和指挥肌肉运动。

当然,人类还有一些无形的特征,如智能和道德,但从纯粹物理层面上来看,上述列表已经相当完备了。其实,机器人的组成部分与人类极为类似。一个智能机器人应该具备感知、决策、行动三大要素。感知是指机器人具有能够感觉内部、外部的状态和变化,并理解这些变化的某种内在含义的能力;决策是指机器人具有能够依据各种条件、状态、约束的实际情况,自主产生目标,并规划实现目标的具体方案和步骤的

图11-14　仿生袋鼠机器人

能力;行动则是指机器人应当具备完成一些基本工作、基本动作的能力。在这三大要素的基础上,智能机器人通过感知辅助产生决策,并将决策付诸行动,在复杂的环境下自主地完成任务,形成各种智能行为。

从宏观层面来看,一个典型的机器人应当拥有一套可以移动的身体结构、一部类似于电机的驱动装置、一套传感系统、一个独立电源和一个用来控制所有上述要素的计算机"大脑"。从本质上讲,机器人是由人类制造的"动物",它们是模仿人类和动物行为的人造机器。图11-14所示仿生袋鼠机器人就是这样的一种"人造机器"。

(四)机器人的共同特性

首先,几乎所有的机器人都有一个可以移动的身体。有些机器人拥有的只是机动化的轮子,有些机器人则拥有大量可移动的部件,这些部件一般由金属或工程塑料制成,其作用与人体骨骼类似,这些独立的部件可用关节连接起来。机器人的轮与轴是用某种传动装置连接起来的。有些机器人使用电动器件进行驱动,有些机器人使用液压器件进行驱动,还有些机器人则使用气压器件进行驱动。机器人可以使用上述任何类型的驱动装置。

其次,机器人需要一个能量源来驱使这些传动、驱动装置工作。对于采用电动装置的机器人来说,大多数会使用电池或墙上的电源插座来进行供电。此外,采用液压器件的机器人还需要一个泵来为液体加压,而采用气动器件的机器人则需要气体压缩机或压缩气罐。

所有的驱动装置都通过导线与电路板相连。电路板直接为电机和电动杆供电,并操纵电子阀门来启动液压系统。阀门可以控制承压流体在机器内流动的路径。例如,在液压驱动型的机器人里,如果机器人要移动一只由液压驱动的腿,其控制器会打开一只阀门,这只阀门由液压泵通向腿上的活塞筒。承压流体将推动活塞杆,使腿部绕关节转轴向前旋转。通常,机器人使用可提供双向推力的活塞,以使运动部件能向两个方向活动。

机器人的控制系统可以控制与电路相连的所有部件。为了使机器人动起来,控制系统会有序控制相关的电机或阀门。大多数机器人是可以重新编程的。如果需要改变机器人的某个工作行为,只需将一个新的程序写入它的控制系统即可。

在此需要说明的是,并非所有的机器人都有传感系统。其实,很少有机器人同时具有视觉、听觉、嗅觉或味觉。机器人拥有的最常见的一种感觉是运动觉,也就是它监控自身运动的能力。在标准设计中,机器人的关节处安装着刻有凹槽的轮子。在轮子的一侧有一个发光二极管,它发出一道光束,穿过凹槽,照在位于轮子另一侧的光传感器上。当机器人移动某个特定的关节时,有凹槽的轮子会转动。在此过程中,凹槽将挡住光束。光学传感器读取光束闪动的频次,并将数据传送给计算机。控制系统可以根据这些数据准确地计算出机器人关节已经旋转的角度。

(五)机器人是如何工作的

人们对机器人是如何工作的这一话题颇感兴趣,现以人们最常见的制造类机器人——多自由度机器臂为例加以说明。一台典型的六自由度机器臂由七个独立的部件构成,它们是用六个关节连接起来的。控制系统将有序驱动与每个关节分别相连的伺服电机,以便控制机器人(某些大型机器臂使用液压或气动系统)的运动。与普通电机不同,伺服电机会以增量方式精确移动。这使控制系统能够精确移动机器臂,使机器臂不断重复完全相同的动作。机器人利用运动传感器来确保自己始终按照正确的增量移动。

这种带有六个关节的工业机器人与人类的手臂极为相似(见图11-15),它具有相当于人体肩膀、肘部和腕部的部位。它的"肩膀"通常安装在一个固定的基座结构(而不是移动的身体)上。这种类型的机器人有六个自由度,也就是说,它能向六个不同的方向转动。与之相比,人的手臂有七个自由度。

人类手臂的作用是将手移动到不同的位置。与此类似,机器臂的作用则是移动其末端执行器到需要的地方。人们可以在机器臂上安装适用于特定应用场景的各种末端执行器。有一种常见的末端执行器是人手的简化版本,它能抓握并移动不同的物品。这种机械手往往有内置的

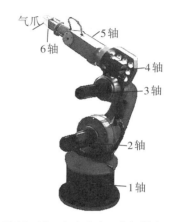

图11-15　六自由度工业机器人

压力传感器,用来将机器人抓握某一特定物体时的力度告诉控制系统,可使机器人有效控制机械手抓握的力度,既不会太大,以至于抓坏手中的物体;也不会太小,以至于掉落手中的东西。其他常用的末端执行器还包括油漆喷枪、钻头和刷胶器。

工业机器人专门用来在受控环境下反复执行完全相同的工作(见图11-16)。例如,某台机器人可能会负责给装配线上传送的车体框架进行点焊。为了教会机器人做好这项工作,操作员会用一个手持示教器来引导机器臂完成整套动作。机器人将动作序列准确地存储在控制系统内存中,此后每当装配线上有新的车体框架传送过来时,它就会反复做好电焊动作。当若干台机器人共同参与电焊工作时,就能高质、高效地完成全车框架的焊接工作。

图11-16　汽车制造中的机械臂

目前,汽车制造厂的许多工作都是由工业机器人完成的。工业机器人在进行焊接、喷漆、组装、搬运等工作时,其效率比人类高得多,而且它们不会疲劳,不会分神。无论它们已经工作了多久,它们仍能在相同的位置钻孔,用相同的力度拧螺钉,保障产品质量始终如一。

二、智能机器人的推广应用

智能机器人能够按照人们的指令完成各种各样的工作,例如,深海探测、战场侦察、搜集情报、突击作战、抢险抗灾、家政服务、助老助残均是各种智能机器人大显身手的场合。时至今日,智能机器人完全可以代替人去完成"人不想干""人不能干"和"人干不好"的工作,它们不仅能自主完成各种日常工作,而且能与人协作,共同完成复杂度更高、艰巨性更大的任务,因而在不同领域有着广泛的应用。

按照工作场所的不同,智能机器人可以分为管道智能机器人、水下智能机器人、空中智能机器人、地面智能机器人等。其中,管道智能机器人可以用来检测管道在使用过程中产生的破裂、腐蚀问题和焊缝质量情况,在恶劣环境下承担管道的清扫、喷涂、焊接、内部抛光等日常维护性工作,保障各种管道的正常运行;水下智能机器人可以用于海洋科学研究、海上石油开发、海底矿藏勘探、海底打捞救生等;空中智能机器人可以用于通信中继、气象预测、灾害监测、农业植保、地质监控、交通评估、广播电视等方面;服务智能机器人可以半自主或全自主工作,为人类提供理想周到的服务,尤其是医用智能机器人具有良好的应用前景;仿人机器人的形状与人体类似,具有移动功能、操作功能、感知功能、记忆能力和自治能力,能够实现人机交互;微型机器人以纳米技术为基础,在生物工程、医学工程、微型机电系统、精密光学测量装置、超精密加工及测量(如电子扫描隧道显微镜)等方面具有广阔的发展空间和远大的应用前景。

在军事领域中,智能军用机器人得到前所未有的重视和发展。近年来,美国、英国、法国、以色列、俄罗斯等国研制出第二代军用智能机器人,其特点是采用自主控制方式,能完成战场侦察、突击作战、物资输送、后勤保障等任务。如美国研制的 Navplab 自主导航车和 SSV 自主地面作战平台战车,具有监听、监视等能力,能够自动跟踪地形和选择

图11-17　军用机器人

道路,拥有自动搜索、识别和消灭敌方目标的功能。在未来的智能军事机器人中,还会出现智能战斗机器人、智能侦察机器人、智能警戒机器人、智能工兵机器人、智能运输机器人等,成为国防装备中新的亮点,并引领未来战争中作战方式的变革。

在服务工作方面,一些科技发达、经济繁荣的国家都在致力于研究开发和广泛应用智能服务机器人。其中,清洁机器人就是很好的例证。随着科学技术的持续进步和社会生活的不断改善,人们希望从烦琐的日常事务中解脱出来,尤其是摆脱繁重的家务劳动,这就使得扫地机器人进入家庭成为一种刚需。家用扫地机器人(见图11-18)是智能家用电器的一种,能凭借一定的人工智能,自动在房间内完成地板清理工作。它一般采用刷扫和真空吸附方式,将地面杂物先吸纳进入自身的垃圾收纳盒,从而完成地面清理的功能。一般来说,人们将可以完成清扫、吸尘、擦地工作的机器人统一归为扫地机器人。扫地机器人的发展目标是利用更加高级的人工智能带来更好的清扫效果、更高的清扫效率、更大的清扫面积。

图11-18　家用扫地机器人

甚至在体育比赛方面,智能机器人也得到了极大的发展。近年来在国际上迅速开展起来的足球机器人竞赛与机器人足球对抗活动,就很好地说明了这种趋势。众所周知,足球运动是国际上开展得最为广泛的运动,也是深受各国人民喜爱的运动。但是让机器人去踢足球,听起来像天方夜谭似的。机器人也能去踢足球?而且还要组成一支队伍,不同的机器人还要互相配合?要知道,机器人要参加比赛就必须拥有自己的眼睛、自己的双腿、自己的大脑,还得有自己的"嘴巴"——能把自己的想法告诉别的机器人,以便协同进行比赛。目前足球机器人还没有做到像真人一样,能够左冲右突、驰骋疆场。科学家估计,得再过十多年,即2035年左右,才能做到在一个真正的足球场地上,足球机器人在与人类足球比赛规则一样的条件下进行比赛。到那时,可能电视转播的体育节目中机器人足球会占据很大的比重。

迄今为止,现实中在国际上最具影响力的机器人足球赛事组织有FIRA国际机器人足球联合会和RoboCup国际机器人足球世界杯赛。值得一提的是,2013年RoboCup机器人世界杯足球赛在荷兰埃因霍温落幕。代表中国出战的北京信息科技大学"水之队"成为本届世界杯的最大黑马,在中型组决赛中以3∶2击败东道主荷兰的埃因霍温科技大学队夺冠。

实际上,机器人足球赛(见图11-19)的目标是将足球(高尔夫球)撞入对方球门。球场上空(2 m)悬挂的摄像机将比赛情况传入计算机内,由预装的软件做出恰当的决策与对策,通过无线通信方式将指挥命令传给己方参赛的机器人,机器人们则协同作战,双方对抗,形成一场激烈的足球比赛。在比赛过程中,每当机器人穿过地面线截面时就可随时更新其位置信息,双方的教练员与系统开发人员在竞赛

图11-19 足球机器人竞赛

中不得进行干预。从本质上看,足球机器人融计算机视觉、模式识别、决策对策、无线数字通信、自动控制与最优控制、智能体设计与电力传动等技术于一体,是一个典型的智能机器人系统。

在现代社会里,智能机器人不仅在上述领域有着广泛应用,而且将越来越渗透到人们生活的方方面面。

(1)房屋面积测量机器人——工地里的"大长腿"。

房屋面积测量是整个房地产测绘中一个重要的组成部分。房屋面积预测和实测产生的误差大小将会直接影响合同约定面积,在购买房屋时一直是人们关注的重要问题。"测量机器人"很好解决了房屋测量偏差过大的问题,它可将测量误差降到很小,且可满足实测实量工艺对精度、效率、测量规则、测量报告内容的诸多要求;同时,它的应用适配性很高,在不同户型、不同施工阶段、复杂施工工况都能完成测量。

(2)混凝土天花打磨机器人——房间内的"艺术家"。

施工时,通过数字遥控杆操控天花打磨机器人来回移动对房间内的混凝土天花拼缝、溢浆、错台、爆点等缺陷进行打磨,整个房间的天花打磨后平整度级差可以控制在2 mm以内。

而且天花打磨机器人自带的集尘装置可实时同步收集打磨过程中产生的大量灰尘,避免了低能见度造成的安全隐患以及对空气的污染,也减少了作业环境中扬尘对操作人员的危害。

今天,智能机器人的应用领域在日益扩大,人们期待智能机器人能在更多的领域里为人类服务,代替人类完成更多、更复杂、更艰巨的工作,让人们从繁重、危险、枯燥、有害等作业中解放出来,过上更有品质、更有追求、更有意义的生活。

三、智能机器人的技术进展

1. 智能机器人发展现状

迄今为止,机器人技术的发展已经经历了三个发展阶段。从最开始的示教再现型机器人到第二代的感觉型机器人,再到现在的第三代智能型机器人,一共经历了50多年的时间。今天人们使用的智能机器人带有多种传感器,能将多种传感器获取的信息进行深度融合,有效适应环境的变化,具有自主学习、自我完善的能力。实际上,智能机器人涉及当今很多关键技术领域,近年来,多传感器信息融合技术、导航定位技术、路径规划技术、机器人视觉技术,以及人机接口技术的蓬勃发展都带动了智能机器人技术的快速进步。

放眼世界,在各国智能机器人技术的比拼之中,美国始终处于领先地位。其智能机器人具有技术全面、功能先进、性能可靠、精确度高、适应性好、覆盖面广等优势,尤其是机器视觉、机器触觉等人工智能技术已在航天、汽车工业中广泛应用。近年来,美、英等国研制出的第二代、第三代军用智能机器人功能强悍、性能先进,这些军用机器人可以采用自主控制方式,在战场上完成侦察、作战和信息上传、后勤支援等任务。

在一系列扶植政策的推动下,日本开发机器人的热度长盛不衰,其研制的各类机器人也十分优异。政府投入的巨大资助给机器人产业带来了明显的发展优势,极大促进了智能机器人技术的发展。同时,日本相关部门仔细分析了机器人的发展趋势,从中探索、归纳出其机器人技术下一步的发展重点,这就是重点发展家用和服务机器人,让机器人走进千家万户,彻底改变人们的生活。例如,在日本的餐馆里,机器人可以捏寿司,其品质让老饕都赞不绝口;在日本的农田里,机器人可全程参与种植水稻并负责看管稻田;在日本的银行里,机器人负责接待客人并帮客人端茶倒水;在日本的家庭里,机器人能够陪老人聊天、给老人喂饭。

欧洲各国在智能机器人的研究和应用方面也不遑多让,全球约1/3的工业机器人是由欧盟机器人制造商制造的,这为欧洲研发智能机器人奠定了坚实的基础。同时,欧盟委员会还呼吁欧盟产业界加快机器人重要零部件在欧盟的研发和生产速度,以便能有效应对来自亚洲的激烈竞争和避免对世界其他地区的战略性依赖。早在2008年6月10日,欧盟委员会就发表了一份新闻公报,说是到2010年,欧盟对机器人研发的投资将在2007年的基础上实现翻番,即斥资4亿欧元来支持机器人的研发活动。现在回过头来看,这一目标早已实现。

我国机器人技术的起步并不算晚,而且国家越来越重视智能机器人技术的发展,政府投入力度不断增大,民间资本持续涌入,相关科研机构和企事业单位在机器人的研发领域开展了大量工作,形成了一批具有突出科研实力的公司和院校,如中国科学院沈阳自动化研究所、北京理工大学、清华大学、哈尔滨工业大学、北京航空航天大学、上海交通大学、华中科技大学等。各高校和研究所目前已经形成了区域优势和专业特色,尤其是近几年来,我国相关单位研制的智能机器人数不胜数,整体水平在世界范围来看都是令人惊叹的。这充分表明,我国的政策对路、方法对头。只要我们坚持发展下去,我国的智能机器人水平一定能够自立于世界之林,起到领跑的作用。

2. 智能机器人技术存在的问题与挑战

应当看到,虽然现在已经进入智能机器人时代,但目前在生产生活中见到的机器人大部分还是属于第一代或第二代。智能机器人技术并没有完全应用到生产生活中去。由于智能机器人开发难度大、研制周期长、投入资金多、见效时间长,且大部分有关智能机器人的研究还处于理论探索阶段。加上智能机器人技术所涉及的关键环节较多,任何一个技术缺陷的存在都会阻碍智能机器人技术的整体发展,因此智能机器人技术还面临许多挑战。

①智能机器人技术的研究力量比较分散,未能形成有效合力。目前国内外都在大力开展智能机器人技术的研究,但是不同研发机构、不同企业实体之间的交流和协作都较少,"各人自扫门前雪,不管他人瓦上霜",这样在同种技术的研究方面就造成了财力、物力和时间等的重复投入、彼此争夺现象,拖慢了整个行业的前进步伐。

②智能机器人产业链不够细化。智能机器人研究属于多学科交叉、多领域融合的一个新兴产业,涉及的关键技术较多,同时其种类也十分丰富,这就容易造成智能机器人在产业化时出现很多交叉、混搭现象,导致分工不明确,条块不细致,重复研究、重复生产的现象较为严重,使得产业链发育不够成熟,更不够完善。

③智能机器人研究中产学研脱节现象严重。虽然随着时代的发展和技术的进步,我国部分高校或研究机构已经和企业逐步实现了协作与联合,但还没有真正将业界理论与行业需求紧密结合起来。如何将理论成果产品化、商品化还是一个值得深深探讨的问题。一方面,很多研究成果没有用武之地,得不到应有的应用与推广;另一方面,很多企业又缺乏高水平的研究人才和原创性的科研成果,无法创新、无法进步。如何填平这两个方面之间的鸿沟是需要花力气、动脑筋、想办法的。

④在智能机器人研究的过程中存在过度追求高指标、高性能的现象。在我国,智能机器人的研究基础不厚、积累不多、水平还处在不断提高的过程之中。还有许多重要的理论与技术问题需要攻关才能解决。任何一个细节考虑不周就有可能造成重大损失。过度追求高指标、高性能往往会阻碍智能机器人的真正发展,导致失去许多分析问题、解决问题的机会。

⑤自主意识不强、创新能力不足,制约了智能机器人市场的开拓。在我国的智能机器人研发过程中,拿来主义、照搬设计的现象比较严重。许多科研单位和生产企业喜欢吃

"快餐"和开"快车",不根据市场需求做深入调研,不根据具体国情做方案分析,盲目照搬国外设计理念和处置方案,生搬硬套,缺乏创新意识,更缺乏独创品牌,开发出的智能机器人离实际需求相差甚远。实际上,要想智能机器人事业突飞猛进就必须依靠不断地开拓创新,真正以市场为导向,以需求为目标,以创新为抓手,进一步促进我国智能机器人产业的发展,形成良性循环。

3. 智能机器人技术未来的发展趋势

智能机器人技术是未来高新技术发展的制高点,是未来新兴产业布局的切入口,是未来新型军事斗争的主力军,也是未来智慧社会服务的好帮手。可以确信无疑的是,智能机器人技术有着非常广阔的应用前景,未来将朝着以下几个方面发展:

①注重智能机器人产业集群发展。面向新兴制造业,从产学研用一体化入手,提高集成技术的融合度,使智能机器人真正做到规模产业化、系统集成化,实现资源优势互补。

②注重关键功能部件与核心技术的发展。探索各种新的高性能功能材料、高强度轻质材料,专门研究关键部件,从细节解决问题,掌握核心技术,注重多传感系统和控制技术的发展,研究机器人控制器的标准化和网络化;研究基于智能材料和仿生原理的高功率密度驱动器技术;研究仿生感知、控制机制、生物神经系统理论与方法;引导智能机器人机构向着模块化、可重构方向发展。

③注重智能机器人向更灵巧、更智能、更安全的方向发展。智能机器人的机构将变得越来越灵巧,控制系统将变得越来越小巧,智能程度将变得越来越高级,并朝着一体化方向发展;为使智能机器人真正走向应用,为人类社会全方位服务,智能机器人使用的安全性也必将变得越来越优异。

④注重智能机器人拥有更好、更自然、更方便的交互方式。以后发展的智能机器人,其人机交互的需求越来越向简单化、多样化、智能化,人性化方向迈进,因此需要研究并设计各种智能人机接口,如多语种语音、自然语言理解,图像、手写字识别等,以更好地适应不同的用户和不同的应用任务需求,提高人与智能机器人交互的和谐性。

⑤注重多智能机器人之间的协作。不论是现在,还是未来,很多作业任务仅凭单个机器人一己之力是无法完成的,集群体之力,汇群体之智,在复杂未知环境下实现智能机器人的群体决策和协同操作前景光明、任重道远,是未来智能机器人技术研究的主要方向。

一言以蔽之,近年来我国智能机器人技术虽然得到了长足的发展,但还落后于世界先进水平。智能机器人技术是现代各种高新尖技术的综合体现,具有广阔的应用需求。为此,要认清形势,明确目标,敢于挑战,攻坚克难,努力缩小与世界先进水平的差距,让我国在成为制造大国的同时也成为制造强国,早日让我国的智能机器人技术傲视群雄,引领潮流。

📄 本章小结

本章主要介绍了人工智能实用系统和 Agent 的相关知识,同时介绍了专家系统和智能机器人。通过本章的学习,读者应重点掌握以下内容:

(1)专家系统的最基本结构由六个部分组成,具体为:综合数据库及其管理系统、知识库及其管理系统、知识获取机构、推理机、解释器和人机接口等。

(2)专家系统原型的开发过程可以分为六个步骤,即初步知识获取、基本问题求解方法的确定、推理方式的确定、知识表示方法的确定、工具选择、原型系统开发。

(3)在人工智能领域中,Agent 是指能够自主地、灵活地与某一环境进行交互的程序或实体,其结构类型包括反应式 Agent、慎思式 Agent、跟踪式 Agent、基于目标的 Agent、基于效果的 Agent 和复合式 Agent。

(4)Agent 之间进行通信就是改变信息载体,将载体发送到接收 Agent 的可观察环境中,其通信类型包括使用 Tell 和 Ask 通信和使用形式语言通信;通信方式可分为黑板系统和消息/对话系统。

(5)多 Agent 系统是由分布在网络上的多个 Agent 松散耦合而成的系统,这些 Agent 不仅自身具有问题求解能力和行为目标,还能够相互协作,达到共同的整体目标,即解决现实中由单个 Agent 无法处理的复杂问题。

🍎 思考与练习

参考答案

1.选择题

(1)专家系统的核心是什么?(　　　)

A.知识库和知识获取机构　　　　　　　B.知识库和推理机

C.知识库和综合数据库　　　　　　　　D.综合数据库和推理机

(2)建立知识库时,需要解决的两个重要问题是(　　　)。

A.知识表示方法的选择和推理策略　　　B.解释机制和知识获取

C.知识表示方法的选择和知识获取　　　D.推理策略和知识获取

(3)Agent 是独立的智能实体,其自身具备多种特性,不包括(　)。

A.行为自主性和结构分布性　　　　　　B.工作协作性和环境协调性

C.知识综合性和运行间断性　　　　　　D.功能智能性和系统适应性

(4)用于任务共享系统和结果共享系统的通信方式是(　　　)。

A.黑板系统　　　　　　　　　　　　　B.消息/对话系统

C.A、B 都是　　　　　　　　　　　　　D.A、B 都不是

(5)在多 Agent 系统中,Agent 可直接进行通信的体系结构是(　　　)。

A.网络结构　　　　　　　　　　　　　B.联盟结构

C.黑板结构　　　　　　　　　　　　　D.A、B、C 都不是

2.填空题

(1)知识获取过程中主要需要做4项工作,即＿＿＿＿＿＿＿＿、转换知识、输入知识和＿＿＿＿

＿＿＿＿＿。

(2)知识获取分为＿＿＿＿＿＿＿＿＿＿、＿＿＿＿＿＿＿＿和半自动知识获取。

(3)在人工智能领域中,＿＿＿＿＿＿＿＿＿是指能够自主地、灵活地与某一环境进行交互程

序或实体。

(4)通常Agent通信的类型分为两种,包括＿＿＿＿＿＿＿＿和＿＿＿＿＿＿＿＿。

3.简答题

(1)简述什么是专家系统?

(2)专家系统由哪几部分组成?

(3)简述Agent的结构与分类?

(4)简述什么是多Agent系统?

推荐阅读

[1]蔡自兴,刘丽珏,陈白帆,等.人工智能——探昔论今(英文版)[M].北京:清华大学出版社,2021.

[2](美)阿米尔·侯赛因.终极智能:感知机器与人工智能的未来[M].赛迪研究院专家组译.北京:中信出版社,2021.

[3](澳)尼格尼维斯基.人工智能:智能系统指南[M].陈薇译.北京:机械工业出版社,2012.

参考文献

[1]廉师友.人工智能技术导论[M].3版.西安:西安电子科技大学出版社,2007.

[2]蔡自兴,徐光祐.人工智能及其应用(第三版本科生用书)[M].3版.北京:清华大学出版社,2003.

[3]王万良.人工智能导论[M].3版.北京:高等教育出版社,2011.

[4]王海东.维特根斯坦论意义盲人及人工智能[J].云南大学学报(社会科学版),2019,18(4).

[5]张治玲.人工智能在农业领域的应用现状与发展趋势[J].农业科技与信息,2020(19).

[6]刘经熠.浅析人工智能技术在工程建设领域的应用现状[J].城市道桥与防洪,2020(6).

[7]黄健,何丽.人工智能在企业管理中的应用[J].科技创业月刊,2018,31(12).

[8]阚衍,袁子怡,叶杨薇,等.基于AI技术的人力资源管理自助服务平台调研[J].信息周刊,2019(10).

[9]成思源,周金平,郭钟宁.技术创新方法:TRIZ理论及应用[M].北京:清华大学出版社,2014.

[10]邵丽萍,等.Java语言实用教程[M].北京:清华大学出版社,2008.

[11]王亚杰,邱虹坤,吴燕燕,等.计算机博弈的研究与发展[J].智能系统学报,2016,11(6).

[12]矫玉洁.机器翻译简介[J].校园英语,2014(21).

[13]陈荷.机器人写作的应用现状与展望——以"封面新闻"机器人"小封"为例[J].中国广播,2019(10).

[14]李联宁.物联网技术基础教程[M].北京:清华大学出版社,2012.

[15]张磊,王志海.大学计算机基础[M].北京:北京邮电大学出版社,2016.

[16]武奇生,等.物联网工程及应用[M].西安:西安电子科技大学出版社,2014.

[17]徐家福.软件自动化[J].计算机研究与发展,1988,25(11).

[18]吴少岩,陈火旺.自动程序设计——模拟进化的途径[J].计算机学报,1997,20(2).

[19]张仰森,黄改娟.人工智能教程[M].北京:高等教育出版社,2008.

[20]蔡恒进.行为主义、联结主义和符号主义的贯通[J].上海师范大学学报(哲学社会科学版),2020,(4).

[21]郑春霞.FMS中AGV的路径规划与避障[D].哈尔滨:哈尔滨工业大学,2006.

[22]廉师友.人工智能技术简明教程[M].北京:人民邮电出版社,2011.

[23]姜春义.论图书馆智能信息系统与智能管理系统[J].农业图书情报学刊,2012,24(3).

[24]周波,谢光.人工智能在模式识别中的关键技术探究[J].现代信息科技,2019,3(22).

[25]胡郁.人工智能与语音识别技术[J].电子产品世界,2016,(4).

[26]国家自然科学基金委员会.先进制造技术基础[M].北京:高等教育出版社,1998.

[27]王云波,李铁.智能制造发展过程的阶段及其特征[J].冶金自动化,2020,44(5).

[28]赵佩.人工智能技术在临床医疗诊断中的应用及发展[J].中国新通信,2019,21(22).

[29]李秀岭,高海涛,魏秀兰,等.国内外智能车辆发展及关键技术综述[J].青年时代,2015(8).

[30]金浙良.机器视觉在汽车前方车道识别中的应用研究[D].广西大学,2009.

[31]周海廷.生物信息智能化处理的进展[J].模式识别与人工智能,2004,17(3).

[32]金耀青,姜永权,谭炳元.智能机器人现状及发展趋势[J].电脑与电信,2017(5).

[33]江建英,邓俊红,丁宝根.我国"智慧教育"研究的可视化分析:现状,热点及趋势[J].东华理工大学学报(社会科学版),2021,40(2).

[34]张茂聪,鲁婷.国内外智慧教育研究现状及其发展趋势——基于近10年文献计量分析[J].中国教育信息化,2020(1).

[35]王耀南,余群明.智能控制技术[J].大众用电,2002,18(1).

[36]白辰甲.基于计算机视觉和深度学习的自动驾驶方法研究[D].哈尔滨:哈尔滨工业大学.

[37]刘洋.神经机器翻译前沿进展[J].计算机研究与发展,2017,54(6).

[38]刘琦,于汉超,蔡剑成,等.大数据生物特征识别技术研究进展[J].科技导报,2021,39(19).

[39]卞颖.基于深度学习的图像检索技术研究[D].成都:电子科技大学,2017.

[40]张梅,文静华.浅谈计算机视觉与数字摄影测量[J].地理空间信息,2010,8(2).

[41]宫文飞,丁满,蒋燕,等.基于虚拟现实技术的人机交互的研究[J].机电工程技术,2006,35(5).

[42]《中国电力百科全书》编辑委员会,《中国电力百科全书》编辑部.中国电力百科全

书电工技术基础卷[M].3版.北京:中国电力出版社,2014.

[43]杨青,钟书华.国外"虚拟现实技术发展及演化趋势"研究综述[J].自然辩证法通讯,2021(3).

[44]尹首一,郭珩,魏少军.人工智能芯片发展的现状及趋势[J].科技导报,2018,36(17).

[45]王萍,石磊,陈章进.智能虚拟助手:一种新型学习支持系统的分析与设计[J].电化教育研究,2018,39(2).

[46]王泽阳.知识的表示方法[J].价值工程,2010,(32).

[47]卡耐基梅隆大学软件工程研究所.能力成熟度模型(CMM):软件过程改进指南[M].刘孟仁,译.北京:电子工业出版社,2001.

[48]俞露,许建华.基于八数码游戏的两种搜索策略比较[J].电脑编程技巧与维护,2013(10).

[49]李纯军,尹周平,熊涛,等.基于A*算法的机电产品管线自动敷设方法研究[J].科学技术与工程,2011,11(7).

[50]夏定纯,徐涛.人工智能技术与方法[M].武汉:华中科技大学出版社,2004.

[51]邱军林,张亚红,寇海洲.基于A*算法的机器人路径规划实现[J].科技信息,2009(21).

[52]陈蔼祥,姜云飞,柴啸龙.规划的形式表示技术研究[J].计算机科学,2008,35(7).

[53]柴啸龙.自动规划中群体智能技术的研究[D].广州:中山大学,2009.

[54]崔静.动态规划求解最优化问题之优越性分析[J].科教文汇,2008(24).

[55]宋泾舸,查建中,陆一平.智能规划研究综述——一个面向应用的视角[J].智能系统学报,2007,2(2).

[56]吕帅,刘磊,江鸿,等.一种约简动作变元的命题规划编码方式[J].计算机研究与发展,2010,47(10).

[57]吕帅,刘磊,石莲,等.基于自动推理技术的智能规划方法[J].软件学报,2009,20(5).

[58]王桢珍,武小悦,刘忠.一种基于智能规划的信息安全风险过程建模方法[J].电子学报,2008,36(12A).

[59]陈蔼祥,姜云飞,胡桂武,等.基于学习的规划技术研究[J].计算机科学,2011,38(1).

[60]孙鑫,陈晓东,曹晓文,等.军用任务规划技术综述与展望[J].指挥与控制学报,2017,3(4)

[61]马向玲,高波,李国林.导弹集群协同作战任务规划系统[J].飞行力学,2009,27(1).

［62］周恩军,林家骏.基于多 Agent 系统的数据融合算法评估平台框架[J].江南大学学报(自然科学版),2003,2(6).

［63］陈建安,郭大伟,徐乃平,等.遗传算法理论研究综述[J].西安电子科技大学学报,1998,25(3).

［64］马仁利,关正西.路径规划技术的现状与发展综述[J].现代机械,2008(3).

［65］邵婉婷.基于禁忌搜索算法的高校实验室管理系统优化[J].数字技术与应用,2019,37(5).

［66］张广林,胡小梅,柴剑飞,等.路径规划算法及其应用综述[J].现代机械,2011(5).

［67］龙樟,李显涛,帅涛,等.工业机器人轨迹规划研究现状综述[J].机械科学与技术,2021,40(6).

［68］武汉大学.化工过程开发概要[M].2 版.北京:高等教育出版社,2002.

［69］梁庆寅.传统逻辑与现代逻辑的定义理论比较[J].中山大学学报(社会科学版),1997(5).

［70］孙中原.中国逻辑研究百年论要[J].东南学术,2001(1).

［71］刘向.浅析传统逻辑向现代逻辑发展的主要因素[J].西南农业大学学报(社会科学版),2013,11(5).

［72］陈波.逻辑学是什么[M].北京:北京大学出版社,2002.

［73］陈波.从人工智能看当代逻辑学的发展[J].中山大学学报论丛(社会科学版),2000,20(2).

［74］刘飞.非单调推理及其应用[D].开封:河南大学,2011.

［75］王献昌,陈火旺.非单调推理的三大特征[J].计算机研究与发展,1992,(1).

［76］张文修,梁怡.不确定性推理原理[M].西安:西安交通大学出版社,1996.

［77］鲁斌,等.人工智能及应用[M].北京:清华大学出版社,2017.

［78］曾黄麟.智能计算:关于粗集理论、模糊逻辑、神经网络的理论及其应用[M].重庆:重庆大学出版社,2004.

［79］闻新,等.MATLAB 模糊逻辑工具箱的分析与应用[M].北京:科学出版社,2001.

［80］曾光奇,胡均安,王东,等.模糊控制理论与工程应用[M].武汉:华中科技大学出版社,2006.

［81］金星姬,贾炜玮.人工神经网络研究概述[J].林业科技情报,2008,40(1).

［82］毛健,赵红东,姚婧婧.人工神经网络的发展及应用[J].电子设计工程,2011,19(24)

［83］丁梦远,兰旭光,彭茹,等.机器推理的进展与展望[J].2021,34(1).

［84］郭云峰,韩龙,皮立华,等.知识图谱在大数据中的应用[J].电信技术,2015(6).

［85］李德毅,杜鹢.不确定性人工智能[M].2 版.北京:国防工业出版社,2014.

[86]赵卫东,董亮.机器学习[M].北京:人民邮电出版社,2018.

[87]张丽芳.浅谈机器学习的现状及策略[J].现代经济信息,2009(6).

[88]闫友彪,陈元琰.机器学习的主要策略综述[J].计算机应用研究,2004(7).

[89]康德.逻辑学讲义[M].许景行,译.北京:商务印书馆,1991.

[90]王溢然,束炳如.中学物理思维方法丛书:归纳与演绎[M].郑州:大象出版社,1999.

[91]李英壮,陈志彬,李先毅.基于统计学习的P2P节点选择算法[J].计算机应用,2013,33(S1).

[92]李航.统计学习方法[M].北京:清华大学出版社,2012.

[93]王海燕,王慧颖.数据挖掘研究进展及其发展趋势[J].科技广场,2009(9).

[94]吕安民,林宗坚,李成名.数据挖掘和知识发现的技术方法[J].测绘科学,2000,25(4).

[95]杜晓杰,张楠,魏蓉,等.自然语言理解策略——中文语义分析及LSF随机化句法分析模型与应用[J].天津师范大学学报(自然科学版),2008,28(4).

[96]郭浩,刘伟,段富.基于Web的语料自动采集技术研究[J].太原理工大学学报,2008(S1).

[97]赵京胜,宋梦雪,高祥.自然语言处理发展及应用综述[J].信息技术与信息化,2019(7).

[98]李生.自然语言处理的研究与发展[J].燕山大学学报,2013(5).

[99]许诘.试论知识库与知识库管理系统的关系[J].武汉工业学院学报,2004,23(4).

[100]何新贵.知识处理与专家系统[M].北京:国防工业出版社,1990.

[101]李丽婷.人工智能芯片技术进展及产业发展研究报告[J].厦门科技,2019(1)

[102]刘衡祁.AI芯片的发展及应用[J].电子技术与软件工程,2019(22).

[103]管惠维,孙永强.智能计算机的研究现状[J].自然杂志,1992(2).

[104]张丽宁,龚尚福.智能网的发展与应用研究[J].电子设计工程,2009,17(4).

[105]熊骁.语义网的初步探讨[J].硅谷,2009,(24).

[106]姬睿.搜索引擎技术及研究[J].科技视界,2015(3).

[107]陈聪儿.基于深度神经网络的电影推荐算法设计与实现[D].武汉:华中科技大学.2019.

[108]高鹏.协同过滤推荐方法在新媒体领域中的应用[J].广播与电视技术,2015,42(1).

[109]蔡伟杰,张晓辉,朱建秋,等.关联规则挖掘综述[J].计算机工程,2001,27(5).

[110]徐宝文,郑国梁.程序设计语言研究与发展[M].北京:电子工业出版社,1994.

[111]丁玉兰.人机工程学[M].3版.北京:北京理工大学出版社,2005.

[112]C.ThomasWu.面向对象程序设计导论[M].侯国峰,等译.北京:电子工业出版社,2001.

[113]W.F.克洛克辛,C.S.梅利什.PROLOG程序设计[M].李德毅,赵立平,译.北京:国防工业出版社,1988.

[114]王春莲,王海霞.人工智能语言——PROLOG[J].电脑知识与技术,2008(5).

[115]WesleyJ.Chun.Python核心编程[M].2版.北京:人民邮电出版社,2008.

[116]加日拉·买买提热衣木,常富蓉,刘晨,等.主流深度学习框架对比[J].电子技术与软件工程,2018(7).

[117]黄玉萍,梁炜萱,肖祖环.基于TensorFlow和PyTorch的深度学习框架对比分析[J].现代信息科技,2020,4(4).

[118]贺怀清,杨国鑫,李建伏.基于CUDA的并行联程路径搜索算法[J].智能计算机与应用,2013(1).

[119]朱剑英.智能制造的意义、技术与实现[J].机械制造与自动化,2013(3).